수학의 기본은 계산력, 정확성과 계산 속도를 높히는

《계산의 신》 시리즈

중도에 포기하는 학생은 있어도
끝까지 풀었을 때 신의 경지에 오르지 않는 학생은 없습니다!

꼭 있어야 할 교재, 최고의 교재를 만드는 '꿈을담는틀'에서
신개념 초등 계산력 교재 《계산의 신》을 한층 업그레이드 했습니다.

초등 수학은 마구잡이 공부보다 체계적 학습이 중요합니다.
KAIST 출신 수학 선생님들이 집필한 특별한 교재로
하루 10분씩 꾸준히 공부해 보세요.
어느 순간 계산의 신(神)의 경지에 올라 있을 것입니다.

부모님이 자녀에게, 선생님이 제자에게
이 교재를 선물해 주세요.

__________가 __________에게

왜? 계산력 교재는 <계산의 신>이 가장 좋은가?

1 요즘엔 초등 계산법 책이 너무 많아서 어떤 책을 골라야 할지 모르겠어요!

기존의 계산력 문제집은 대부분 저자가 '연구회 공동 집필'로 표기되어 있습니다. 반면 꿈을담는틀의 《계산의 신》은 KAIST 출신의 수학 선생님이 공동 저자로, 아이들을 직접 가르쳤던 경험을 담아 만든 '엄마, 아빠표 문제집'입니다. 수학 교육 분야의 뛰어난 전문성과 교육 경험을 두루 갖추고 있어 믿을 수 있습니다.

2 영어는 해외 연수를 가면 된다지만, 수학 공부는 대체 어떻게 해야 하죠?

영어 실력을 키우려고 해외 연수 다니는 것을 본 게 어제오늘 일이 아니죠? 반면 수학은 어떨까요? 수학에는 왕도가 없어요. 가장 중요한 건 매일 조금씩 꾸준히 연마하는 것뿐입니다. 《계산의 신》에 나오는 A와 B, 두 가지 유형의 문제를 풀면서 자연스럽게 수학의 기초를 닦아 보세요. 초등 계산법 완성을 향한 즐거운 도전을 시작할 수 있습니다.

3 아이들이 스스로 공부할 수 있는 교재인가요?

《계산의 신》은 아이들이 스스로 생각하고 계산할 수 있도록 구성되어 있습니다. 핵심 포인트를 보며 유형을 파악하고, 문제를 푼 후에 스스로 자신의 풀이를 평가할 수 있습니다. 부담 없는 분량, 친절한 설명과 예시, 두 가지 유형 반복 학습과 실력 진단 평가는 아이들이 교사나 부모님에게 기대지 않고, 스스로 학습하는 힘을 길러 줄 것입니다.

4 정확하게 푸는 게 중요한가요, 빠르게 푸는 게 중요한가요?

물론 속도를 무시할 순 없습니다. 그러나 그에 앞서 선행되어야 하는 것이 바로 '정확성'입니다. 《계산의 신》은 예시와 함께 해당 연산의 핵심 포인트를 짚어 주며 문제를 정확하게 이해할 수 있도록 도와줍니다. '스스로 학습 관리표'는 문제 풀이 속도를 높이는 데에 동기부여가 될 것입니다. 《계산의 신》과 함께 정확성과 속도, 두 마리 토끼를 모두 잡아 보세요.

정확하게
이해하는 게 우선!

학교 성적에 도움이 될까요? 수학 교과서와 친해질 수 있나요?

재미와 속도, 정확성 모두 중요하지만 무엇보다 '학교 성적'에 얼마나 도움이 되느냐가 가장 중요하겠지요? 《계산의 신》은 최신 교육과정을 100% 반영한 단계별 학습으로 구성되어 있습니다. 따라서 《계산의 신》을 꾸준히 학습하면 자연스럽게 '수학 교과서'와 친해져 학교 성적이 올라갈 것입니다.

6 문제를 다 풀어 놓고도 아이가 자꾸 기억이 안 난다고 해요.

《계산의 신》에는 두 가지 유형 반복 학습 외에도 세 단계마다 자신이 푼 문제를 복습하는 '세 단계 묶어 풀기'가 있고, 마지막에는 교재 전체 내용을 한 번 더 복습할 수 있는 '전체 묶어 풀기'가 있습니다. 풀었던 문제들을 다시 묶어서 풀며, 예전에 학습했던 계산 문제들을 완전히 자신의 것으로 만들 수 있습니다.

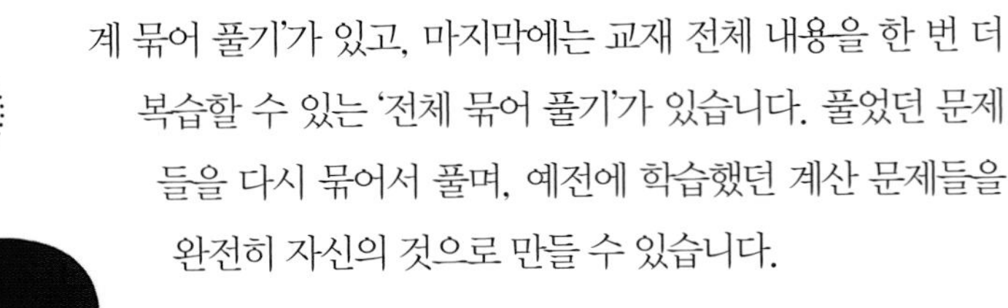

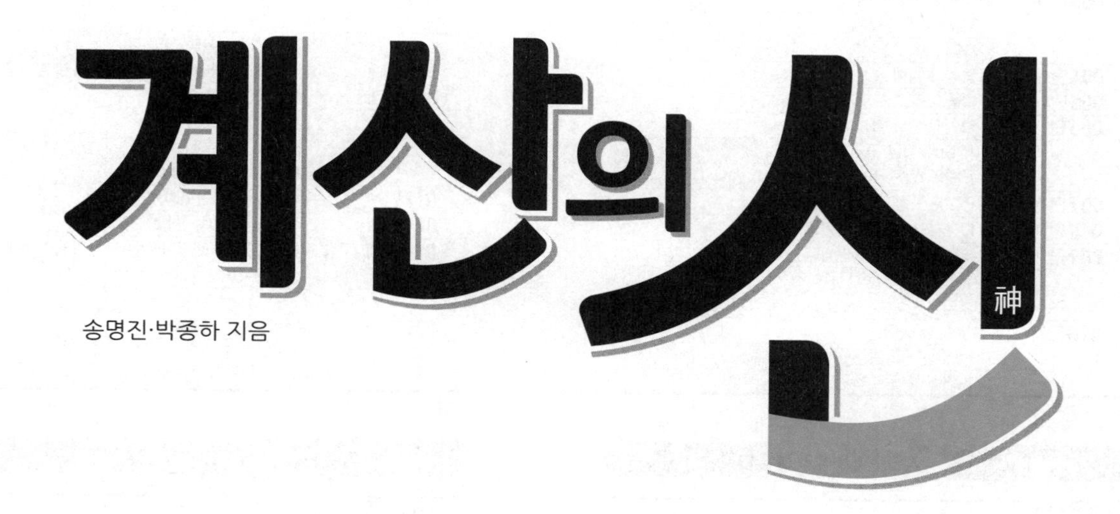

송명진·박종하 지음

1 초등 1학년 1학기

자연수의 덧셈과 뺄셈 기본(1)

초등1	1권 | 자연수의 덧셈과 뺄셈 기본 (1)
001단계	수를 가르고 모으기
002단계	합이 9까지인 덧셈
003단계	차가 9까지인 뺄셈
	세 단계 묶어 풀기
	재미있는 수학이야기
004단계	덧셈과 뺄셈
005단계	10을 가르고 모으기
006단계	10의 덧셈과 뺄셈
	세 단계 묶어 풀기
	창의력 쑥쑥! 수학퀴즈
007단계	연이은 덧셈, 뺄셈
008단계	19까지의 수 모으고 가르기
009단계	(몇십)+(몇), (몇)+(몇십)
	세 단계 묶어 풀기
	창의력 쑥쑥! 수학퀴즈
010단계	(몇십 몇)±(몇)
	전체 묶어 풀기
	창의력 쑥쑥! 수학퀴즈

초등1	2권 | 자연수의 덧셈과 뺄셈 기본 (2)
011단계	(몇십)±(몇십)
012단계	(몇십 몇)+(몇십 몇)
013단계	(몇십 몇)−(몇십 몇)
	세 단계 묶어 풀기
	창의력 쑥쑥! 수학퀴즈
014단계	받아올림/받아내림이 없는 덧셈과 뺄셈 종합
015단계	세 수의 덧셈과 뺄셈
016단계	연이은 덧셈, 뺄셈
	세 단계 묶어 풀기
	창의력 쑥쑥! 수학퀴즈
017단계	받아올림이 있는 (몇)+(몇)
018단계	받아내림이 있는 (십몇)−(몇)
019단계	받아올림/받아내림이 있는 덧셈과 뺄셈 종합
	세 단계 묶어 풀기
	창의력 쑥쑥! 수학퀴즈
020단계	계산의 활용–규칙찾기
	전체 묶어 풀기
	재미있는 수학이야기

초등2	3권 | 자연수의 덧셈과 뺄셈 발전
021단계	(두 자리 수)+(한 자리 수)
022단계	(두 자리 수)+(두 자리 수) (1)
023단계	(두 자리 수)+(두 자리 수) (2)
	세 단계 묶어 풀기
	창의력 쑥쑥! 수학퀴즈
024단계	(두 자리 수)−(한 자리 수)
025단계	(몇십)−(두 자리 수)
026단계	(두 자리 수)−(두 자리 수)
	세 단계 묶어 풀기
	창의력 쑥쑥! 수학퀴즈
027단계	두 자리 수의 덧셈과 뺄셈 종합
028단계	덧셈, 뺄셈의 여러 가지 방법
029단계	덧셈과 뺄셈의 관계
	세 단계 묶어 풀기
	창의력 쑥쑥! 수학퀴즈
030단계	세 수의 혼합 계산
	전체 묶어 풀기
	창의력 쑥쑥! 수학퀴즈

초등2	4권 | 네 자리 수/ 곱셈구구
031단계	네 자리 수
032단계	각 자리의 숫자가 나타내는 값
033단계	뛰어 세기
	세 단계 묶어 풀기
	창의력 쑥쑥! 수학퀴즈
034단계	같은 수 여러 번 더하기
035단계	2, 5, 3, 4의 단 곱셈구구
036단계	6, 7, 8, 9의 단 곱셈구구 (1)
	세 단계 묶어 풀기
	창의력 쑥쑥! 수학퀴즈
037단계	6, 7, 8, 9의 단 곱셈구구 (2)
038단계	곱셈구구 종합 (1)
039단계	곱셈구구 종합 (2)
	세 단계 묶어 풀기
	창의력 쑥쑥! 수학퀴즈
040단계	계산의 활용–길이의 합과 차
	전체 묶어 풀기
	재미있는 수학이야기

초등3	5권 | 자연수의 덧셈과 뺄셈 / 곱셈과 나눗셈
041단계	(세 자리 수)+(세 자리 수) (1)
042단계	(세 자리 수)+(세 자리 수) (2)
043단계	(세 자리 수)−(세 자리 수) (1)
	세 단계 묶어 풀기
	재미있는 수학이야기
044단계	(세 자리 수)−(세 자리 수) (2)
045단계	나눗셈 기초
046단계	곱셈구구 범위에서의 나눗셈
	세 단계 묶어 풀기
	재미있는 수학이야기
047단계	(두 자리 수)×(한 자리 수) (1)
048단계	(두 자리 수)×(한 자리 수) (2)
049단계	길이의 덧셈과 뺄셈
	세 단계 묶어 풀기
	재미있는 수학이야기
050단계	시간의 합과 차
	전체 묶어 풀기
	창의력 쑥쑥! 수학퀴즈

초등3	6권 | 자연수의 곱셈과 나눗셈 발전
051단계	(세 자리 수)×(한 자리 수) (1)
052단계	(세 자리 수)×(한 자리 수) (2)
053단계	(두 자리 수)×(두 자리 수) (1)
	세 단계 묶어 풀기
	창의력 쑥쑥! 수학퀴즈
054단계	(두 자리 수)×(두 자리 수) (2)
055단계	(몇십)÷(몇), (몇백 몇십)÷(몇)
056단계	(두 자리 수)÷(한 자리 수) (1)
	세 단계 묶어 풀기
	재미있는 수학이야기
057단계	(두 자리 수)÷(한 자리 수) (2)
058단계	(두 자리 수)÷(한 자리 수) (3)
059단계	(세 자리 수)÷(한 자리 수)
	세 단계 묶어 풀기
	재미있는 수학이야기
060단계	들이와 무게의 덧셈과 뺄셈
	전체 묶어 풀기
	창의력 쑥쑥! 수학퀴즈

계산의 신 활용 가이드

1 매일 자신의 학습을 체크해 보세요.

매일 문제를 풀면서 맞힌 개수를 적고, 걸린 시간 만큼 '스스로 학습 관리표'에 색칠해 보세요. 하루하루 지날수록 실력이 자라고, 계산 속도가 빨라지는 것을 눈으로 확인할 수 있습니다.

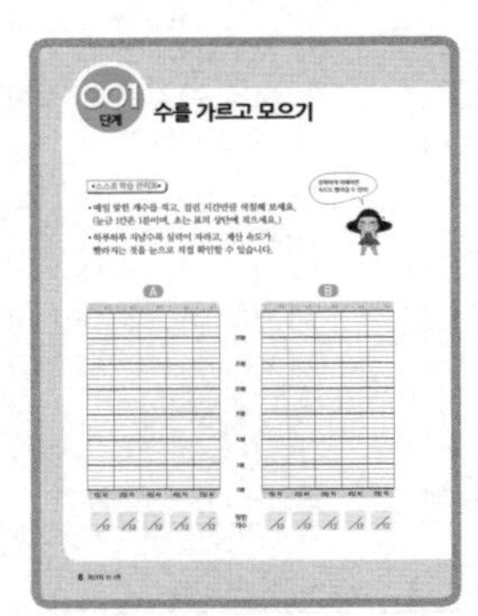

2 개념과 연산 과정을 이해하세요.

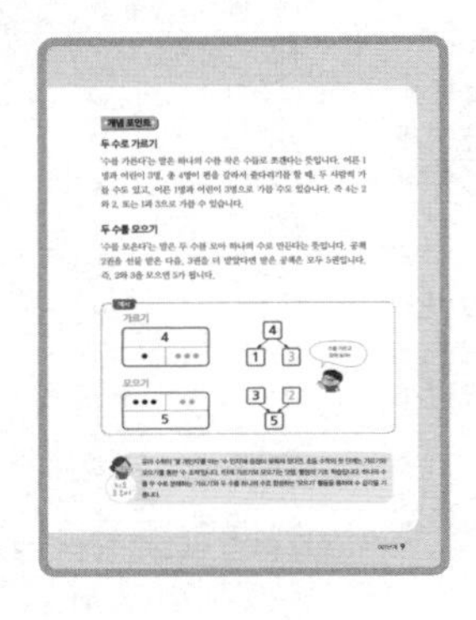

개념을 이해하고 예시를 통해 연산 과정을 확인하면 계산 과정에서 실수를 줄일 수 있어요. 또 아이의 학습을 도와주시는 선생님 또는 부모님을 위해 '지도 도우미'를 제시하였습니다.

3 매일 2쪽씩 꾸준히 반복 학습해 보세요.

매일 2쪽씩 5일 동안 차근차근 반복 학습하다 보면 어려운 문제도 두려움 없이 도전할 수 있습니다. 문제를 풀다가 계산 방법을 모를 때는 '개념 포인트'를 다시 한 번 학습한 후 풀어 보세요.

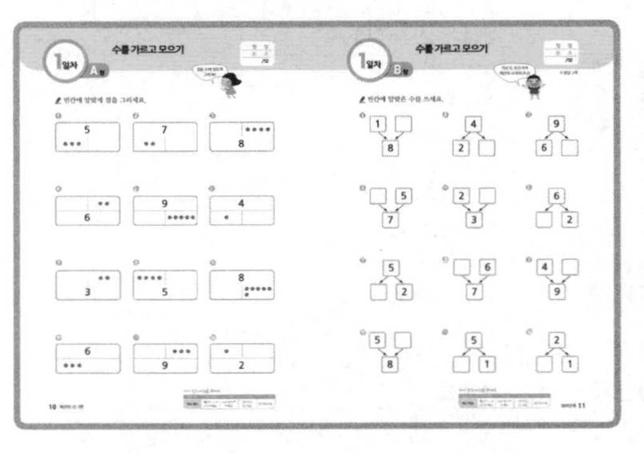

세 단계마다 또는 전체를 묶어 복습해 보세요.

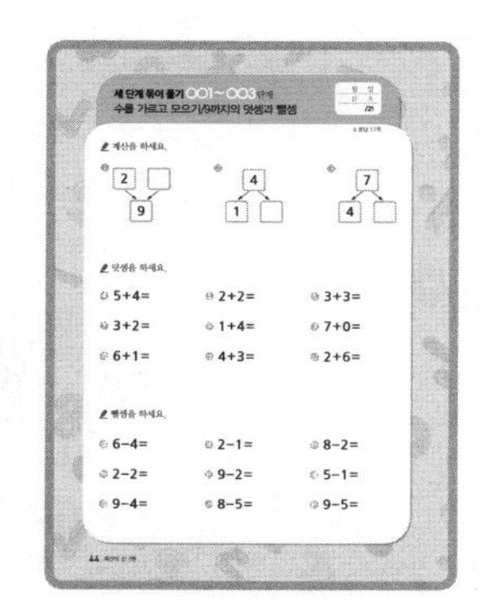

시간이 지나면 아이들은 학습했던 내용을 곧잘 잊어버리는 경향이 있어요. 그래서 세 단계마다 '묶어 풀기', 마지막에는 '전체 묶어 풀기'를 통해 학습했던 내용을 다시 복습할 수 있습니다.

5 즐거운 수학이야기와 수학퀴즈 함께 해요!

묶어 풀기가 끝나면 '재미있는 수학이야기'와 '수학퀴즈'가 기다리고 있어요. 흥미로운 수학이야기와 수학퀴즈는 좌뇌와 우뇌를 고루 발달시켜 주고, 창의성을 키워 준답니다.

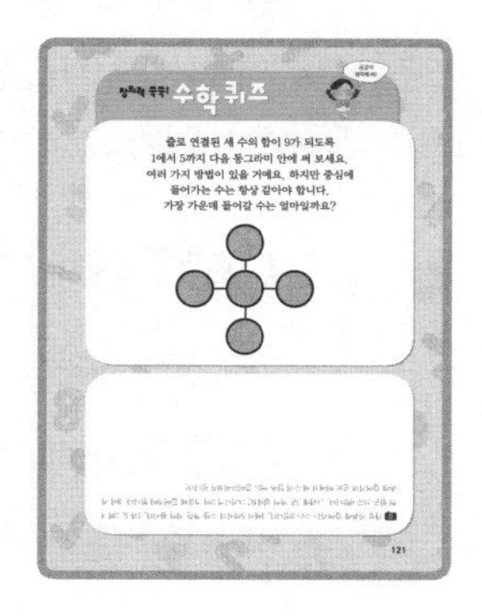

아이의 학습 성취도를 점검해 보세요.

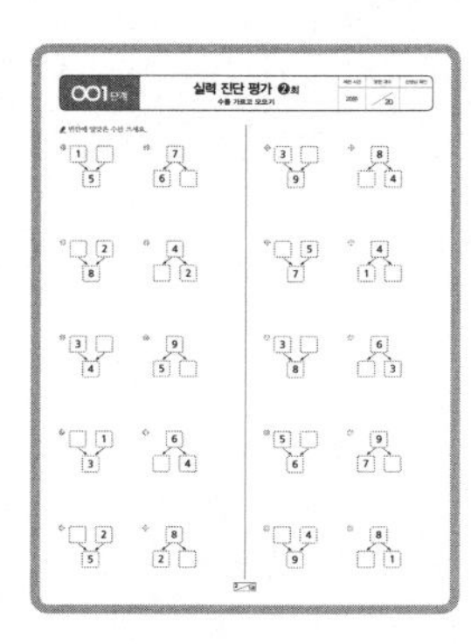

권두부록으로 제시된 '실력 진단 평가'로 아이의 학습 성취도를 점검할 수 있어요. 각 단계별로 2회씩 총 20회가 제공됩니다.

1권

매일 2쪽씩 풀며 계산의 신이 되자!

《계산의 신》은 초등학교 1학년부터 6학년 과정까지 총 120단계로 구성되어 있습니다.
매일 2쪽씩 꾸준히 반복 학습을 하면 탄탄한 계산력을 기를 수 있습니다.
더불어 복습할 수 있는 '묶어 풀기'가 있고, 지친 마음을 헤아려 주는
'재미있는 수학이야기'와 '수학퀴즈'가 있습니다.
꿈을담는틀의 《계산의 신》이 준비한 길로 들어오실 준비가 되셨나요?
그 길을 따라 걸으며 문제를 풀고 이야기를 듣다 보면
어느새 계산의 신이 되어 있을 거예요!

★★★★
구성과 일러스트가 인상적!

★★★★★
초등 수학은 이 책이면 끝!

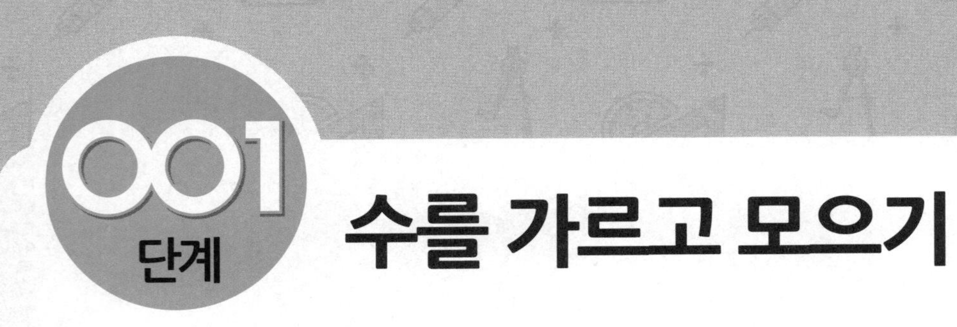

◆스스로 학습 관리표◆

- 매일 맞힌 개수를 적고, 걸린 시간만큼 색칠해 보세요.
  (눈금 1칸은 1분이며, 초는 표의 상단에 적으세요.)
- 하루하루 지날수록 실력이 자라고, 계산 속도가
  빨라지는 것을 눈으로 직접 확인할 수 있습니다.

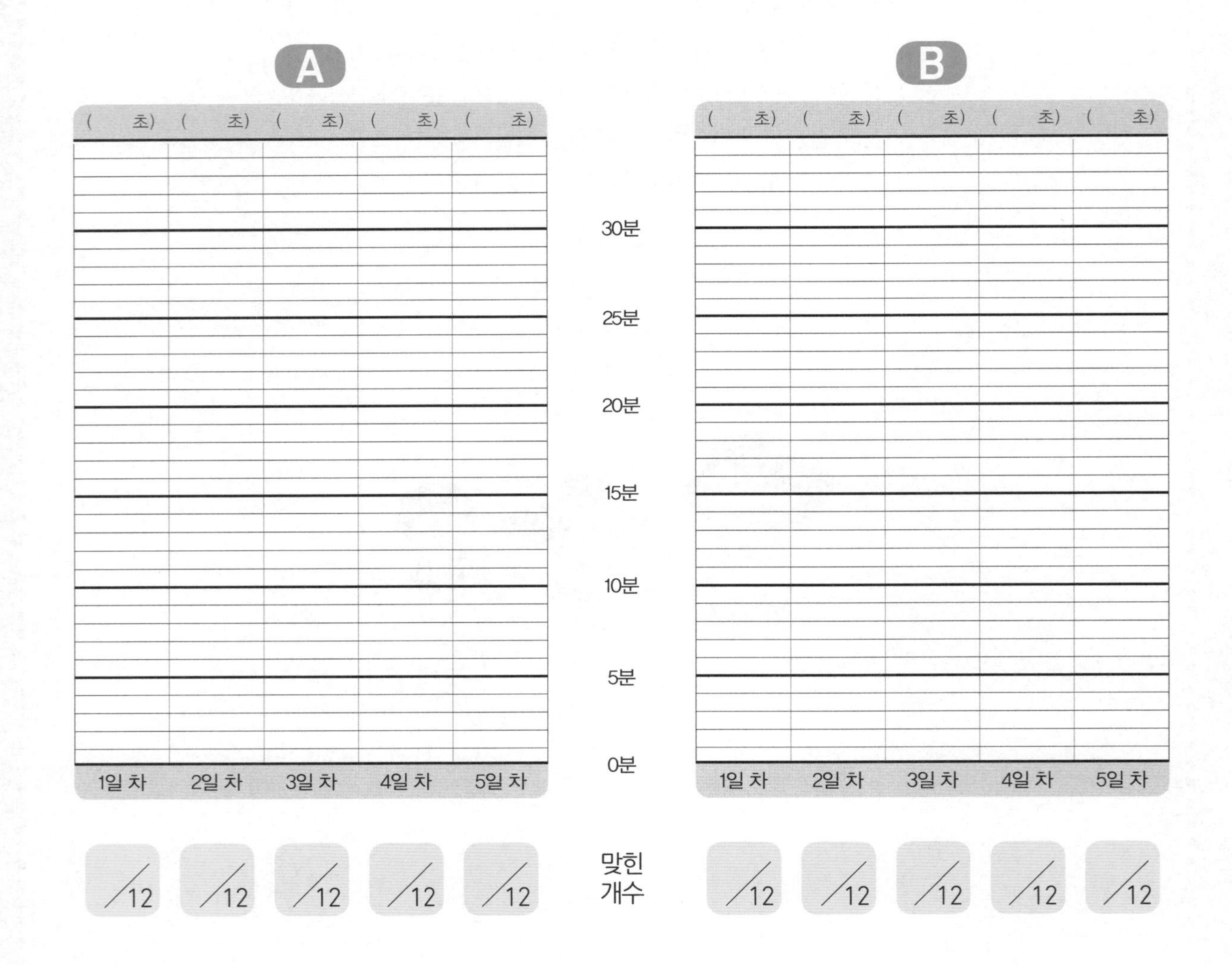

개념 포인트

두 수로 가르기

'수를 가른다'는 말은 하나의 수를 작은 수들로 쪼갠다는 뜻입니다. 어른 1명과 어린이 3명, 총 4명이 편을 갈라서 줄다리기를 할 때, 두 사람씩 가를 수도 있고, 어른 1명과 어린이 3명으로 가를 수도 있습니다. 즉 4는 2와 2, 또는 1과 3으로 가를 수 있습니다.

두 수를 모으기

'수를 모은다'는 말은 두 수를 모아 하나의 수로 만든다는 뜻입니다. 공책 2권을 선물 받은 다음, 3권을 더 받았다면 받은 공책은 모두 5권입니다. 즉, 2와 3을 모으면 5가 됩니다.

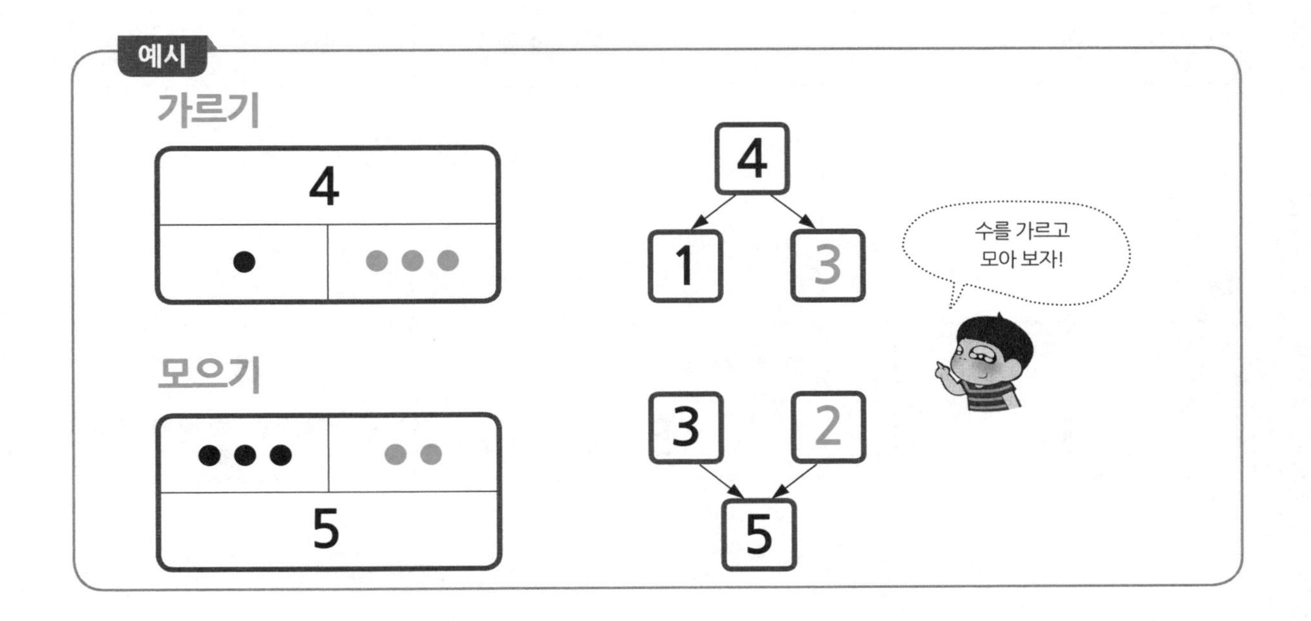

유아 수학이 '몇 개인지'를 아는 '수 인지'에 중점이 맞춰져 있다면, 초등 수학의 첫 단계는 가르기와 모으기를 통한 '수 조작'입니다. 1단계 가르기와 모으기는 덧셈, 뺄셈의 기초 학습입니다. 하나의 수를 두 수로 분해하는 '가르기'와 두 수를 하나의 수로 합성하는 '모으기' 활동을 통하여 수 감각을 기릅니다.

1일차 A형

수를 가르고 모으기

월 일
분 초
/12

✎ 빈칸에 알맞게 점을 그리세요.

❶

5	
●●●	

❷

7	
●●	

❸

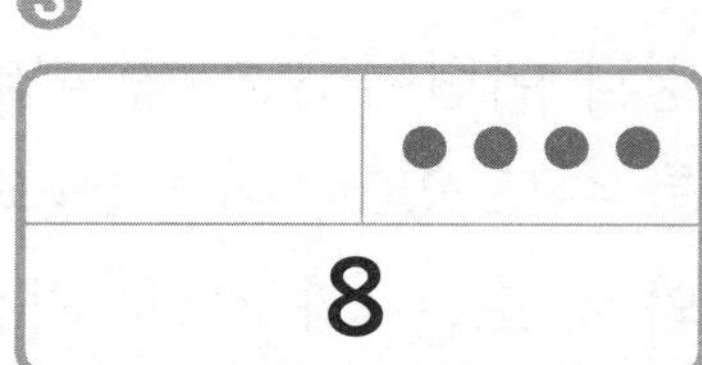

	●●●●
8	

❹

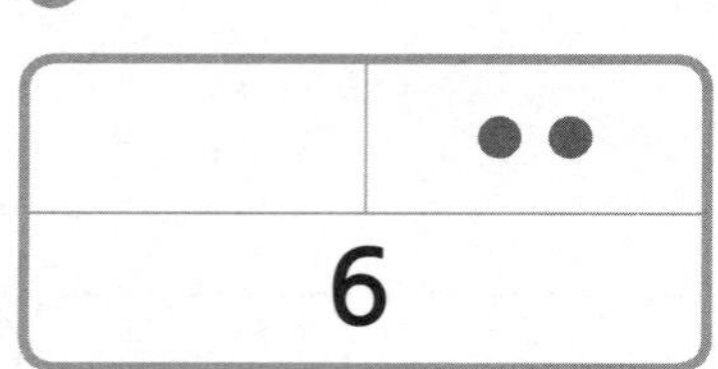

	●●
6	

❺

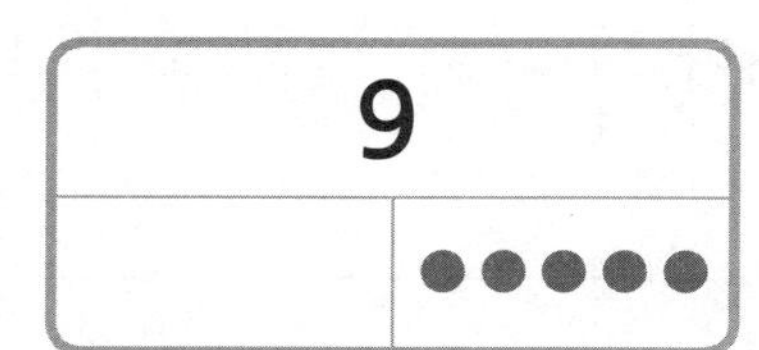

9	
	●●●●●

❻

4	
●	

❼

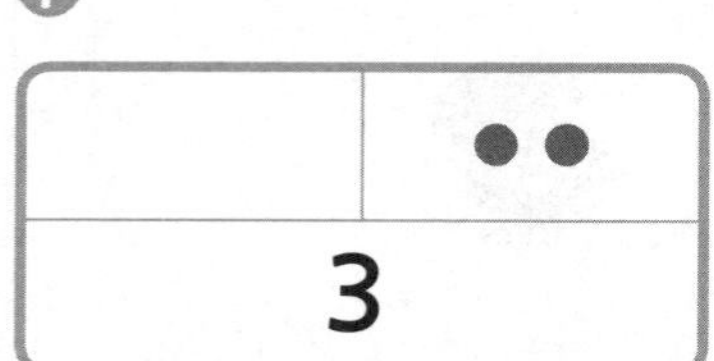

	●●
3	

❽

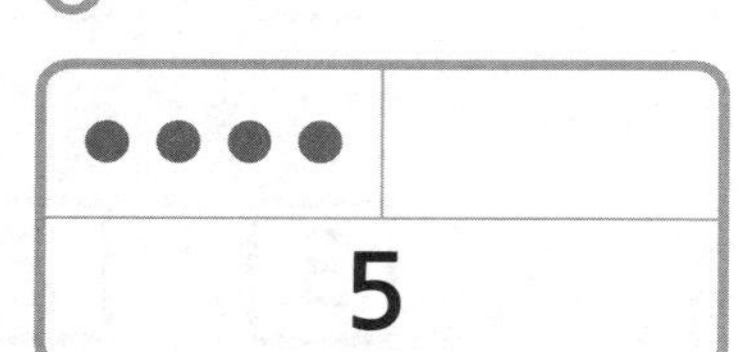

●●●●	
5	

❾

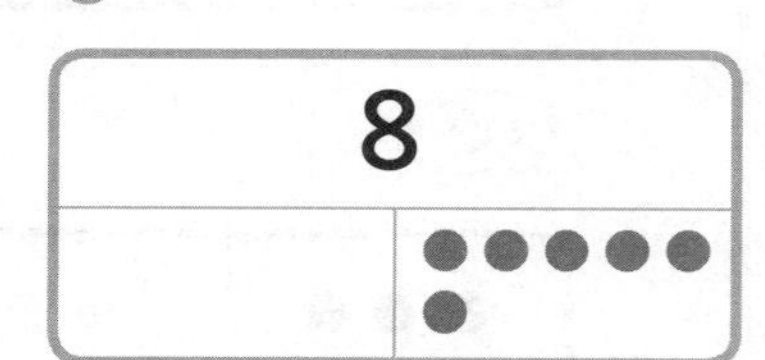

8	
	●●●●● ●

❿

6	
●●●	

⓫

	●●●
9	

⓬

●	
2	

자기 점수에 ○표 하세요

맞힌 개수	6개 이하	7~8개	9~10개	11~12개
학습 방법	개념을 다시 공부하세요.	조금 더 노력하세요.	실수하면 안 돼요.	참 잘했어요.

1일차 B형

수를 가르고 모으기

월 일
분 초
/12

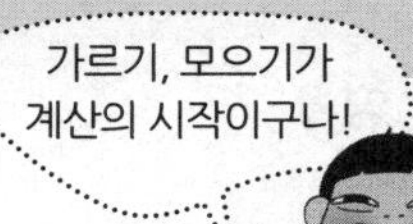

정답 2쪽

빈칸에 알맞은 수를 쓰세요.

❶
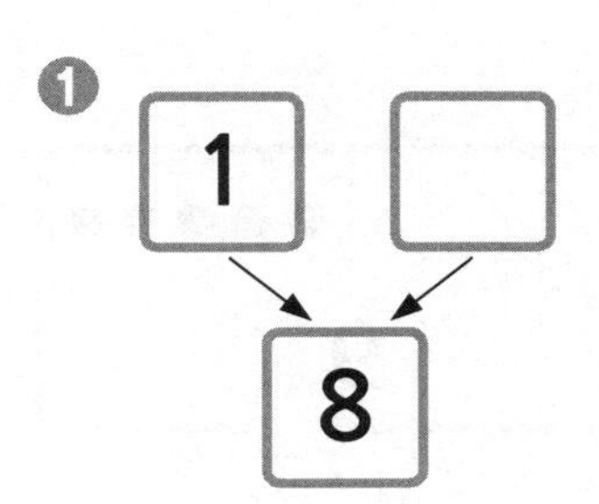

❷
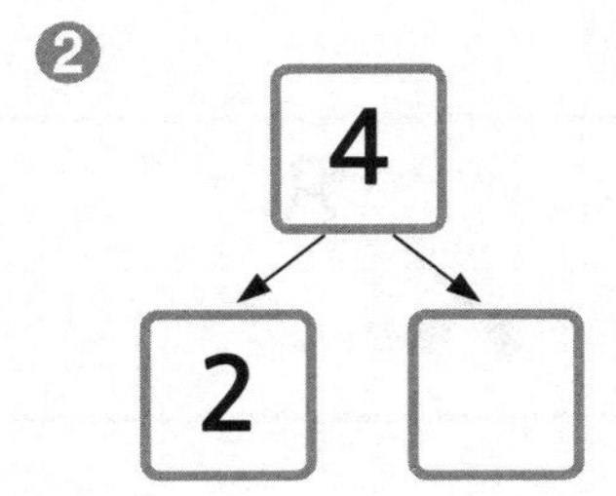

❸
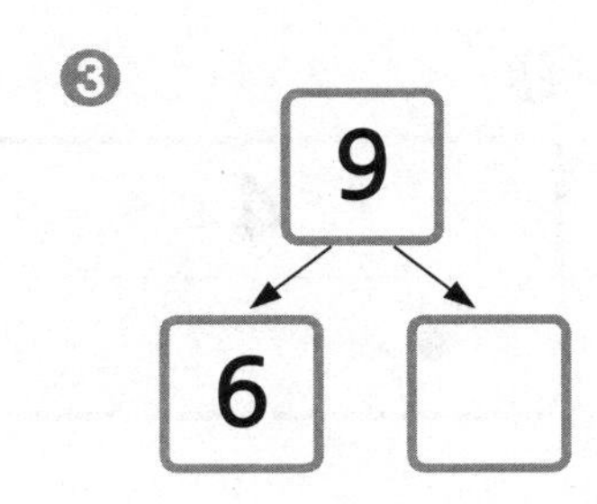

❹
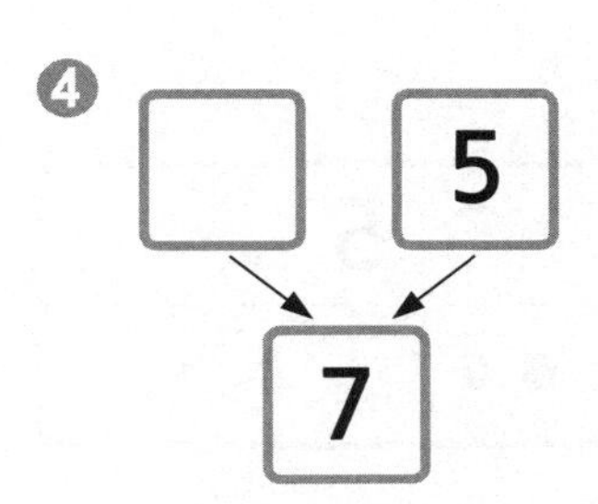

❺
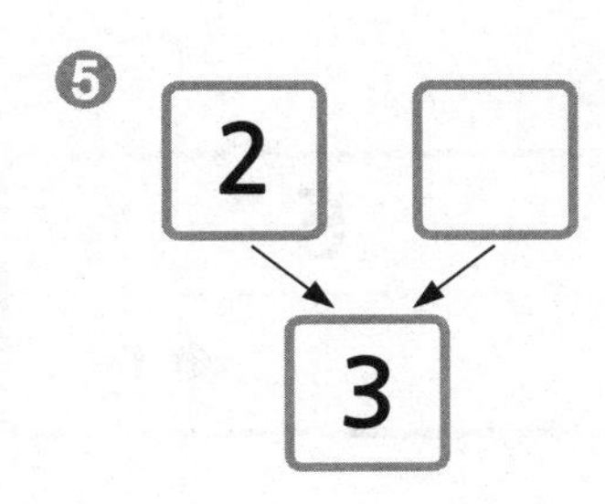

❻
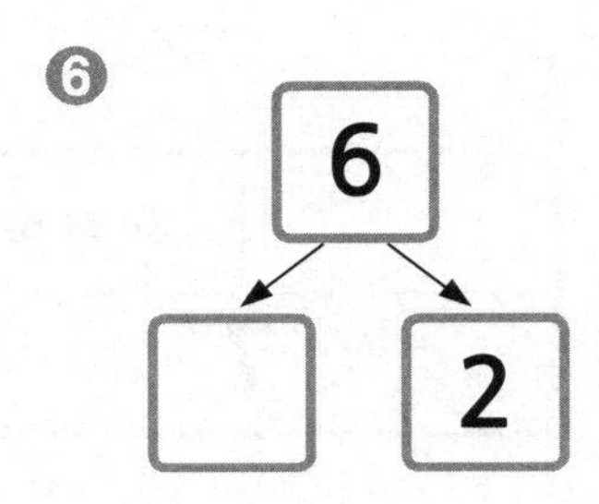

❼
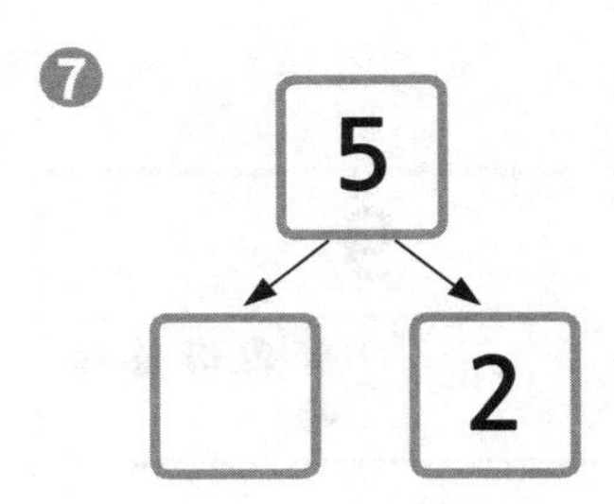

❽
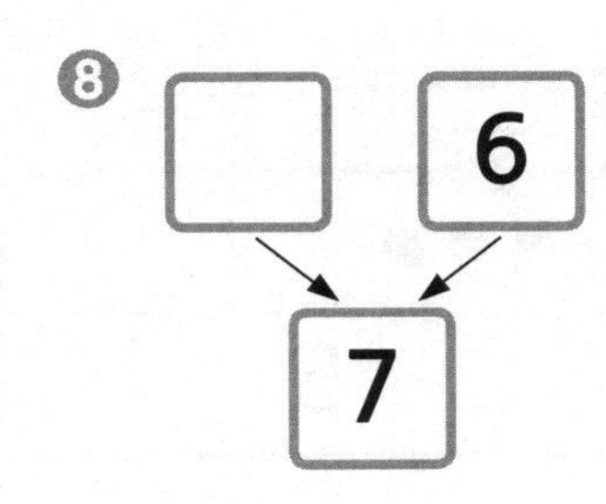

❾
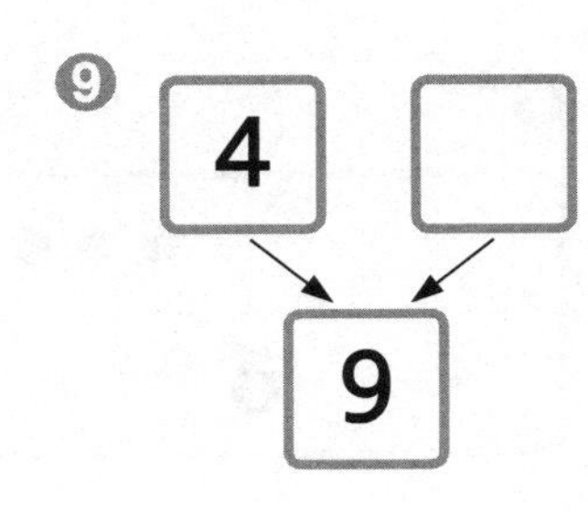

❿
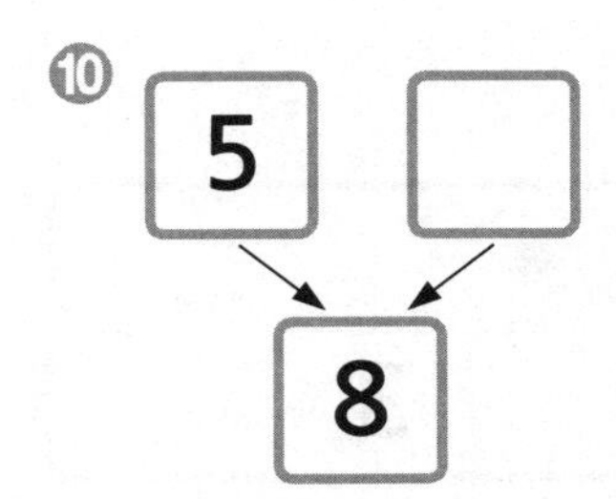

⓫
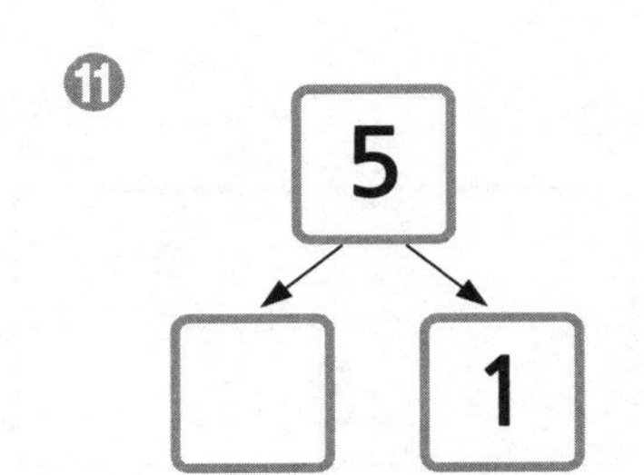

⓬
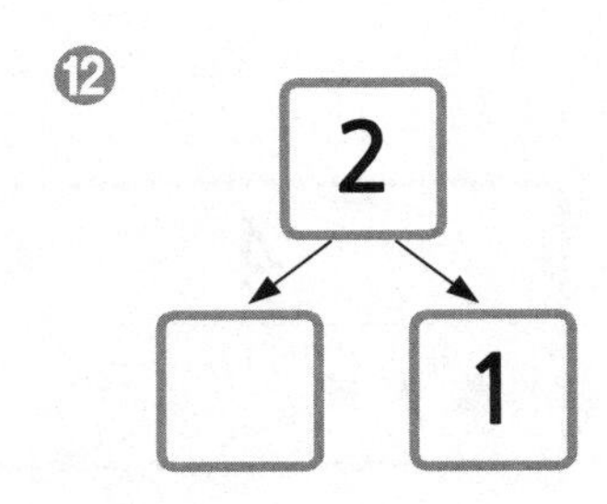

자기 점수에 ○표 하세요

맞힌 개수	6개 이하	7~8개	9~10개	11~12개
학습 방법	개념을 다시 공부하세요.	조금 더 노력하세요.	실수하면 안 돼요.	참 잘했어요.

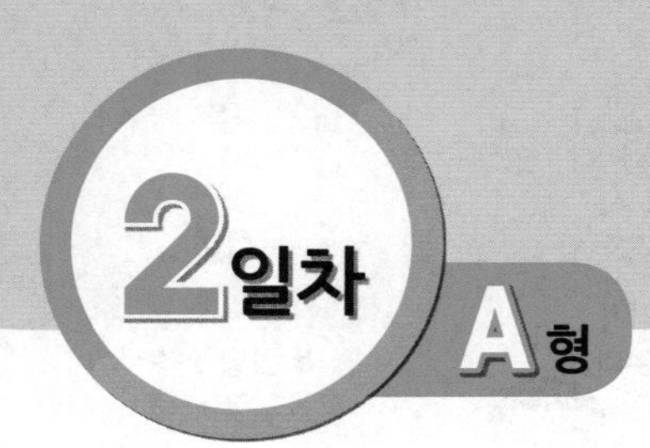

수를 가르고 모으기

월 일
분 초
/12

빈칸에 알맞게 점을 그리세요.

❶

❷
8

❸
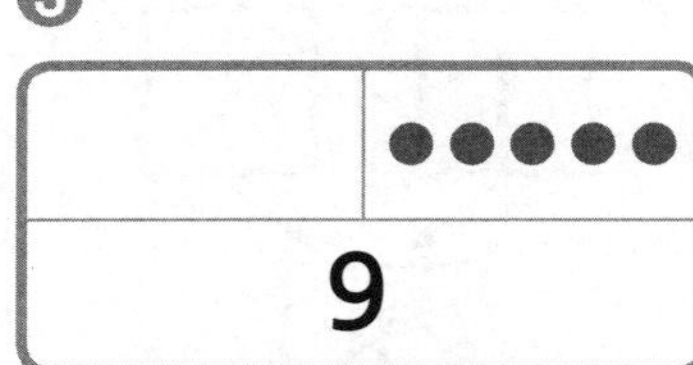

❹
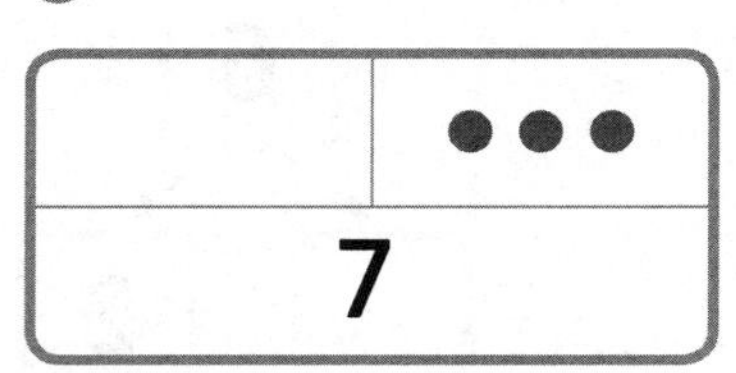

❺

❻

❼

❽
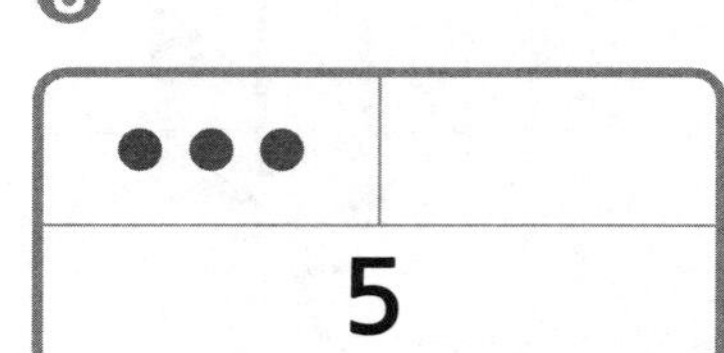

❾
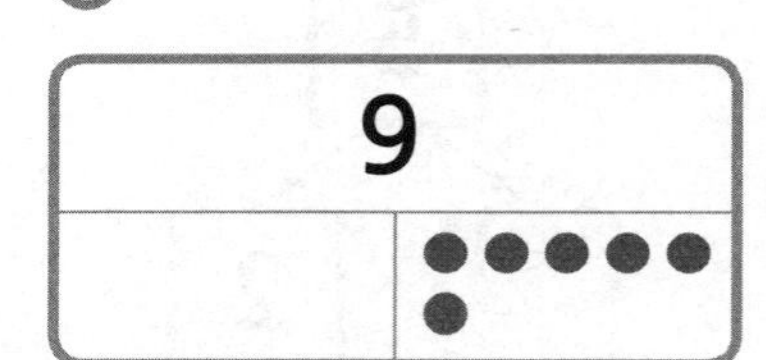

❿
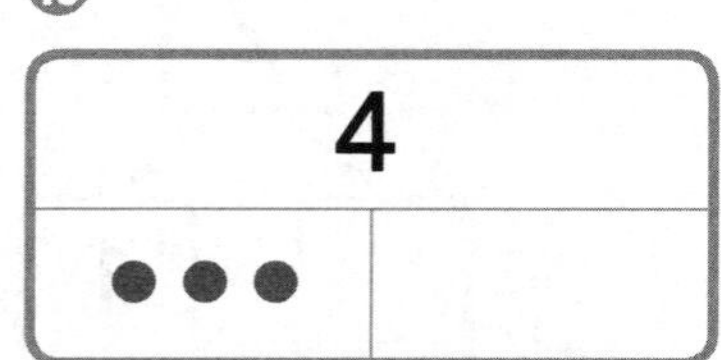

⓫
8

⓬
3

자기 점수에 ○표 하세요

맞힌 개수	6개 이하	7~8개	9~10개	11~12개
학습 방법	개념을 다시 공부하세요.	조금 더 노력하세요.	실수하면 안 돼요.	참 잘했어요.

수를 가르고 모으기

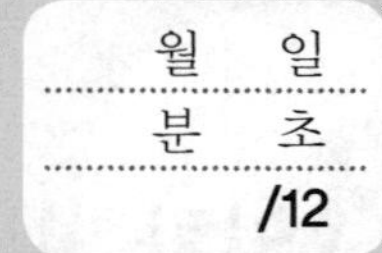

정답 3쪽

빈칸에 알맞은 수를 쓰세요.

❶ 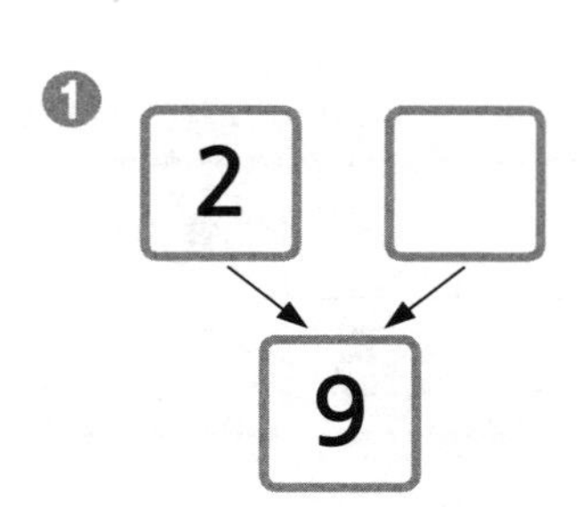

❷ 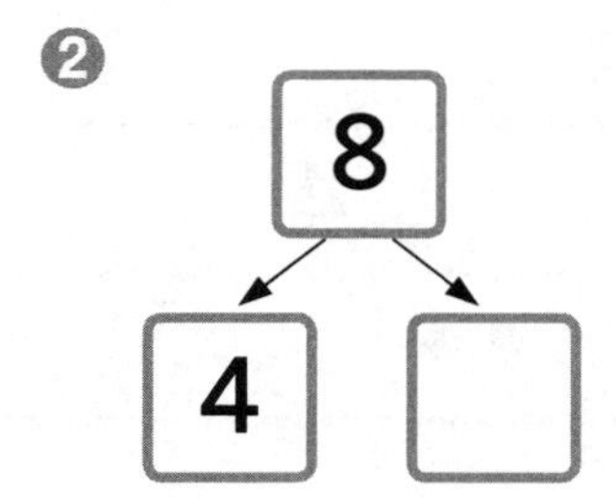

❸ 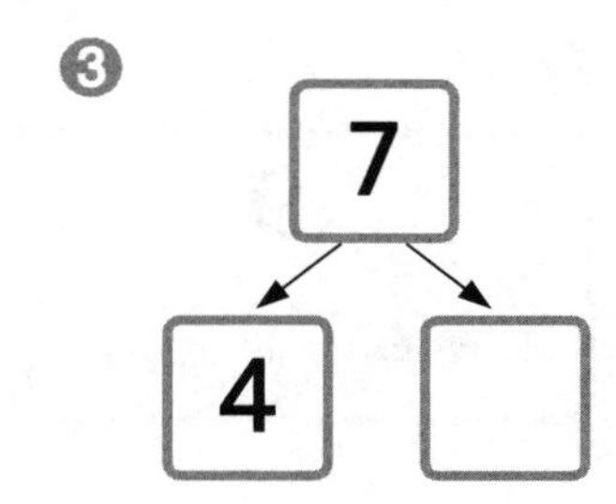

❹ 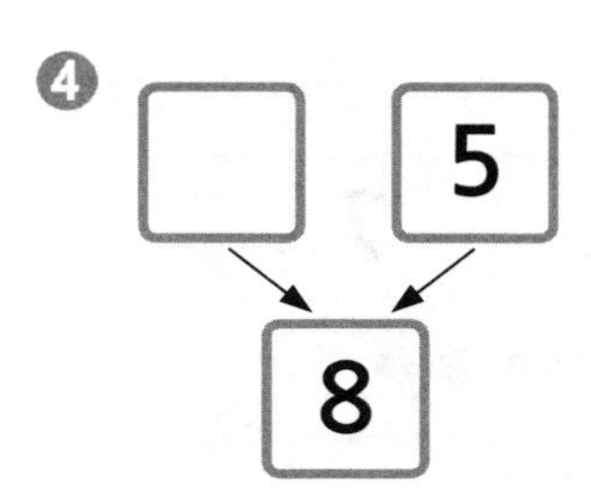

❺ 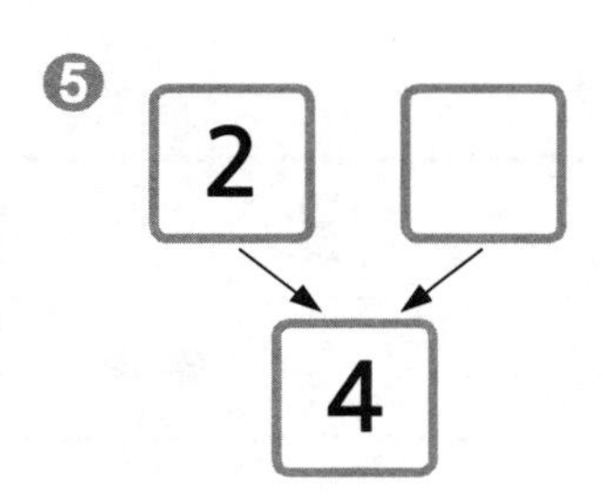

❻ 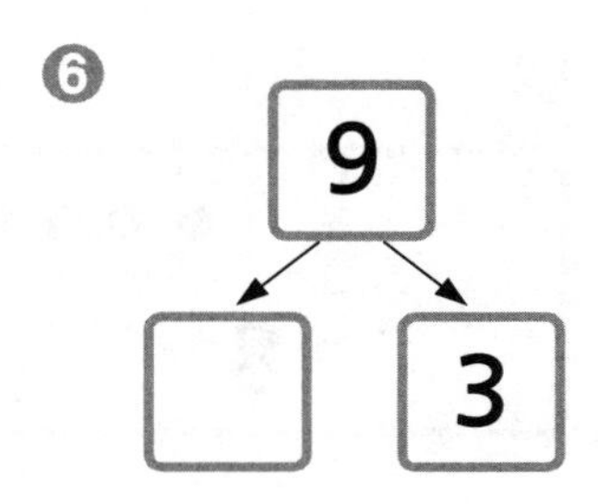

❼ 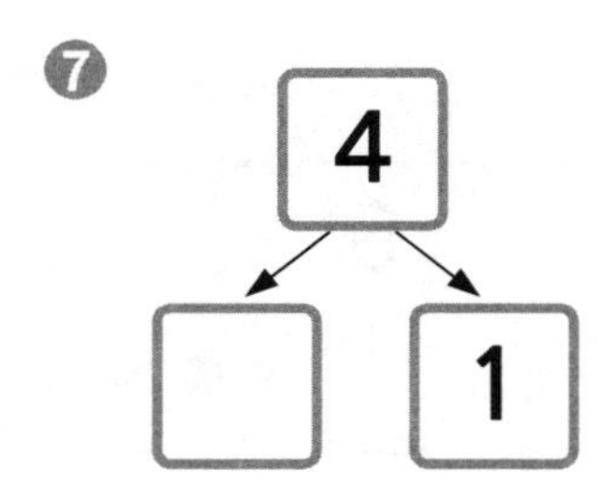

❽ 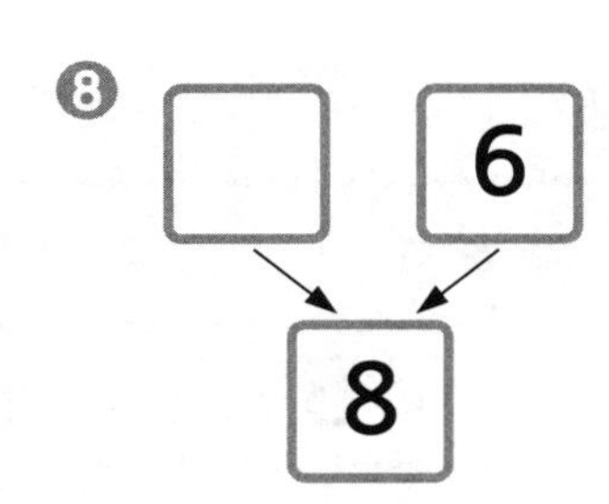

❾ 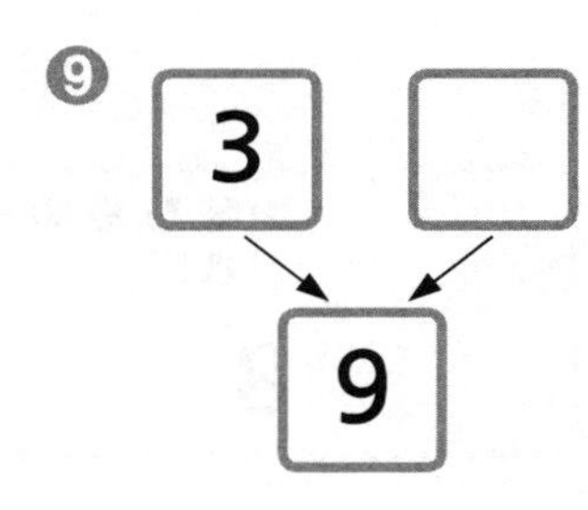

❿ 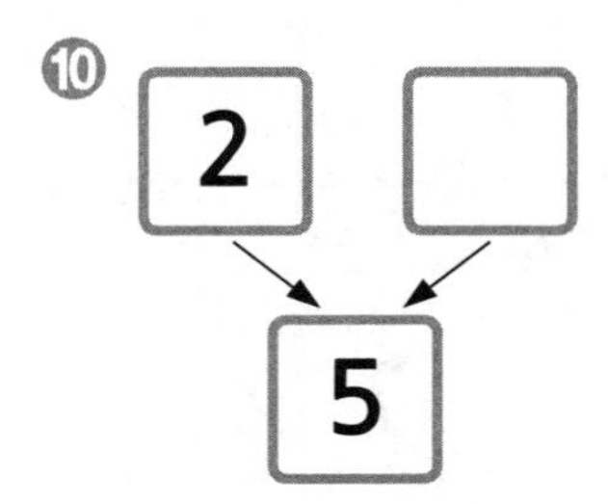

⓫ 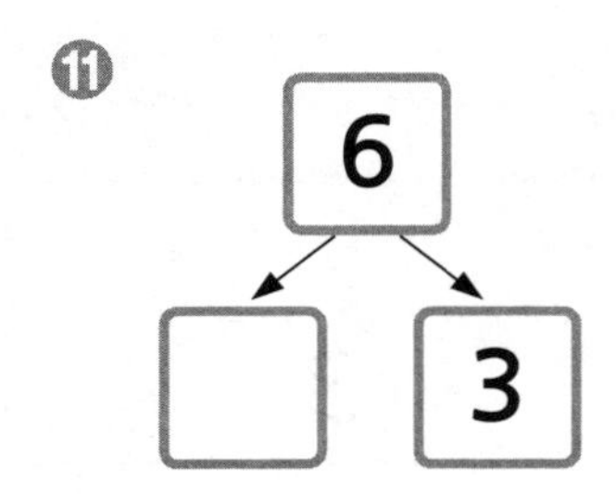

⓬ 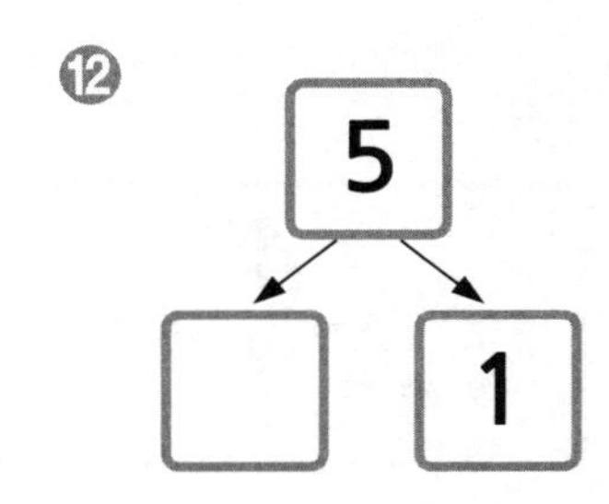

자기 점수에 ○표 하세요

맞힌 개수	6개 이하	7~8개	9~10개	11~12개
학습 방법	개념을 다시 공부하세요.	조금 더 노력하세요.	실수하면 안 돼요.	참 잘했어요.

3일차 A형 수를 가르고 모으기

월 일
분 초
/12

✎ 빈칸에 알맞게 점을 그리세요.

❶

❷

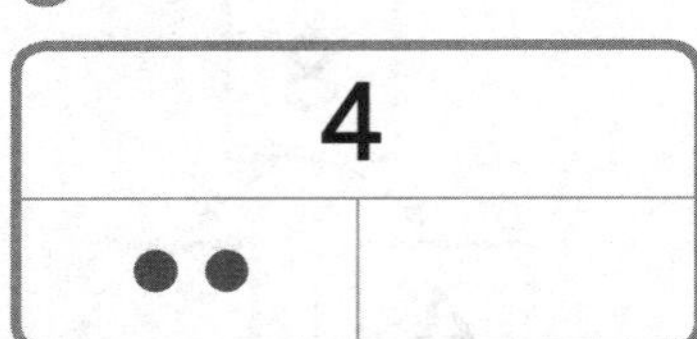

❸

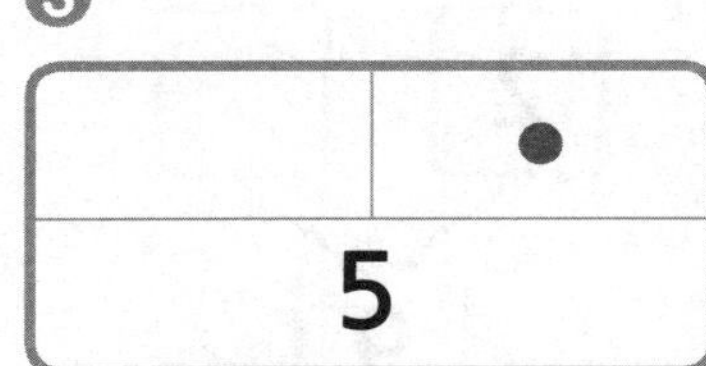

❹

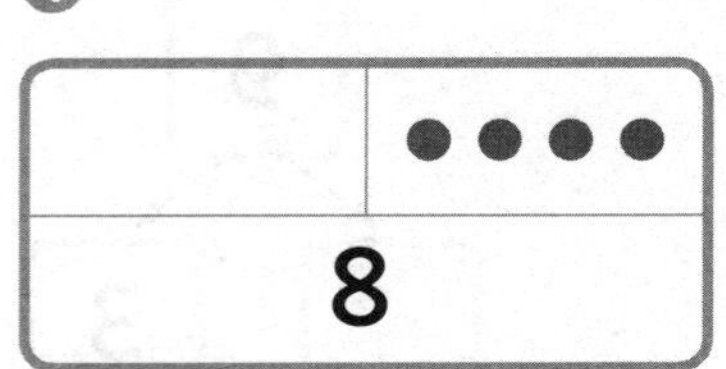

❺

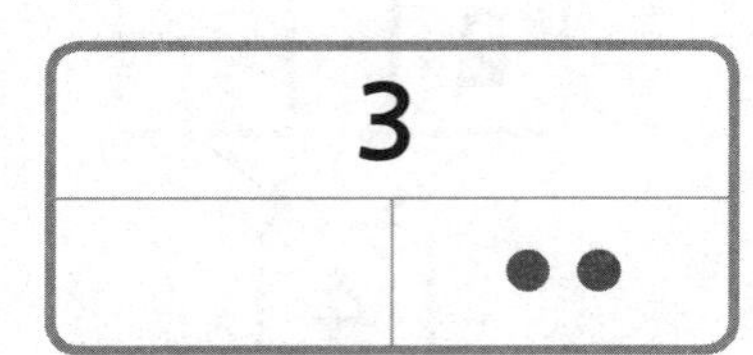

❻

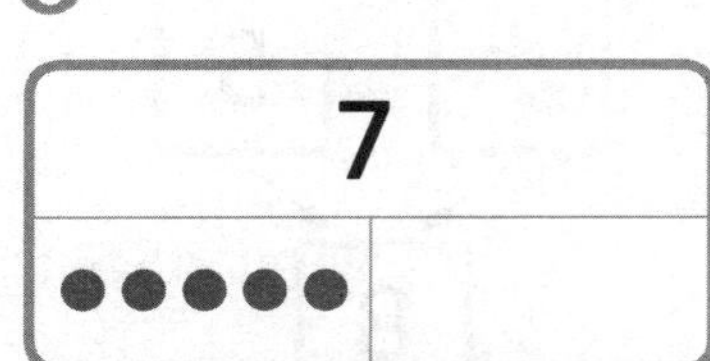

❼

8

❽

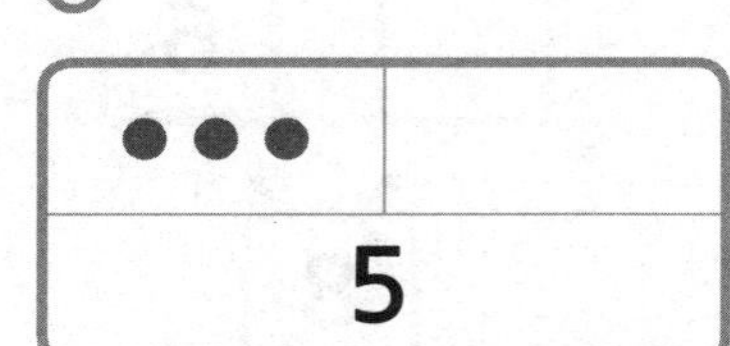

❾

6

❿

4

⓫

3

⓬

7

자기 점수에 ○표 하세요

맞힌 개수	6개 이하	7~8개	9~10개	11~12개
학습 방법	개념을 다시 공부하세요.	조금 더 노력하세요.	실수하면 안 돼요.	참 잘했어요.

수를 가르고 모으기

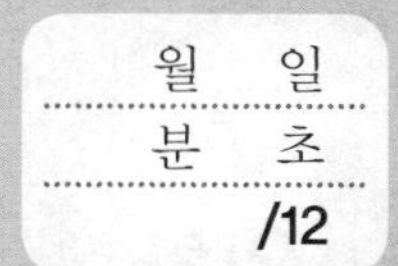

정답 4쪽

빈칸에 알맞은 수를 쓰세요.

❶ 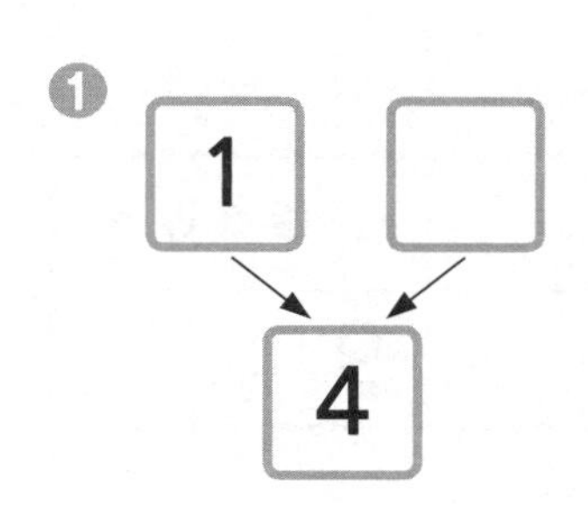

❷ 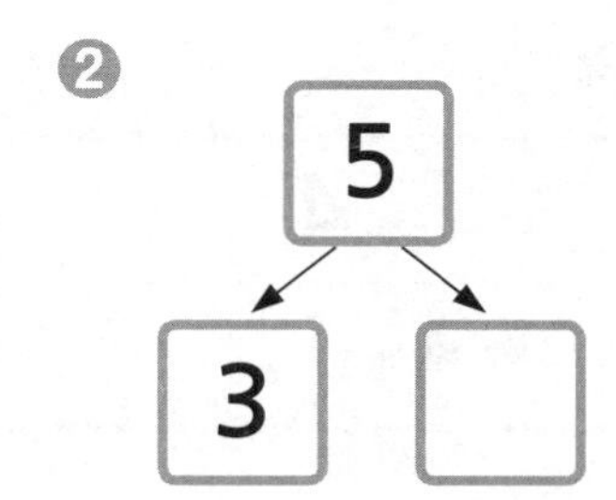

❸ 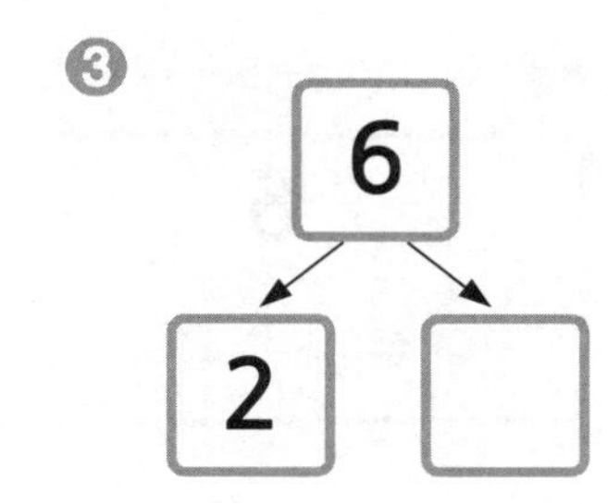

❹ 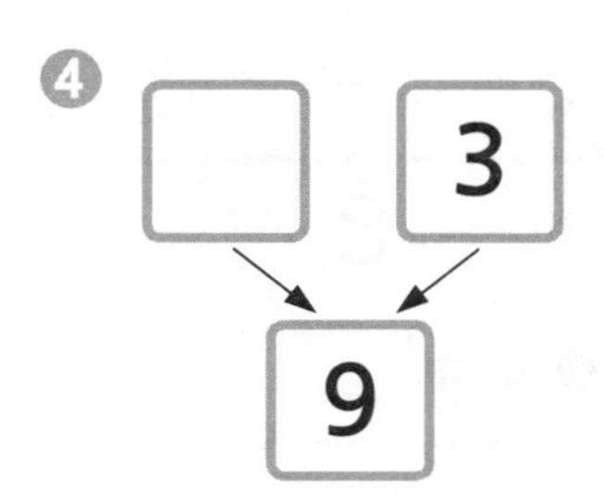

❺ 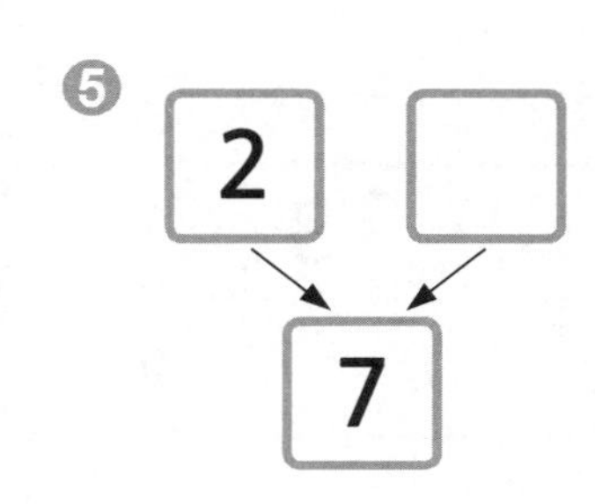

❻ 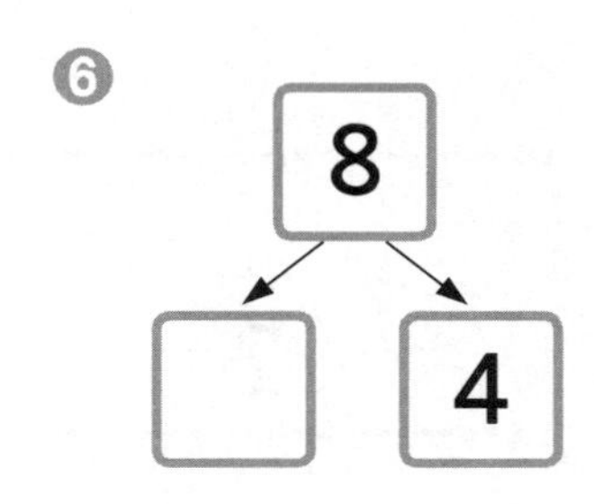

❼ 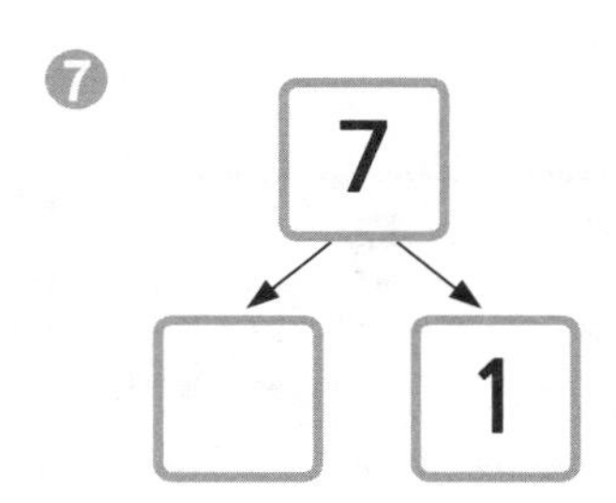

❽ 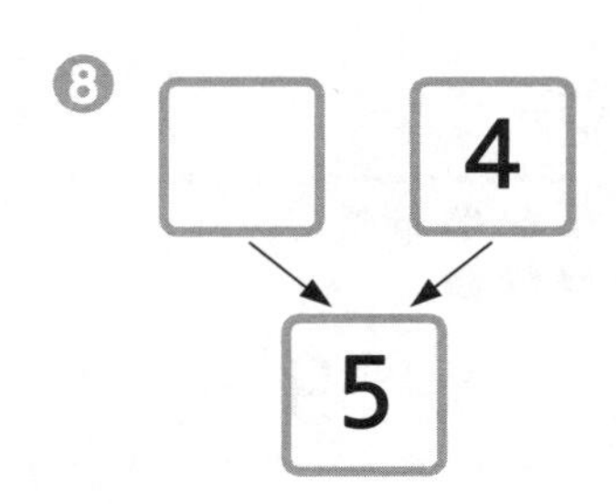

❾ 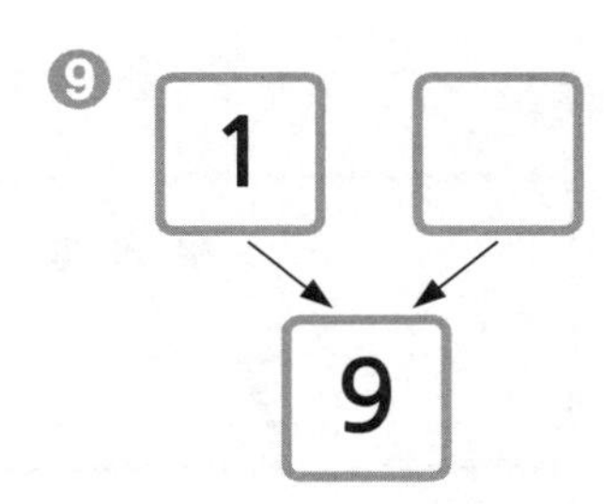

❿ 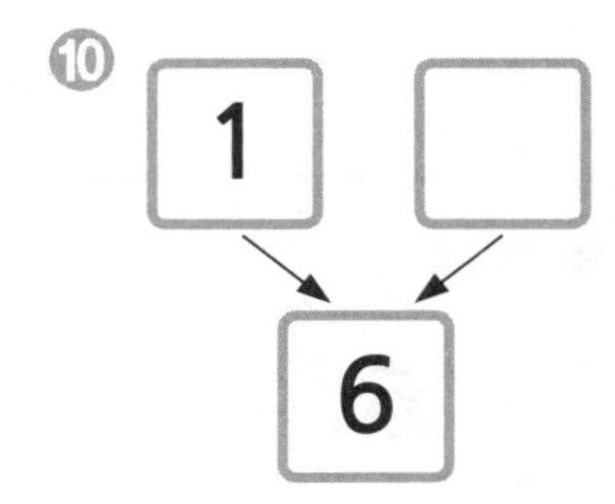

⓫ 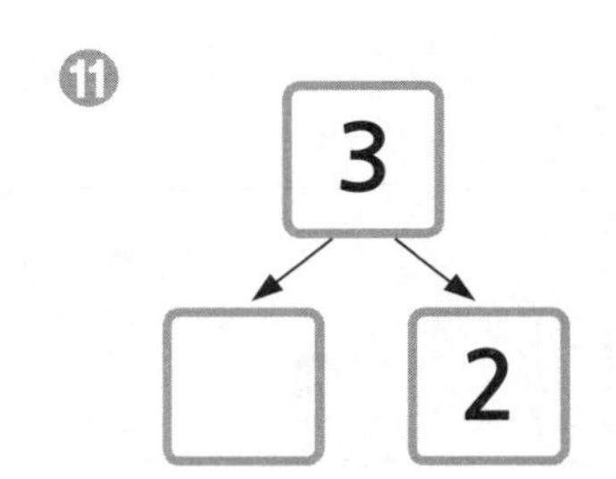

⓬ 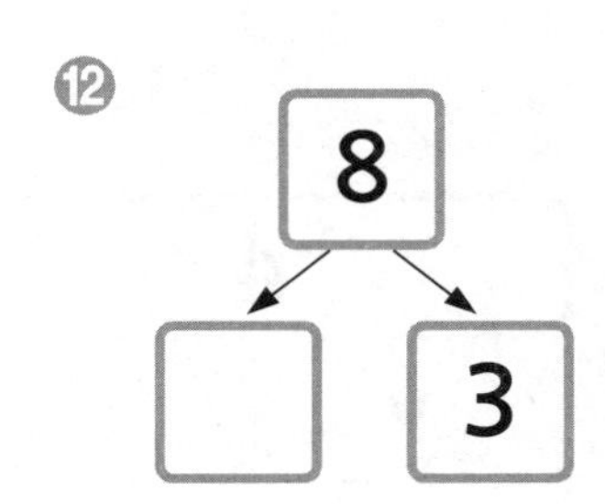

자기 점수에 ○표 하세요

맞힌 개수	6개 이하	7~8개	9~10개	11~12개
학습 방법	개념을 다시 공부하세요.	조금 더 노력 하세요.	실수하면 안 돼요.	참 잘했어요.

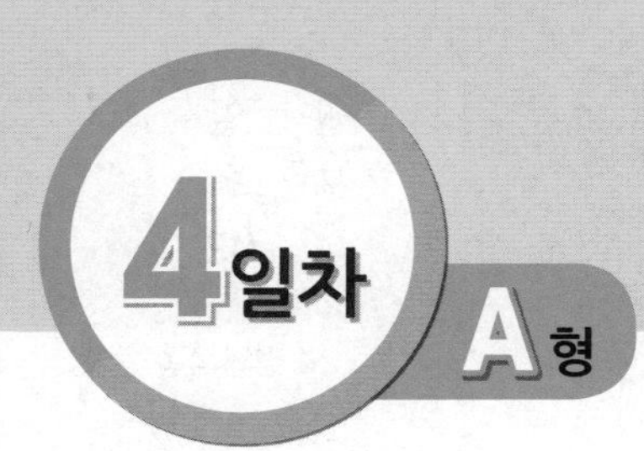

수를 가르고 모으기

월	일
분	초
	/12

✎ 빈칸에 알맞게 점을 그리세요.

❶

❷
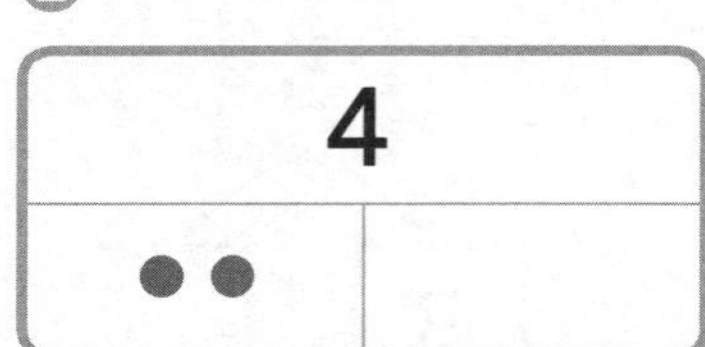

❸
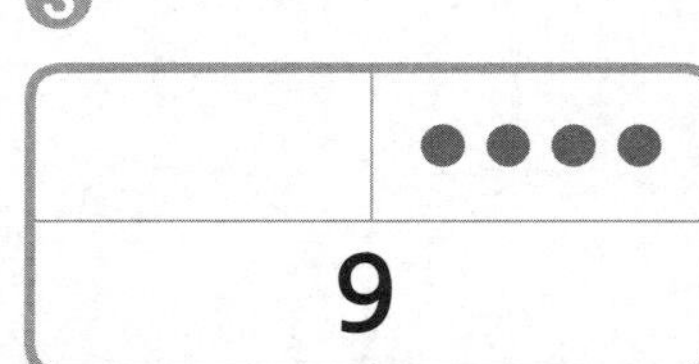

❹
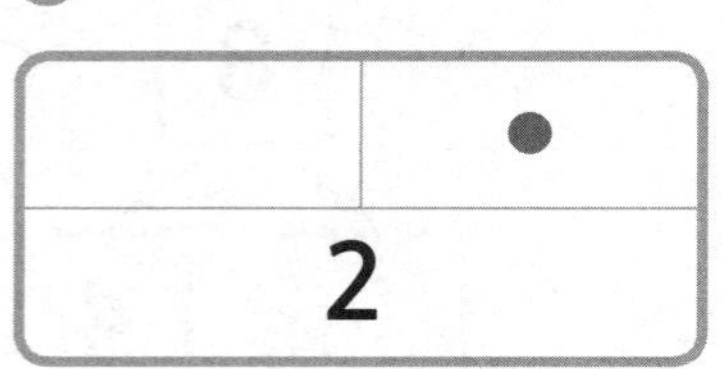

❺

❻

❼
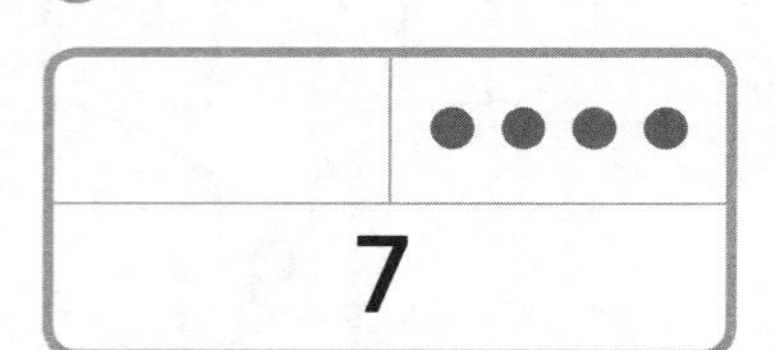

❽
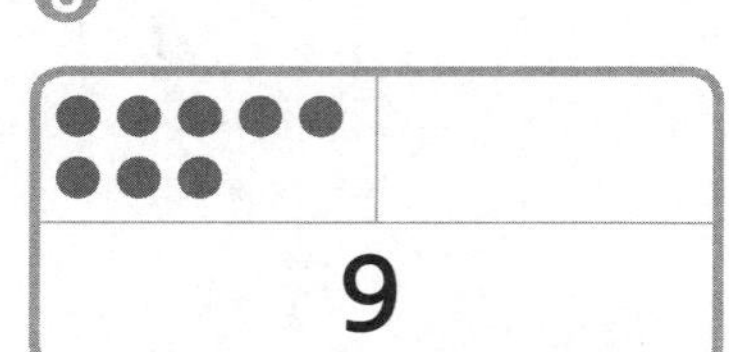

❾
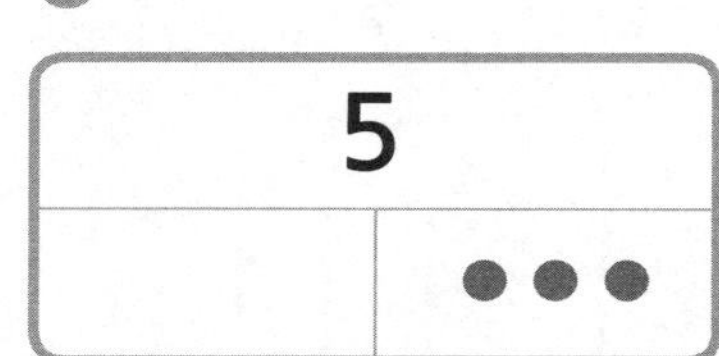

❿

⓫

	●●
3	

⓬

●●●●	
6	

자기 점수에 ○표 하세요

맞힌 개수	6개 이하	7~8개	9~10개	11~12개
학습 방법	개념을 다시 공부하세요.	조금 더 노력하세요.	실수하면 안 돼요.	참 잘했어요.

수를 가르고 모으기

월 일
분 초
/12

정답 5쪽

빈칸에 알맞은 수를 쓰세요.

❶ 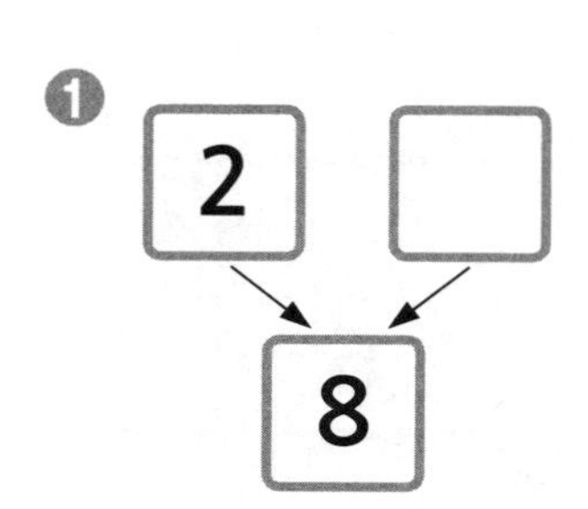

❷ 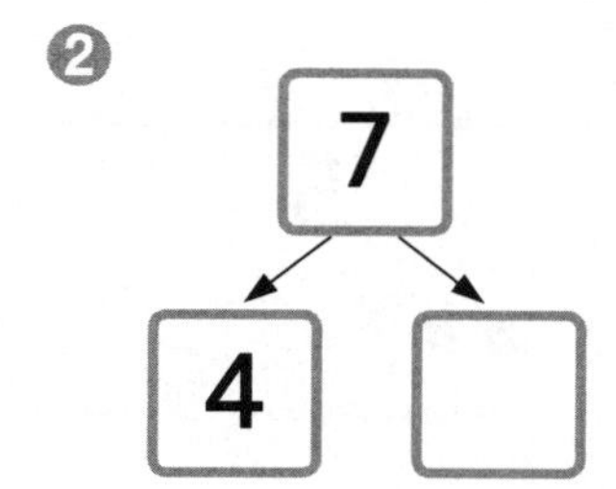

❸ 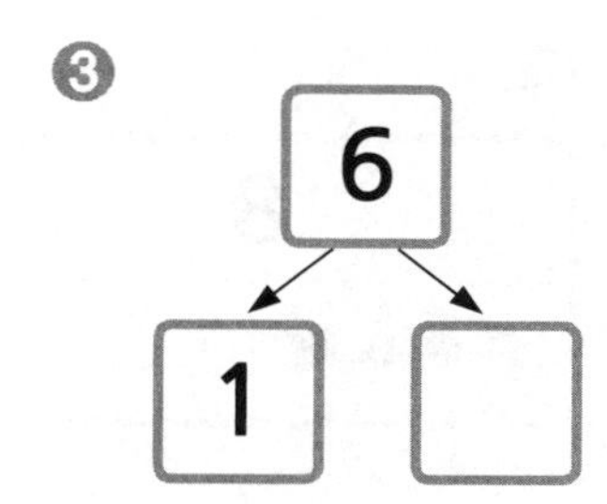

❹ 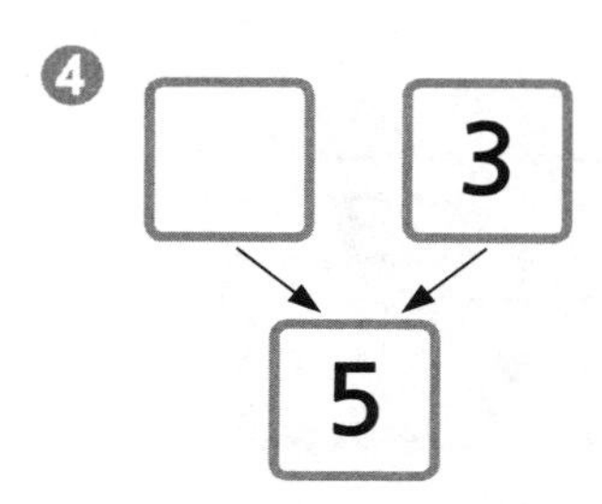

❺ 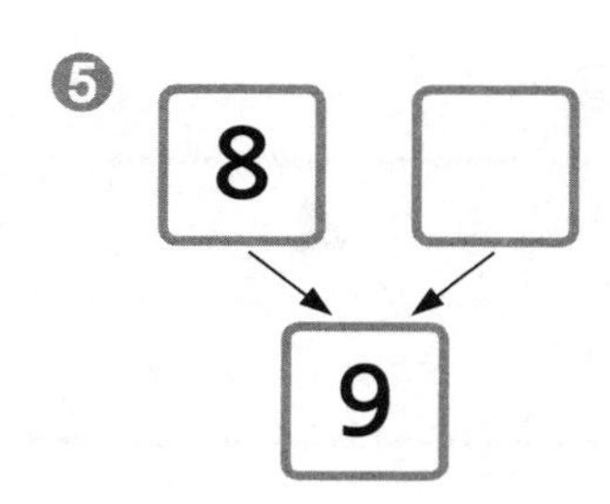

❻ 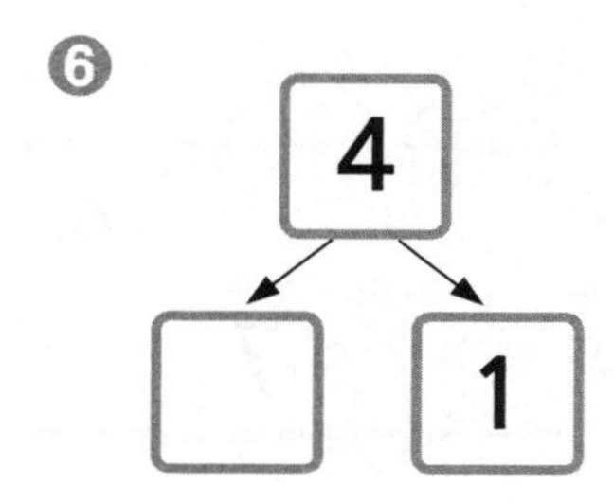

❼ 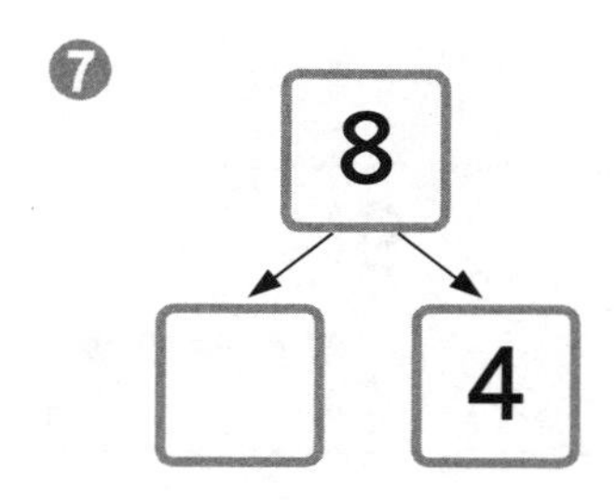

❽ 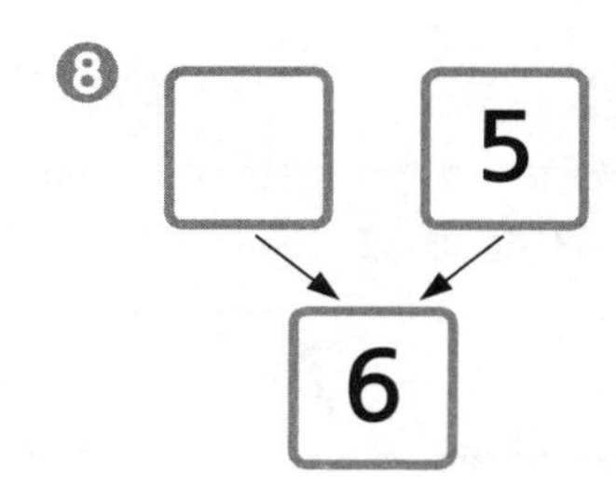

❾ 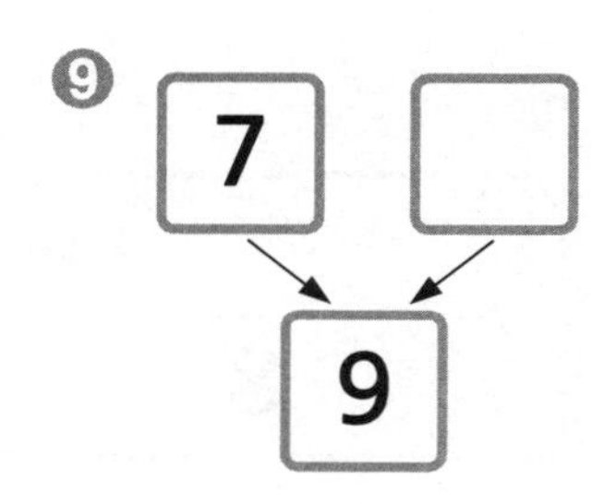

❿ 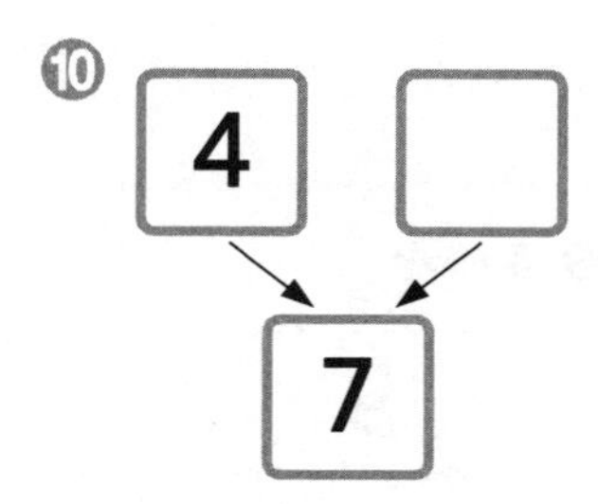

⓫ 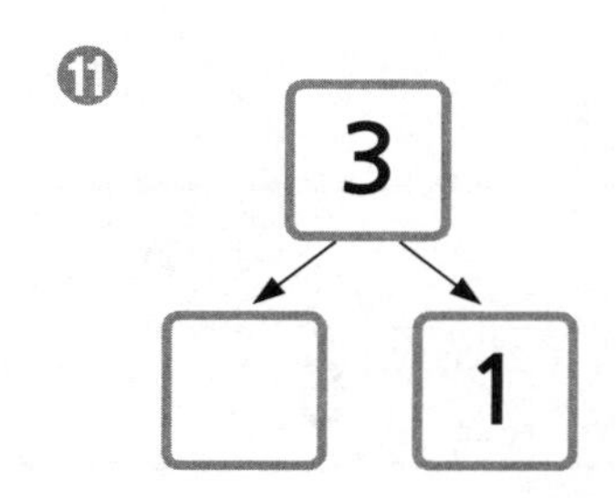

⓬ 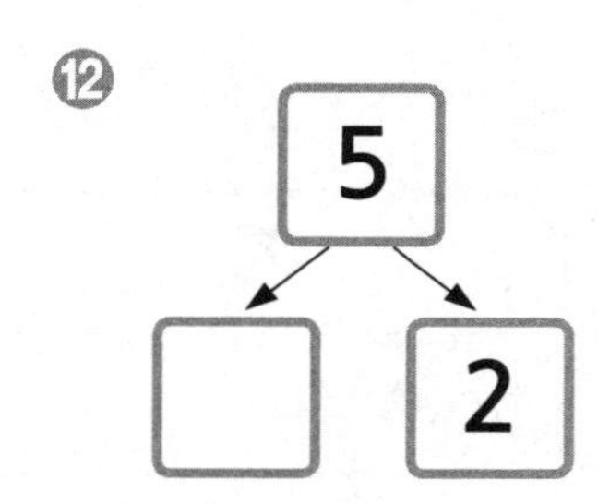

자기 점수에 ○표 하세요

맞힌 개수	6개 이하	7~8개	9~10개	11~12개
학습 방법	개념을 다시 공부하세요.	조금 더 노력 하세요.	실수하면 안 돼요.	참 잘했어요.

수를 가르고 모으기

월	일
분	초
	/12

빈칸에 알맞게 점을 그리세요.

❶ 8

❷
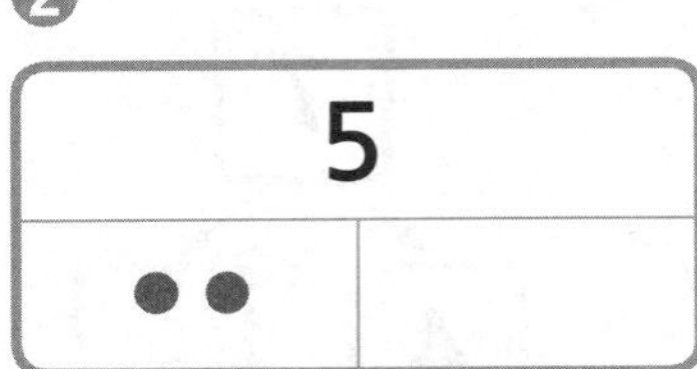

❸ 6

❹
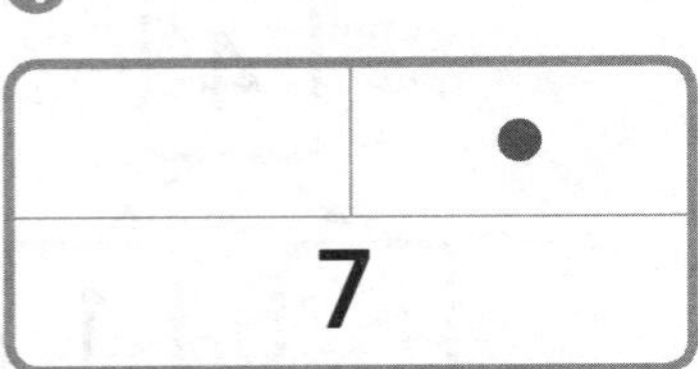

❺

❻
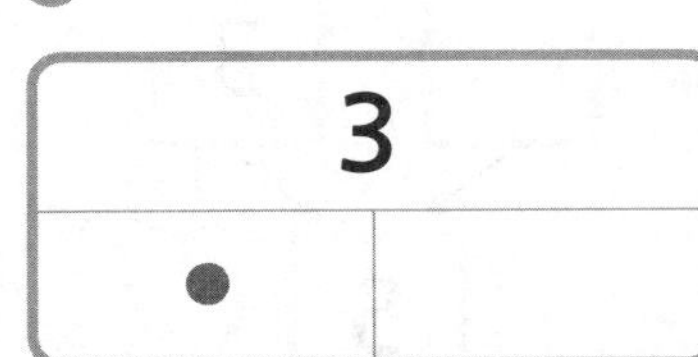

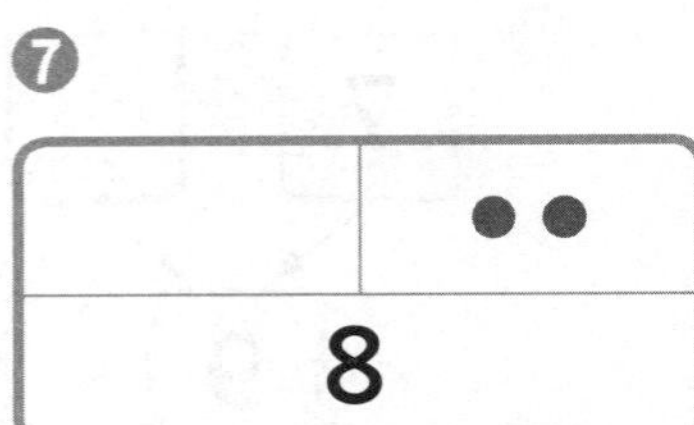

❽
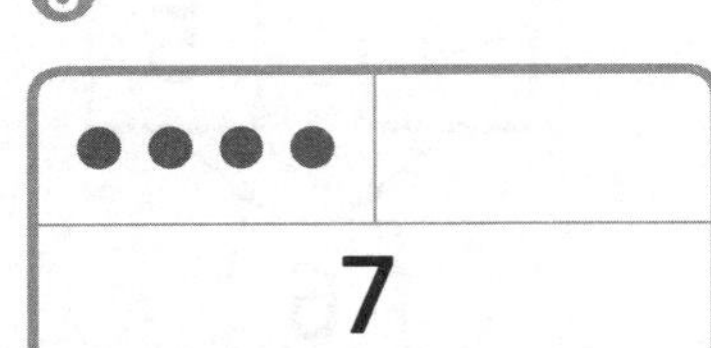

❾ 9

❿ 5

⓫ 6

⓬ 9

자기 점수에 ○표 하세요

맞힌 개수	6개 이하	7~8개	9~10개	11~12개
학습 방법	개념을 다시 공부하세요.	조금 더 노력하세요.	실수하면 안 돼요.	참 잘했어요.

수를 가르고 모으기

월 일
분 초
/12

정답 6쪽

빈칸에 알맞은 수를 쓰세요.

❶
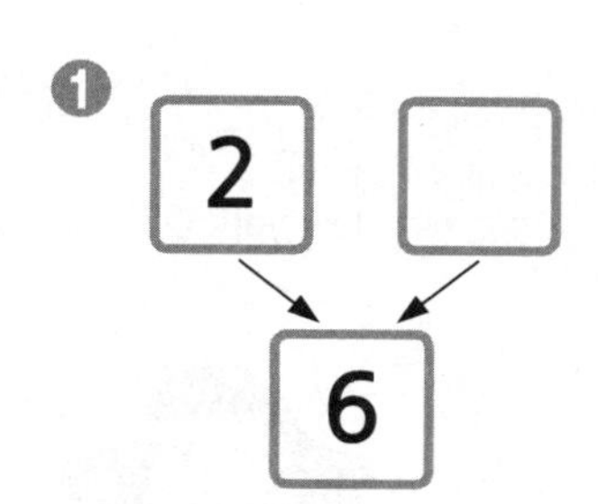

❷
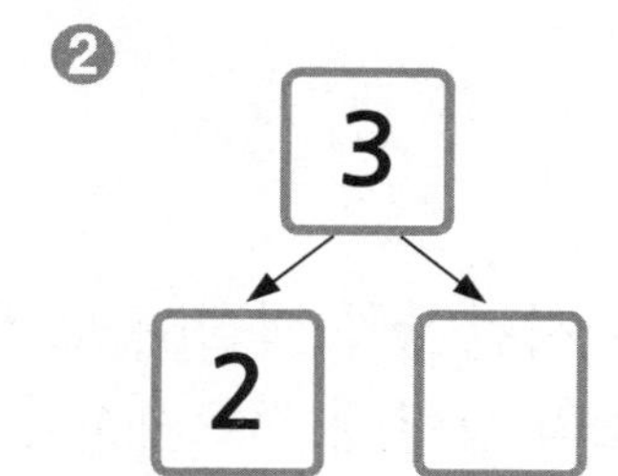

❸
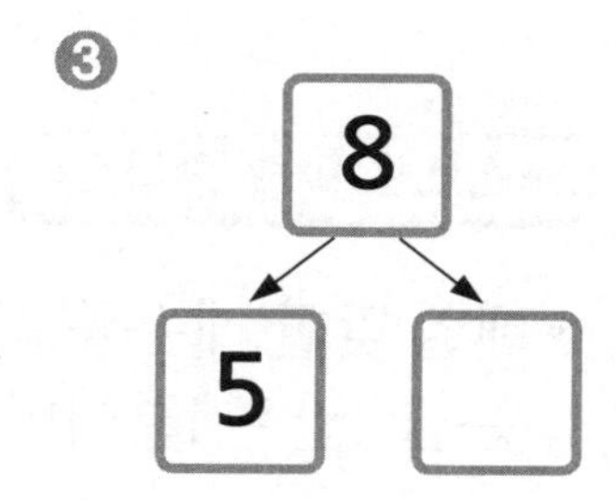

❹
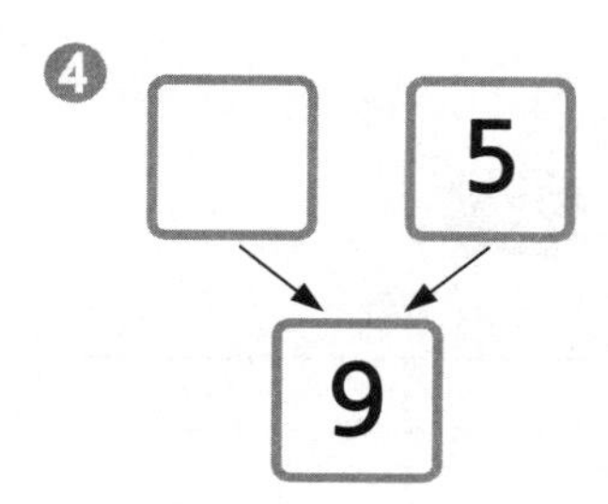

❺
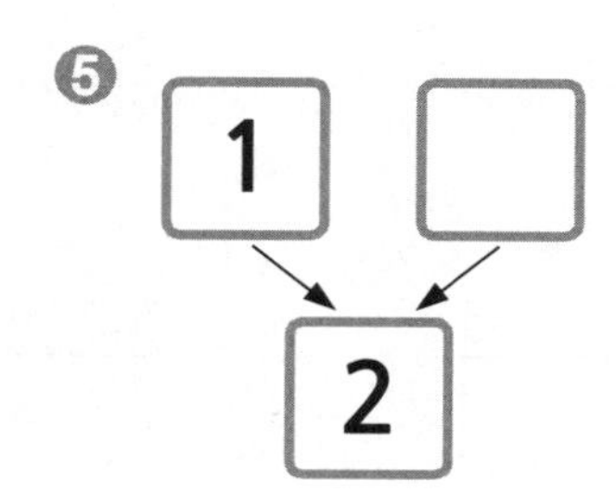

❻
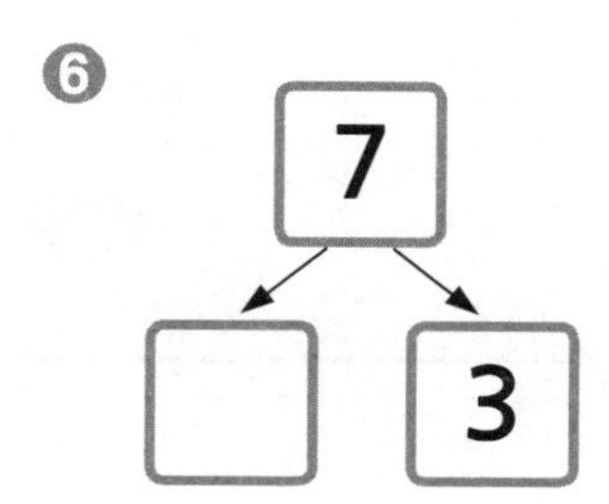

❼
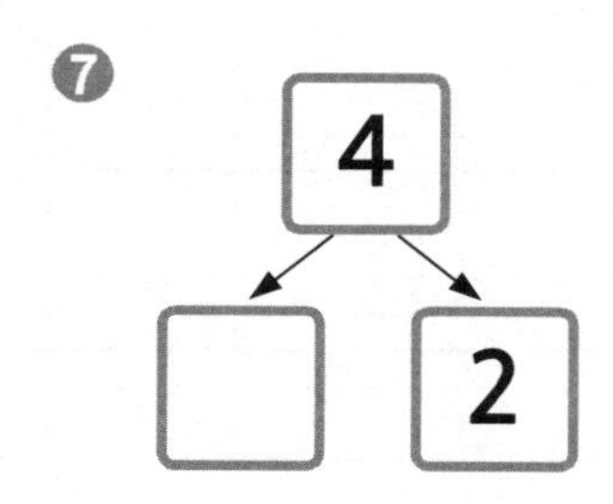

❽
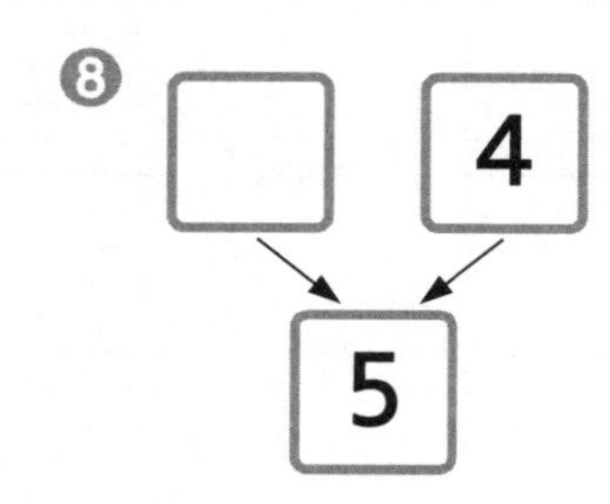

❾
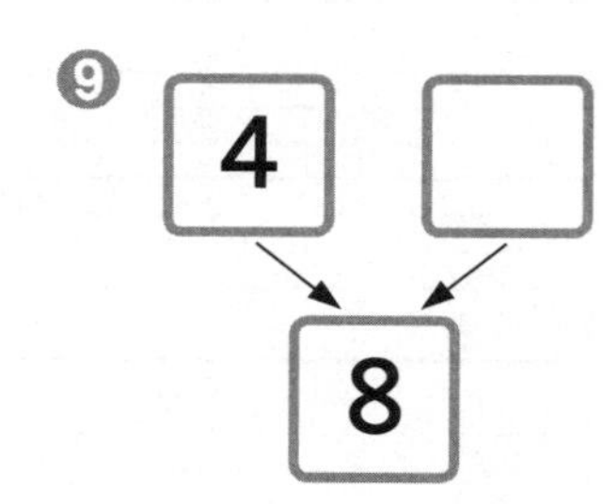

❿
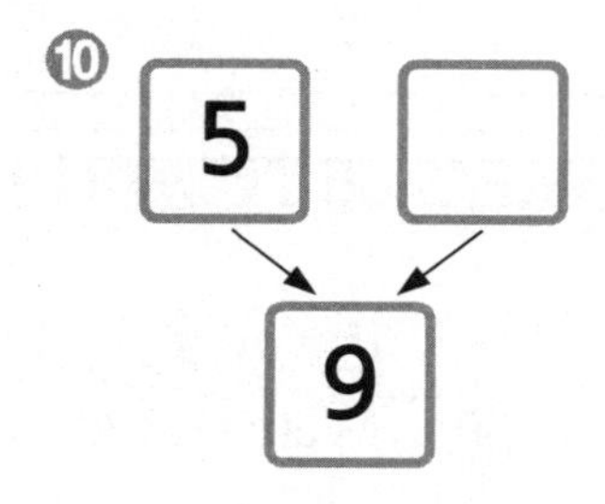

⓫
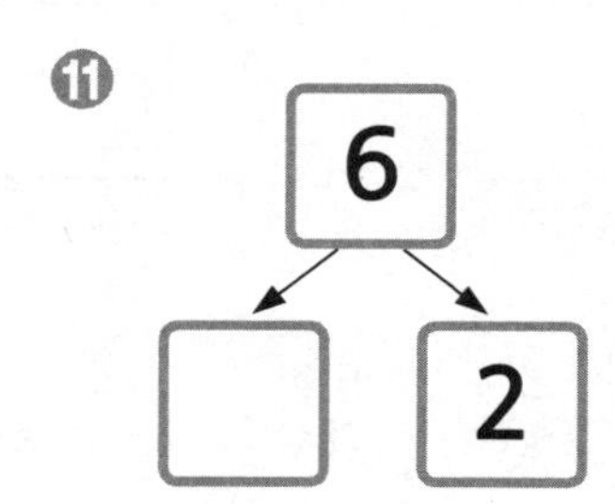

⓬
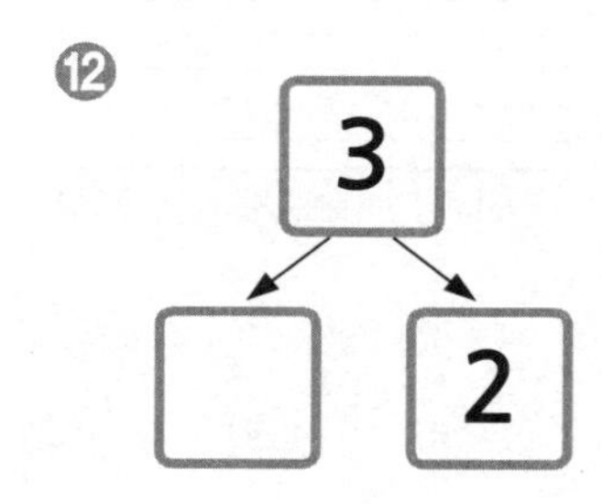

자기 점수에 ○표 하세요

맞힌 개수	6개 이하	7~8개	9~10개	11~12개
학습 방법	개념을 다시 공부하세요.	조금 더 노력 하세요.	실수하면 안 돼요.	참 잘했어요.

합이 9까지인 덧셈

◆스스로 학습 관리표◆

- 매일 맞힌 개수를 적고, 걸린 시간만큼 색칠해 보세요.
  (눈금 1칸은 1분이며, 초는 표의 상단에 적으세요.)
- 하루하루 지날수록 실력이 자라고, 계산 속도가 빨라지는 것을 눈으로 직접 확인할 수 있습니다.

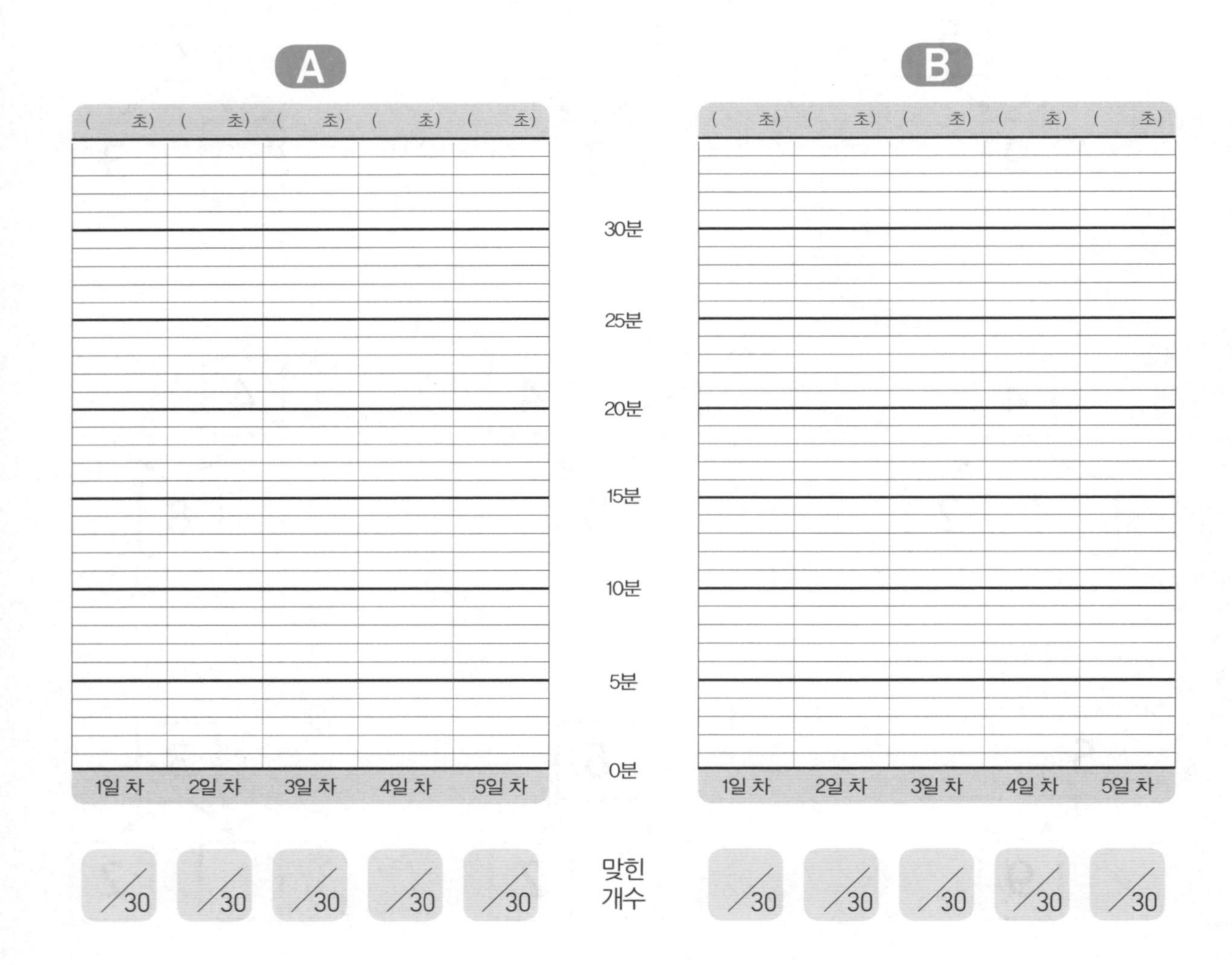

·개념 포인트·

덧셈

두 수를 모으는 것을 덧셈이라고 합니다. '수 모으기'와 '덧셈'은 같은 말이에요. 두 수를 모은 결과는 합이라고 부르지요.

덧셈식

두 수를 '더한다'는 말은 +라는 기호로 나타내고, '~와 같다'는 말은 =라는 기호로 나타냅니다.

'2 더하기 3은 5와 같습니다.'를 덧셈식으로 나타내면

$$2 + 3 = 5$$

위의 식은 '2와 3의 합은 5입니다.'라고 읽기도 합니다.

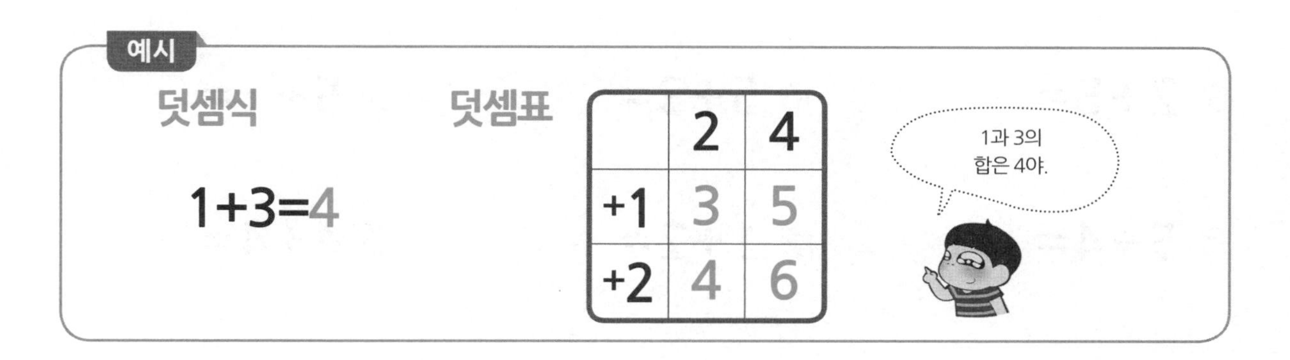

예시

덧셈식

$1+3=4$

덧셈표

	2	4
+1	3	5
+2	4	6

합이 9 이하인 한 자리 수의 덧셈 연습입니다. 덧셈식을 읽고 쓰는 방법을 익히고, 구체적인 사물을 예시로 들지 않아도 계산을 할 수 있도록 연습하는 단계입니다. 이 과정을 통하여 간단한 덧셈은 손가락 셈을 하는 등의 과정 없이 바로 계산할 수 있도록 지도해 주세요.

합이 9까지인 덧셈

월	일
분	초
	/30

덧셈은 두 수의 합을 구하는 거야!

덧셈을 하세요.

❶ 3+5=　❷ 3+6=　❸ 1+7=

❹ 2+7=　❺ 4+3=　❻ 0+6=

❼ 1+4=　❽ 2+3=　❾ 5+2=

❿ 4+5=　⓫ 0+7=　⓬ 8+1=

⓭ 3+2=　⓮ 2+6=　⓯ 6+3=

⓰ 2+5=　⓱ 5+3=　⓲ 5+1=

⓳ 5+4=　⓴ 1+2=　㉑ 4+4=

㉒ 4+2=　㉓ 2+2=　㉔ 3+3=

㉕ 2+1=　㉖ 7+1=　㉗ 1+3=

㉘ 1+8=　㉙ 1+1=　㉚ 2+4=

자기 점수에 ○표 하세요

맞힌 개수	20개 이하	21~25개	26~28개	29~30개
학습 방법	개념을 다시 공부하세요.	조금 더 노력하세요.	실수하면 안 돼요.	참 잘했어요.

합이 9까지인 덧셈

월	일
분	초
	/30

빈칸을 차근차근 채워 봐!

정답 7쪽

✎ 빈칸에 알맞은 수를 넣으세요.

위의 수와 아래의 수를 계산하세요.	2	4	3	1	0
+3					
+2					
+0					
+5					
+4					
+1					

자기 점수에 ○표 하세요

맞힌 개수	20개 이하	21~25개	26~28개	29~30개
학습 방법	개념을 다시 공부하세요.	조금 더 노력 하세요.	실수하면 안 돼요.	참 잘했어요.

합이 9까지인 덧셈

월 일
분 초
/30

덧셈을 하세요.

❶ $2+6=$ ❷ $7+2=$ ❸ $7+1=$

❹ $5+4=$ ❺ $2+5=$ ❻ $3+3=$

❼ $3+2=$ ❽ $1+4=$ ❾ $7+0=$

❿ $6+1=$ ⓫ $4+3=$ ⓬ $4+5=$

⓭ $4+1=$ ⓮ $4+4=$ ⓯ $2+7=$

⓰ $3+4=$ ⓱ $1+7=$ ⓲ $4+2=$

⓳ $6+3=$ ⓴ $2+1=$ ㉑ $3+5=$

㉒ $2+3=$ ㉓ $1+3=$ ㉔ $5+1=$

㉕ $1+2=$ ㉖ $5+3=$ ㉗ $3+1=$

㉘ $2+2=$ ㉙ $1+8=$ ㉚ $2+4=$

자기 점수에 ○표 하세요

맞힌 개수	20개 이하	21~25개	26~28개	29~30개
학습 방법	개념을 다시 공부하세요.	조금 더 노력하세요.	실수하면 안 돼요.	참 잘했어요.

합이 9까지인 덧셈

월 일
분 초
/30

정답 8쪽

빈칸에 알맞은 수를 넣으세요.

위의 수와 아래의 수를 계산하세요.	3	1	4	0	2
+2					
+0					
+5					
+1					
+4					
+3					

자기 점수에 ○표 하세요

맞힌 개수	20개 이하	21~25개	26~28개	29~30개
학습 방법	개념을 다시 공부하세요.	조금 더 노력 하세요.	실수하면 안 돼요.	참 잘했어요.

합이 9까지인 덧셈

월	일
분	초
	/30

덧셈을 하세요.

❶ $2+3=$　❷ $5+1=$　❸ $1+7=$

❹ $6+2=$　❺ $3+5=$　❻ $7+2=$

❼ $1+8=$　❽ $4+2=$　❾ $2+5=$

❿ $6+3=$　⓫ $2+2=$　⓬ $4+1=$

⓭ $6+1=$　⓮ $3+1=$　⓯ $5+2=$

⓰ $3+2=$　⓱ $3+6=$　⓲ $5+3=$

⓳ $4+5=$　⓴ $1+2=$　㉑ $4+4=$

㉒ $2+6=$　㉓ $3+4=$　㉔ $7+1=$

㉕ $8+1=$　㉖ $2+4=$　㉗ $3+3=$

㉘ $5+4=$　㉙ $1+6=$　㉚ $2+7=$

자기 점수에 ○표 하세요

맞힌 개수	20개 이하	21~25개	26~28개	29~30개
학습 방법	개념을 다시 공부하세요.	조금 더 노력 하세요.	실수하면 안 돼요.	참 잘했어요.

합이 9까지인 덧셈

월 일
분 초
/30

정답 9쪽

빈칸에 알맞은 수를 넣으세요.

위의 수와 아래의 수를 계산하세요.	4	0	1	3	2
+5					
+1					
+4					
+0					
+2					
+3					

자기 점수에 ○표 하세요

맞힌 개수	20개 이하	21~25개	26~28개	29~30개
학습 방법	개념을 다시 공부하세요.	조금 더 노력 하세요.	실수하면 안 돼요.	참 잘했어요.

합이 9까지인 덧셈

월	일
분	초
	/30

덧셈을 하세요.

❶ 2+2=　❷ 4+1=　❸ 2+3=

❹ 3+1=　❺ 5+2=　❻ 6+2=

❼ 3+6=　❽ 3+3=　❾ 1+8=

❿ 1+2=　⓫ 4+4=　⓬ 5+1=

⓭ 3+4=　⓮ 2+5=　⓯ 6+3=

⓰ 2+7=　⓱ 6+1=　⓲ 4+5=

⓳ 1+1=　⓴ 5+3=　㉑ 3+2=

㉒ 7+1=　㉓ 4+2=　㉔ 8+1=

㉕ 3+5=　㉖ 1+6=　㉗ 5+4=

㉘ 2+4=　㉙ 7+2=　㉚ 4+3=

자기 점수에 ○표 하세요

맞힌 개수	20개 이하	21~25개	26~28개	29~30개
학습 방법	개념을 다시 공부하세요.	조금 더 노력하세요.	실수하면 안 돼요.	참 잘했어요.

합이 9까지인 덧셈

월 일
분 초
/30

정답 10쪽

빈칸에 알맞은 수를 넣으세요.

위의 수와 아래의 수를 계산하세요.	1	0	4	2	3
+2					
+5					
+4					
+0					
+1					
+3					

자기 점수에 ○표 하세요

맞힌 개수	20개 이하	21~25개	26~28개	29~30개
학습 방법	개념을 다시 공부하세요.	조금 더 노력하세요.	실수하면 안 돼요.	참 잘했어요.

합이 9까지인 덧셈

월	일
분	초
	/30

✎ 덧셈을 하세요.

❶ 5+4=　❷ 2+3=　❸ 5+2=

❹ 4+3=　❺ 1+6=　❻ 6+2=

❼ 1+1=　❽ 7+2=　❾ 3+5=

❿ 7+1=　⓫ 5+3=　⓬ 2+4=

⓭ 6+3=　⓮ 4+2=　⓯ 3+2=

⓰ 4+5=　⓱ 2+5=　⓲ 8+1=

⓳ 3+3=　⓴ 6+1=　㉑ 3+4=

㉒ 4+4=　㉓ 1+8=　㉔ 2+7=

㉕ 2+2=　㉖ 5+1=　㉗ 3+6=

㉘ 3+1=　㉙ 4+1=　㉚ 1+2=

자기 점수에 ○표 하세요

맞힌 개수	20개 이하	21~25개	26~28개	29~30개
학습 방법	개념을 다시 공부하세요.	조금 더 노력하세요.	실수하면 안 돼요.	참 잘했어요.

5일차 B형

합이 9까지인 덧셈

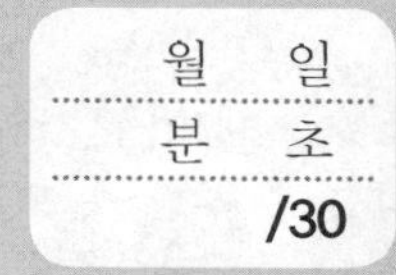

정답 11쪽

빈칸에 알맞은 수를 넣으세요.

위의 수와 아래의 수를 계산하세요.	0	3	1	2	4
+5					
+1					
+0					
+4					
+3					
+2					

자기 점수에 ○표 하세요

맞힌 개수	20개 이하	21~25개	26~28개	29~30개
학습 방법	개념을 다시 공부하세요.	조금 더 노력하세요.	실수하면 안 돼요.	참 잘했어요.

차가 9까지인 뺄셈

◆스스로 학습 관리표◆

- 매일 맞힌 개수를 적고, 걸린 시간만큼 색칠해 보세요.
  (눈금 1칸은 1분이며, 초는 표의 상단에 적으세요.)
- 하루하루 지날수록 실력이 자라고, 계산 속도가 빨라지는 것을 눈으로 직접 확인할 수 있습니다.

개념 포인트

뺄셈

나비 5마리가 꽃밭에 앉아 있는데, 그중 2마리가 날아가 버렸습니다. 몇 마리 남았을까요? 나비 5마리는 3마리와 2마리로 가를 수 있어요. 2마리가 날아가 버렸으니 남은 건 3마리뿐이지요.

5를 3과 2로 가른 다음, 2를 빼면 남은 건 3입니다. 뺄셈은 '수 가르기'와 관련되어 있습니다. 뺄셈을 한 결과를 차라고 부릅니다.

뺄셈식

'뺀다'는 말은 −로 나타냅니다.

'5 빼기 3은 2와 같습니다.'를 뺄셈식으로 나타내면

$$5 - 3 = 2$$

위의 식은 '5와 3의 차는 2입니다.'라고 읽기도 합니다.

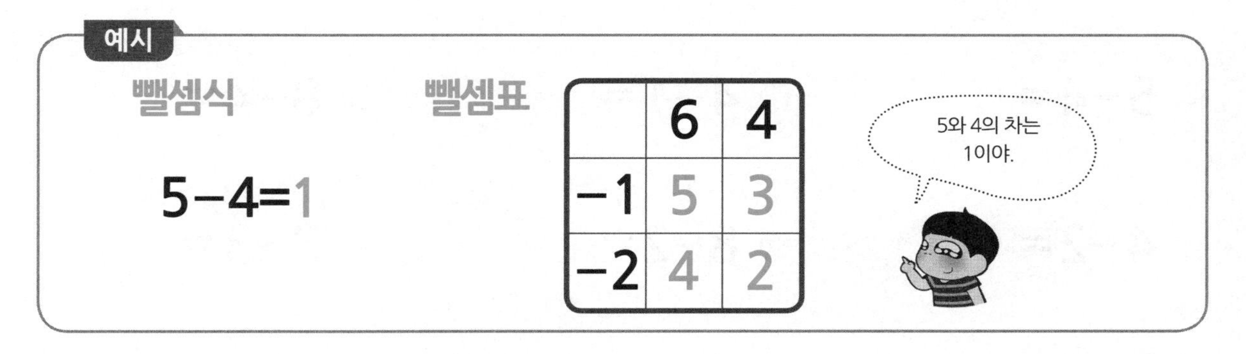

예시

뺄셈식

$5-4=1$

뺄셈표

	6	4
−1	5	3
−2	4	2

차가 9 이하인 뺄셈을 연습하는 단계입니다. 뺄셈식을 읽고 쓰는 방법을 익히고, 구체적인 사물을 예시로 들지 않아도 뺄셈을 할 수 있어야 합니다. 한 자리 수의 뺄셈을 완전히 익힐 수 있도록 지도해 주세요.

1일차 A형

차가 9까지인 뺄셈

월	일
분	초
	/30

뺄셈은 두 수의 차를 구하는 거야!

뺄셈을 하세요.

❶ $9-5=$ ❷ $6-3=$ ❸ $2-1=$

❹ $9-7=$ ❺ $7-5=$ ❻ $6-2=$

❼ $6-4=$ ❽ $8-3=$ ❾ $5-2=$

❿ $4-3=$ ⓫ $9-4=$ ⓬ $8-1=$

⓭ $3-1=$ ⓮ $6-5=$ ⓯ $7-2=$

⓰ $9-2=$ ⓱ $7-3=$ ⓲ $5-1=$

⓳ $5-4=$ ⓴ $4-1=$ ㉑ $8-4=$

㉒ $4-2=$ ㉓ $8-2=$ ㉔ $3-3=$

㉕ $3-2=$ ㉖ $7-1=$ ㉗ $9-3=$

㉘ $8-7=$ ㉙ $8-5=$ ㉚ $7-4=$

자기 점수에 ○표 하세요

맞힌 개수	20개 이하	21~25개	26~28개	29~30개
학습 방법	개념을 다시 공부하세요.	조금 더 노력 하세요.	실수하면 안 돼요.	참 잘했어요.

차가 9까지인 뺄셈

월 일
분 초
/30

빈칸을 차근차근 채워 봐!

정답 12쪽

빈칸에 알맞은 수를 넣으세요.

위의 수와 아래의 수를 계산하세요.	5	8	9	6	7
−3					
−2					
−0					
−5					
−4					
−1					

자기 점수에 ○표 하세요

맞힌 개수	20개 이하	21~25개	26~28개	29~30개
학습 방법	개념을 다시 공부하세요.	조금 더 노력 하세요.	실수하면 안 돼요.	참 잘했어요.

2일차 A형

차가 9까지인 뺄셈

월	일
분	초
	/30

뺄셈을 하세요.

❶ $8-4=$ ❷ $8-5=$ ❸ $4-3=$

❹ $5-3=$ ❺ $6-4=$ ❻ $9-5=$

❼ $3-1=$ ❽ $8-3=$ ❾ $7-4=$

❿ $6-5=$ ⓫ $4-2=$ ⓬ $8-1=$

⓭ $7-5=$ ⓮ $3-2=$ ⓯ $5-2=$

⓰ $6-3=$ ⓱ $6-2=$ ⓲ $7-3=$

⓳ $9-8=$ ⓴ $9-6=$ ㉑ $5-1=$

㉒ $8-6=$ ㉓ $6-6=$ ㉔ $9-7=$

㉕ $7-6=$ ㉖ $8-2=$ ㉗ $9-1=$

㉘ $9-2=$ ㉙ $5-4=$ ㉚ $8-8=$

자기 점수에 ○표 하세요

맞힌 개수	20개 이하	21~25개	26~28개	29~30개
학습 방법	개념을 다시 공부하세요.	조금 더 노력 하세요.	실수하면 안 돼요.	참 잘했어요.

2일차 B형

차가 9까지인 뺄셈

월 일
분 초
/30

정답 13쪽

빈칸에 알맞은 수를 넣으세요.

위의 수와 아래의 수를 계산하세요.	9	5	8	7	6
−5					
−3					
−1					
−0					
−4					
−2					

자기 점수에 ○표 하세요

맞힌 개수	20개 이하	21~25개	26~28개	29~30개
학습 방법	개념을 다시 공부하세요.	조금 더 노력 하세요.	실수하면 안 돼요.	참 잘했어요.

3일차 A형

차가 9까지인 뺄셈

월 일
분 초
/30

✎ 뺄셈을 하세요.

① $6-5=$	② $9-5=$	③ $3-1=$
④ $9-7=$	⑤ $7-4=$	⑥ $8-3=$
⑦ $9-6=$	⑧ $6-4=$	⑨ $7-3=$
⑩ $8-2=$	⑪ $9-8=$	⑫ $5-2=$
⑬ $3-2=$	⑭ $6-3=$	⑮ $9-2=$
⑯ $9-1=$	⑰ $7-5=$	⑱ $4-1=$
⑲ $8-4=$	⑳ $4-3=$	㉑ $8-8=$
㉒ $7-2=$	㉓ $5-1=$	㉔ $4-2=$
㉕ $5-4=$	㉖ $8-1=$	㉗ $8-5=$
㉘ $6-2=$	㉙ $8-6=$	㉚ $9-4=$

자기 점수에 ○표 하세요

맞힌 개수	20개 이하	21~25개	26~28개	29~30개
학습 방법	개념을 다시 공부하세요.	조금 더 노력하세요.	실수하면 안 돼요.	참 잘했어요.

차가 9까지인 뺄셈

월 일
분 초
/30

정답 14쪽

빈칸에 알맞은 수를 넣으세요.

위의 수와 아래의 수를 계산하세요.	6	8	7	5	9
−2					
−0					
−5					
−1					
−4					
−3					

자기 점수에 ○표 하세요

맞힌 개수	20개 이하	21~25개	26~28개	29~30개
학습 방법	개념을 다시 공부하세요.	조금 더 노력 하세요.	실수하면 안 돼요.	참 잘했어요.

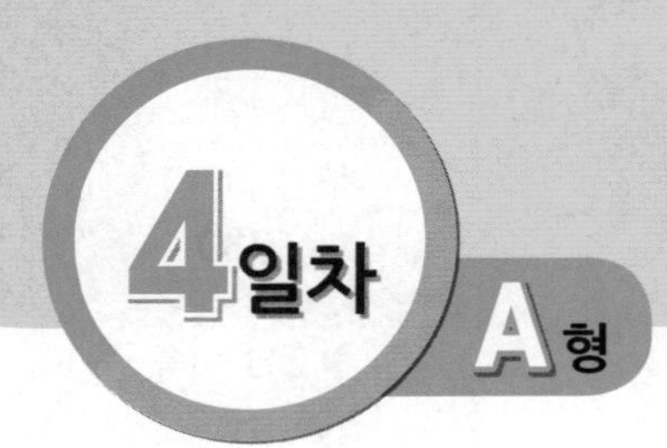

차가 9까지인 뺄셈

월 일
분 초
/30

✎ 뺄셈을 하세요.

❶ 9−1=　❷ 5−3=　❸ 4−1=

❹ 7−6=　❺ 8−3=　❻ 8−4=

❼ 6−3=　❽ 8−1=　❾ 5−5=

❿ 4−2=　⓫ 9−6=　⓬ 6−1=

⓭ 6−2=　⓮ 2−1=　⓯ 8−2=

⓰ 2−2=　⓱ 9−2=　⓲ 5−1=

⓳ 9−4=　⓴ 8−5=　㉑ 9−5=

㉒ 7−5=　㉓ 9−7=　㉔ 4−4=

㉕ 5−4=　㉖ 7−1=　㉗ 6−0=

㉘ 6−5=　㉙ 3−1=　㉚ 5−2=

자기 점수에 ○표 하세요

맞힌 개수	20개 이하	21~25개	26~28개	29~30개
학습 방법	개념을 다시 공부하세요.	조금 더 노력하세요.	실수하면 안 돼요.	참 잘했어요.

차가 9까지인 뺄셈

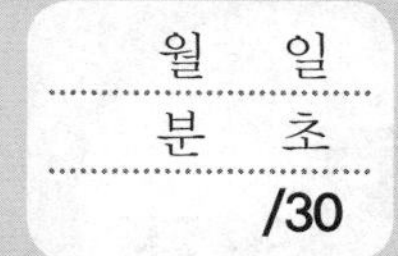

정답 15쪽

✎ 빈칸에 알맞은 수를 넣으세요.

위의 수와 아래의 수를 계산하세요.	7	9	8	5	6
−1					
−5					
−2					
−0					
−4					
−3					

자기 점수에 ○표 하세요

맞힌 개수	20개 이하	21~25개	26~28개	29~30개
학습 방법	개념을 다시 공부하세요.	조금 더 노력 하세요.	실수하면 안 돼요.	참 잘했어요.

5일차 A형

차가 9까지인 뺄셈

월	일
분	초
	/30

✎ 뺄셈을 하세요.

❶ 5−3=	❷ 8−6=	❸ 8−7=
❹ 9−6=	❺ 6−3=	❻ 9−9=
❼ 5−5=	❽ 8−4=	❾ 5−4=
❿ 9−8=	⓫ 6−1=	⓬ 9−7=
⓭ 8−3=	⓮ 9−4=	⓯ 5−2=
⓰ 6−2=	⓱ 8−2=	⓲ 9−5=
⓳ 8−5=	⓴ 4−3=	㉑ 7−1=
㉒ 3−1=	㉓ 7−5=	㉔ 9−3=
㉕ 6−5=	㉖ 4−1=	㉗ 8−1=
㉘ 9−2=	㉙ 4−2=	㉚ 7−4=

자기 점수에 ○표 하세요

맞힌 개수	20개 이하	21~25개	26~28개	29~30개
학습 방법	개념을 다시 공부하세요.	조금 더 노력하세요.	실수하면 안 돼요.	참 잘했어요.

5일차 B형

차가 9까지인 뺄셈

월 일
분 초
/30

정답 16쪽

✎ 빈칸에 알맞은 수를 넣으세요.

위의 수와 아래의 수를 계산하세요.	8	5	6	9	7
−4					
−2					
−3					
−0					
−1					
−5					

자기 점수에 ○표 하세요

맞힌 개수	20개 이하	21~25개	26~28개	29~30개
학습 방법	개념을 다시 공부하세요.	조금 더 노력하세요.	실수하면 안 돼요.	참 잘했어요.

세 단계 묶어 풀기 001~003단계
수를 가르고 모으기/9까지의 덧셈과 뺄셈

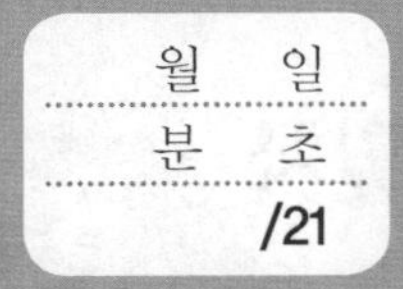

정답 17쪽

계산을 하세요.

❶
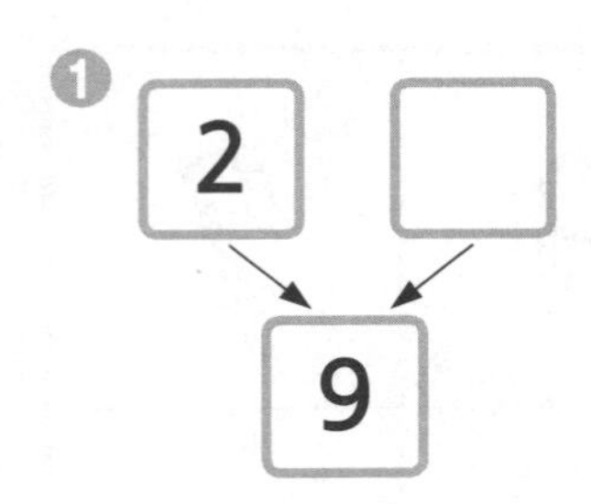

❷
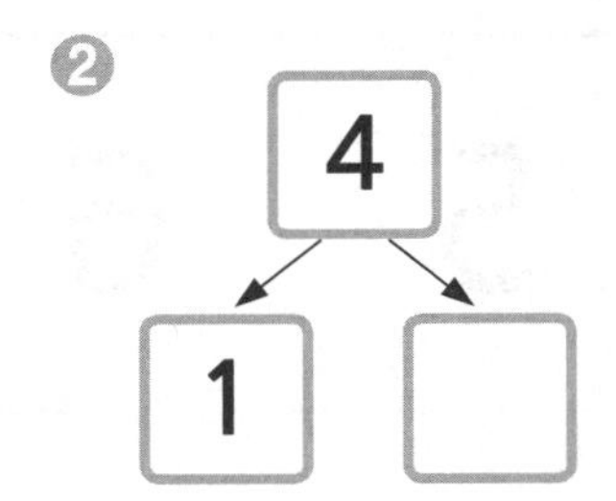

❸
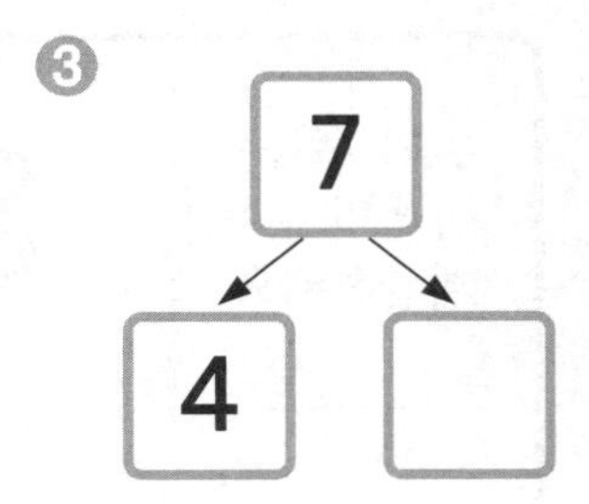

덧셈을 하세요.

❹ $5+4=$

❺ $2+2=$

❻ $3+3=$

❼ $3+2=$

❽ $1+4=$

❾ $7+0=$

❿ $6+1=$

⓫ $4+3=$

⓬ $2+6=$

뺄셈을 하세요.

⓭ $6-4=$

⓮ $2-1=$

⓯ $8-2=$

⓰ $2-2=$

⓱ $9-2=$

⓲ $5-1=$

⓳ $9-4=$

⓴ $8-5=$

㉑ $9-5=$

재미있는 **수학 이야기**

수와 숫자는 어떻게 다를까?

다음 중 가장 큰 숫자는 무엇이고 가장 작은 숫자는 무엇일까요?
또 가장 큰 수는 무엇이고 가장 작은 수는 무엇일까요?

5 9 0 2

먼저 '수'와 '숫자'가 어떻게 다른지 알아봐요.
〈내 동생〉이란 노래를 알고 있나요? 가사가 '내 동생 곱슬머리 개구쟁이 내 동생'으로 시작하는 이 노래를 한번 불러 보세요. 동생은 하나인데 별명은 서너 개가 된다고 해요. 엄마가 부를 땐 '꿀돼지', 아빠가 부를 때는 '두꺼비', 누나가 부를 때는 '왕자님'이라네요. 별명이 여러 개지만 '내 동생'은 이 세상에 단 하나뿐이지요? '수'와 '숫자'의 관계는 '내 동생'과 내 동생의 '별명'과 같아요.
숫자를 읽을 때 우리는 "1, 2, 3, 4"를 "일, 이, 삼, 사" 라고 읽지만 영어로는 "원(one), 투(two), 쓰리(three), 포(four)"라고 읽어요. 불리는 이름은 다르지만 한 개, 두 개, 세 개, 네 개를 나타내는 것은 어디서나 똑같아요. 수는 '뜻(성질)'을 말하고 숫자는 그 뜻을 나타내는 '기호'를 말해요. 따라서 수의 크기와 숫자의 크기는 분명히 다르지요. 수가 크다는 것은 값이 크다는 것이고, 숫자가 크다는 것은 수를 나타내는 '기호'의 크기가 크다는 뜻이지요.

그래서 가장 큰 숫자는 **0** 이고, 가장 작은 숫자는 **9** 입니다. 그러면 가장 큰 수와 가장 작은 수는 각각 얼마일까요?
5, 9, 0, 2 가운데 가장 큰 수는 9, 가장 작은 수는 0입니다.

덧셈과 뺄셈

◆스스로 학습 관리표◆

- 매일 맞힌 개수를 적고, 걸린 시간만큼 색칠해 보세요.
  (눈금 1칸은 1분이며, 초는 표의 상단에 적으세요.)
- 하루하루 지날수록 실력이 자라고, 계산 속도가 빨라지는 것을 눈으로 직접 확인할 수 있습니다.

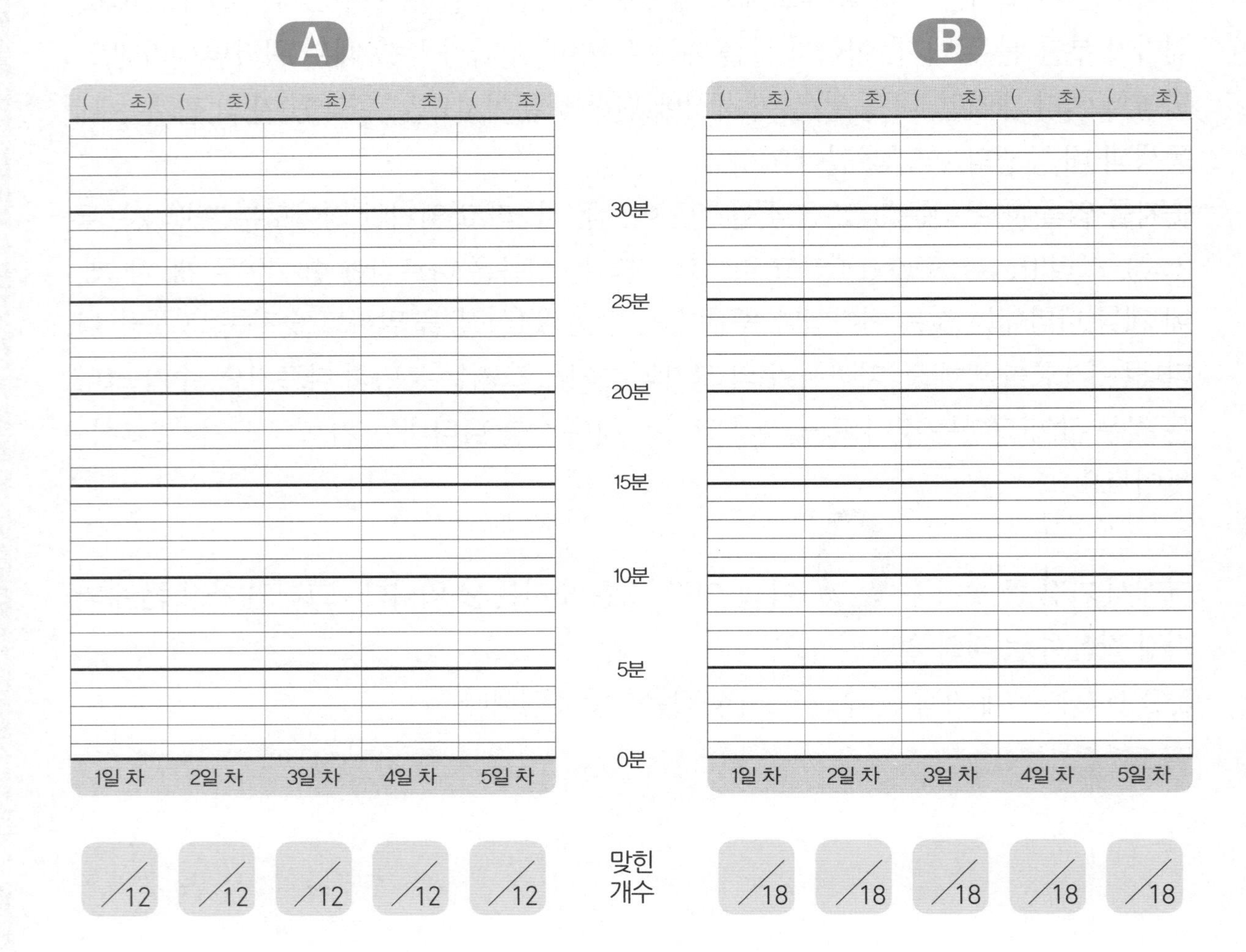

◆개념 포인트◆

덧셈식에서 규칙 찾기

더하는 수가 1씩 커지면 합도 1씩 커집니다.

뺄셈식에서 규칙 찾기

빼는 수가 1씩 커지면 차는 1씩 작아집니다.

□ 안에 덧셈과 뺄셈 기호 넣기

계산 결과가 왼쪽의 두 수보다 크면 +를, 계산 결과가 가장 왼쪽 수보다 작으면 −를 써넣습니다.

예시

덧셈식에서 규칙 찾기

$3+1=4$
$3+2=5$
$3+3=6$

⇨ 더하는 수가 1씩 커지면 합도 1씩 커집니다.

뺄셈식에서 규칙 찾기

$6-1=5$
$6-2=4$
$6-3=3$

⇨ 빼는 수가 1씩 커지면 차는 1씩 작아집니다.

□ 안에 덧셈과 뺄셈 기호 넣기

$2\boxed{+}4=6$ ⇨ 6은 2와 4보다 크므로 +를 써넣습니다.

$7\boxed{-}2=5$ ⇨ 5는 가장 왼쪽의 7보다 작으므로 −를 써넣습니다.

더하는 수와 빼는 수의 크기에 따라 계산 결과가 어떻게 달라지는지 알아보는 단계입니다. 덧셈을 하면 계산 결과가 주어진 수보다 커지고, 뺄셈을 하면 처음 수보다 작아진다는 것을 이해시켜 주세요. 그리고 주어진 수와 계산 결과를 보고 올바른 계산식을 만들 수 있도록 지도해 주세요.

1일차 A형

덧셈과 뺄셈

월	일
분	초
	/12

계산을 하세요.

❶ $4+1=$
$4+2=$
$4+3=$
$4+4=$

❷ $5-1=$
$5-2=$
$5-3=$
$5-4=$

❸ $3+3=$
$3+4=$
$3+5=$
$3+6=$

❹ $7-2=$
$7-3=$
$7-4=$
$7-5=$

❺ $2+3=$
$2+4=$
$2+5=$
$2+6=$

❻ $4-1=$
$4-2=$
$4-3=$
$4-4=$

❼ $1+4=$
$1+5=$
$1+6=$
$1+7=$

❽ $6-2=$
$6-3=$
$6-4=$
$6-5=$

❾ $5+1=$
$5+2=$
$5+3=$
$5+4=$

❿ $8-3=$
$8-4=$
$8-5=$
$8-6=$

⓫ $2+0=$
$2+1=$
$2+2=$
$2+3=$

⓬ $9-1=$
$9-2=$
$9-3=$
$9-4=$

자기 점수에 ○표 하세요

맞힌 개수	6개 이하	7~8개	9~10개	11~12개
학습 방법	개념을 다시 공부하세요.	조금 더 노력하세요.	실수하면 안 돼요.	참 잘했어요.

덧셈과 뺄셈

월	일
분	초
	/18

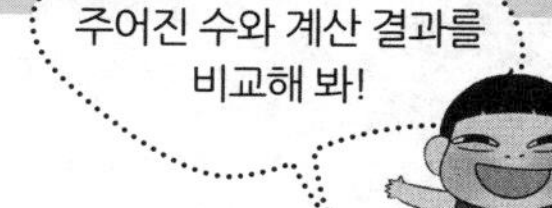

정답 18쪽

✎ □ 안에 알맞은 기호를 써넣으세요.

① 3 □ 3 = 6　　② 9 □ 5 = 4　　③ 2 □ 6 = 8

④ 5 □ 1 = 6　　⑤ 8 □ 1 = 7　　⑥ 9 □ 6 = 3

⑦ 6 □ 4 = 2　　⑧ 7 □ 5 = 2　　⑨ 4 □ 2 = 2

⑩ 5 □ 2 = 7　　⑪ 9 □ 1 = 8　　⑫ 1 □ 3 = 4

⑬ 4 □ 3 = 7　　⑭ 2 □ 2 = 4　　⑮ 3 □ 6 = 9

⑯ 4 □ 1 = 3　　⑰ 5 □ 2 = 3　　⑱ 7 □ 4 = 3

자기 점수에 ○표 하세요

맞힌 개수	10개 이하	11~14개	15~16개	17~18개
학습 방법	개념을 다시 공부하세요.	조금 더 노력하세요.	실수하면 안 돼요.	참 잘했어요.

2일차 A형

덧셈과 뺄셈

월	일
분	초
	/12

✎ 계산을 하세요.

❶ $5+0=$
$5+1=$
$5+2=$
$5+3=$

❷ $8-2=$
$8-3=$
$8-4=$
$8-5=$

❸ $6+0=$
$6+1=$
$6+2=$
$6+3=$

❹ $4-0=$
$4-1=$
$4-2=$
$4-3=$

❺ $2+2=$
$2+3=$
$2+4=$
$2+5=$

❻ $5-0=$
$5-1=$
$5-2=$
$5-3=$

❼ $3+1=$
$3+2=$
$3+3=$
$3+4=$

❽ $7-3=$
$7-4=$
$7-5=$
$7-6=$

❾ $0+1=$
$0+2=$
$0+3=$
$0+4=$

❿ $9-3=$
$9-4=$
$9-5=$
$9-6=$

⓫ $2+4=$
$2+5=$
$2+6=$
$2+7=$

⓬ $8-4=$
$8-5=$
$8-6=$
$8-7=$

자기 점수에 ○표 하세요

맞힌 개수	6개 이하	7~8개	9~10개	11~12개
학습 방법	개념을 다시 공부하세요.	조금 더 노력 하세요.	실수하면 안 돼요.	참 잘했어요.

2일차 B형

덧셈과 뺄셈

월 일
분 초
/18

정답 19쪽

□ 안에 알맞은 기호를 써넣으세요.

❶ 8□7=1 ❷ 2□7=9 ❸ 5□1=4

❹ 3□5=8 ❺ 1□3=4 ❻ 6□6=0

❼ 7□1=6 ❽ 9□4=5 ❾ 5□3=8

❿ 2□4=6 ⓫ 5□3=2 ⓬ 9□1=8

⓭ 8□4=4 ⓮ 6□2=8 ⓯ 4□5=9

⓰ 3□1=2 ⓱ 1□8=9 ⓲ 2□1=1

자기 점수에 ○표 하세요

맞힌 개수	10개 이하	11~14개	15~16개	17~18개
학습 방법	개념을 다시 공부하세요.	조금 더 노력 하세요.	실수하면 안 돼요.	참 잘했어요.

3일차 A형 덧셈과 뺄셈

월 일
분 초
/12

✎ 계산을 하세요.

❶ $1+5=$ $1+6=$ $1+7=$ $1+8=$	❷ $7-4=$ $7-5=$ $7-6=$ $7-7=$	❸ $0+5=$ $0+6=$ $0+7=$ $0+8=$
❹ $6-0=$ $6-1=$ $6-2=$ $6-3=$	❺ $3+0=$ $3+1=$ $3+2=$ $3+3=$	❻ $9-6=$ $9-7=$ $9-8=$ $9-9=$
❼ $4+2=$ $4+3=$ $4+4=$ $4+5=$	❽ $8-1=$ $8-2=$ $8-3=$ $8-4=$	❾ $5+1=$ $5+2=$ $5+3=$ $5+4=$
❿ $7-1=$ $7-2=$ $7-3=$ $7-4=$	⓫ $1+2=$ $1+3=$ $1+4=$ $1+5=$	⓬ $7-0=$ $7-1=$ $7-2=$ $7-3=$

자기 점수에 ○표 하세요

맞힌 개수	6개 이하	7~8개	9~10개	11~12개
학습 방법	개념을 다시 공부하세요.	조금 더 노력하세요.	실수하면 안 돼요.	참 잘했어요.

덧셈과 뺄셈

월	일
분	초
	/18

정답 20쪽

□ 안에 알맞은 기호를 써넣으세요.

❶ 2 □ 3 = 5

❷ 9 □ 2 = 7

❸ 1 □ 7 = 8

❹ 5 □ 2 = 7

❺ 8 □ 1 = 7

❻ 4 □ 3 = 7

❼ 6 □ 4 = 2

❽ 1 □ 5 = 6

❾ 3 □ 1 = 4

❿ 7 □ 2 = 9

⓫ 4 □ 2 = 2

⓬ 3 □ 4 = 7

⓭ 5 □ 4 = 9

⓮ 9 □ 9 = 0

⓯ 7 □ 2 = 5

⓰ 4 □ 4 = 8

⓱ 1 □ 4 = 5

⓲ 8 □ 6 = 2

자기 점수에 ○표 하세요

맞힌 개수	10개 이하	11~14개	15~16개	17~18개
학습 방법	개념을 다시 공부하세요.	조금 더 노력하세요.	실수하면 안 돼요.	참 잘했어요.

4일차 A형

덧셈과 뺄셈

월	일
분	초
	/12

✎ 계산을 하세요.

❶ 2+4=
2+5=
2+6=
2+7=

❷ 7−0=
7−1=
7−2=
7−3=

❸ 3+2=
3+3=
3+4=
3+5=

❹ 5−2=
5−3=
5−4=
5−5=

❺ 6+0=
6+1=
6+2=
6+3=

❻ 8−0=
8−1=
8−2=
8−3=

❼ 4+1=
4+2=
4+3=
4+4=

❽ 9−5=
9−6=
9−7=
9−8=

❾ 1+3=
1+4=
1+5=
1+6=

❿ 6−1=
6−2=
6−3=
6−4=

⓫ 5+0=
5+1=
5+2=
5+3=

⓬ 4−0=
4−1=
4−2=
4−3=

자기 점수에 ○표 하세요

맞힌 개수	6개 이하	7~8개	9~10개	11~12개
학습 방법	개념을 다시 공부하세요.	조금 더 노력하세요.	실수하면 안 돼요.	참 잘했어요.

덧셈과 뺄셈

월 일
분 초
/18

정답 21쪽

□ 안에 알맞은 기호를 써넣으세요.

❶ 4 □ 1=5 ❷ 7 □ 6=1 ❸ 5 □ 1=6

❹ 3 □ 5=8 ❺ 8 □ 6=2 ❻ 5 □ 2=3

❼ 9 □ 7=2 ❽ 8 □ 1=7 ❾ 2 □ 2=4

❿ 8 □ 4=4 ⓫ 7 □ 2=9 ⓬ 3 □ 3=6

⓭ 3 □ 3=0 ⓮ 6 □ 2=4 ⓯ 2 □ 6=8

⓰ 7 □ 4=3 ⓱ 8 □ 3=5 ⓲ 7 □ 1=6

자기 점수에 ○표 하세요

맞힌 개수	10개 이하	11~14개	15~16개	17~18개
학습 방법	개념을 다시 공부하세요.	조금 더 노력하세요.	실수하면 안 돼요.	참 잘했어요.

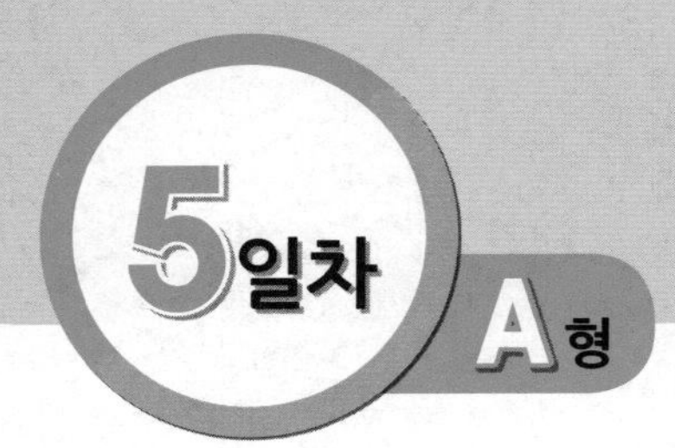

덧셈과 뺄셈

월	일
분	초
	/12

✎ 계산을 하세요.

❶ $1+1=$
$1+2=$
$1+3=$
$1+4=$

❷ $6-3=$
$6-4=$
$6-5=$
$6-6=$

❸ $4+2=$
$4+3=$
$4+4=$
$4+5=$

❹ $3-0=$
$3-1=$
$3-2=$
$3-3=$

❺ $5+0=$
$5+1=$
$5+2=$
$5+3=$

❻ $7-2=$
$7-3=$
$7-4=$
$7-5=$

❼ $0+4=$
$0+5=$
$0+6=$
$0+7=$

❽ $9-4=$
$9-5=$
$9-6=$
$9-7=$

❾ $1+5=$
$1+6=$
$1+7=$
$1+8=$

❿ $5-0=$
$5-1=$
$5-2=$
$5-3=$

⓫ $2+2=$
$2+3=$
$2+4=$
$2+5=$

⓬ $8-1=$
$8-2=$
$8-3=$
$8-4=$

자기 점수에 ○표 하세요

맞힌 개수	6개 이하	7~8개	9~10개	11~12개
학습 방법	개념을 다시 공부하세요.	조금 더 노력하세요.	실수하면 안 돼요.	참 잘했어요.

덧셈과 뺄셈

월 일
분 초
/18

정답 22쪽

□ 안에 알맞은 기호를 써넣으세요.

❶ 3 □ 4 = 7

❷ 2 □ 1 = 1

❸ 6 □ 3 = 9

❹ 4 □ 1 = 3

❺ 9 □ 4 = 5

❻ 5 □ 3 = 8

❼ 3 □ 6 = 9

❽ 6 □ 3 = 3

❾ 3 □ 1 = 4

❿ 5 □ 2 = 7

⓫ 7 □ 2 = 5

⓬ 2 □ 4 = 6

⓭ 9 □ 8 = 1

⓮ 8 □ 8 = 0

⓯ 4 □ 3 = 7

⓰ 5 □ 1 = 4

⓱ 9 □ 7 = 2

⓲ 7 □ 1 = 8

자기 점수에 ○표 하세요

맞힌 개수	10개 이하	11~14개	15~16개	17~18개
학습 방법	개념을 다시 공부하세요.	조금 더 노력 하세요.	실수하면 안 돼요.	참 잘했어요.

10을 가르고 모으기

◆스스로 학습 관리표◆

- 매일 맞힌 개수를 적고, 걸린 시간만큼 색칠해 보세요.
  (눈금 1칸은 1분이며, 초는 표의 상단에 적으세요.)
- 하루하루 지날수록 실력이 자라고, 계산 속도가 빨라지는 것을 눈으로 직접 확인할 수 있습니다.

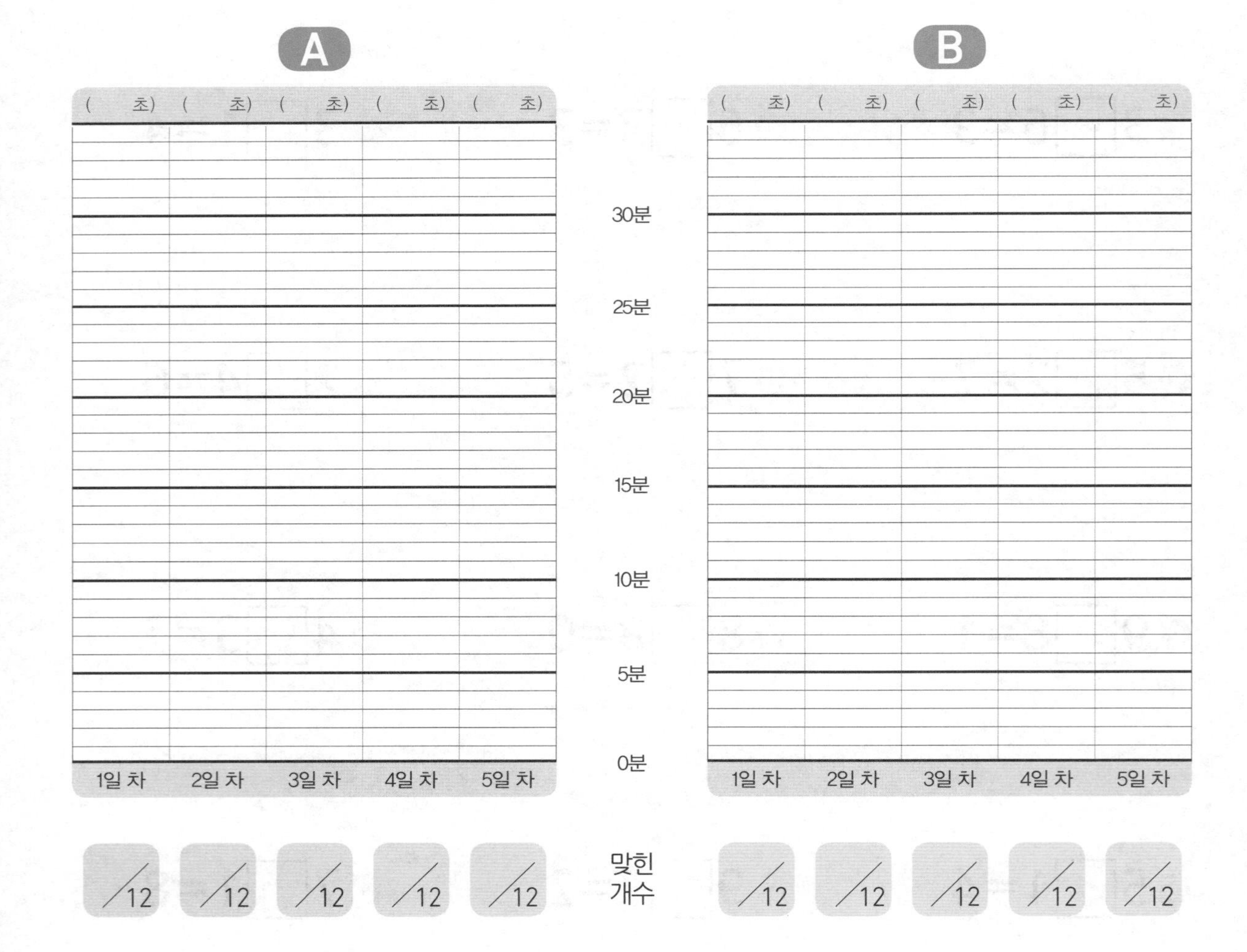

개념 포인트

10을 가르기

10을 두 수로 가르는 방법은 1과 9, 2와 8, 3과 7, 4와 6, 5와 5가 있습니다.
10을 세 수로 가르는 방법도 생각해 보세요.

10으로 모으기

1과 9, 2와 8, 3과 7, 4와 6, 5와 5를 모으면 10이 됩니다.
세 수를 모아 10이 되는 방법도 생각해 보세요.

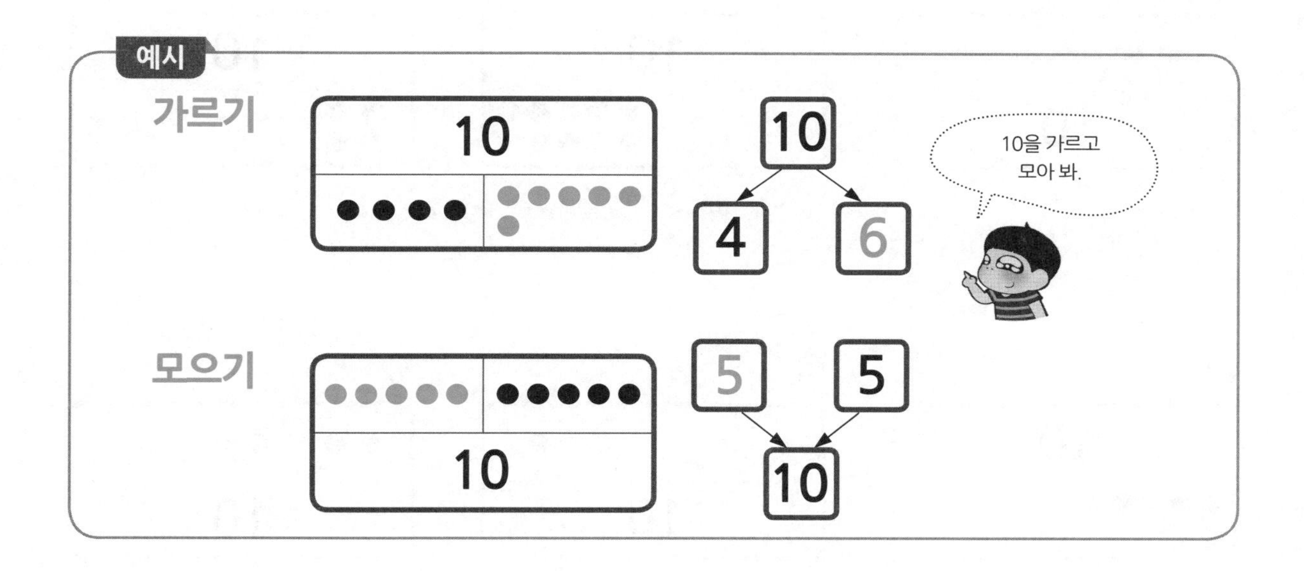

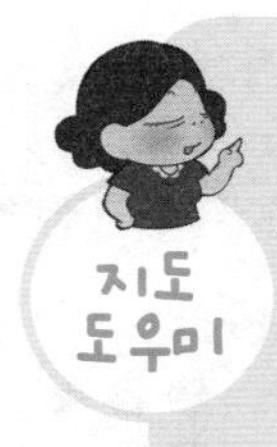

10 가르기는 받아내림 있는 뺄셈을 준비하는 과정이고, 10 모으기는 받아올림 있는 덧셈을 준비하는 과정입니다. 10 가르기와 모으기 연습을 통해 받아내림 있는 뺄셈, 받아올림 있는 덧셈을 이해하고 빠른 계산을 할 수 있습니다. 아이들 중에는 단순한 내용을 반복한다고 지루해 하는 아이들이 있습니다. 하지만 이 단계를 몸에 익혀 자연스럽게 답을 낼 수 있어야 덧셈, 뺄셈 계산을 잘할 수 있다는 것을 알려 주세요.

1일차 A형

10을 가르고 모으기

월 일
분 초
/12

수에 맞게 점을 그려 봐!

✎ 빈칸에 알맞게 점을 그리세요.

❶
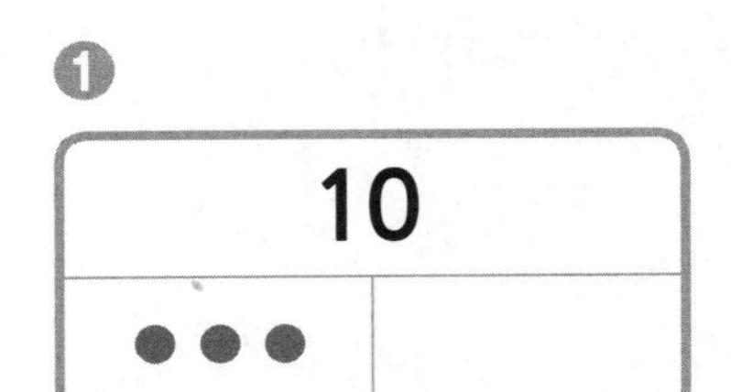

❷
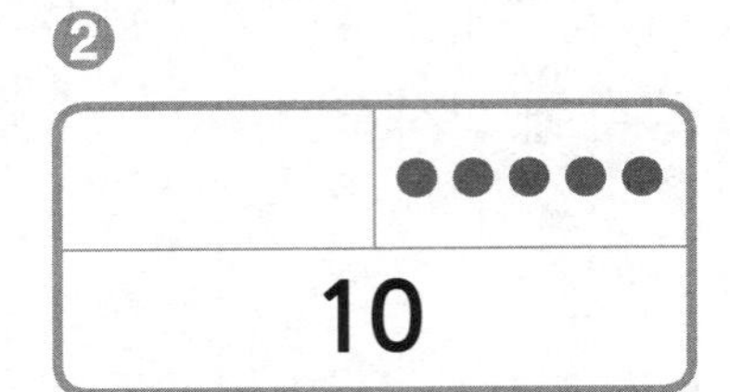

❸
10

❹
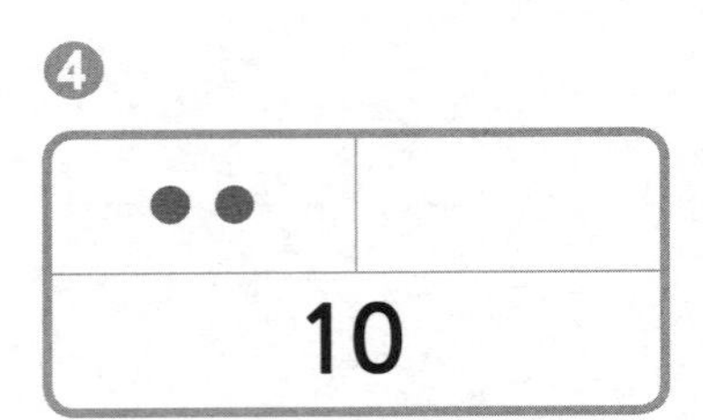

❺
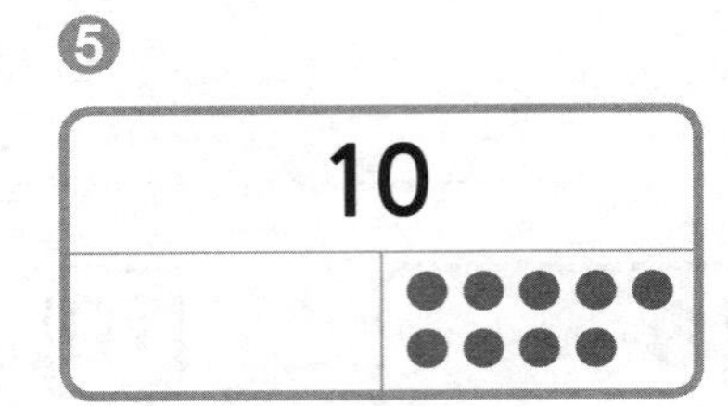

❻
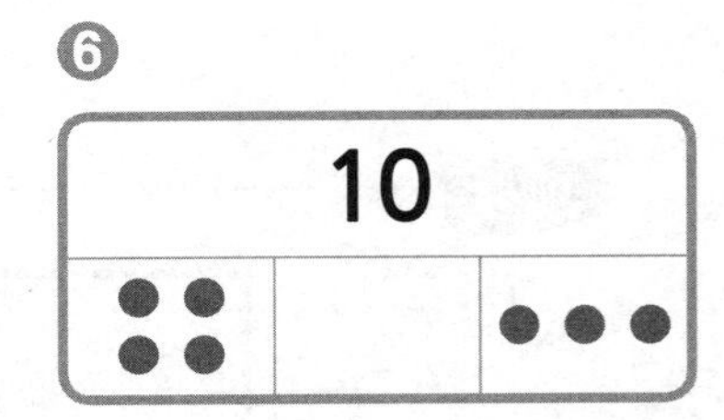

❼
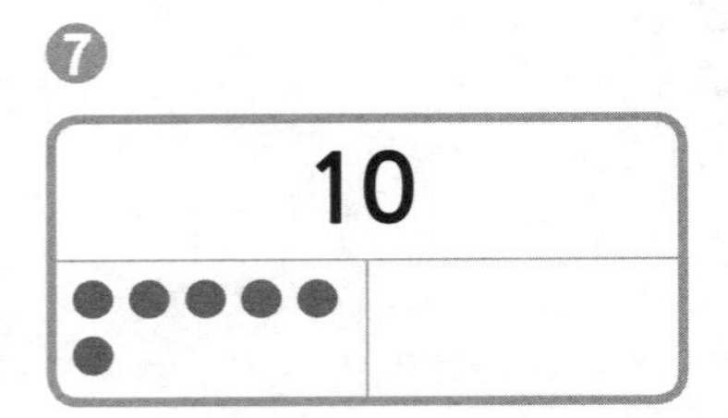

❽
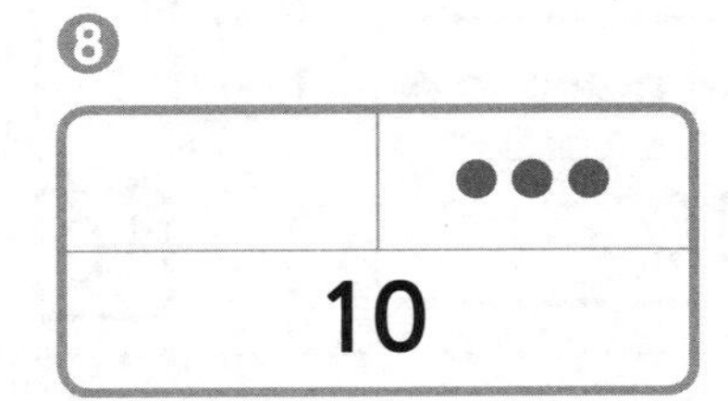

❾
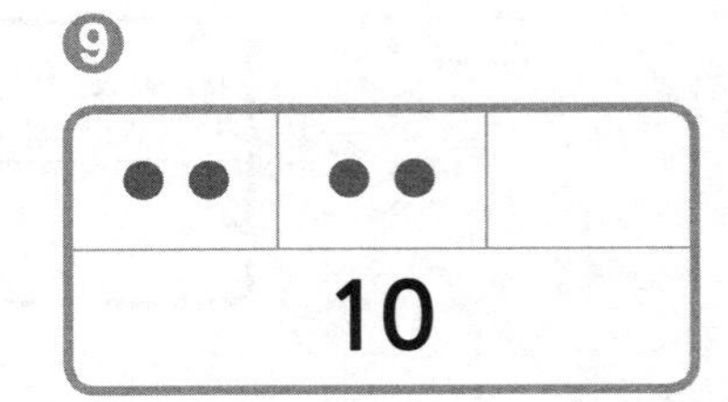

❿
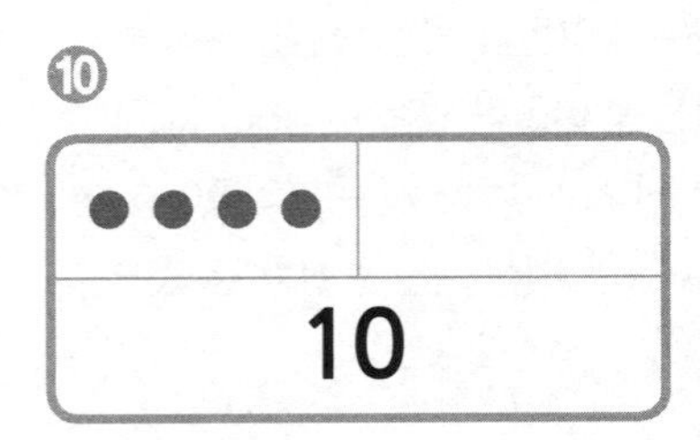

⓫
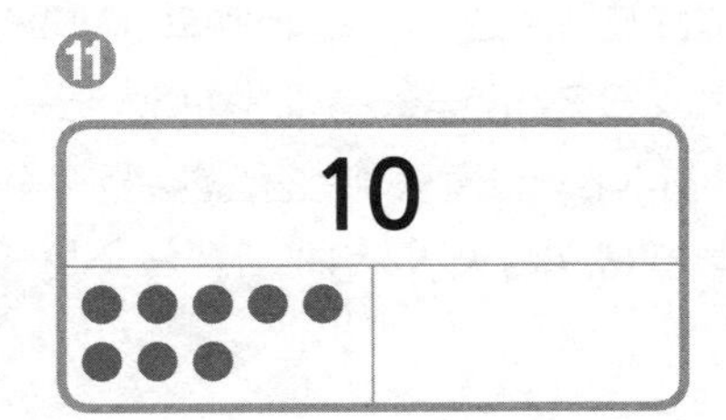

⓬
10

자기 점수에 ○표 하세요

맞힌 개수	6개 이하	7~8개	9~10개	11~12개
학습 방법	개념을 다시 공부하세요.	조금 더 노력하세요.	실수하면 안 돼요.	참 잘했어요.

10을 가르고 모으기

월 일
분 초
/12

10을 가르는 방법이 몇 개인지 세어 봐!

정답 23쪽

빈칸에 알맞은 수를 쓰세요.

❶ 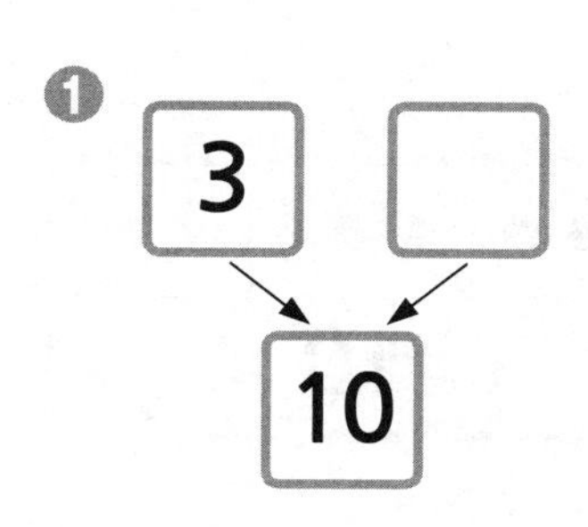

❷ 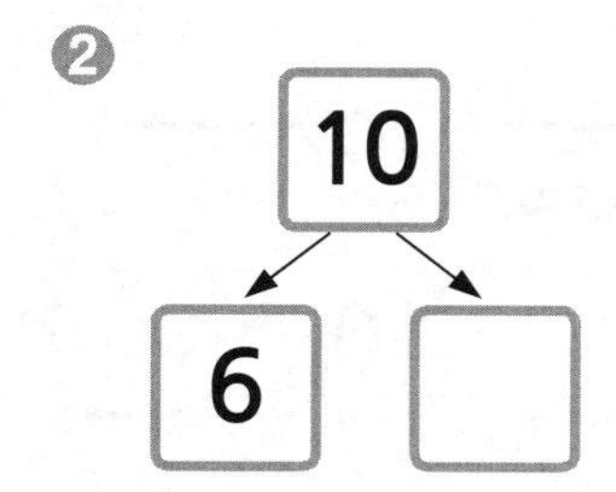

❸ 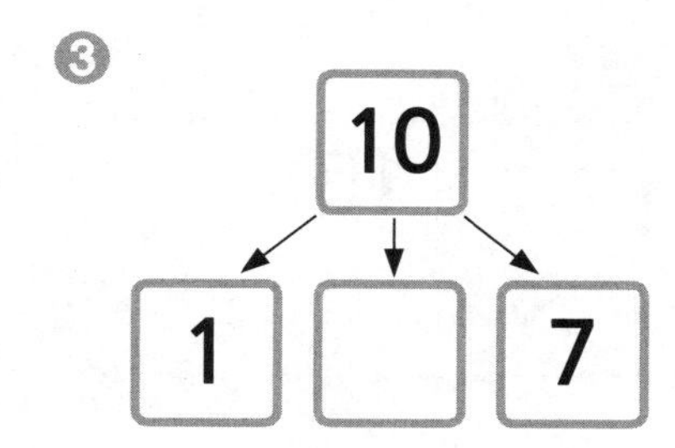

❹ 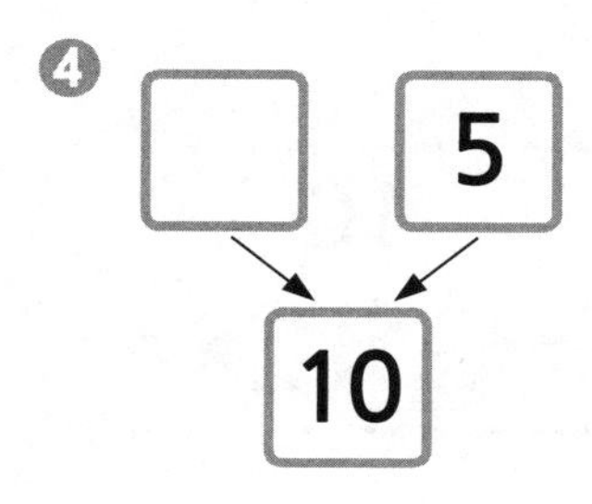

❺ 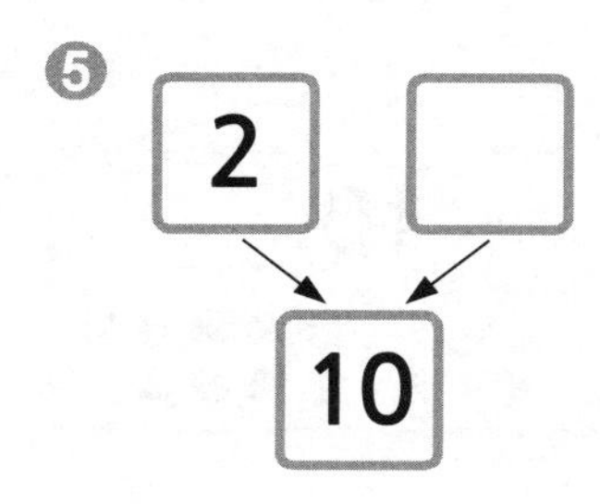

❻ 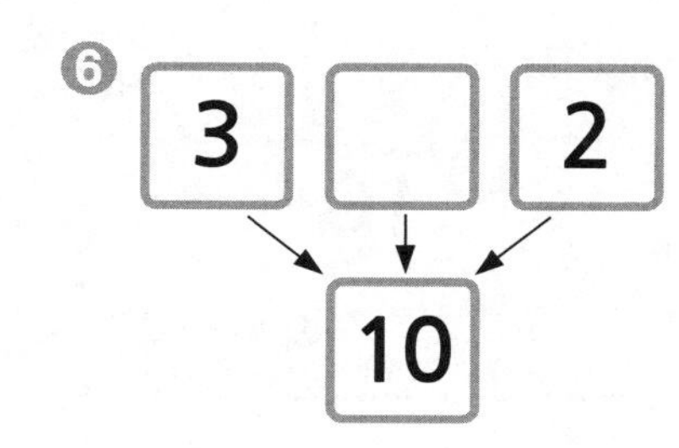

❼ 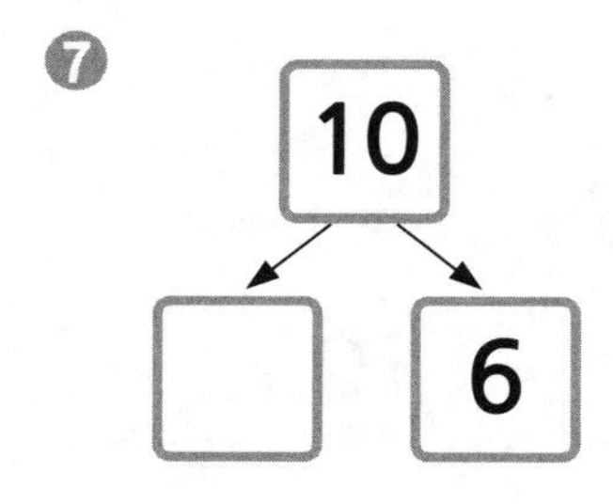

❽ 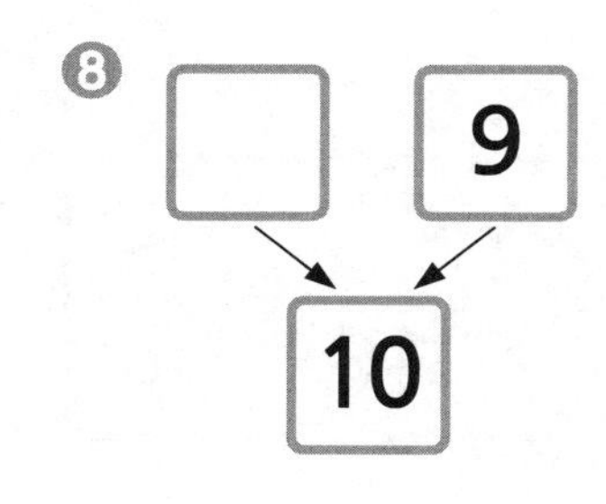

❾ 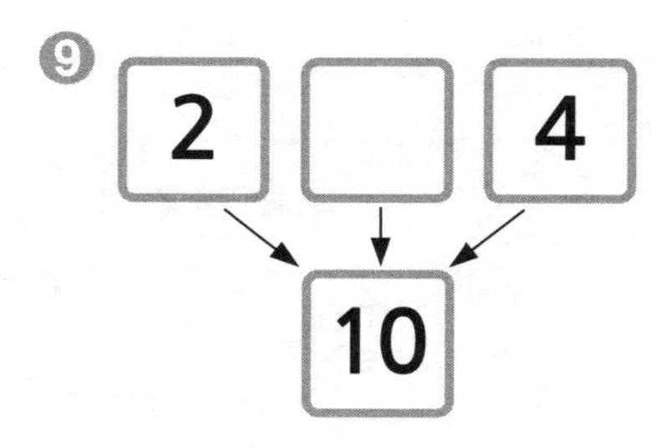

❿ 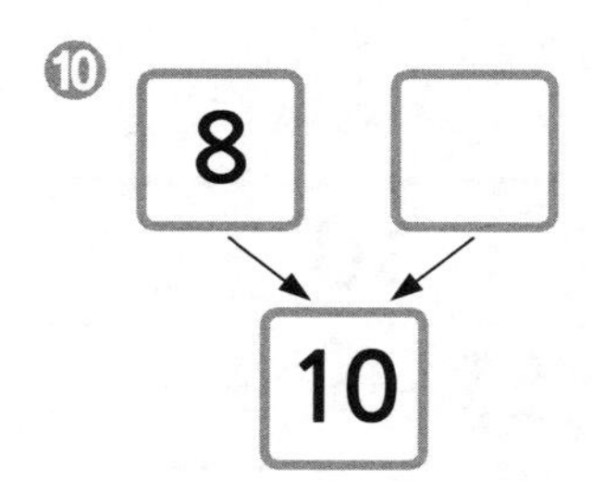

⓫ 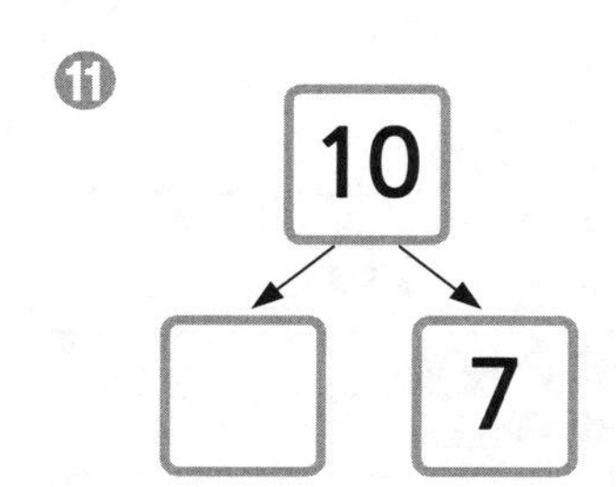

⓬ 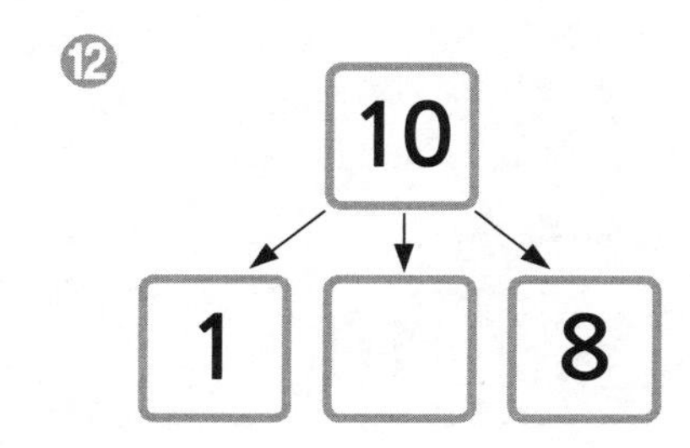

자기 점수에 ○표 하세요

맞힌 개수	6개 이하	7~8개	9~10개	11~12개
학습 방법	개념을 다시 공부하세요.	조금 더 노력하세요.	실수하면 안 돼요.	참 잘했어요.

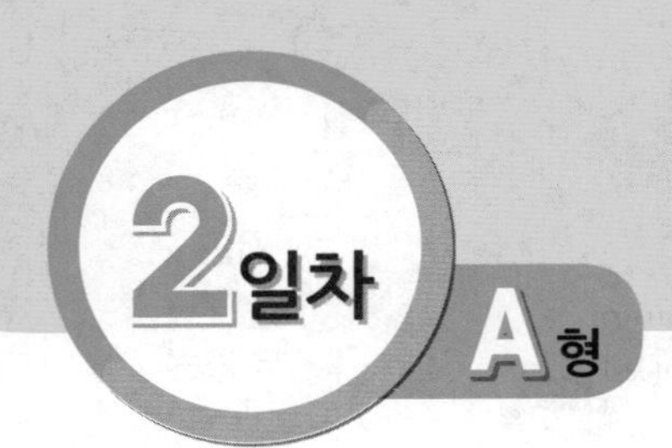

10을 가르고 모으기

월	일
분	초
	/12

✎ 빈칸에 알맞게 점을 그리세요.

❶ 10

❷ 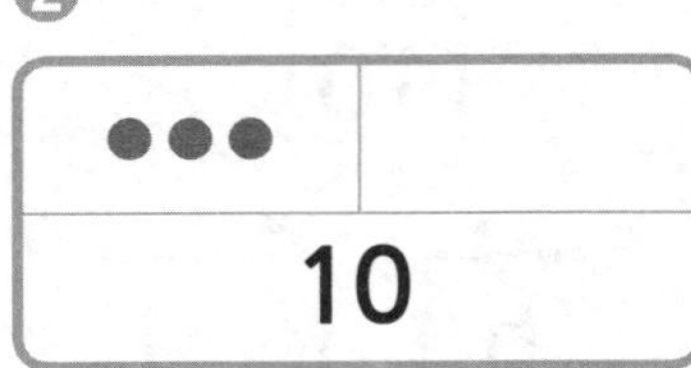

❸ 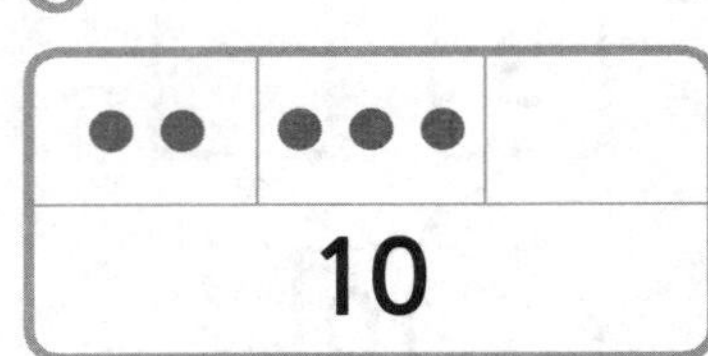

❹ 

❺ 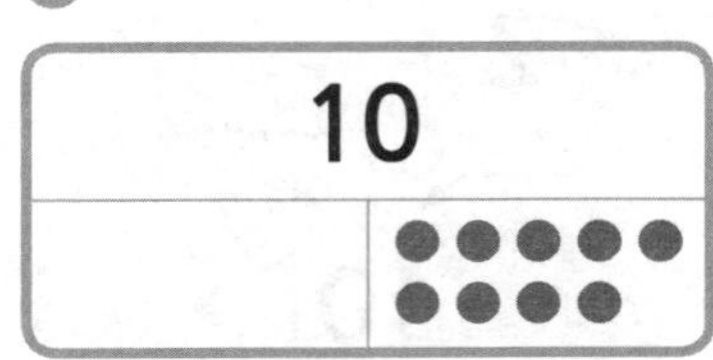

❻ 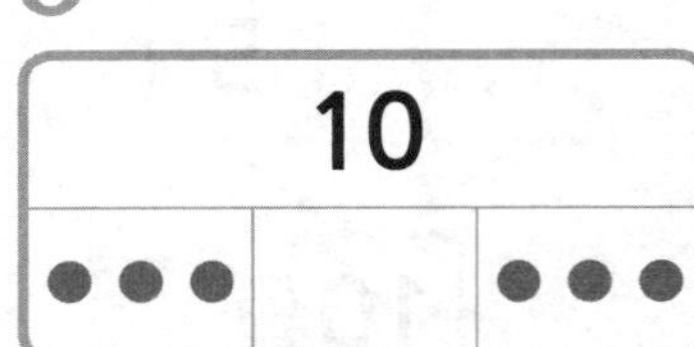

❼ 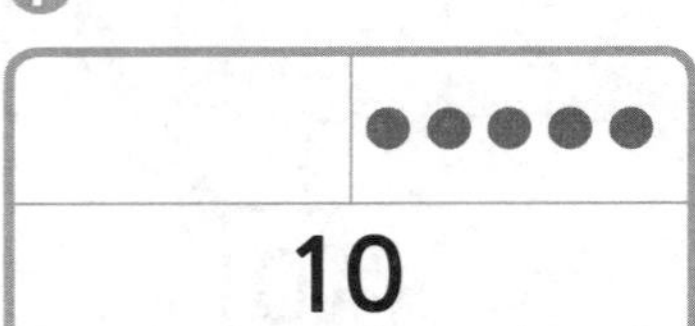

❽ 10

❾ 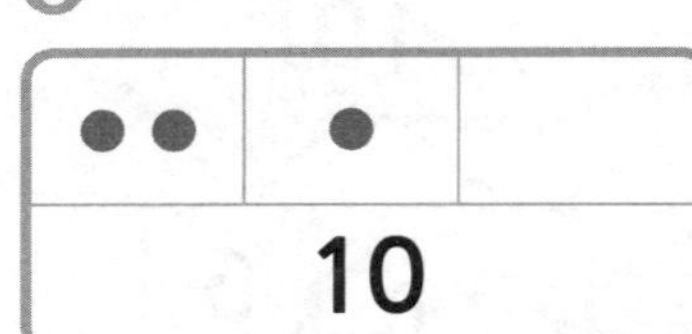

❿ 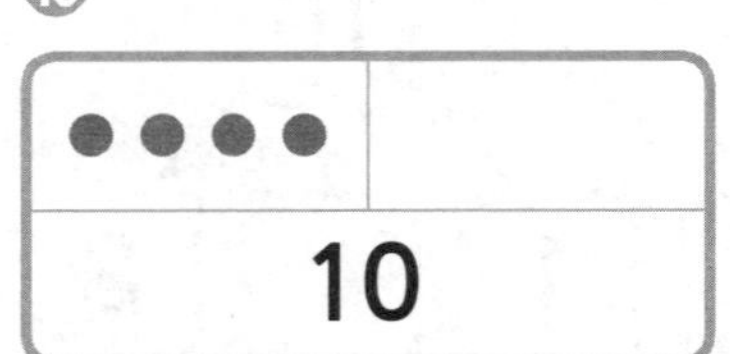

⓫ 10

⓬ 10

자기 점수에 ○표 하세요

맞힌 개수	6개 이하	7~8개	9~10개	11~12개
학습 방법	개념을 다시 공부하세요.	조금 더 노력하세요.	실수하면 안 돼요.	참 잘했어요.

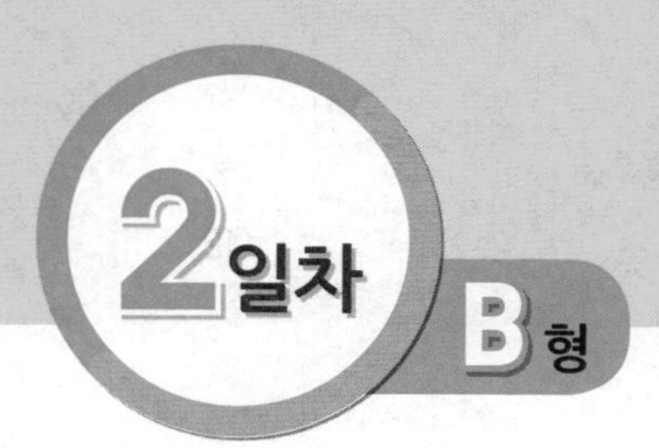

10을 가르고 모으기

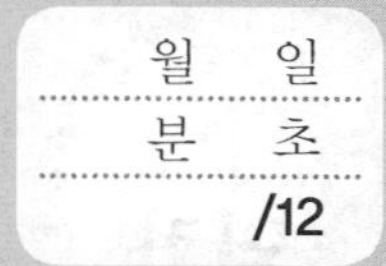

정답 24쪽

✎ 빈칸에 알맞은 수를 쓰세요.

❶
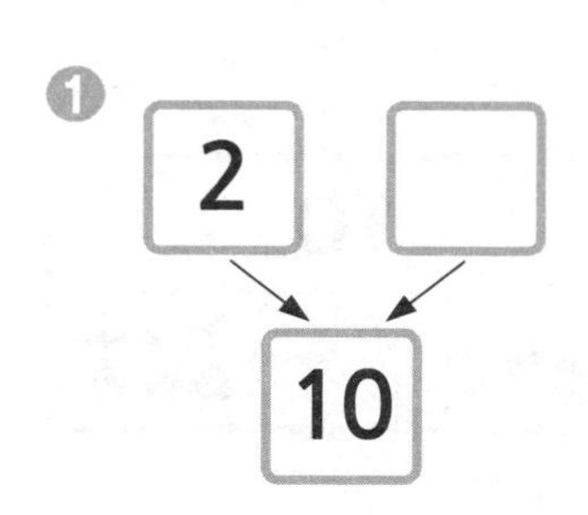

❷
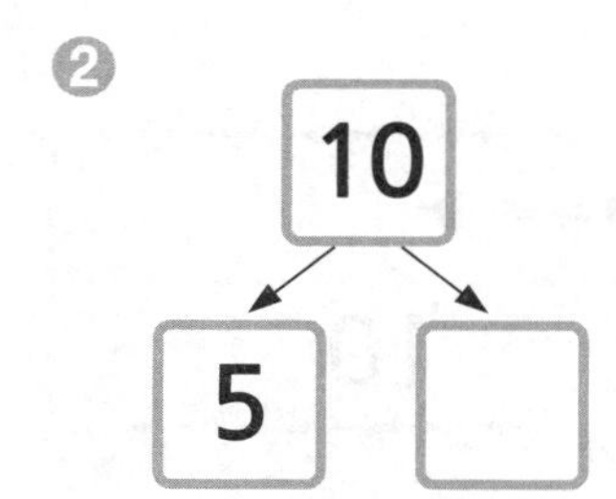

❸
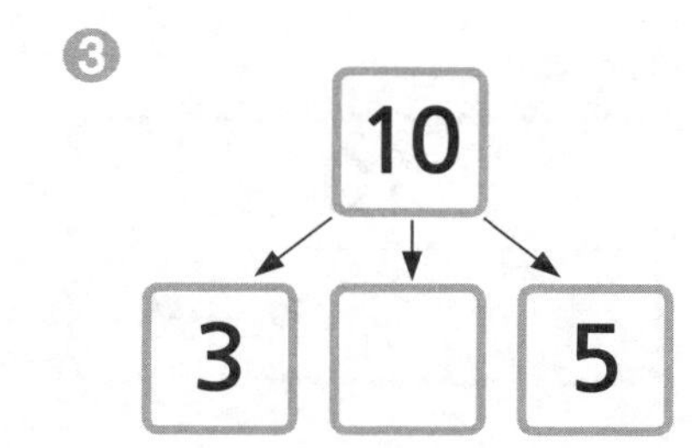

❹
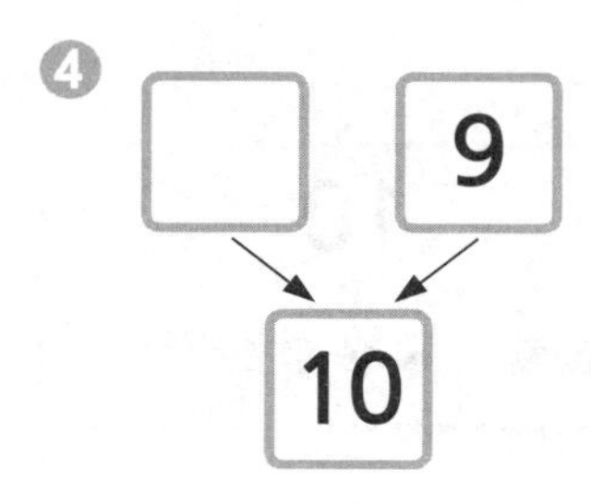

❺
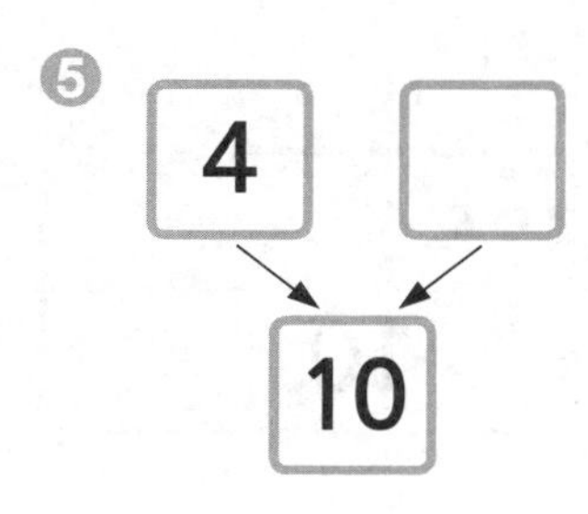

❻
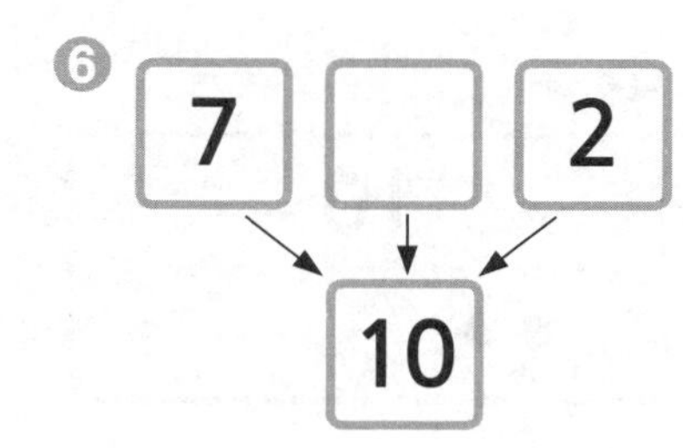

❼
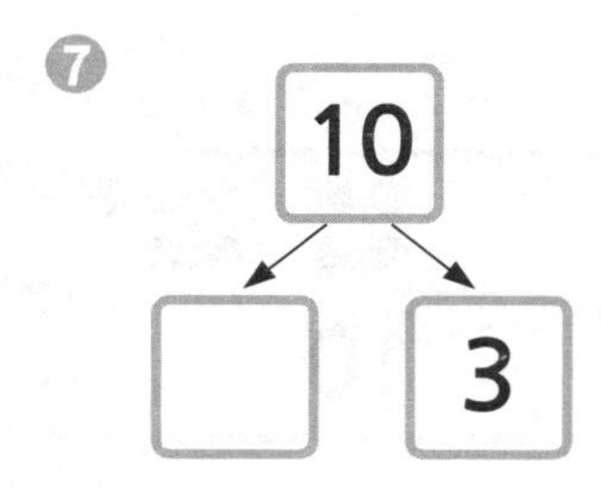

❽
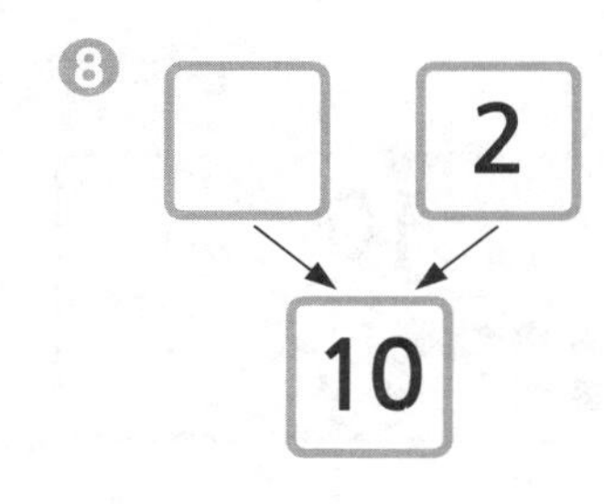

❾
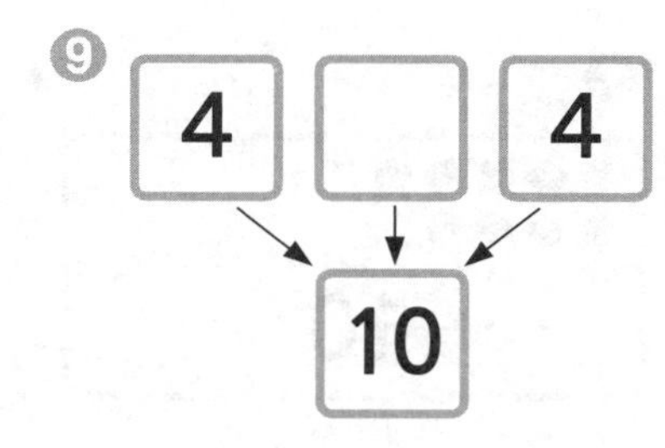

❿
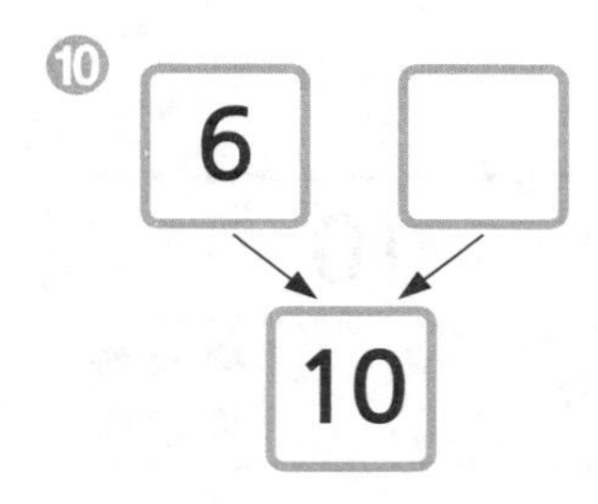

⓫
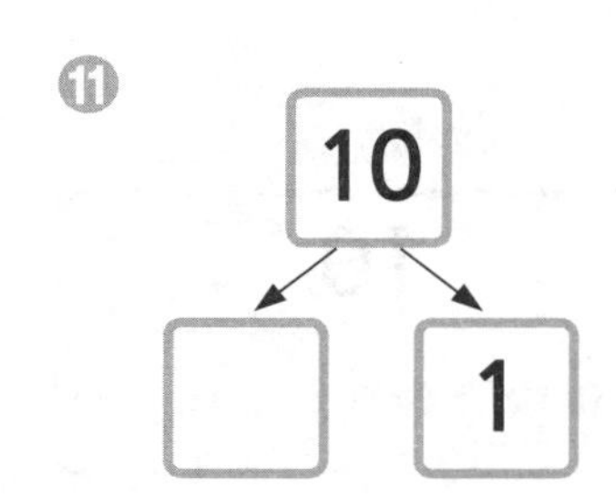

⓬
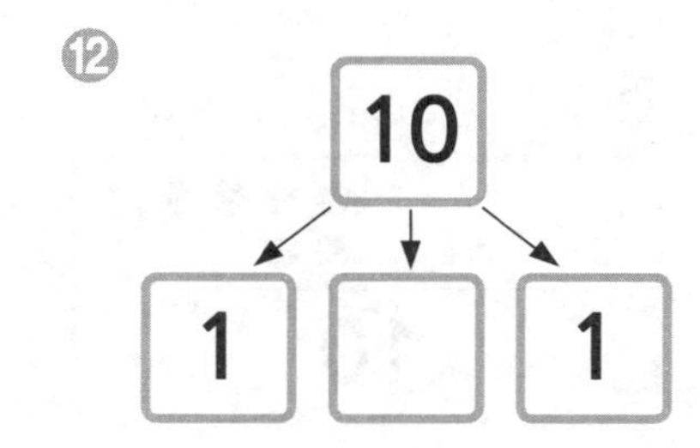

자기 점수에 ○표 하세요

맞힌 개수	6개 이하	7~8개	9~10개	11~12개
학습 방법	개념을 다시 공부하세요.	조금 더 노력 하세요.	실수하면 안 돼요.	참 잘했어요.

10을 가르고 모으기

월	일
분	초
	/12

✎ 빈칸에 알맞게 점을 그리세요.

❶

10

❷

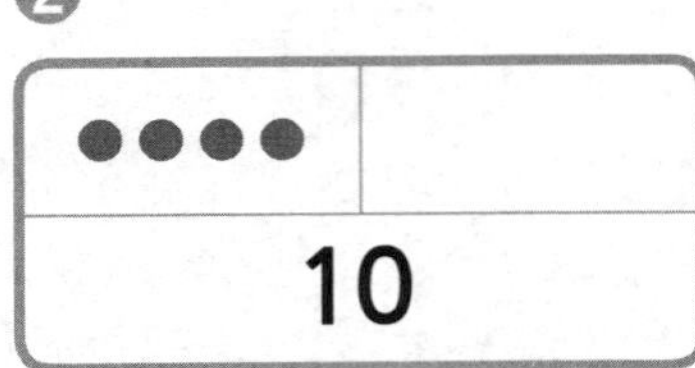

❸

❹

10

❺

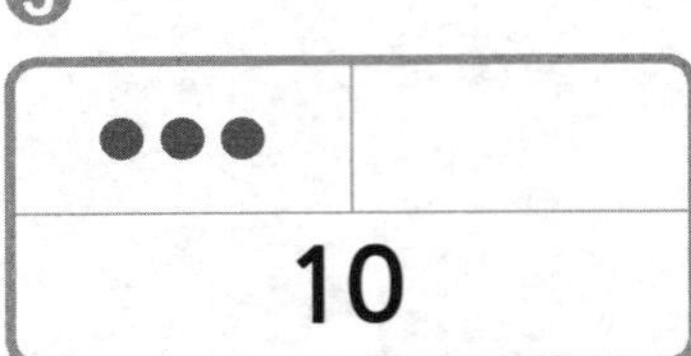

❻

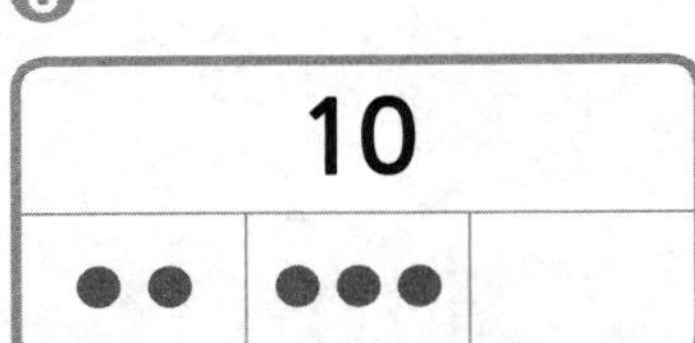

❼

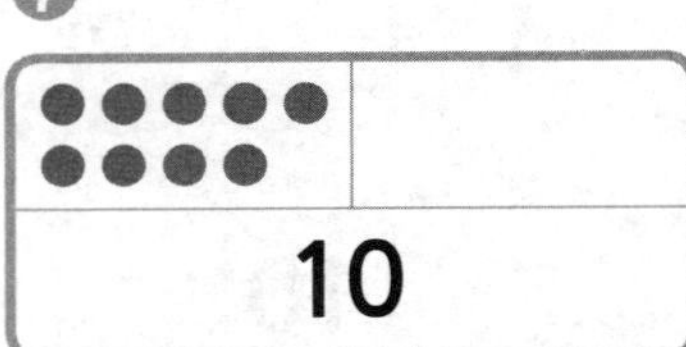

❽

10

❾

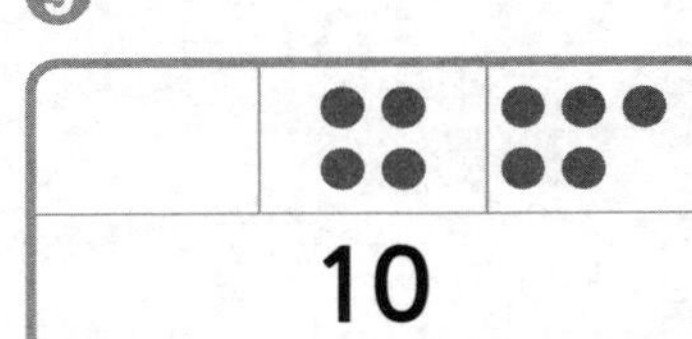

❿

10

⓫

10

⓬

10

자기 점수에 ○표 하세요

맞힌 개수	6개 이하	7~8개	9~10개	11~12개
학습 방법	개념을 다시 공부하세요.	조금 더 노력하세요.	실수하면 안 돼요.	참 잘했어요.

10을 가르고 모으기

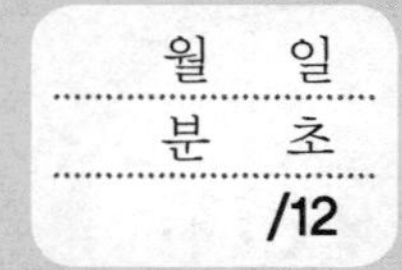

정답 25쪽

빈칸에 알맞은 수를 쓰세요.

❶
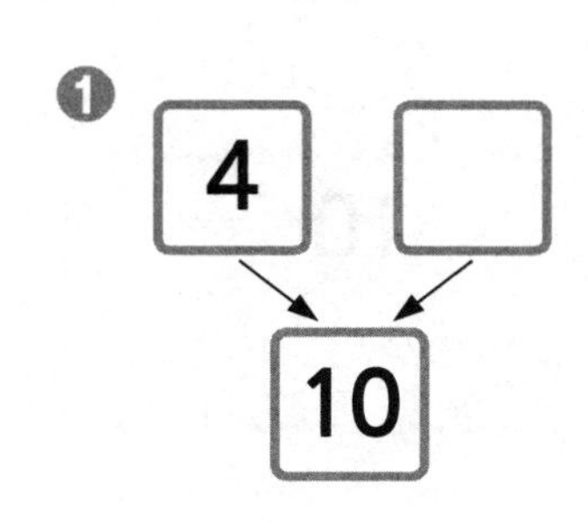

❷
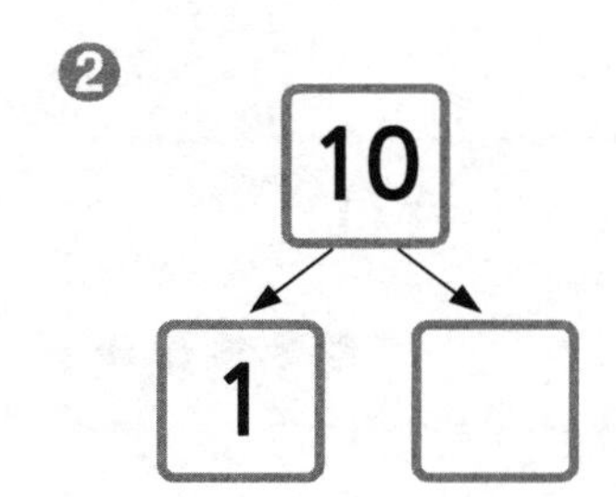

❸
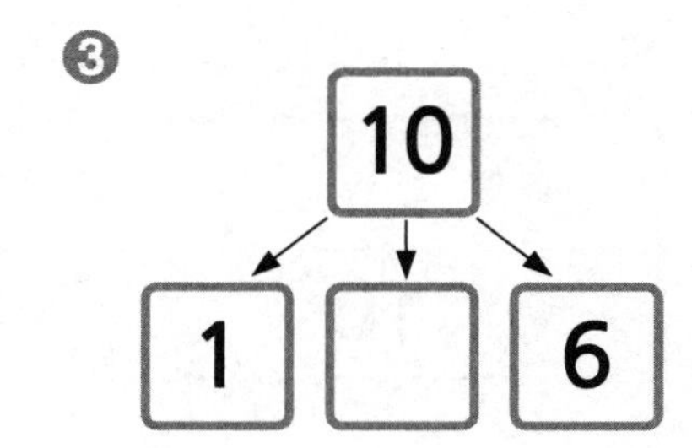

❹
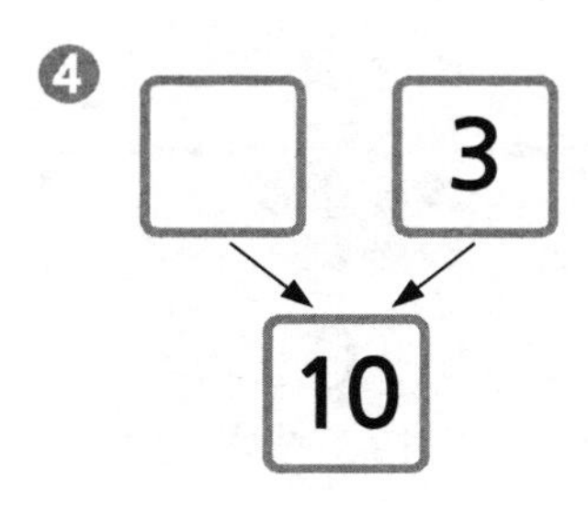

❺
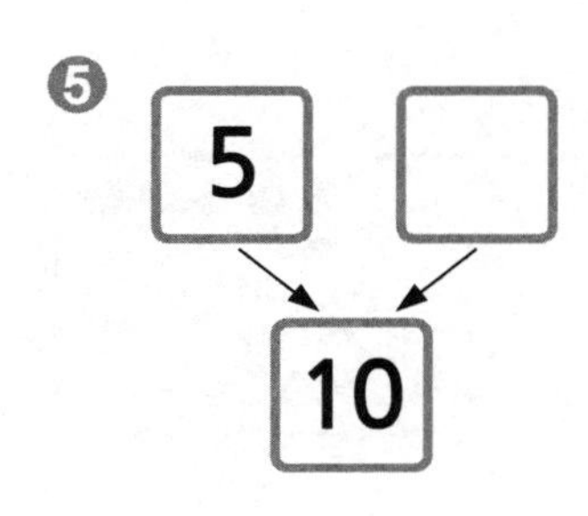

❻
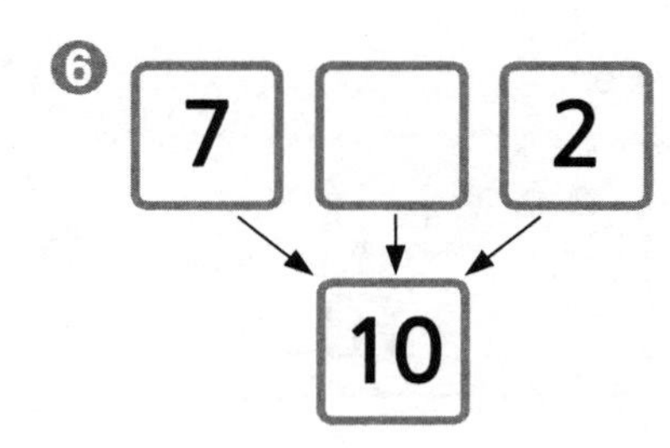

❼
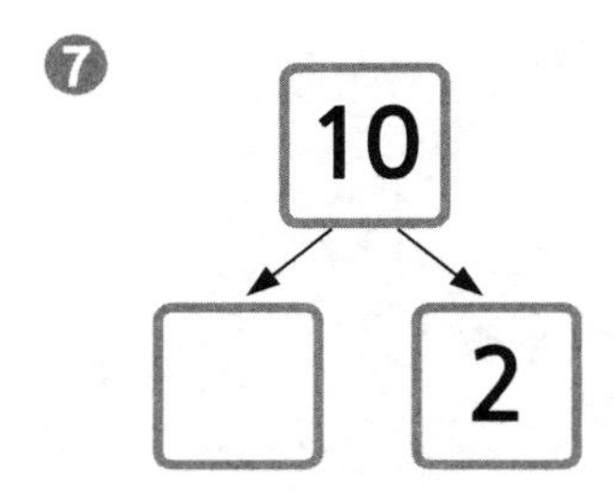

❽
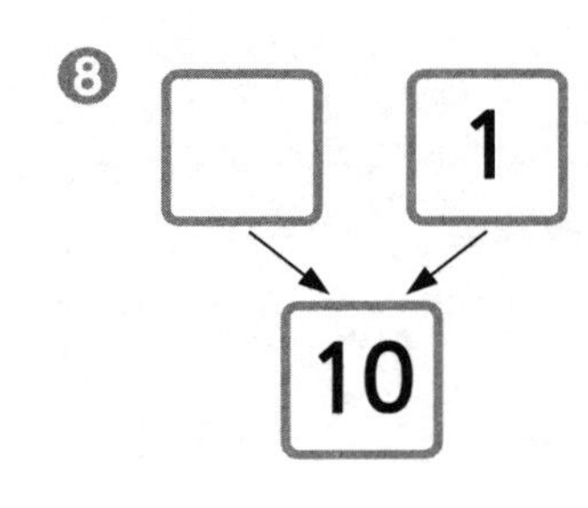

❾
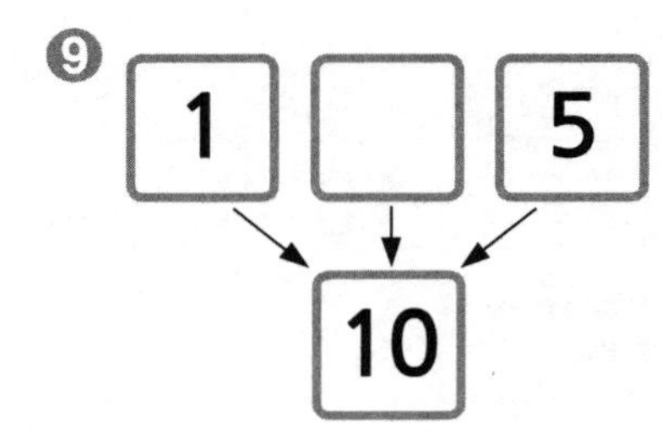

❿
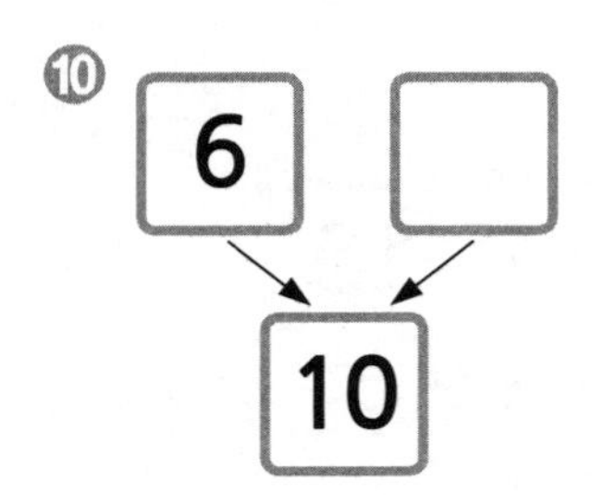

⓫
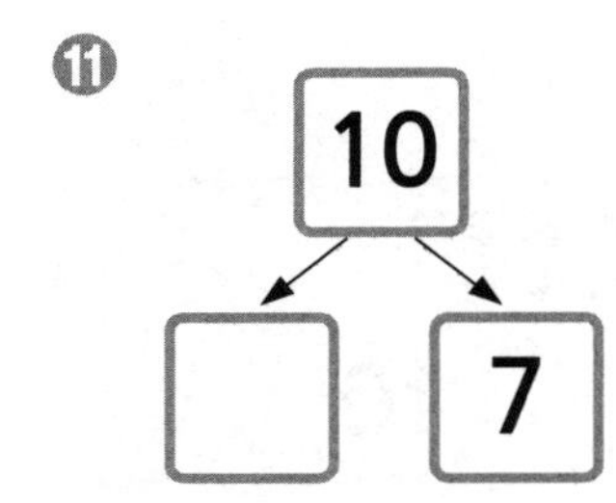

⓬
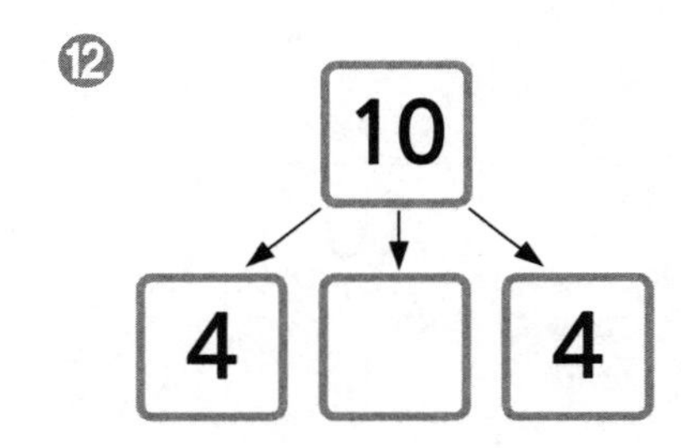

자기 점수에 ○표 하세요

맞힌 개수	6개 이하	7~8개	9~10개	11~12개
학습 방법	개념을 다시 공부하세요.	조금 더 노력 하세요.	실수하면 안 돼요.	참 잘했어요.

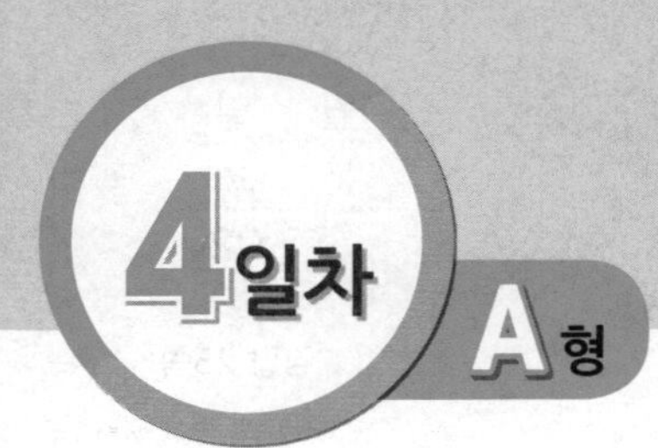

10을 가르고 모으기

월	일
분	초
	/12

✎ 빈칸에 알맞게 점을 그리세요.

❶

●●	
10	

❷

10	
	●●●●●

❸

	10	
●		●

❹

●●●●	
10	

❺

	●●●●● ●
10	

❻

	●●●● ●●●	●
	10	

❼

10	
●●●●● ●	

❽

●●●	
10	

❾

	10	
●●●● ●●		●●●

❿

10	
●●●●● ●●	

⓫

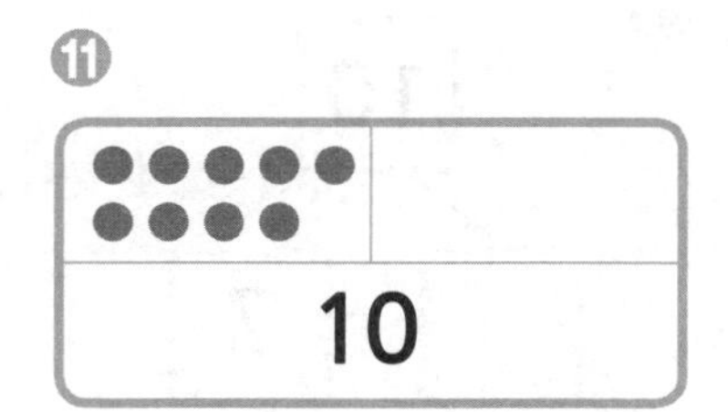

●●●●● ●●●●	
10	

⓬

	10	
●●		●●

자기 점수에 ○표 하세요

맞힌 개수	6개 이하	7~8개	9~10개	11~12개
학습 방법	개념을 다시 공부하세요.	조금 더 노력하세요.	실수하면 안 돼요.	참 잘했어요.

10을 가르고 모으기

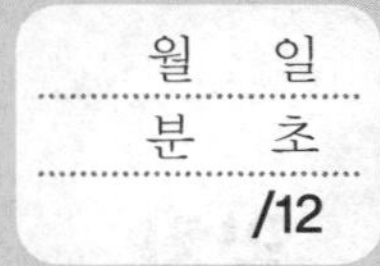

정답 26쪽

빈칸에 알맞은 수를 쓰세요.

❶
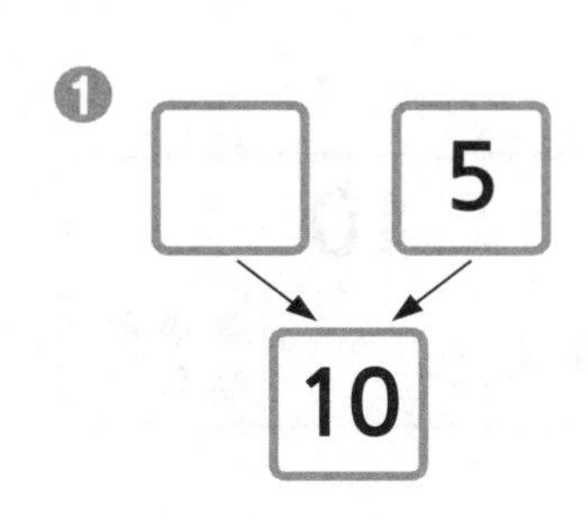

❷
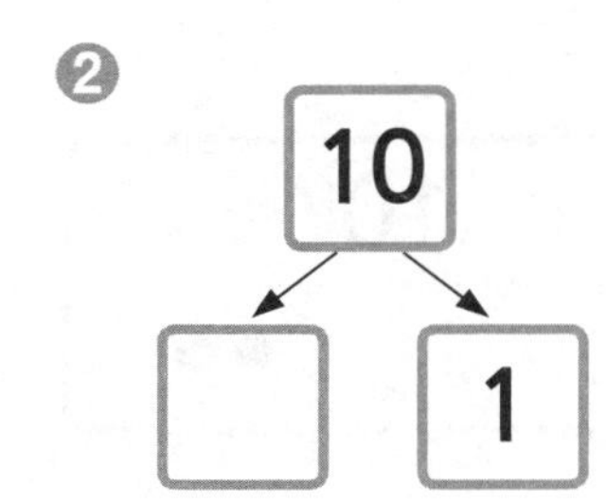

❸
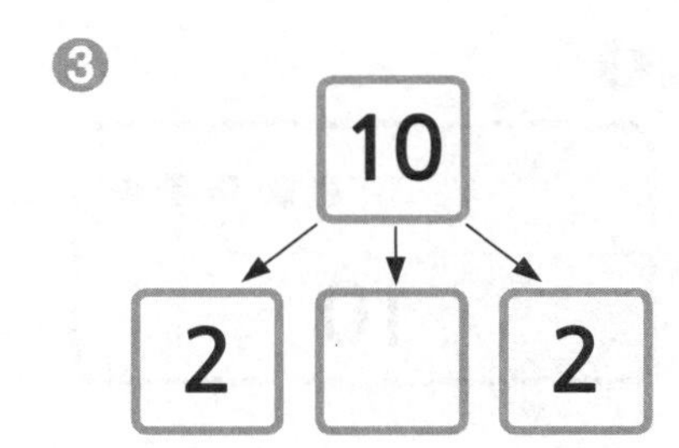

❹
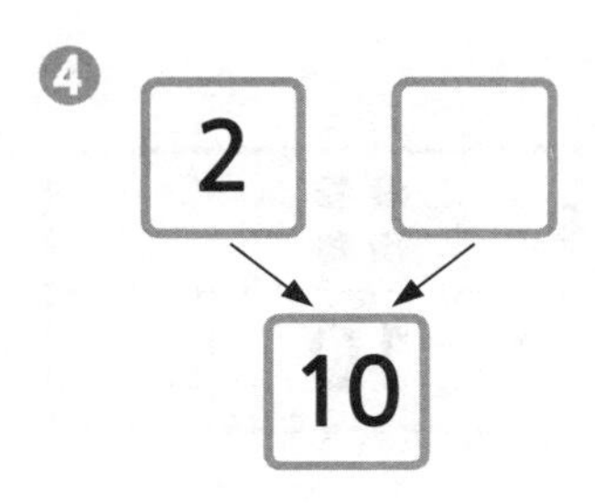

❺
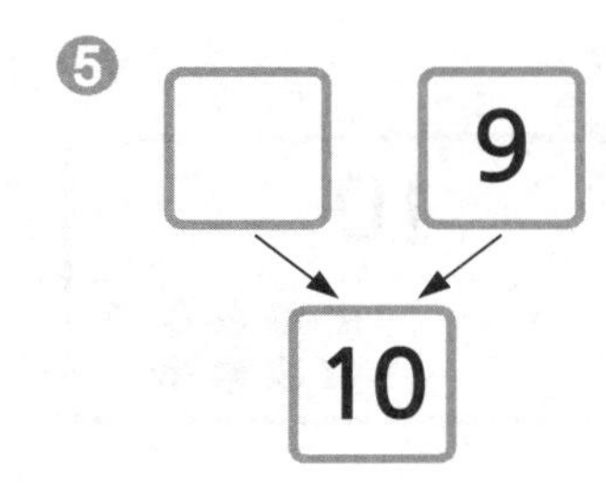

❻
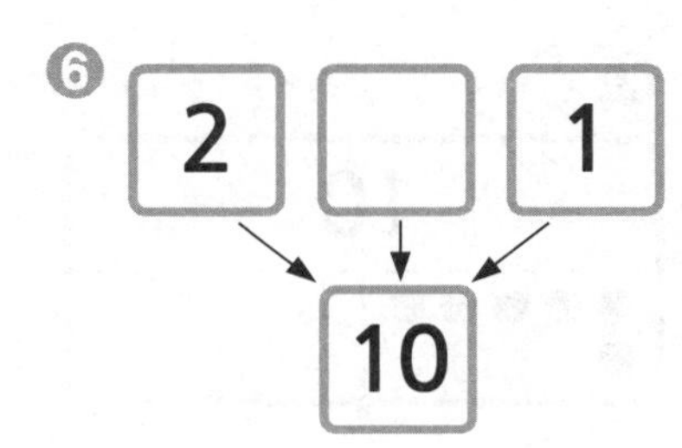

❼
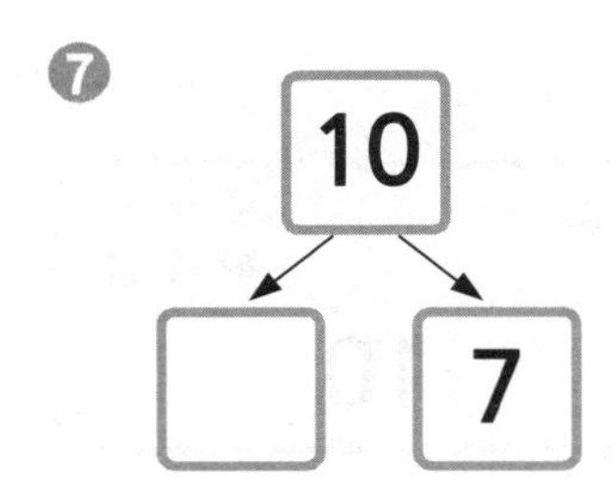

❽
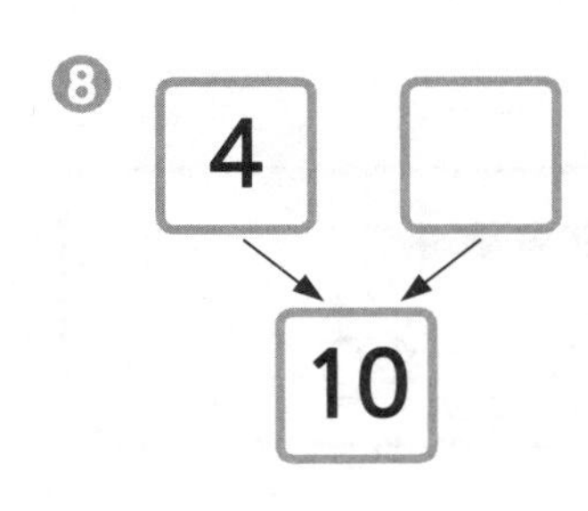

❾
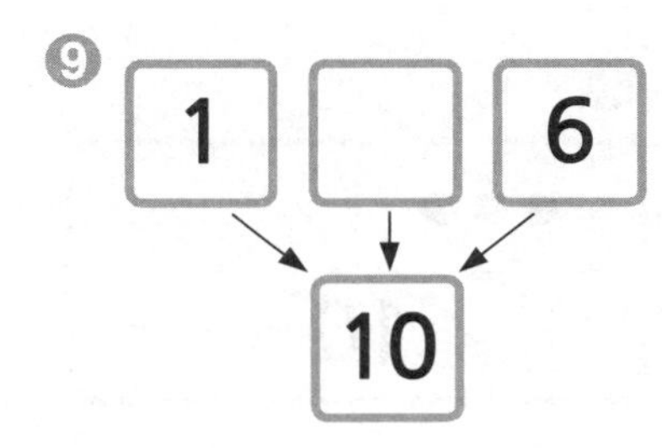

❿
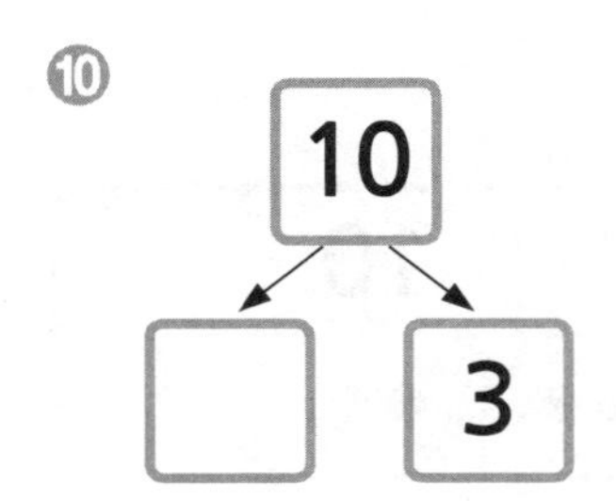

⓫
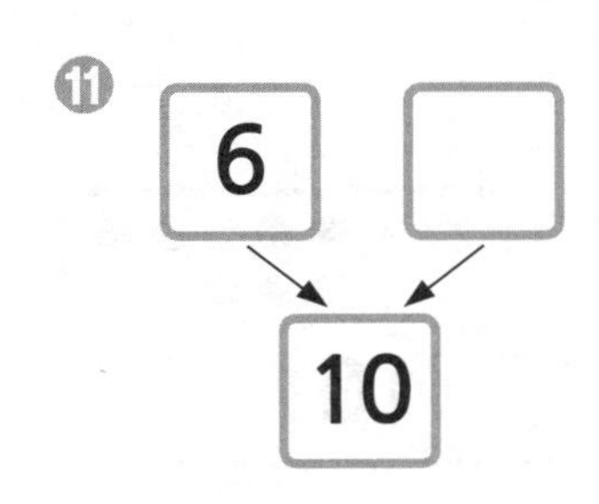

⓬
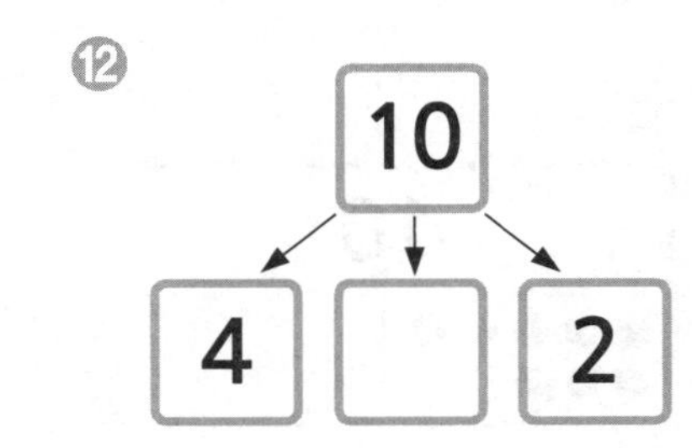

자기 점수에 ○표 하세요

맞힌 개수	6개 이하	7~8개	9~10개	11~12개
학습 방법	개념을 다시 공부하세요.	조금 더 노력 하세요.	실수하면 안 돼요.	참 잘했어요.

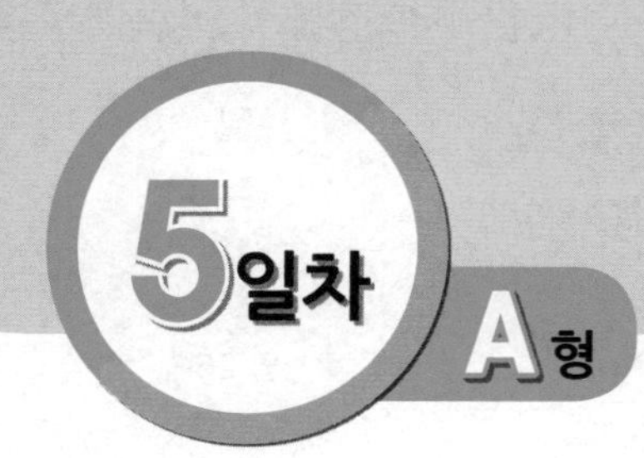

10을 가르고 모으기

월 일
분 초
/12

✎ 빈칸에 알맞게 점을 그리세요.

❶
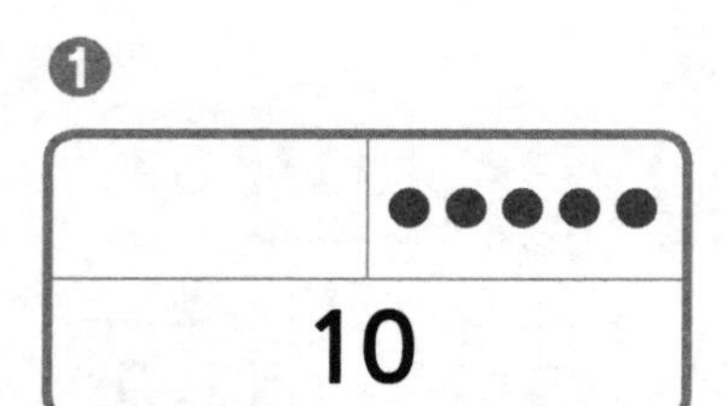

❷
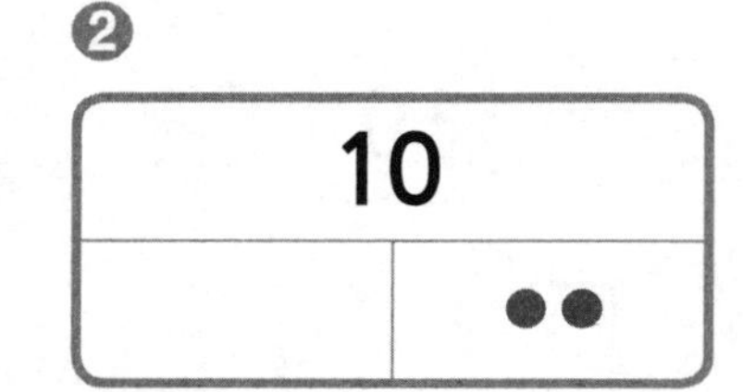

❸
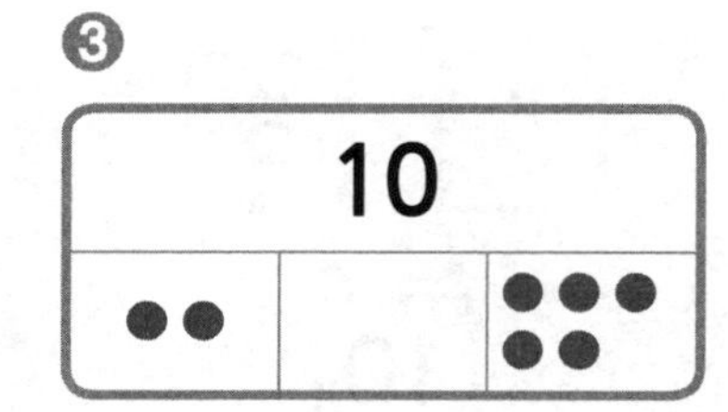

❹
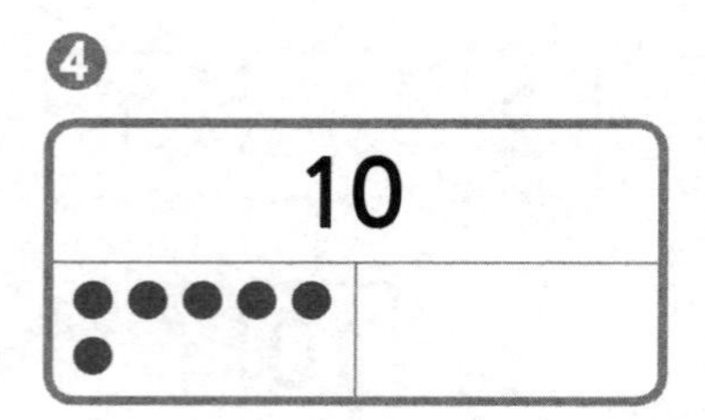

❺
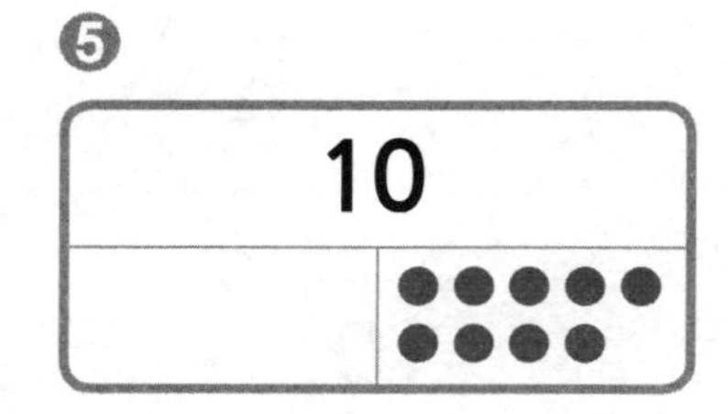

❻
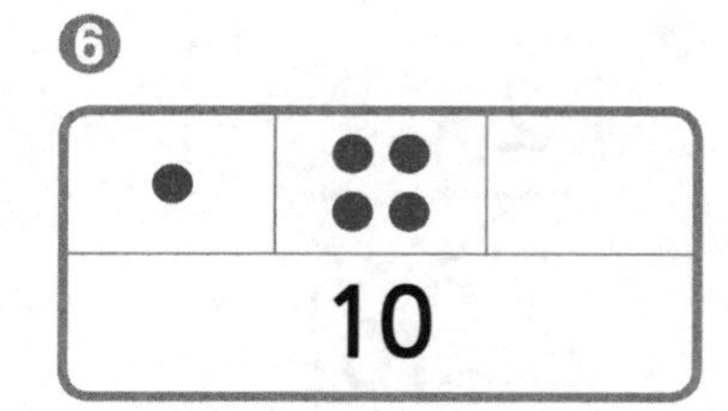

❼
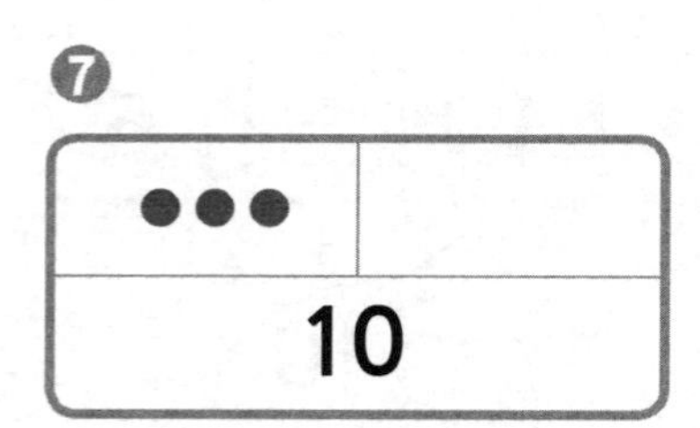

❽
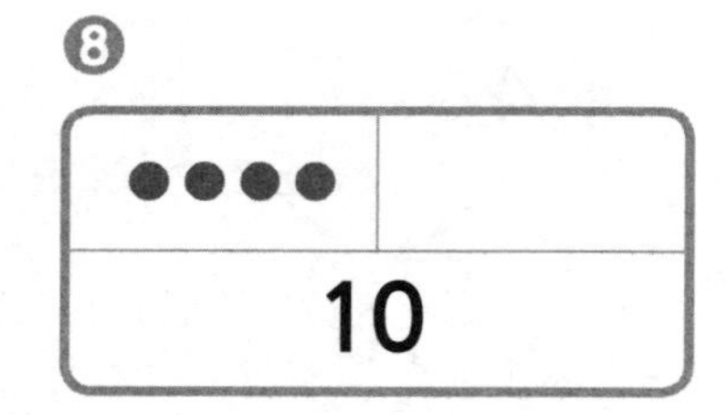

❾
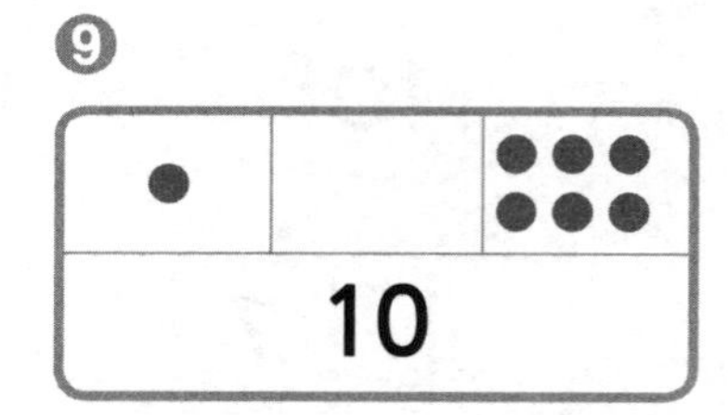

❿
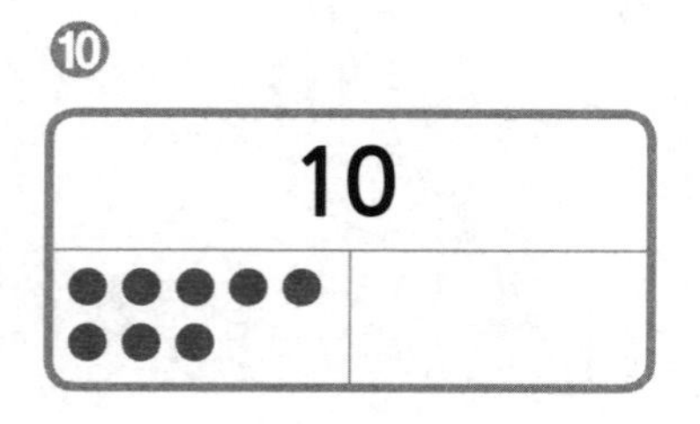

⓫
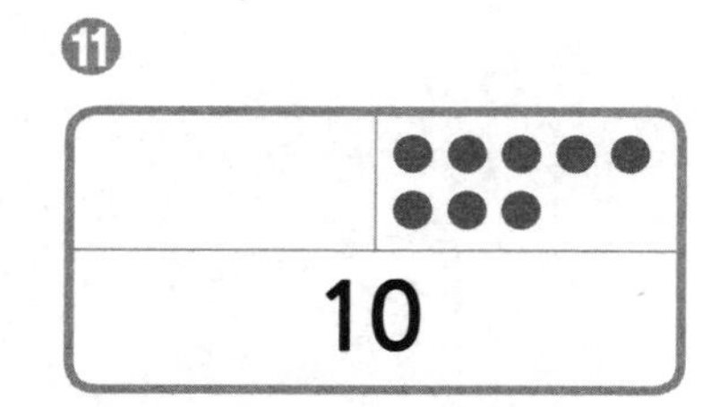

⓬
10

●● ●●

자기 점수에 ○표 하세요

맞힌 개수	6개 이하	7~8개	9~10개	11~12개
학습 방법	개념을 다시 공부하세요.	조금 더 노력하세요.	실수하면 안 돼요.	참 잘했어요.

10을 가르고 모으기

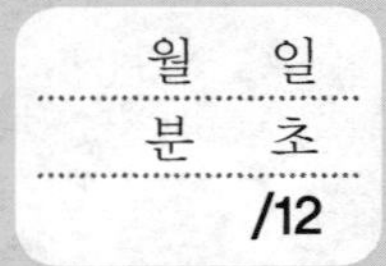

정답 27쪽

빈칸에 알맞은 수를 쓰세요.

❶ 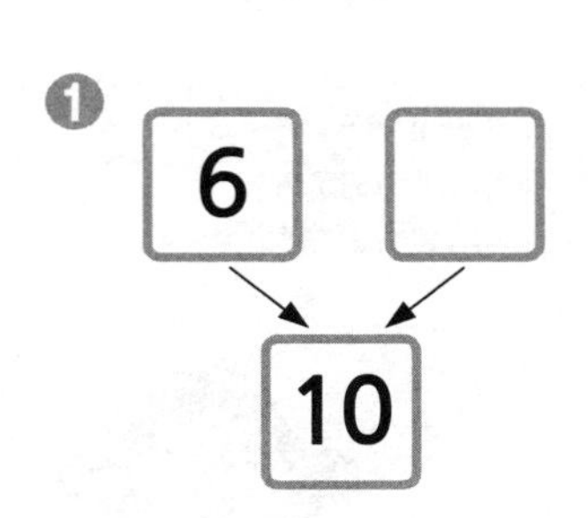

❷ 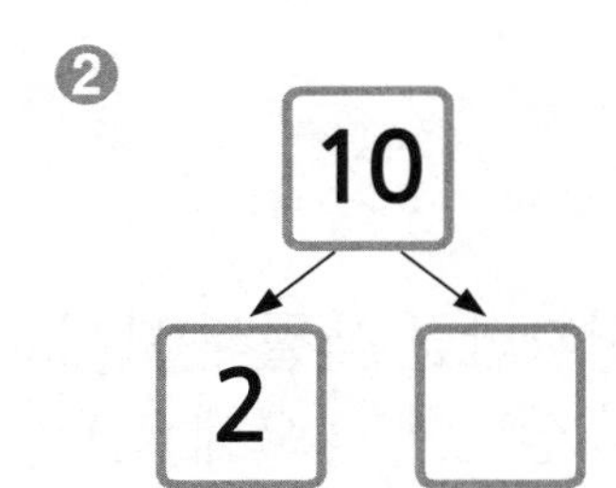

❸ 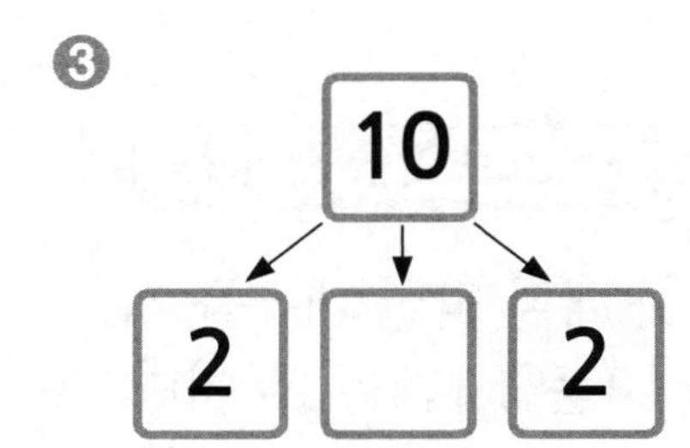

❹ 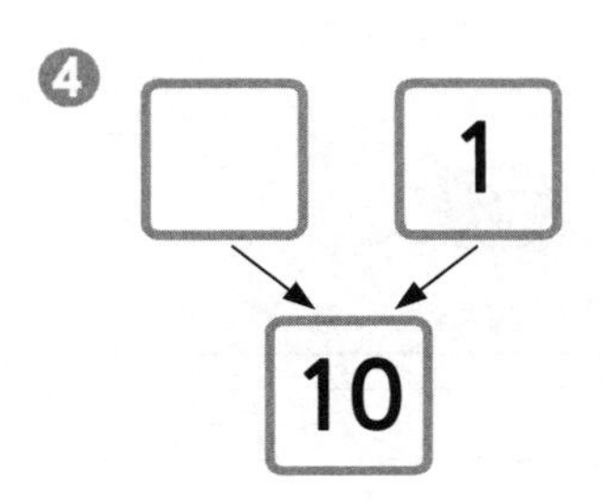

❺ 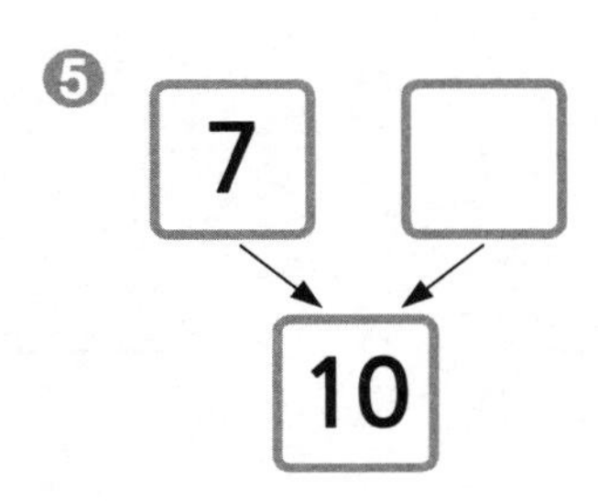

❻ 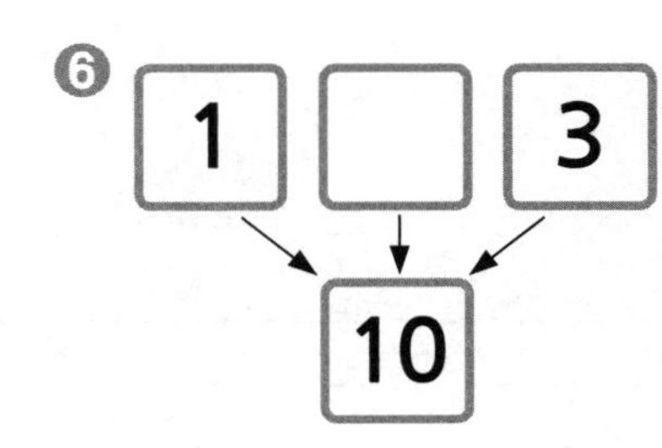

❼ 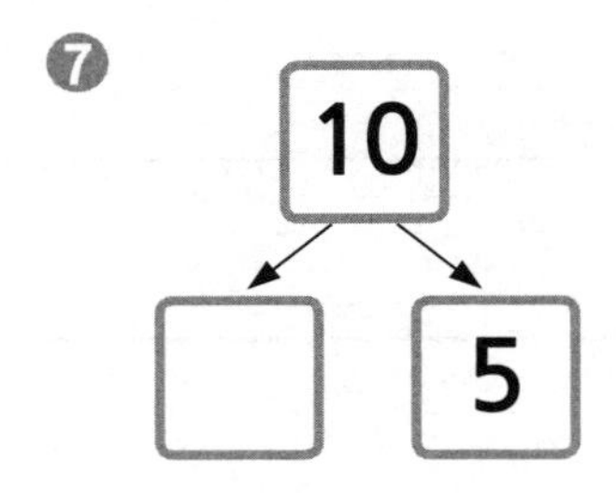

❽ 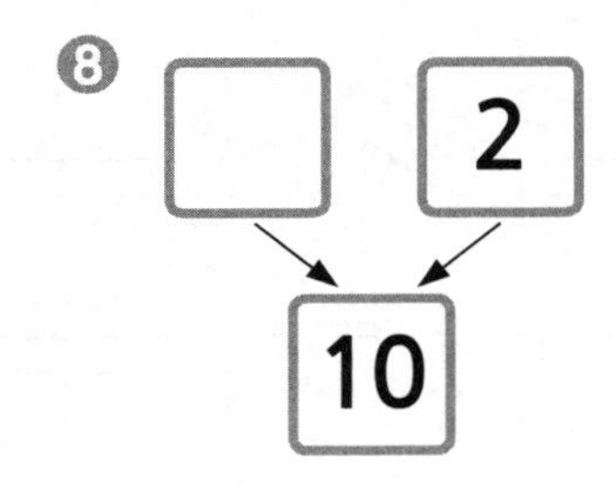

❾ 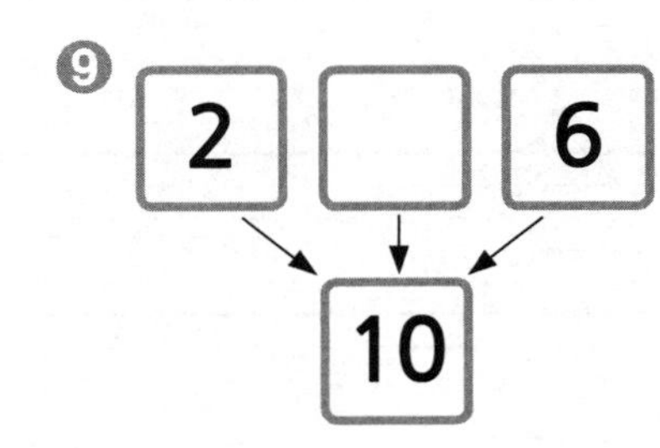

❿ 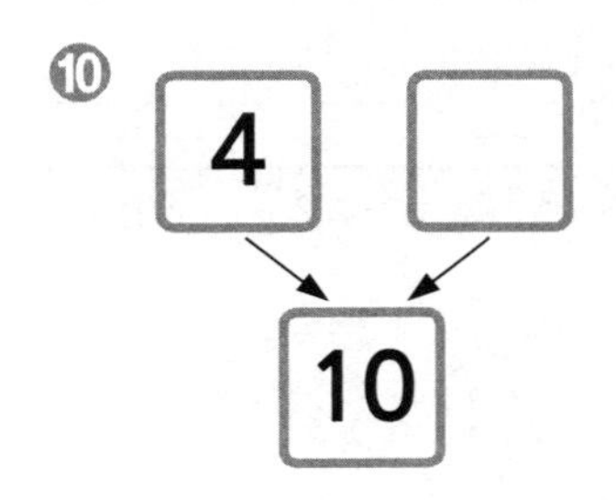

⓫ 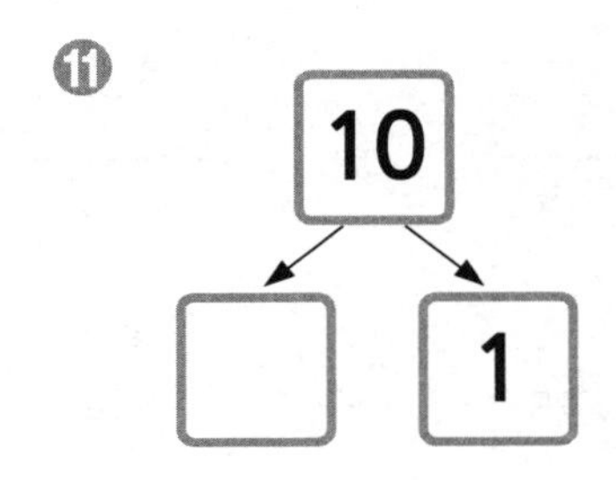

⓬ 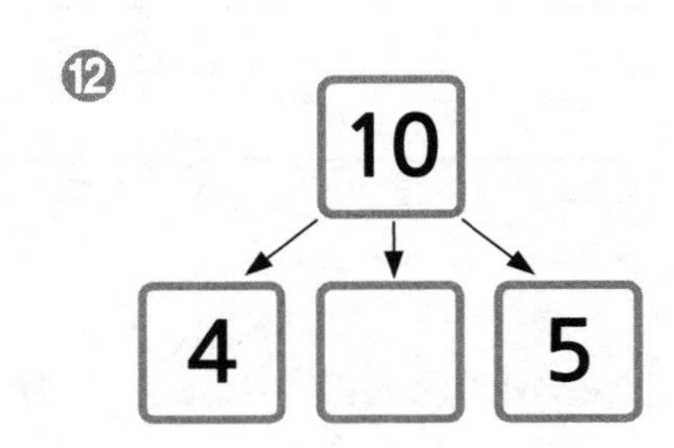

자기 점수에 ○표 하세요

맞힌 개수	6개 이하	7~8개	9~10개	11~12개
학습 방법	개념을 다시 공부하세요.	조금 더 노력 하세요.	실수하면 안 돼요.	참 잘했어요.

10의 덧셈과 뺄셈

◆스스로 학습 관리표◆

- 매일 맞힌 개수를 적고, 걸린 시간만큼 색칠해 보세요. (눈금 1칸은 1분이며, 초는 표의 상단에 적으세요.)
- 하루하루 지날수록 실력이 자라고, 계산 속도가 빨라지는 것을 눈으로 직접 확인할 수 있습니다.

개념 포인트

10의 덧셈

앞 단계에서 공부한 10 모으기를 덧셈식으로 나타내 봅시다. 두 수를 모아 10이 되려면 덧셈식의 빈칸에 어떤 수를 넣어야 할지 생각해 보세요.

10의 뺄셈

앞 단계에서 공부한 10 가르기를 뺄셈식으로 나타내 봅시다. 뺄셈식의 빈칸에 어떤 수를 넣어야 10을 두 수로 가를 수 있는지 생각해 보세요.

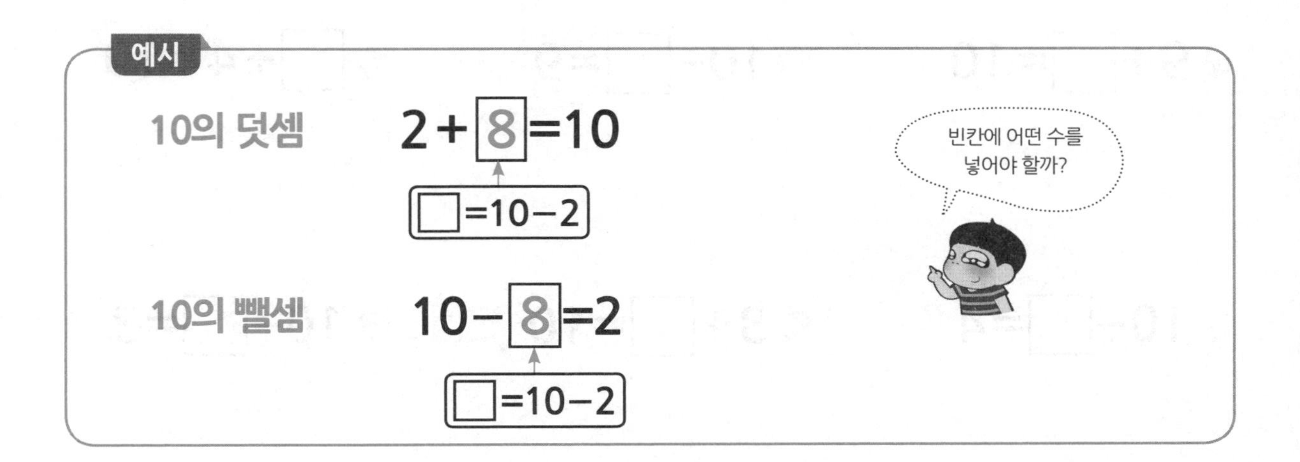

예시
10의 덧셈
2+8=10
□=10−2
10의 뺄셈
10−8=2
□=10−2
빈칸에 어떤 수를
넣어야 할까?

아이들은 구체적인 사물이나 그림이 있을 때는 계산을 잘하는데 식으로 주어지면 무엇을 해야 할지 모르는 경우가 종종 있습니다. 이번 단계는 10 가르기와 모으기를 식으로 표현하는 것과 덧셈과 뺄셈의 관계를 복습하는 과정입니다.

1일차 A형

10의 덧셈과 뺄셈

월 일
분 초
/18

빈칸에 알맞은 수를 넣으세요.

❶ 2+□=10

❷ 10−□=2

❸ □+2=10

❹ 10−□=8

❺ □+1=10

❻ 10−□=1

❼ 9+□=10

❽ 10−□=9

❾ □+4=10

❿ 10−□=4

⓫ 3+□=10

⓬ 10−□=3

⓭ □+3=10

⓮ 10−□=7

⓯ 4+□=10

⓰ 10−□=6

⓱ 5+□=10

⓲ 10−□=5

자기 점수에 ○표 하세요

맞힌 개수	10개 이하	11~14개	15~16개	17~18개
학습 방법	개념을 다시 공부하세요.	조금 더 노력하세요.	실수하면 안 돼요.	참 잘했어요.

10의 덧셈과 뺄셈

월	일
분	초
	/4

정답 28쪽

빈칸에 알맞은 수를 쓰세요.

❶

3+□=	10
8+□=	10
1+□=	10
5+□=	10
6+□=	10

❷

10	−□=9
10	−□=7
10	−□=6
10	−□=3
10	−□=8

❸

□+2=	10
□+3=	10
□+1=	10
□+6=	10
□+5=	10

❹

10	−□=2
10	−□=10
10	−□=4
10	−□=1
10	−□=5

자기 점수에 ○표 하세요

맞힌 개수	1개	2개	3개	4개
학습 방법	개념을 다시 공부하세요.	조금 더 노력 하세요.	실수하면 안 돼요.	참 잘했어요.

2일차 A형

10의 덧셈과 뺄셈

월 일
분 초
/18

✎ 빈칸에 알맞은 수를 넣으세요.

❶ $10-\square=1$

❷ $5+\square=10$

❸ $10-\square=7$

❹ $\square+4=10$

❺ $10-\square=8$

❻ $9+\square=10$

❼ $10-\square=4$

❽ $2+\square=10$

❾ $10-\square=3$

❿ $\square+3=10$

⓫ $10-\square=9$

⓬ $4+\square=10$

⓭ $10-\square=6$

⓮ $\square+9=10$

⓯ $10-\square=5$

⓰ $\square+6=10$

⓱ $10-\square=2$

⓲ $\square+7=10$

자기 점수에 ○표 하세요

맞힌 개수	10개 이하	11~14개	15~16개	17~18개
학습 방법	개념을 다시 공부하세요.	조금 더 노력 하세요.	실수하면 안 돼요.	참 잘했어요.

10의 덧셈과 뺄셈

월	일
분	초
	/4

정답 29쪽

빈칸에 알맞은 수를 쓰세요.

❶

9+□=	10
5+□=	10
6+□=	10
3+□=	10
7+□=	10

❷

10	−□=8
10	−□=5
10	−□=4
10	−□=2
10	−□=9

❸

□+8=	10
□+6=	10
□+4=	10
□+2=	10
□+9=	10

❹

10	−□=3
10	−□=6
10	−□=10
10	−□=7
10	−□=1

자기 점수에 ○표 하세요

맞힌 개수	1개	2개	3개	4개
학습 방법	개념을 다시 공부하세요.	조금 더 노력하세요.	실수하면 안 돼요.	참 잘했어요.

3일차 A형

10의 덧셈과 뺄셈

월	일
분	초
	/18

✎ 빈칸에 알맞은 수를 넣으세요.

❶ $5+\square=10$

❷ $10-\square=7$

❸ $\square+4=10$

❹ $10-\square=8$

❺ $9+\square=10$

❻ $10-\square=4$

❼ $2+\square=10$

❽ $10-\square=3$

❾ $\square+3=10$

❿ $10-\square=9$

⓫ $4+\square=10$

⓬ $10-\square=6$

⓭ $6+\square=10$

⓮ $10-\square=5$

⓯ $\square+9=10$

⓰ $10-\square=2$

⓱ $\square+5=10$

⓲ $10-\square=1$

자기 점수에 ○표 하세요

맞힌 개수	10개 이하	11~14개	15~16개	17~18개
학습 방법	개념을 다시 공부하세요.	조금 더 노력하세요.	실수하면 안 돼요.	참 잘했어요.

10의 덧셈과 뺄셈

월 일
분 초
/4

정답 30쪽

✎ 빈칸에 알맞은 수를 쓰세요.

❶

6+□=	10
3+□=	10
1+□=	10
5+□=	10
8+□=	10

❷

10	−□=10
10	−□=7
10	−□=3
10	−□=6
10	−□=8

❸

□+2=	10
□+3=	10
□+6=	10
□+4=	10
□+9=	10

❹

10	−□=4
10	−□=2
10	−□=9
10	−□=1
10	−□=5

자기 점수에 ○표 하세요

맞힌 개수	1개	2개	3개	4개
학습 방법	개념을 다시 공부하세요.	조금 더 노력하세요.	실수하면 안 돼요.	참 잘했어요.

4일차 A형

10의 덧셈과 뺄셈

월 일
분 초
/18

빈칸에 알맞은 수를 넣으세요.

❶ 9+□=10

❷ 10−□=4

❸ 5+□=10

❹ 10−□=3

❺ □+3=10

❻ 10−□=8

❼ 4+□=10

❽ 10−□=1

❾ 2+□=10

❿ 10−□=5

⓫ □+9=10

⓬ 10−□=9

⓭ □+5=10

⓮ 10−□=7

⓯ 6+□=10

⓰ 10−□=6

⓱ 8+□=10

⓲ 10−□=2

자기 점수에 ○표 하세요

맞힌 개수	10개 이하	11~14개	15~16개	17~18개
학습 방법	개념을 다시 공부하세요.	조금 더 노력하세요.	실수하면 안 돼요.	참 잘했어요.

10의 덧셈과 뺄셈

월	일
분	초
	/4

정답 31쪽

빈칸에 알맞은 수를 쓰세요.

❶

1+□=	10
5+□=	10
2+□=	10
9+□=	10
8+□=	10

❷

10	−□=6
10	−□=7
10	−□=5
10	−□=3
10	−□=2

❸

□+3=	10
□+7=	10
□+1=	10
□+4=	10
□+6=	10

❹

10	−□=0
10	−□=4
10	−□=9
10	−□=8
10	−□=1

자기 점수에 ○표 하세요

맞힌 개수	1개	2개	3개	4개
학습 방법	개념을 다시 공부하세요.	조금 더 노력 하세요.	실수하면 안 돼요.	참 잘했어요.

5일차 A형

10의 덧셈과 뺄셈

월	일
분	초
	/18

빈칸에 알맞은 수를 넣으세요.

❶ $10-\square=8$

❷ $10-\square=3$

❸ $\square+3=10$

❹ $2+\square=10$

❺ $4+\square=10$

❻ $10-\square=1$

❼ $10-\square=9$

❽ $10-\square=5$

❾ $\square+9=10$

❿ $3+\square=10$

⓫ $\square+5=10$

⓬ $10-\square=7$

⓭ $10-\square=2$

⓮ $10-\square=4$

⓯ $8+\square=10$

⓰ $6+\square=10$

⓱ $\square+7=10$

⓲ $10-\square=6$

자기 점수에 ○표 하세요

맞힌 개수	10개 이하	11~14개	15~16개	17~18개
학습 방법	개념을 다시 공부하세요.	조금 더 노력 하세요.	실수하면 안 돼요.	참 잘했어요.

10의 덧셈과 뺄셈

월	일
분	초
	/4

정답 32쪽

빈칸에 알맞은 수를 쓰세요.

❶

5+□=	10
2+□=	10
7+□=	10
6+□=	10
4+□=	10

❷

10	−□=2
10	−□=7
10	−□=10
10	−□=3
10	−□=6

❸

□+4=	10
□+1=	10
□+9=	10
□+8=	10
□+6=	10

❹

10	−□=8
10	−□=5
10	−□=1
10	−□=9
10	−□=4

자기 점수에 ○표 하세요

맞힌 개수	1개	2개	3개	4개
학습 방법	개념을 다시 공부하세요.	조금 더 노력하세요.	실수하면 안 돼요.	참 잘했어요.

세 단계 묶어 풀기 004 ~ 006단계
덧셈과 뺄셈/10을 가르고 모으기

월 일
분 초
/18

정답 33쪽

계산을 하세요.

❶ 2+3=
2+4=
2+5=
2+6=

❷ 6−1=
6−2=
6−3=
6−4=

❸ 5+1=
5+2=
5+3=
5+4=

빈칸에 알맞은 수나 기호를 넣으세요.

❹ 7□2=9

❺ 8□4=4

❻ 1□5=6

❼
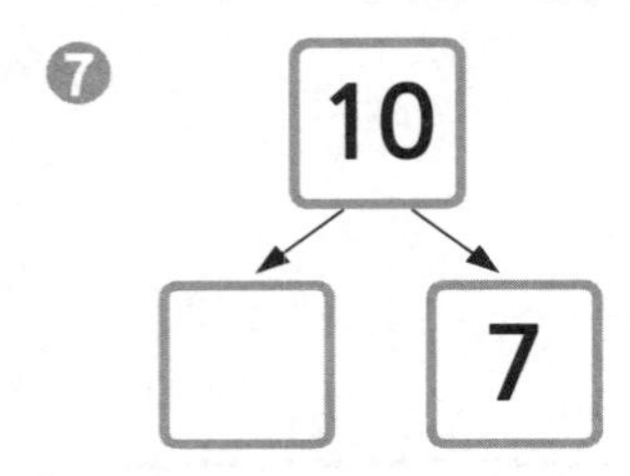

❽
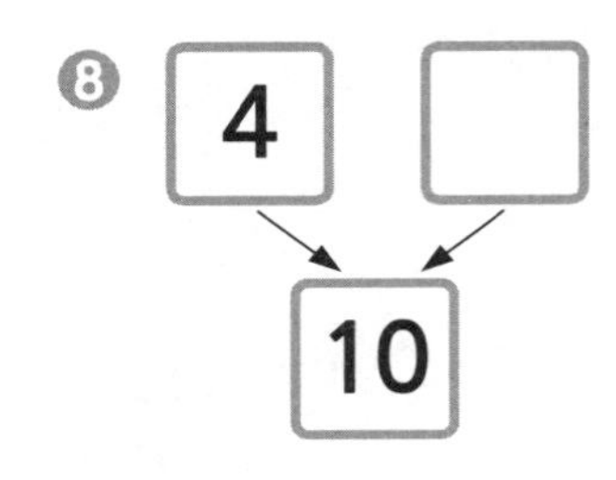

❾
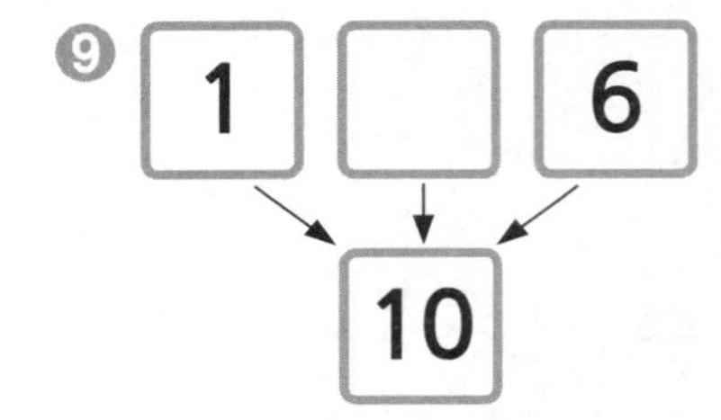

❿
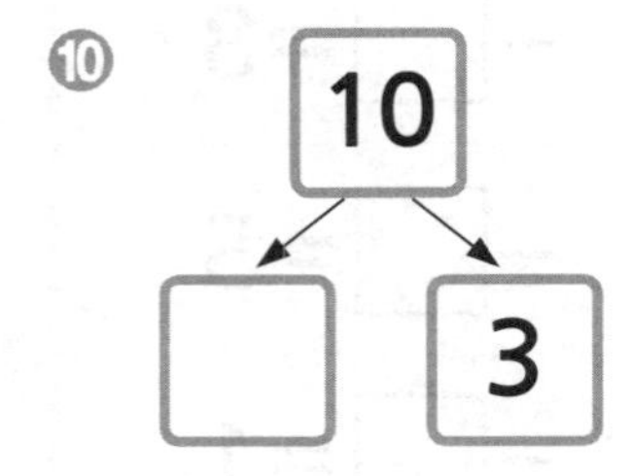

⓫ 6 □ → 10

⓬
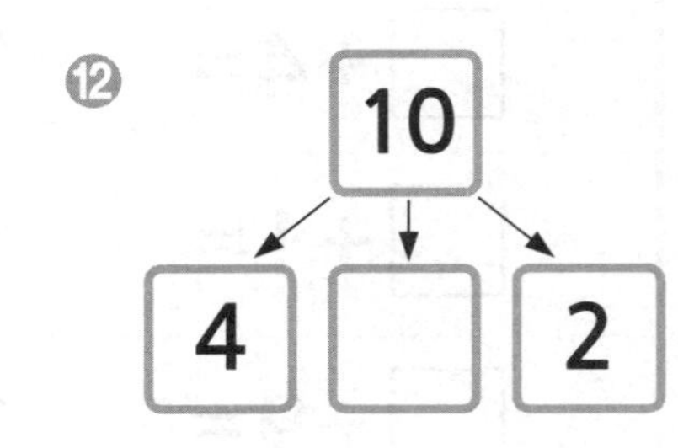

⓭ 10−□=8

⓮ □+3=10

⓯ 10−□=5

⓰ □+9=10

⓱ 10−□=2

⓲ □+6=10

창의력 쑥쑥! 수학 퀴즈

12개의 성냥개비를 이용해서
로마 숫자로 된 식을 만들었습니다.
Ⅵ－Ⅳ＝ Ⅸ
이 식을 아라비아 숫자로 바꾸면 6 － 4 = 9입니다.
성냥개비 하나를 옮겨서 바른 식으로 만들 수 있다고 하는데요.
어떻게 해야 할까요?

답 로마 사람들은 1에서 10까지의 수를 다음과 같이 나타냈어요. 0을 나타내는 숫자는 없었지요. 알파벳 I로 일(1)을 나타냈고 이것을 오른쪽으로 하나씩 더해서 2, 3, 4를 나타냈지요. 5는 V라는 새로운 기호를 써서 나타냈고 10은 X로 나타냈어요. 5에서 10까지를 로마 숫자로 나타내면 다음과 같아요.

Ⅰ	Ⅱ	Ⅲ	Ⅳ
1	2	3	4

Ⅴ	Ⅵ	Ⅶ	Ⅷ	Ⅸ	Ⅹ
5	6	7	8	9	10

그런데 4와 9의 경우, 여러 개의 I를 쓰는 대신 간편하게 IV, IX로 적기도 해요. 큰 숫자의 왼쪽에 작은 숫자를 쓰면 큰 숫자에서 작은 숫자를 빼는 것으로 약속한 거예요.
로마 숫자에 대해 살펴보았으니까 12개의 성냥개비로 만든 식이 6−4=9라는 것을 쉽게 알 수 있어요. 로마 숫자 IX에서 성냥개비 하나를 빼기 기호 위에 놓아 더하기 기호로 바꾸면 주어진 식은 'VI + IV = X'로 '6+4=10'이 됩니다.

연이은 덧셈, 뺄셈

◆스스로 학습 관리표◆

- 매일 맞힌 개수를 적고, 걸린 시간만큼 색칠해 보세요. (눈금 1칸은 1분이며, 초는 표의 상단에 적으세요.)
- 하루하루 지날수록 실력이 자라고, 계산 속도가 빨라지는 것을 눈으로 직접 확인할 수 있습니다.

개념 포인트

연이은 덧셈

세 수를 계속해서 덧셈합니다. 앞의 두 수를 더하고, 그 합에 뒤에 있는 마지막 수를 또 더하면 됩니다.

연이은 뺄셈

세 수를 계속해서 뺄셈합니다. 앞의 두 수의 차를 구하고, 그 차에서 마지막에 있는 수를 빼면 됩니다.

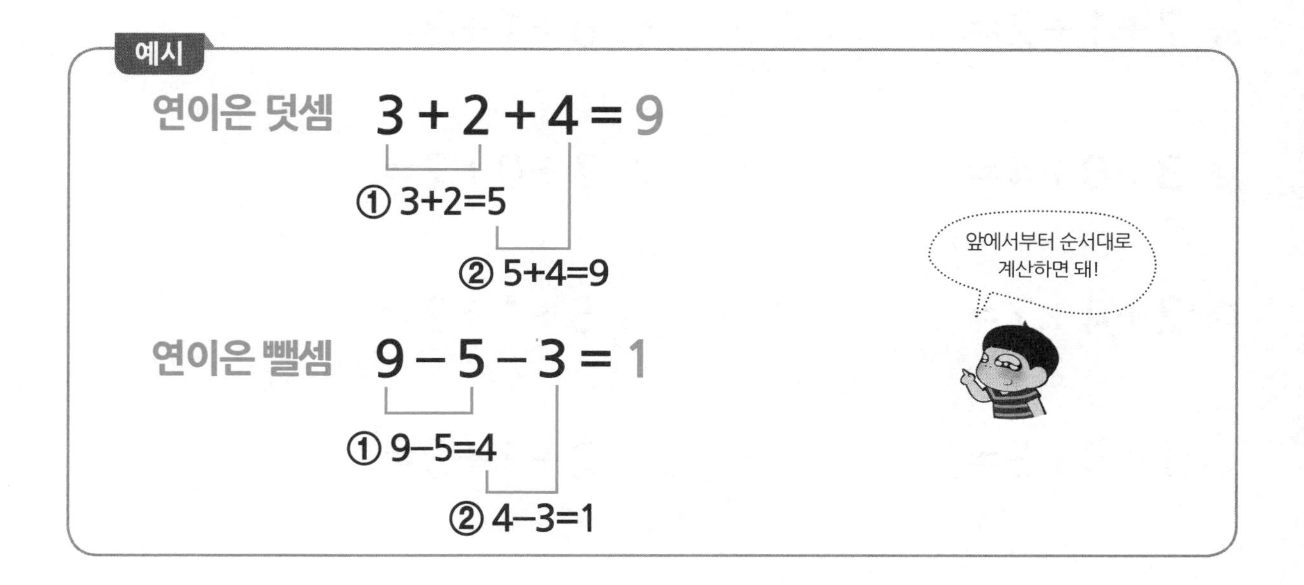

예시
연이은 덧셈 3 + 2 + 4 = 9
① 3+2=5
② 5+4=9
연이은 뺄셈 9 − 5 − 3 = 1
① 9−5=4
② 4−3=1
앞에서부터 순서대로 계산하면 돼!

연이은 덧셈, 뺄셈으로 세 수의 계산을 연습하는 단계입니다. 합이 9 이하인 덧셈과 차가 9 이하인 뺄셈, 합이 10이 되는 덧셈을 연속해서 수행할 수 있는지 관찰하시고, 혹시 수행하는 데에 어려움이 있으면 복습으로 부족한 부분을 보완할 수 있도록 해 주세요.

연이은 덧셈, 뺄셈

월 일
분 초
/20

덧셈을 하세요.

❶ 3+2+4=

❷ 2+3+1=

❸ 6+1+1=

❹ 0+3+6=

❺ 2+5+3=

❻ 5+1+4=

❼ 7+1+2=

❽ 6+1+3=

❾ 3+0+4=

❿ 7+0+2=

⓫ 2+4+2=

⓬ 5+1+2=

⓭ 1+3+5=

⓮ 2+1+3=

⓯ 2+4+3=

⓰ 2+2+2=

⓱ 3+1+4=

⓲ 1+2+4=

⓳ 1+4+1=

⓴ 4+1+3=

자기 점수에 ○표 하세요

맞힌 개수	12개 이하	13~16개	17~18개	19~20개
학습 방법	개념을 다시 공부하세요.	조금 더 노력하세요.	실수하면 안 돼요.	참 잘했어요.

1일차 B형

연이은 덧셈, 뺄셈

월 일
분 초
/20

정답 34쪽

앞에서부터 차근차근 빼 줘!

✎ 뺄셈을 하세요.

❶ $7-2-4=$ ❷ $8-3-5=$

❸ $5-1-1=$ ❹ $10-3-6=$

❺ $9-5-3=$ ❻ $5-1-4=$

❼ $8-1-2=$ ❽ $6-1-4=$

❾ $6-0-4=$ ❿ $7-3-2=$

⓫ $8-4-2=$ ⓬ $9-1-2=$

⓭ $10-3-5=$ ⓮ $8-1-3=$

⓯ $10-4-3=$ ⓰ $7-2-2=$

⓱ $6-1-4=$ ⓲ $6-2-4=$

⓳ $9-4-1=$ ⓴ $5-1-3=$

자기 점수에 ○표 하세요

맞힌 개수	12개 이하	13~16개	17~18개	19~20개
학습 방법	개념을 다시 공부하세요.	조금 더 노력하세요.	실수하면 안 돼요.	참 잘했어요.

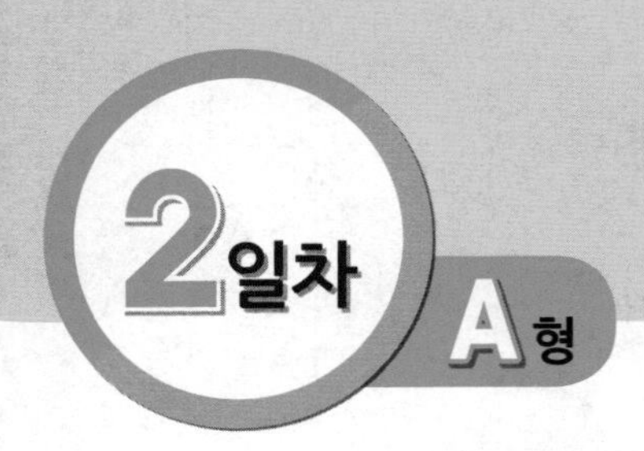

연이은 덧셈, 뺄셈

월 일
분 초
/20

덧셈을 하세요.

❶ 3+5+2=

❷ 2+1+4=

❸ 4+1+3=

❹ 0+2+6=

❺ 2+5+2=

❻ 5+1+1=

❼ 6+2+1=

❽ 6+0+3=

❾ 2+2+4=

❿ 7+1+2=

⓫ 2+3+1=

⓬ 5+1+3=

⓭ 1+3+4=

⓮ 2+4+3=

⓯ 3+6+1=

⓰ 2+2+3=

⓱ 2+1+5=

⓲ 3+3+4=

⓳ 1+3+2=

⓴ 3+1+3=

자기 점수에 ○표 하세요

맞힌 개수	12개 이하	13~16개	17~18개	19~20개
학습 방법	개념을 다시 공부하세요.	조금 더 노력하세요.	실수하면 안 돼요.	참 잘했어요.

연이은 덧셈, 뺄셈

월 일
분 초
/20

정답 35쪽

✎ 뺄셈을 하세요.

① $4-1-1=$

② $6-2-4=$

③ $5-3-1=$

④ $9-2-6=$

⑤ $9-2-3=$

⑥ $5-1-3=$

⑦ $8-2-2=$

⑧ $7-3-2=$

⑨ $6-1-3=$

⑩ $8-4-2=$

⑪ $8-3-3=$

⑫ $9-2-2=$

⑬ $10-7-3=$

⑭ $8-2-3=$

⑮ $10-4-2=$

⑯ $7-5-2=$

⑰ $6-2-1=$

⑱ $6-3-2=$

⑲ $9-4-2=$

⑳ $8-1-3=$

자기 점수에 ○표 하세요

맞힌 개수	12개 이하	13~16개	17~18개	19~20개
학습 방법	개념을 다시 공부하세요.	조금 더 노력 하세요.	실수하면 안 돼요.	참 잘했어요.

연이은 덧셈, 뺄셈

월	일
분	초
	/20

덧셈을 하세요.

❶ $3+3+4=$

❷ $2+3+2=$

❸ $6+1+2=$

❹ $2+3+4=$

❺ $2+5+1=$

❻ $5+1+3=$

❼ $3+2+2=$

❽ $3+1+3=$

❾ $3+2+4=$

❿ $7+1+2=$

⓫ $2+3+5=$

⓬ $4+1+2=$

⓭ $2+5+2=$

⓮ $2+1+6=$

⓯ $2+4+1=$

⓰ $3+2+5=$

⓱ $3+2+3=$

⓲ $1+3+4=$

⓳ $1+6+1=$

⓴ $4+1+4=$

자기 점수에 ○표 하세요

맞힌 개수	12개 이하	13~16개	17~18개	19~20개
학습 방법	개념을 다시 공부하세요.	조금 더 노력하세요.	실수하면 안 돼요.	참 잘했어요.

연이은 덧셈, 뺄셈

월 일
분 초
/20

정답 36쪽

✎ 뺄셈을 하세요.

❶ 8−2−1=

❷ 8−3−2=

❸ 6−2−1=

❹ 6−2−2=

❺ 9−4−3=

❻ 9−1−4=

❼ 7−1−2=

❽ 7−3−2=

❾ 5−1−1=

❿ 5−2−2=

⓫ 10−4−2=

⓬ 10−1−2=

⓭ 10−3−3=

⓮ 10−2−3=

⓯ 10−4−6=

⓰ 10−3−6=

⓱ 10−5−4=

⓲ 10−2−7=

⓳ 9−3−1=

⓴ 9−1−2=

자기 점수에 ○표 하세요

맞힌 개수	12개 이하	13~16개	17~18개	19~20개
학습 방법	개념을 다시 공부하세요.	조금 더 노력하세요.	실수하면 안 돼요.	참 잘했어요.

연이은 덧셈, 뺄셈

월 일
분 초
/20

✎ 덧셈을 하세요.

❶ $2+2+4=$

❷ $3+3+1=$

❸ $6+1+2=$

❹ $2+3+3=$

❺ $2+1+3=$

❻ $5+1+4=$

❼ $7+1+2=$

❽ $4+1+3=$

❾ $3+2+4=$

❿ $1+6+2=$

⓫ $2+4+1=$

⓬ $6+2+2=$

⓭ $1+1+7=$

⓮ $2+2+3=$

⓯ $3+3+3=$

⓰ $4+4+2=$

⓱ $4+2+3=$

⓲ $1+5+2=$

⓳ $1+2+1=$

⓴ $2+1+2=$

자기 점수에 ○표 하세요

맞힌 개수	12개 이하	13~16개	17~18개	19~20개
학습 방법	개념을 다시 공부하세요.	조금 더 노력하세요.	실수하면 안 돼요.	참 잘했어요.

연이은 덧셈, 뺄셈

월	일
분	초
	/20

정답 37쪽

빨셈을 하세요.

❶ 8−1−4=

❷ 7−2−1=

❸ 6−1−3=

❹ 10−4−6=

❺ 9−2−4=

❻ 5−1−2=

❼ 8−1−3=

❽ 6−2−4=

❾ 7−2−4=

❿ 7−3−2=

⓫ 8−3−2=

⓬ 9−4−2=

⓭ 10−5−5=

⓮ 8−1−6=

⓯ 10−4−5=

⓰ 7−2−3=

⓱ 8−2−4=

⓲ 5−2−1=

⓳ 9−3−1=

⓴ 6−1−4=

자기 점수에 ○표 하세요

맞힌 개수	12개 이하	13~16개	17~18개	19~20개
학습 방법	개념을 다시 공부하세요.	조금 더 노력 하세요.	실수하면 안 돼요.	참 잘했어요.

연이은 덧셈, 뺄셈

월	일
분	초
	/20

덧셈을 하세요.

❶ $1+1+4=$ ❷ $6+3+1=$

❸ $6+1+1=$ ❹ $2+3+5=$

❺ $2+3+3=$ ❻ $2+1+4=$

❼ $4+1+2=$ ❽ $6+1+3=$

❾ $3+2+4=$ ❿ $4+0+2=$

⓫ $2+1+2=$ ⓬ $1+1+2=$

⓭ $1+1+7=$ ⓮ $4+1+3=$

⓯ $2+5+1=$ ⓰ $3+2+3=$

⓱ $3+1+1=$ ⓲ $2+2+4=$

⓳ $2+6+2=$ ⓴ $2+1+7=$

자기 점수에 ○표 하세요

맞힌 개수	12개 이하	13~16개	17~18개	19~20개
학습 방법	개념을 다시 공부하세요.	조금 더 노력하세요.	실수하면 안 돼요.	참 잘했어요.

5일차 B형

연이은 덧셈, 뺄셈

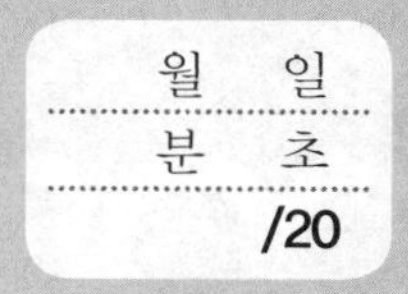

정답 38쪽

뺄셈을 하세요.

❶ $6-3-1=$

❷ $7-4-1=$

❸ $3-1-1=$

❹ $10-2-6=$

❺ $9-1-2=$

❻ $5-1-2=$

❼ $8-4-3=$

❽ $9-2-2=$

❾ $7-2-2=$

❿ $7-3-2=$

⓫ $6-1-2=$

⓬ $9-1-4=$

⓭ $10-3-1=$

⓮ $8-3-2=$

⓯ $10-6-3=$

⓰ $7-1-2=$

⓱ $5-1-4=$

⓲ $8-2-1=$

⓳ $7-4-3=$

⓴ $5-2-2=$

자기 점수에 ○표 하세요

맞힌 개수	12개 이하	13~16개	17~18개	19~20개
학습 방법	개념을 다시 공부하세요.	조금 더 노력 하세요.	실수하면 안 돼요.	참 잘했어요.

19까지의 수 모으고 가르기

◆스스로 학습 관리표◆

- 매일 맞힌 개수를 적고, 걸린 시간만큼 색칠해 보세요.
  (눈금 1칸은 1분이며, 초는 표의 상단에 적으세요.)
- 하루하루 지날수록 실력이 자라고, 계산 속도가 빨라지는 것을 눈으로 직접 확인할 수 있습니다.

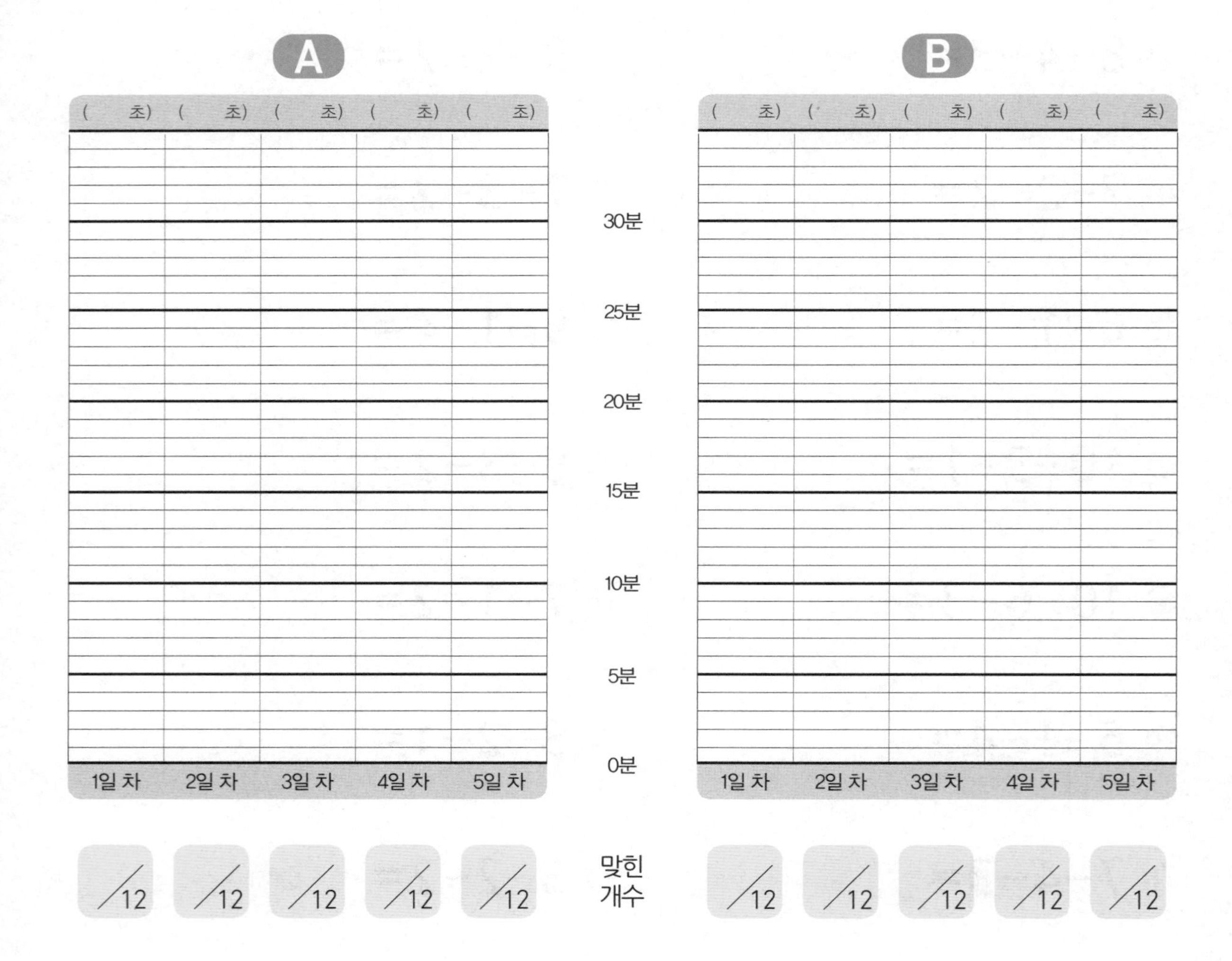

개념 포인트

19까지의 수 모으기

이어세기를 이용하여 10보다 큰 수를 모을 수 있습니다. 이때 10보다 큰 수를 두 수로 모으는 방법, 세 수로 모으는 방법을 모두 생각해 보세요.

19까지의 수 가르기

거꾸로 세기를 이용하여 10보다 큰 수를 가를 수 있습니다. 어떻게 하면 10보다 큰 수를 두 수로 가르거나 세 수로 가를 수 있는지 생각해 보세요.

예시

모으기

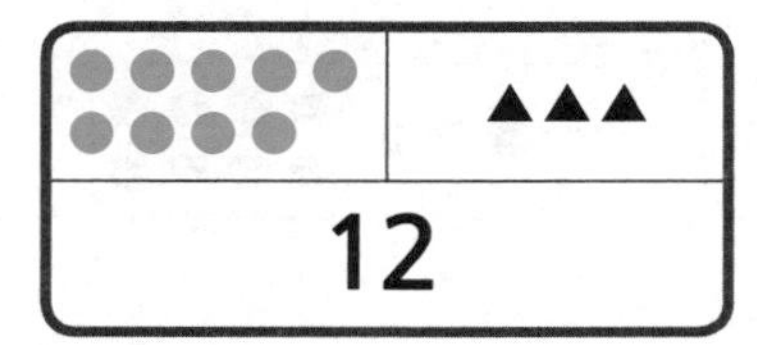

[방법1] ●와 ▲의 수를 모으면 12가 됩니다.

[방법2] 9, 10, 11, 12

⇨ 9에서 시작하여 3만큼 이어 세면 12가 됩니다.

가르기

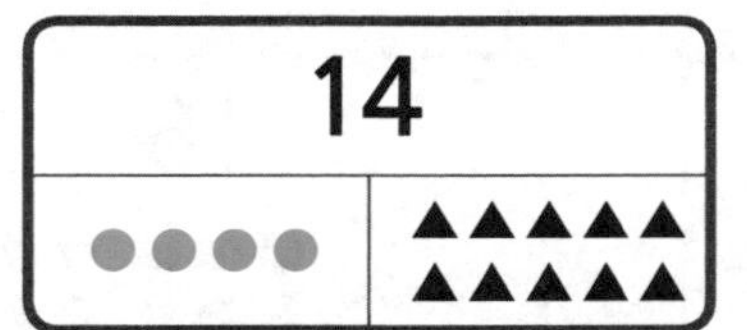

[방법1] 14에서 ●의 개수만큼 지우면 ▲만큼 남습니다.

[방법2] 14, 13, 12, 11, 10

⇨ 14에서 시작하여 거꾸로 세면 13, 12, 11, 10이므로 4와 10으로 가를 수 있습니다.

10보다 큰 수를 모으거나 가르는 과정은 받아올림이 있는 덧셈과 받아내림이 있는 뺄셈을 보다 쉽게 계산할 수 있도록 도와줍니다. 아이들 중에는 숫자가 커지고 계산이 복잡해지면 겁을 먹는 경우도 있습니다. 그러나 앞에서 배운 내용을 토대로 10보다 큰 수를 모으고 가르는 것도 해결할 수 있다고 자신감을 북돋아 주세요.

1일차 A형

19까지의 수 모으고 가르기

월 일
분 초
/12

수에 맞게 점을 그려 봐!

✎ 빈칸에 알맞게 점을 그리세요.

❶
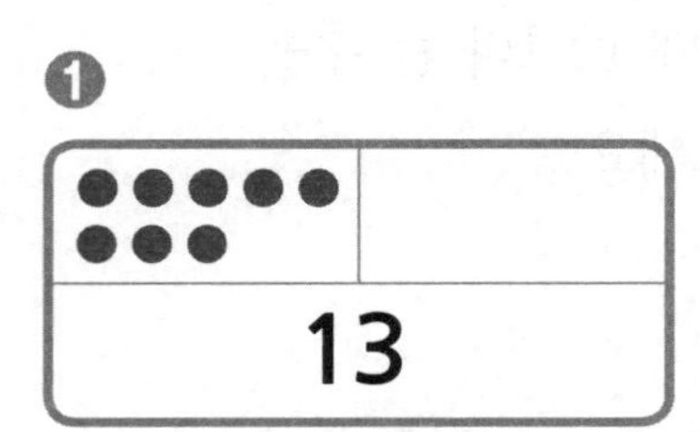

❷
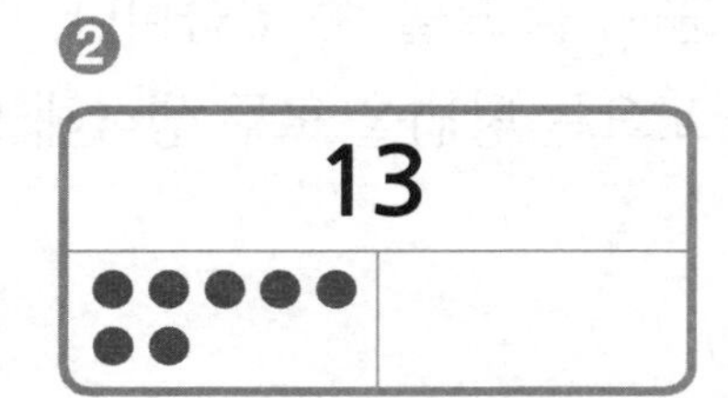

❸
13

❹
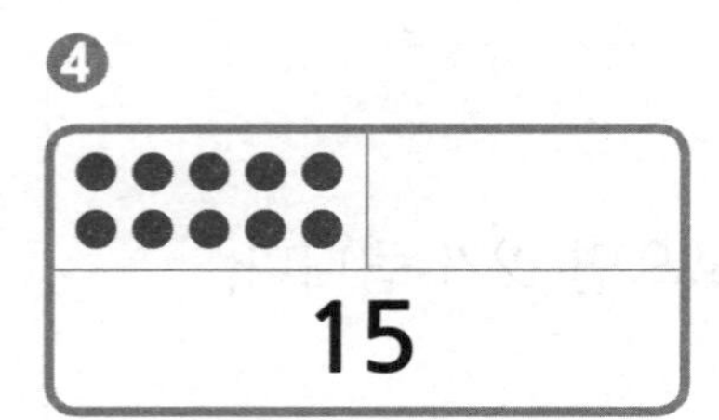

❺
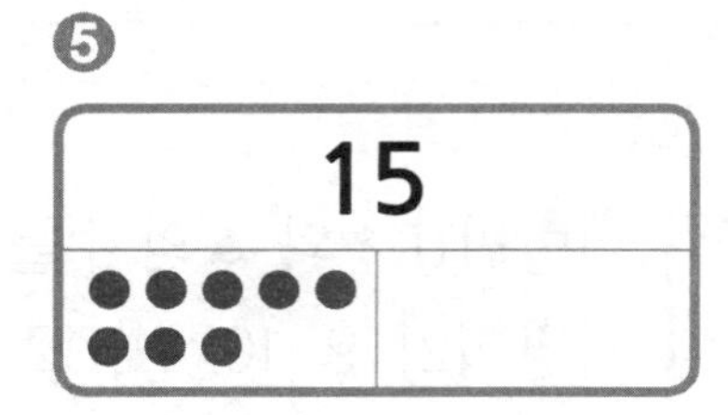

❻
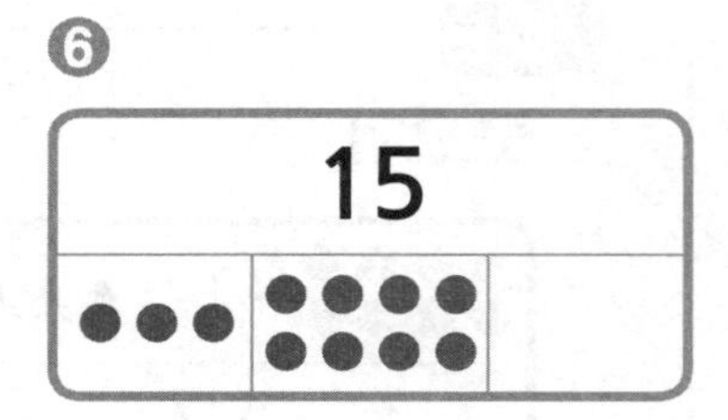

❼
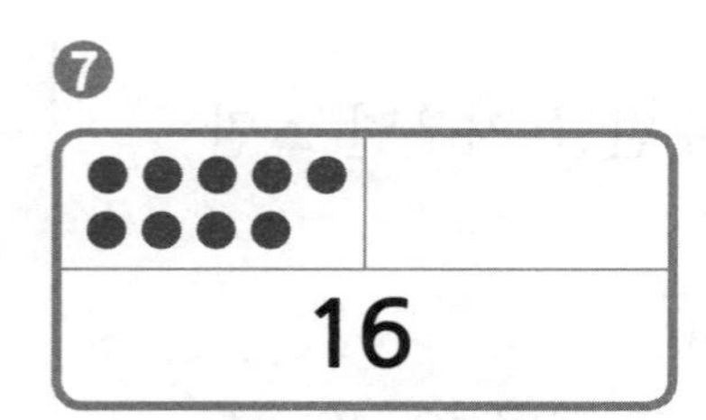

❽
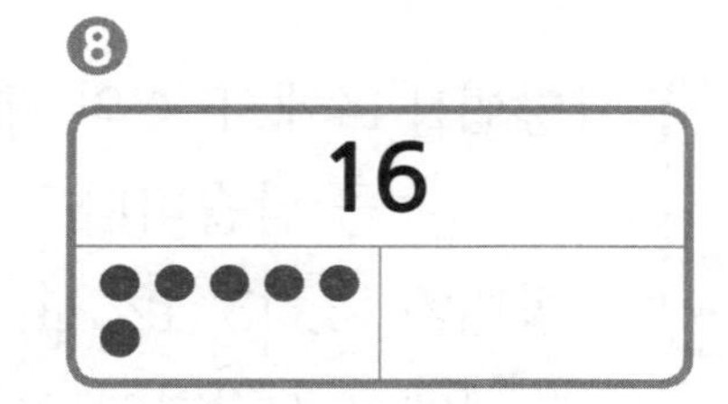

❾
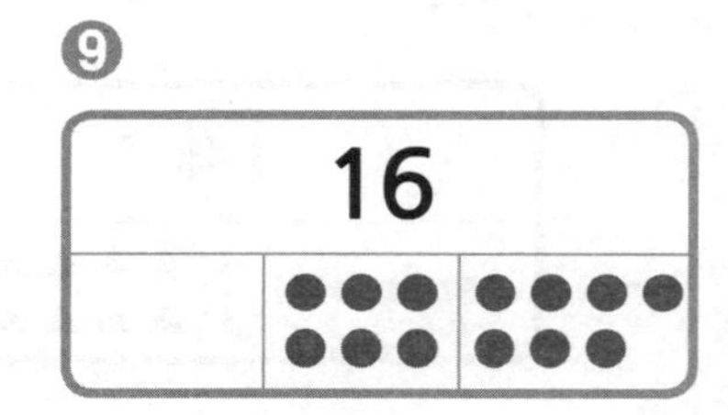

❿
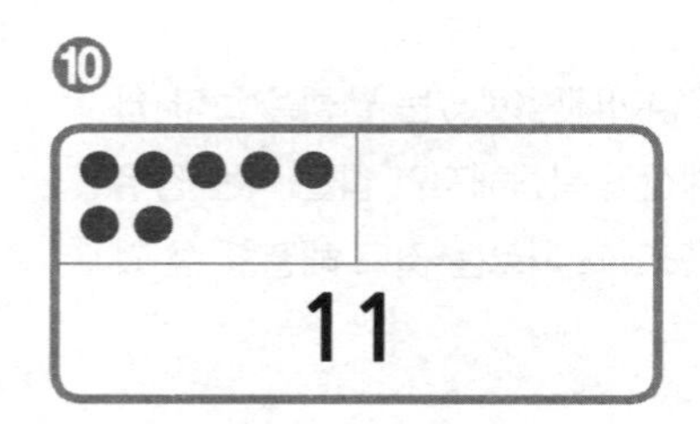

⓫
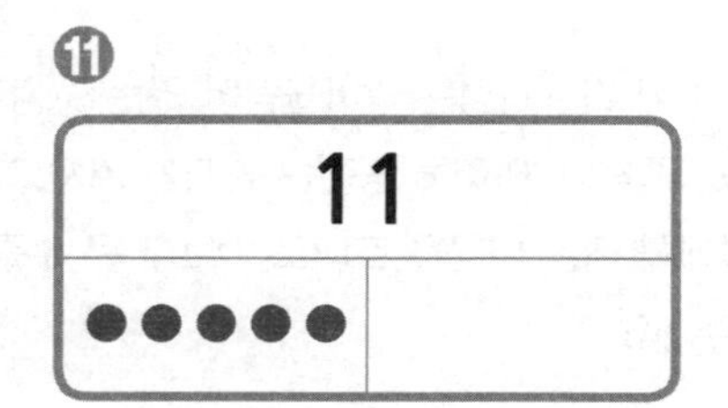

⓬
11

자기 점수에 ○표 하세요

맞힌 개수	6개 이하	7~8개	9~10개	11~12개
학습 방법	개념을 다시 공부하세요.	조금 더 노력 하세요.	실수하면 안 돼요.	참 잘했어요.

19까지의 수 모으고 가르기

월 일
분 초
/12

여러 가지 방법으로 수를 모으고 갈라보자!

정답 39쪽

✎ 빈칸에 알맞은 수를 쓰세요.

❶
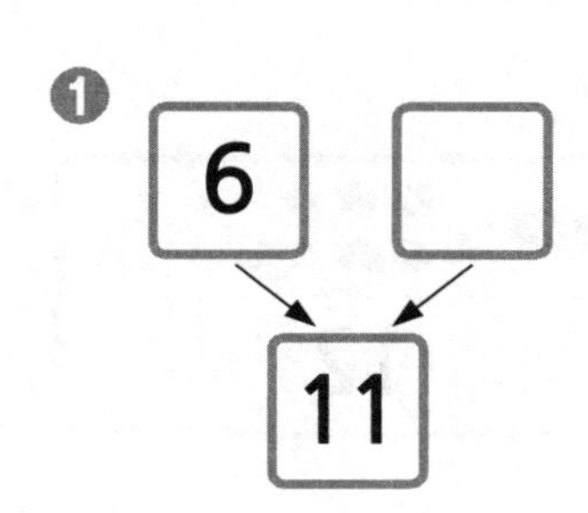

❷
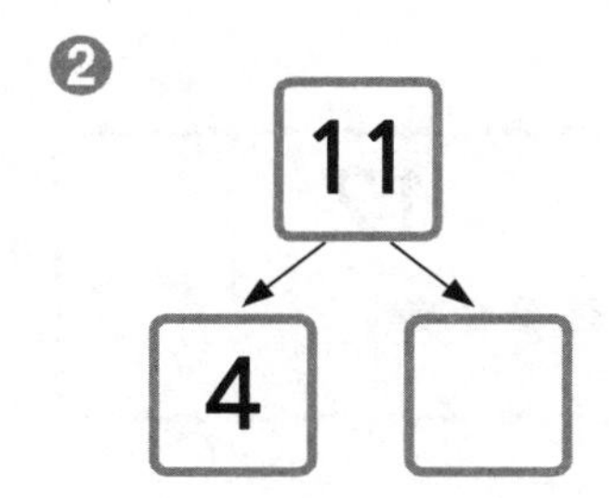

❸
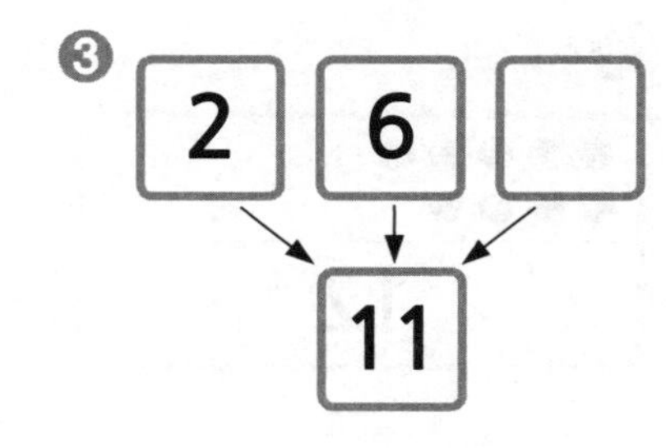

❹
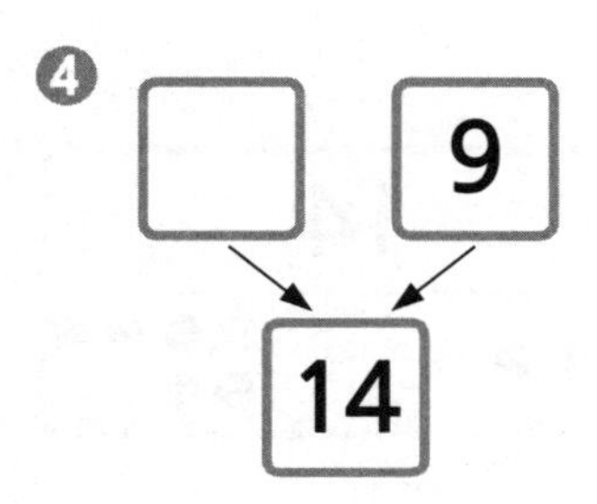

❺
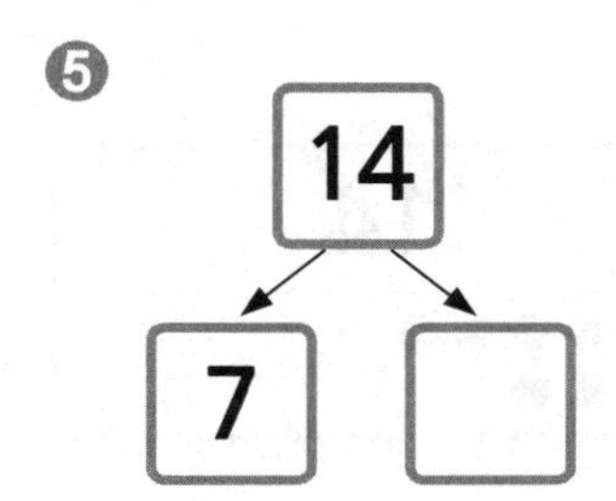

❻
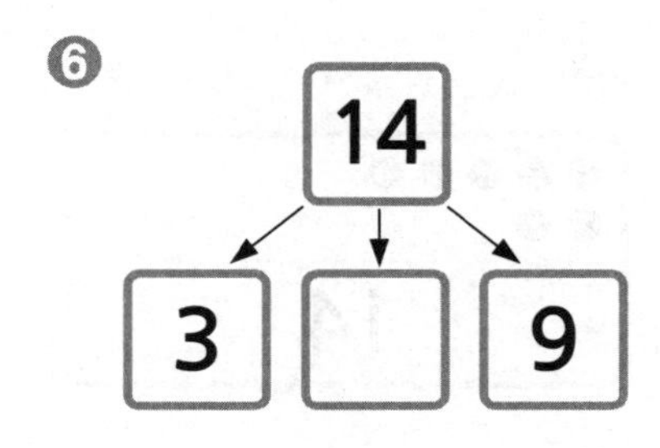

❼
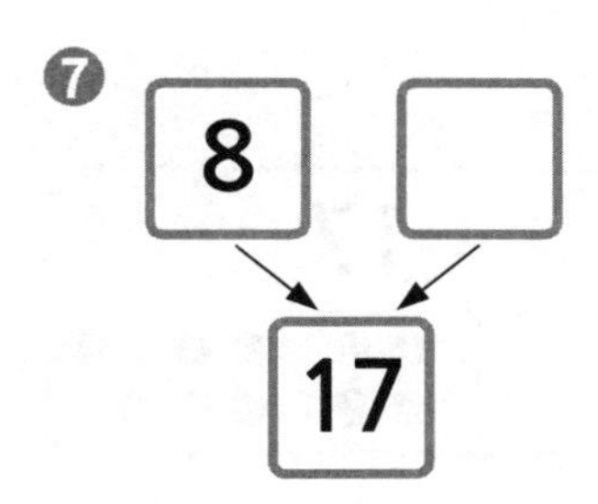

❽
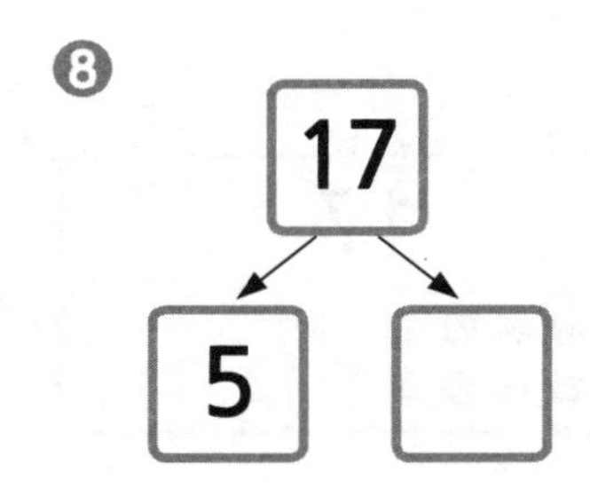

❾
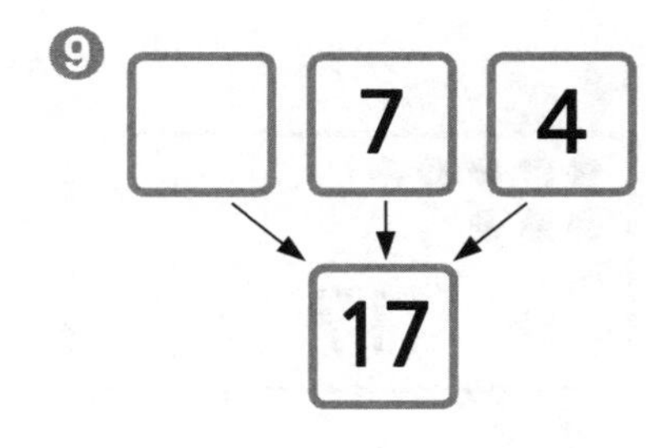

❿
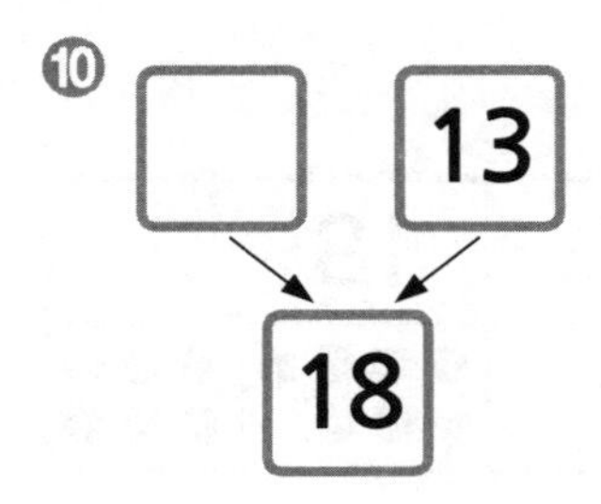

⓫
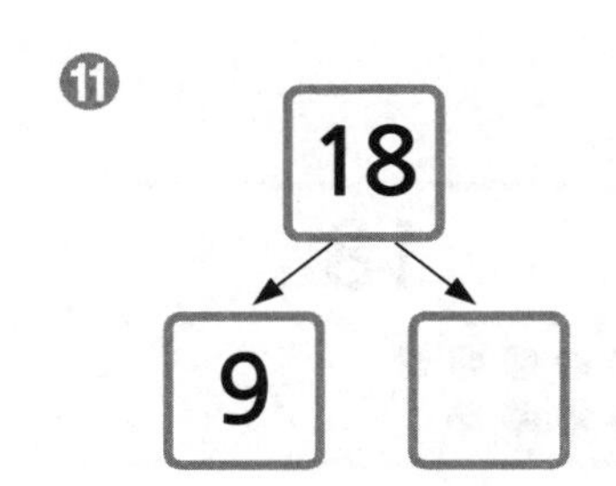

⓬
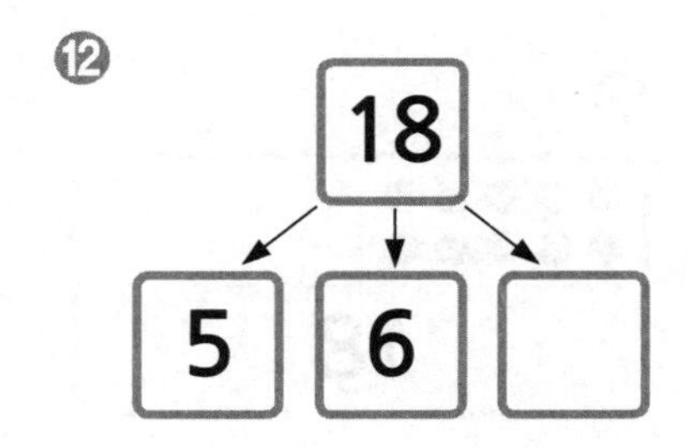

자기 점수에 ○표 하세요

맞힌 개수	6개 이하	7~8개	9~10개	11~12개
학습 방법	개념을 다시 공부하세요.	조금 더 노력하세요.	실수하면 안 돼요.	참 잘했어요.

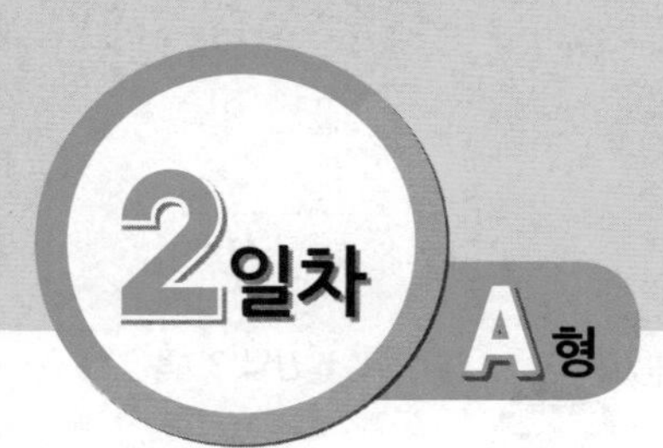

19까지의 수 모으고 가르기

월	일
분	초
	/12

✎ 빈칸에 알맞게 점을 그리세요.

①

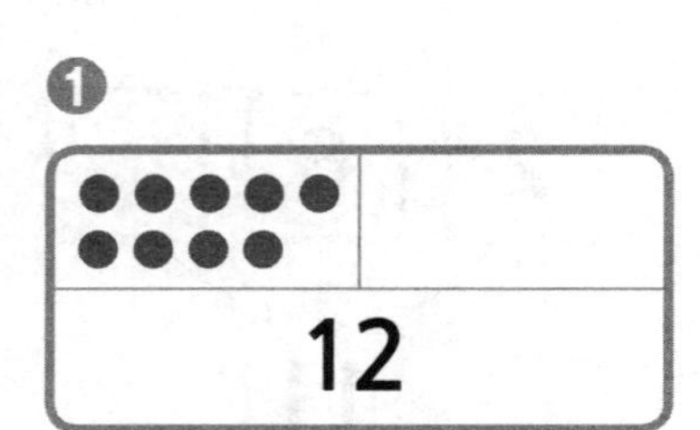

②

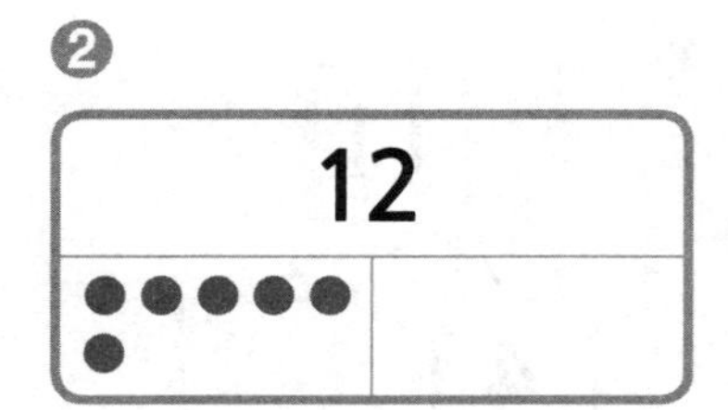

③

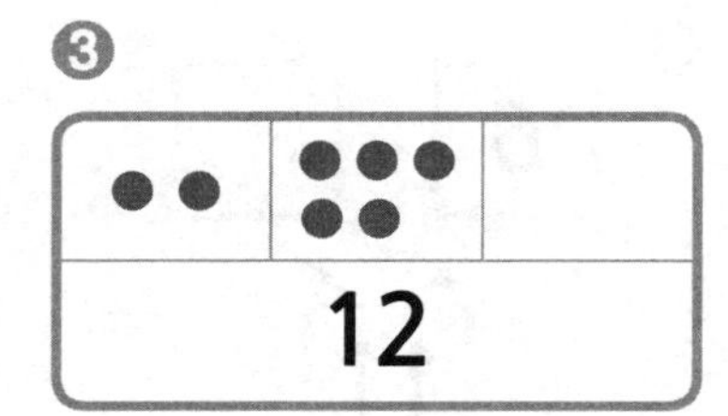

④

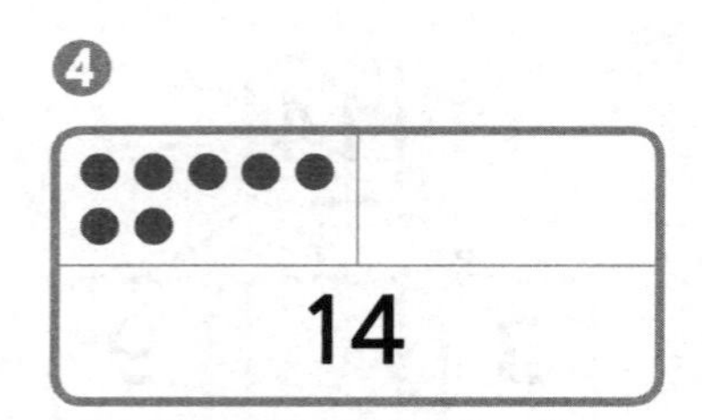

⑤

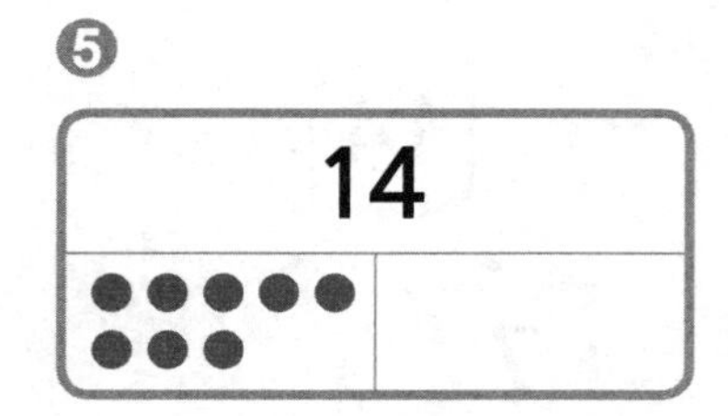

⑥

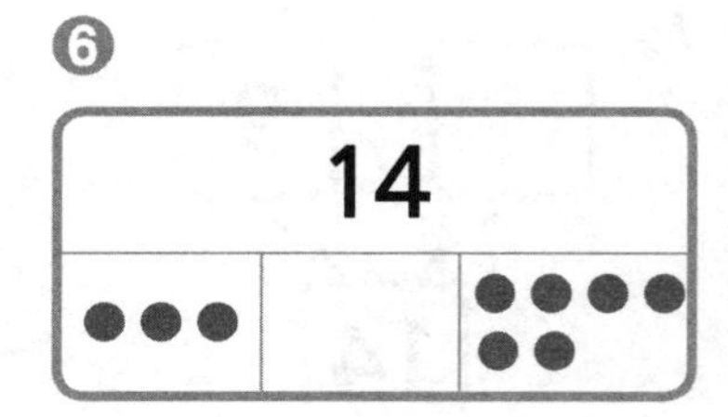

⑦

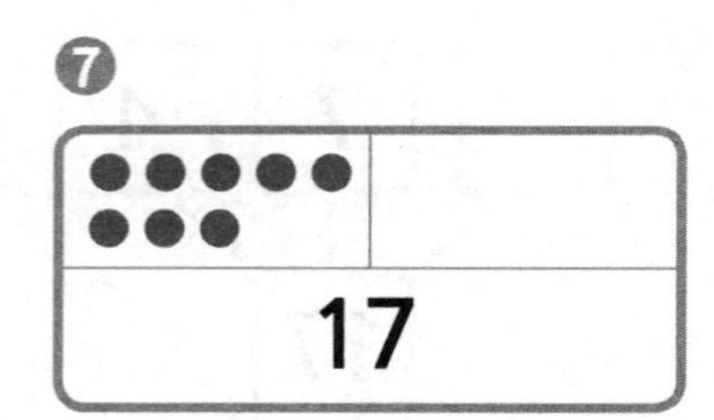

⑧

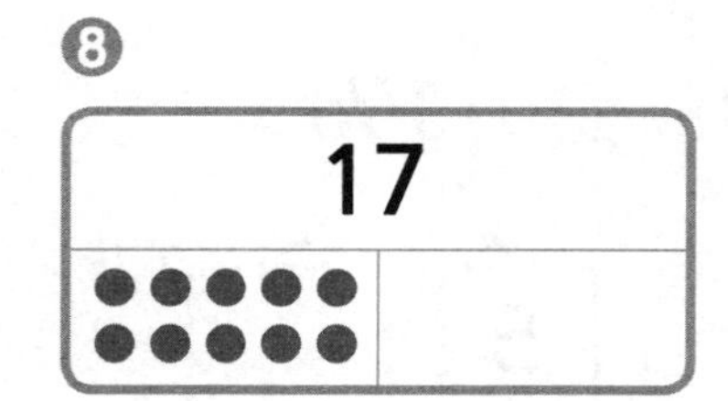

⑨

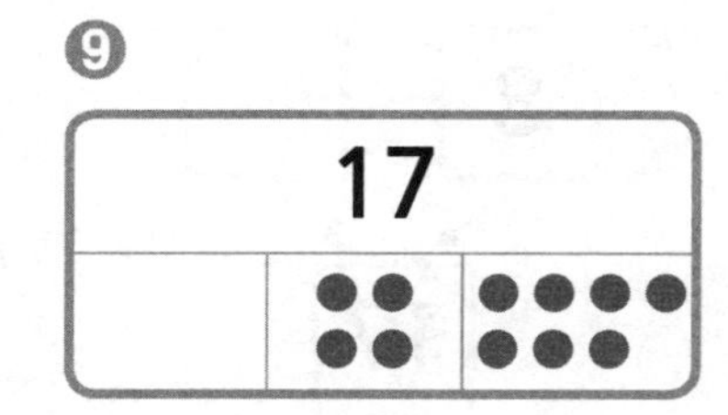

⑩

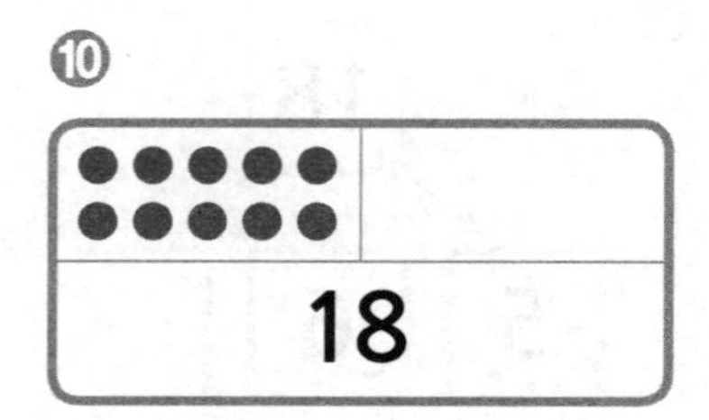

⑪

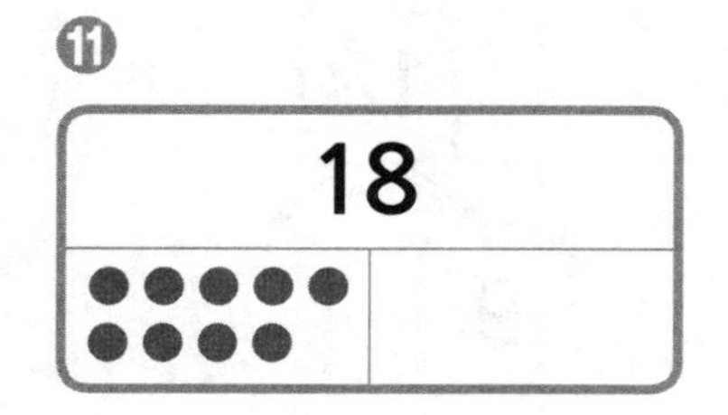

⑫

18

자기 점수에 ○표 하세요

맞힌 개수	6개 이하	7~8개	9~10개	11~12개
학습 방법	개념을 다시 공부하세요.	조금 더 노력하세요.	실수하면 안 돼요.	참 잘했어요.

2일차 B형

19까지의 수 모으고 가르기

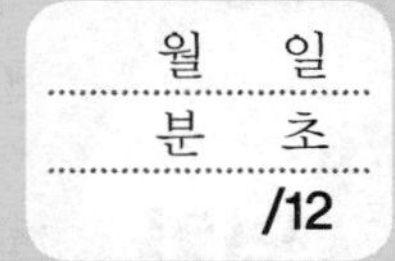

정답 40쪽

빈칸에 알맞은 수를 쓰세요.

❶
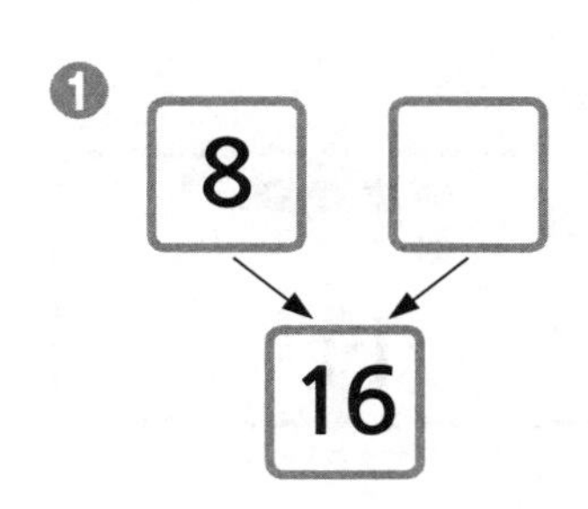

❷
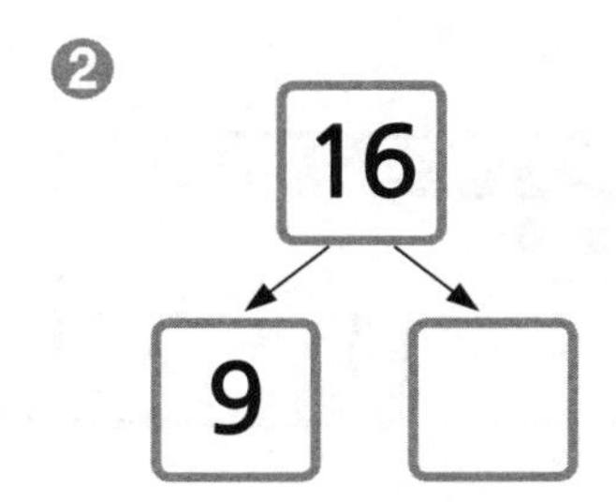

❸
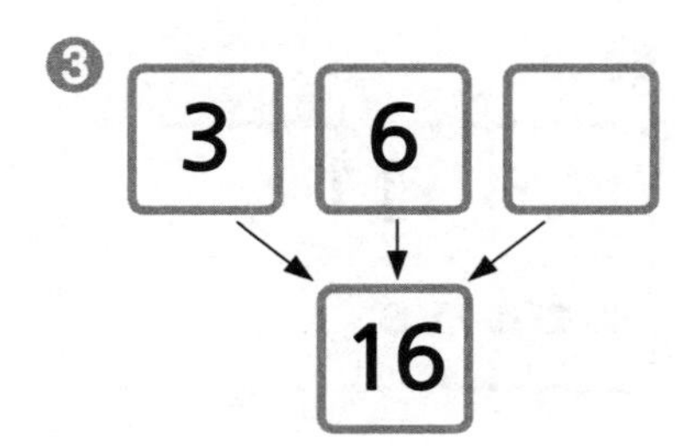

❹
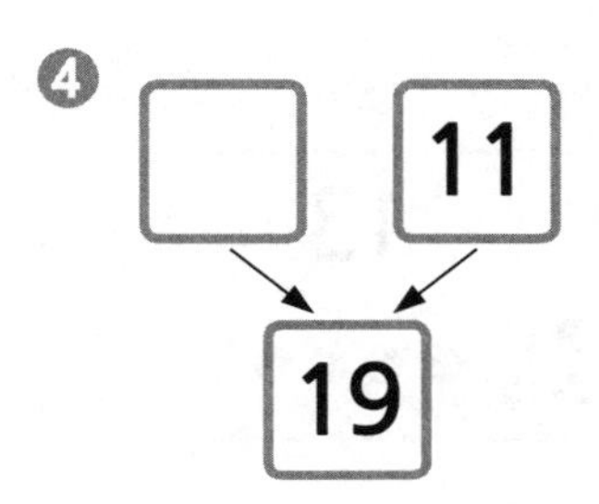

❺
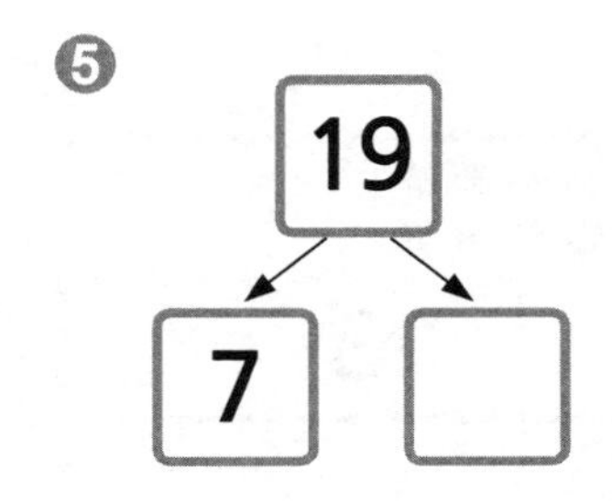

❻
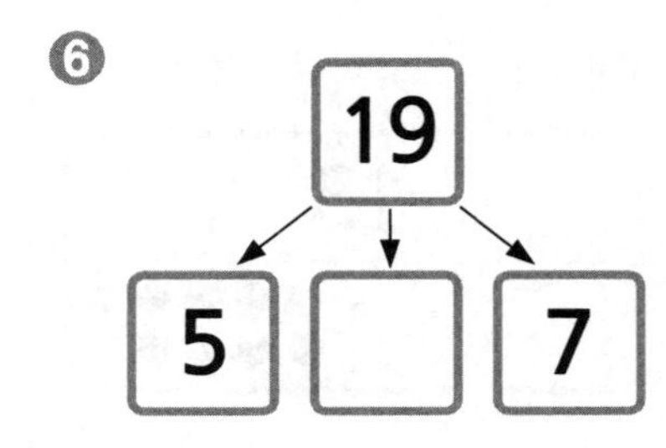

❼
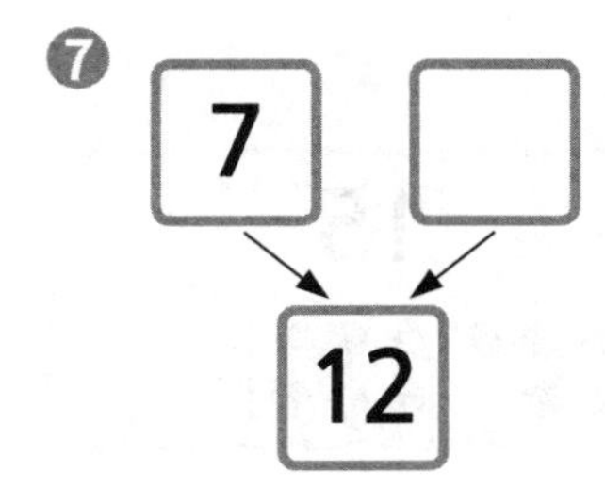

❽
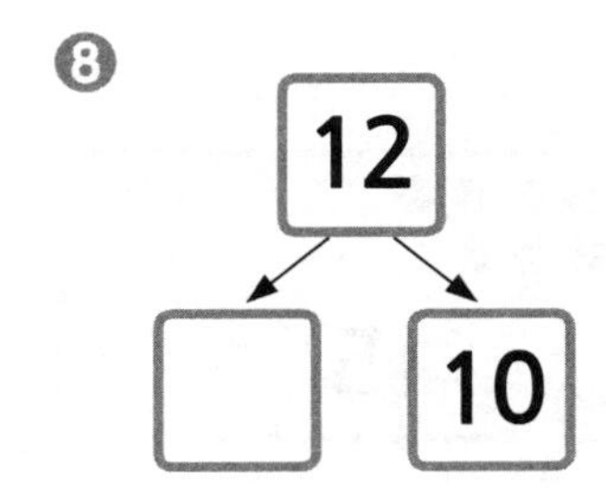

❾
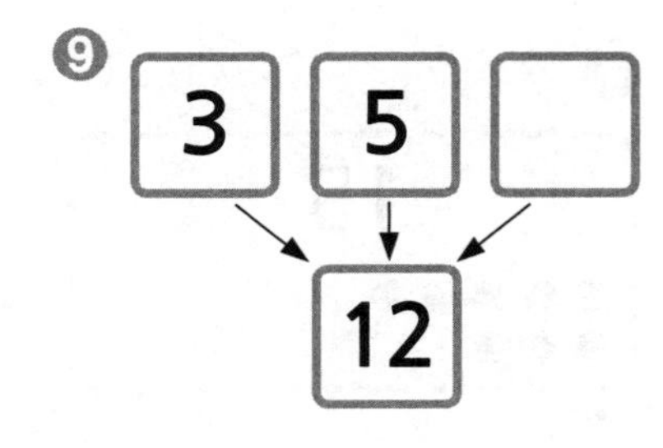

❿
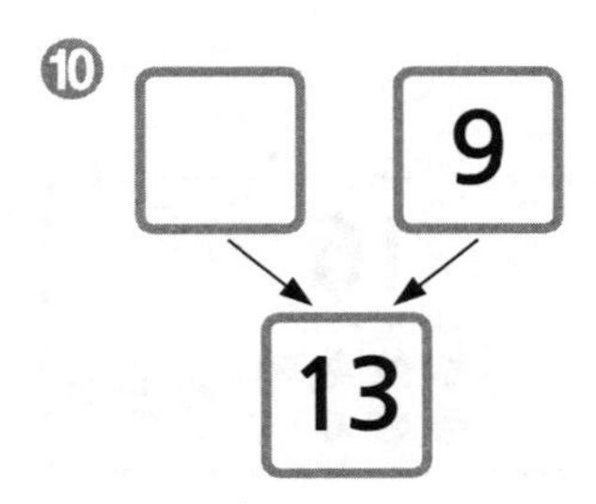

⓫
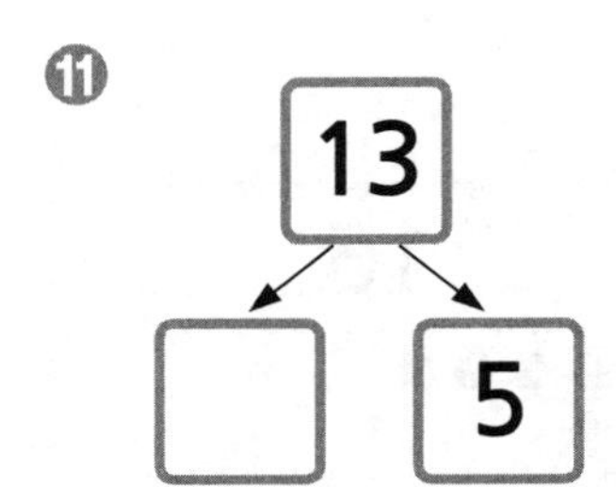

⓬
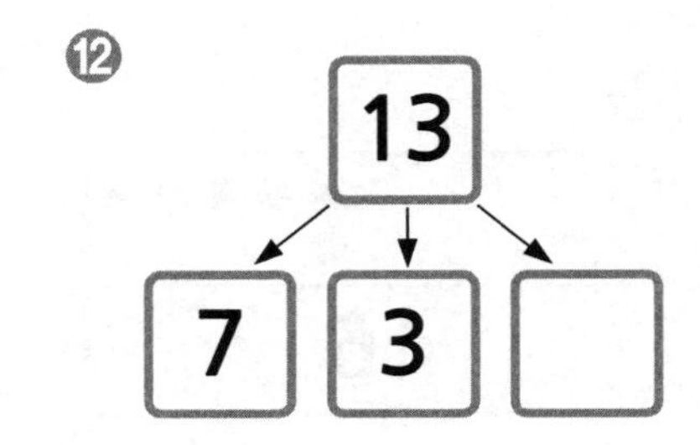

자기 점수에 ○표 하세요.

맞힌 개수	6개 이하	7~8개	9~10개	11~12개
학습 방법	개념을 다시 공부하세요.	조금 더 노력하세요.	실수하면 안 돼요.	참 잘했어요.

3일차 A형 19까지의 수 모으고 가르기

월 일
분 초
/12

빈칸에 알맞게 점을 그리세요.

❶

11

❷

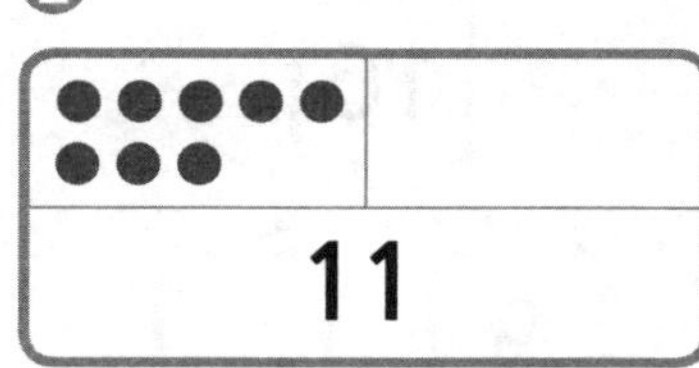

11

❸

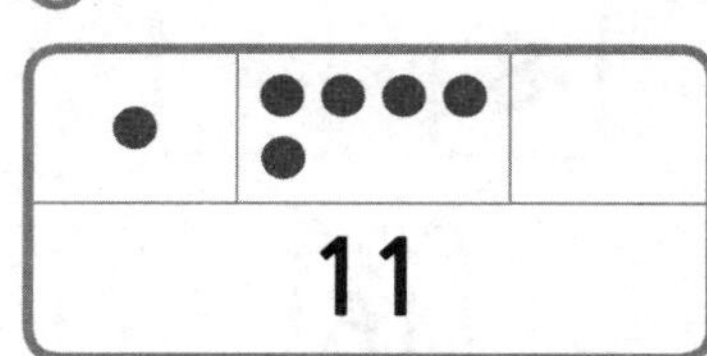

11

❹

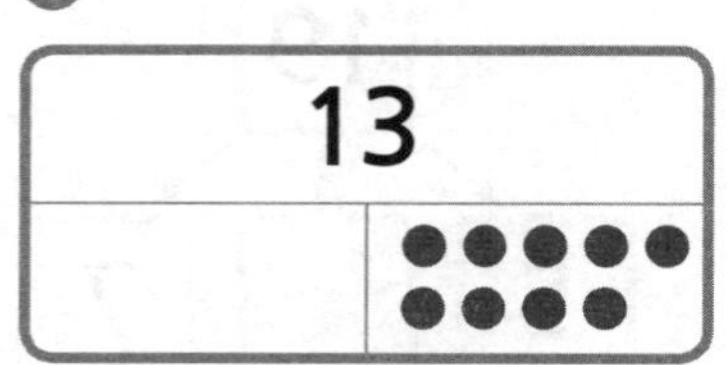

13

❺

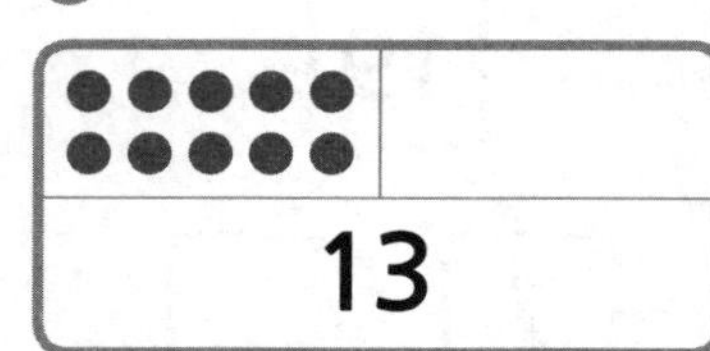

13

❻

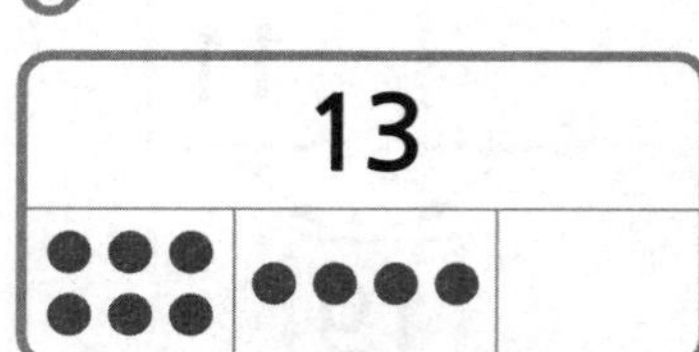

13

❼

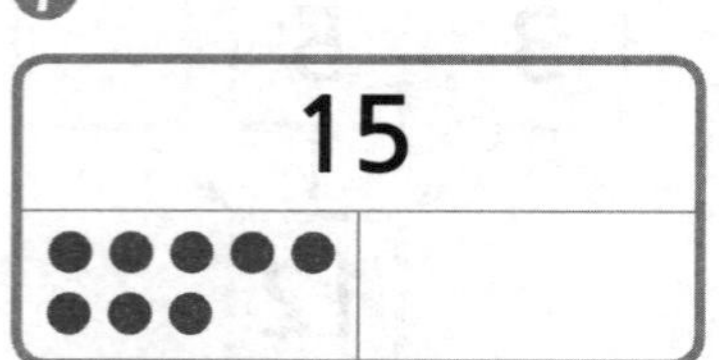

15

❽

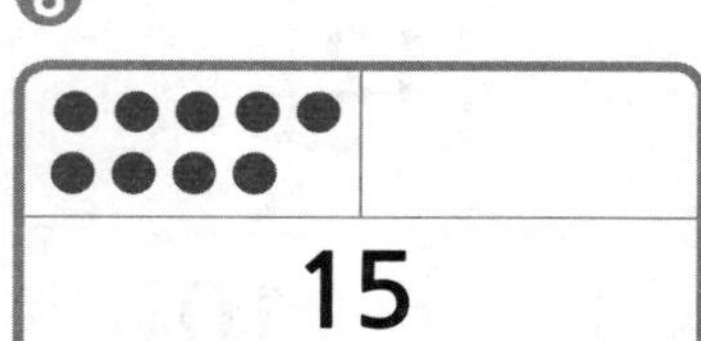

15

❾

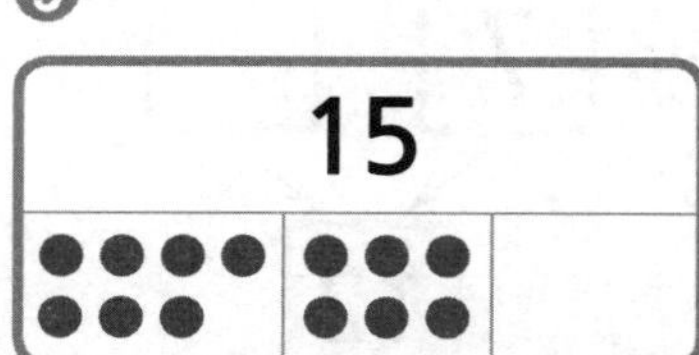

15

❿

16

⓫

16

⓬

16

자기 점수에 ○표 하세요

맞힌 개수	6개 이하	7~8개	9~10개	11~12개
학습 방법	개념을 다시 공부하세요.	조금 더 노력 하세요.	실수하면 안 돼요.	참 잘했어요.

19까지의 수 모으고 가르기

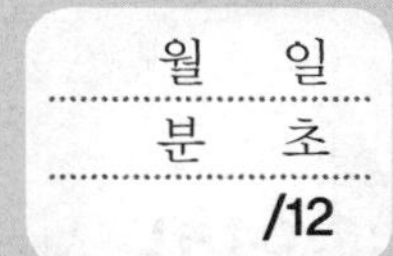

정답 41쪽

빈칸에 알맞은 수를 쓰세요.

❶
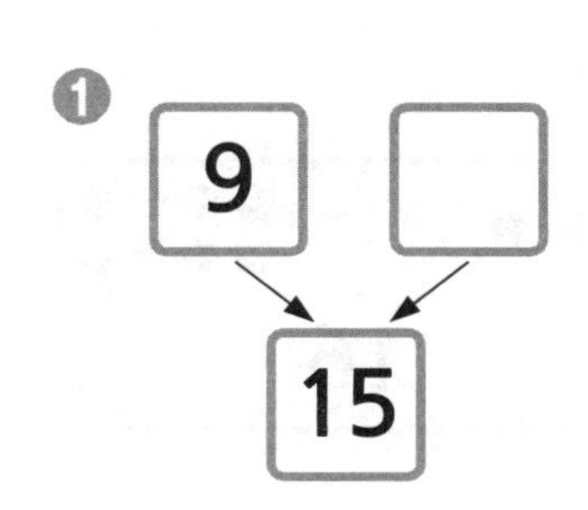

❷
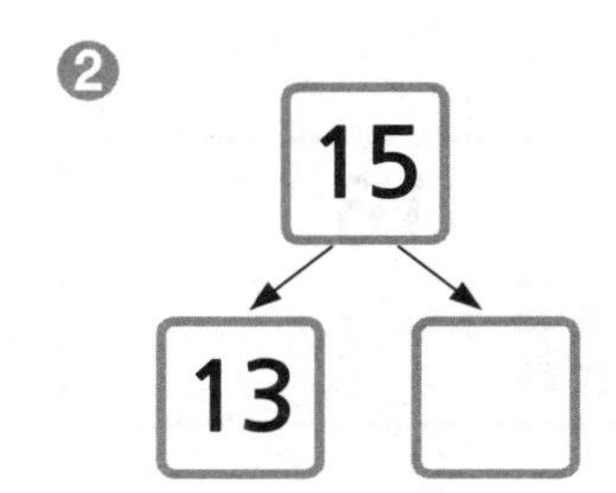

❸
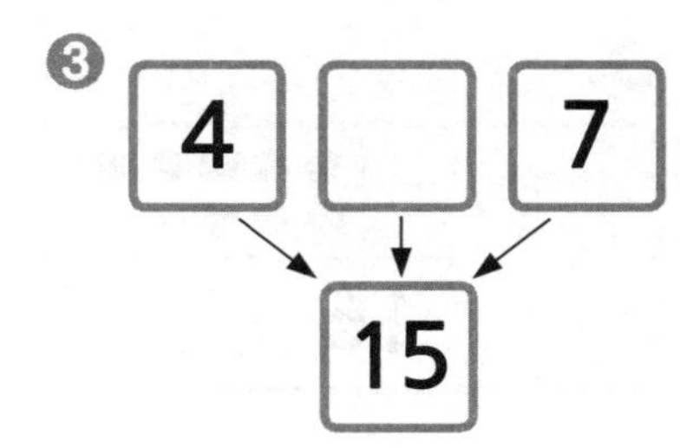

❹
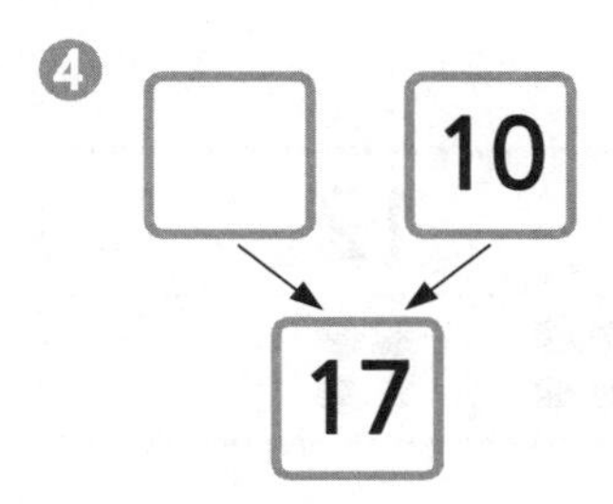

❺
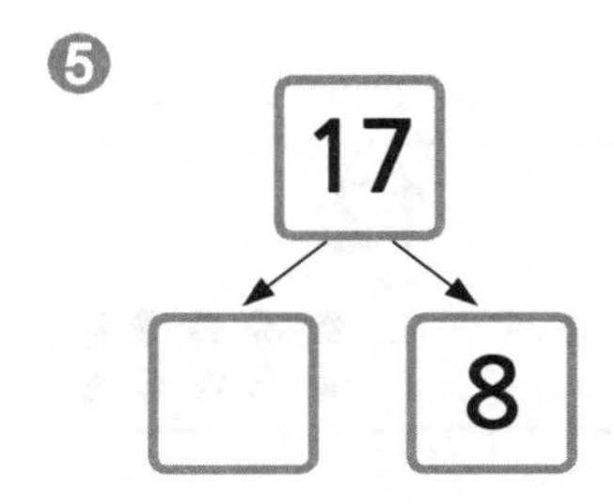

❻
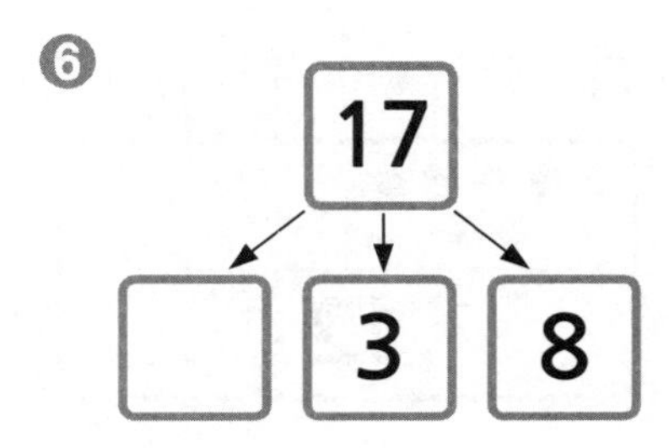

❼
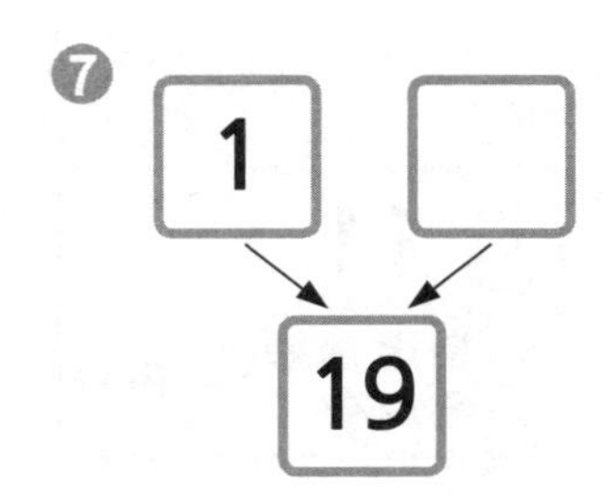

❽
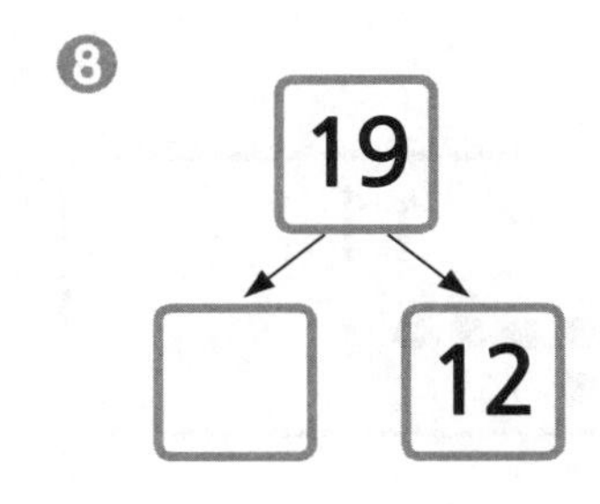

❾
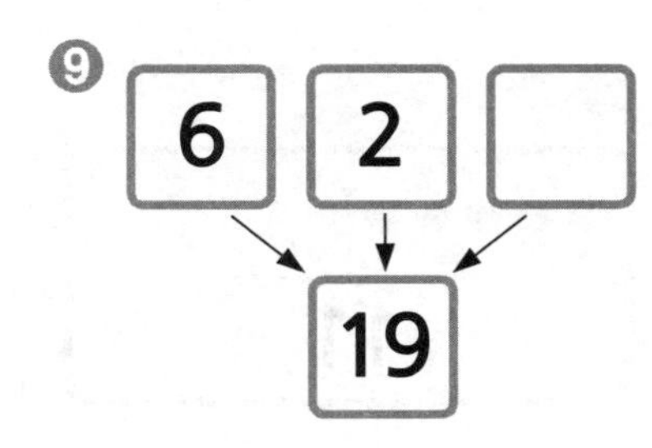

❿
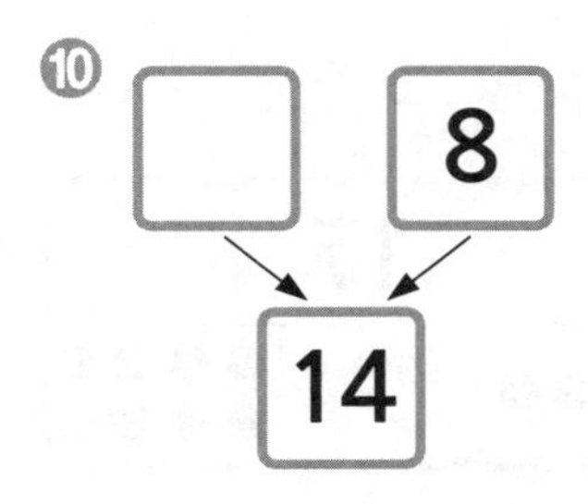

⓫
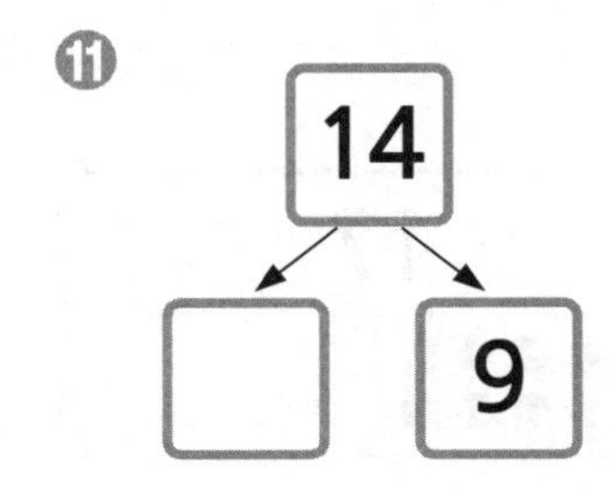

⓬
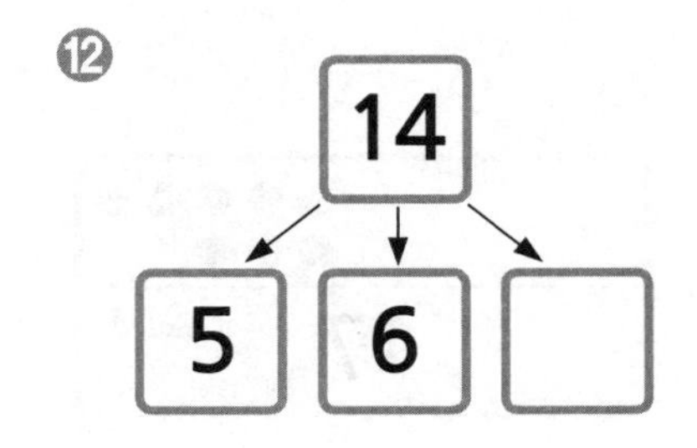

자기 점수에 ○표 하세요

맞힌 개수	6개 이하	7~8개	9~10개	11~12개
학습 방법	개념을 다시 공부하세요.	조금 더 노력하세요.	실수하면 안 돼요.	참 잘했어요.

19까지의 수 모으고 가르기

월 일
분 초
/12

빈칸에 알맞게 점을 그리세요.

❶
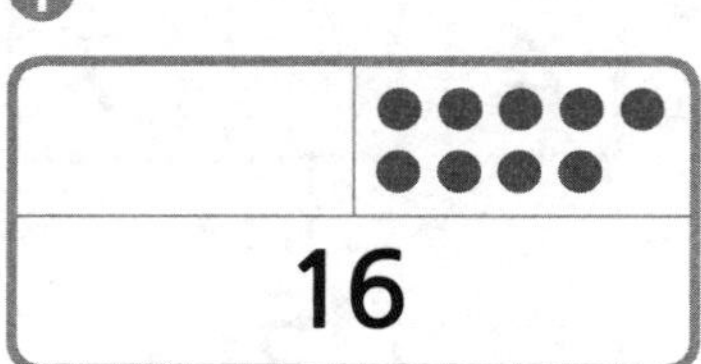

❷
16

❸
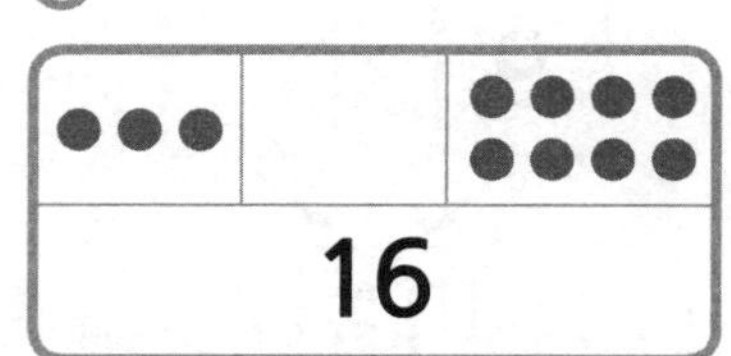

❹
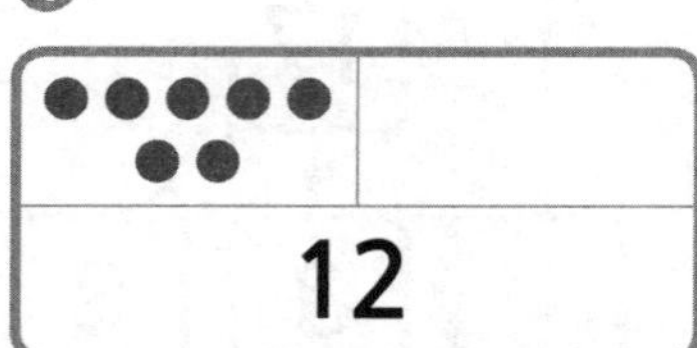

❺
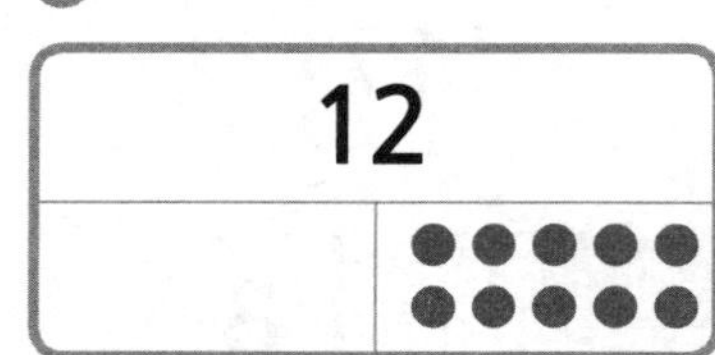

❻
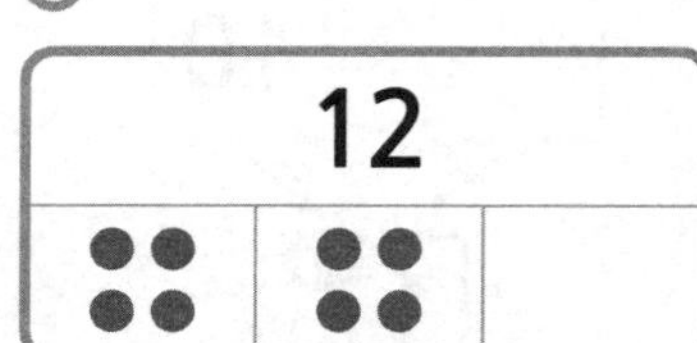

❼
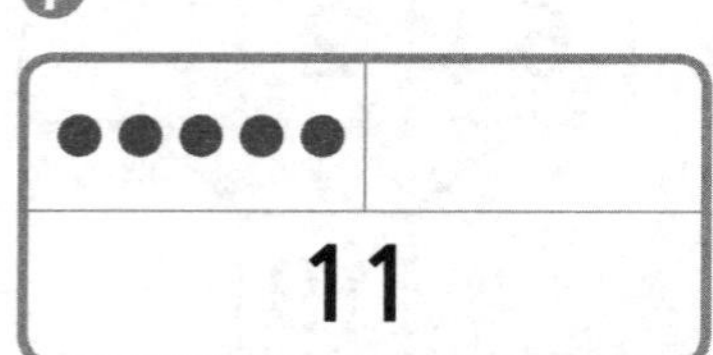

❽
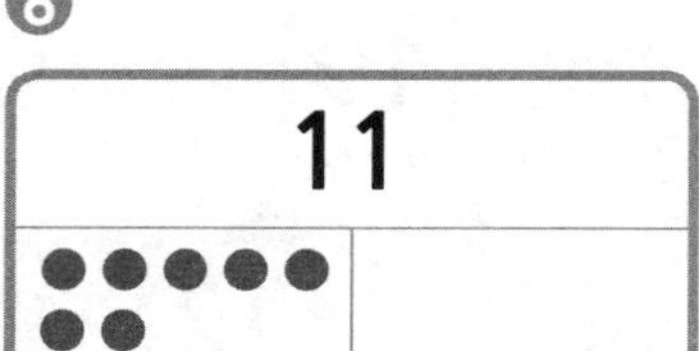

❾
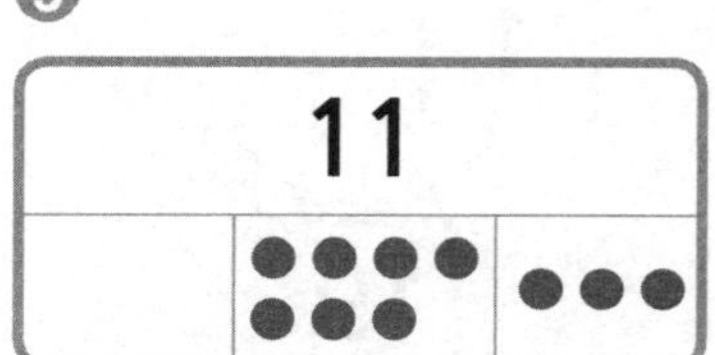

❿
17

⓫
17

⓬
17

자기 점수에 ○표 하세요

맞힌 개수	6개 이하	7~8개	9~10개	11~12개
학습 방법	개념을 다시 공부하세요.	조금 더 노력 하세요.	실수하면 안 돼요.	참 잘했어요.

19까지의 수 모으고 가르기

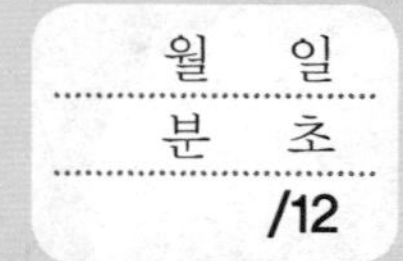

정답 42쪽

✎ 빈칸에 알맞은 수를 쓰세요.

❶
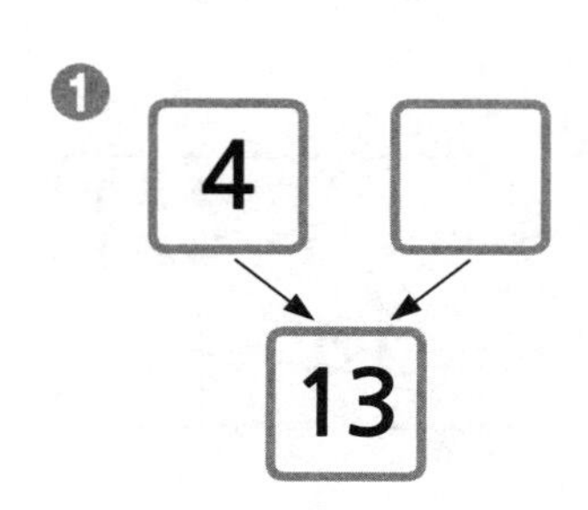

❷
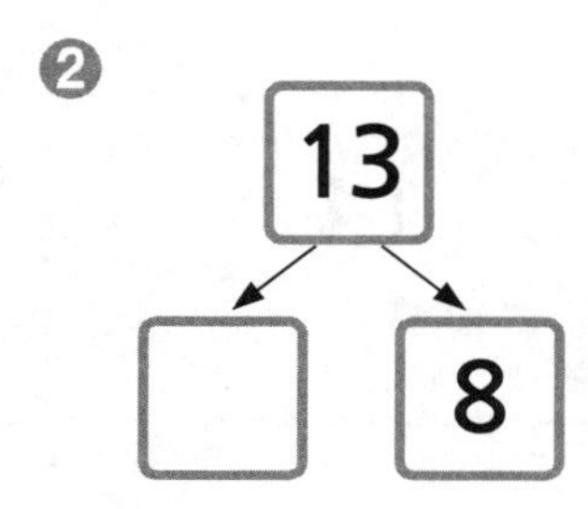

❸
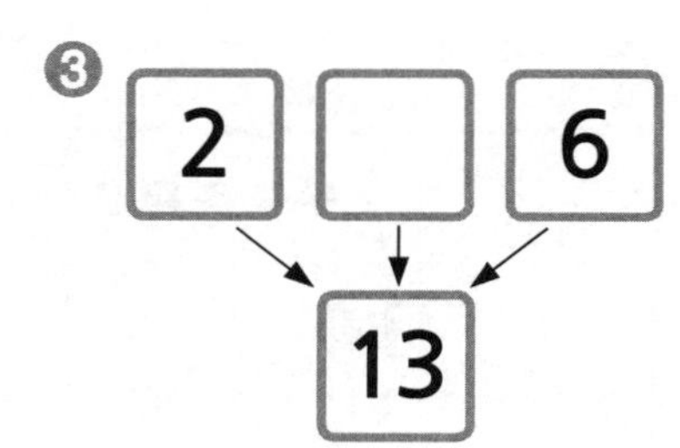

❹
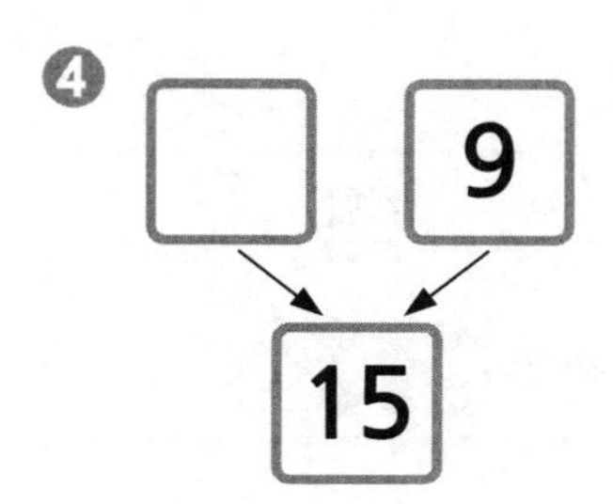

❺
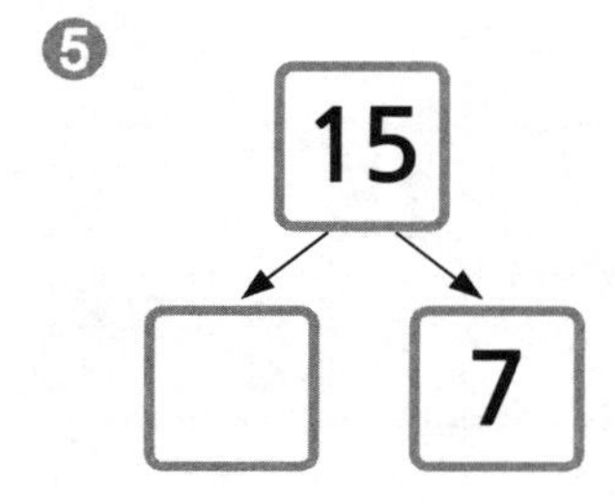

❻
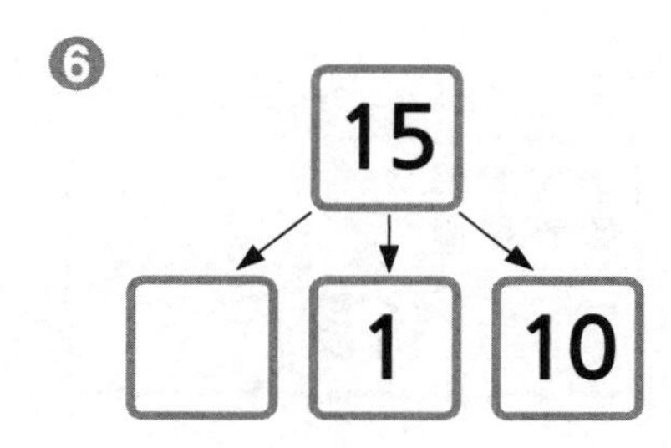

❼
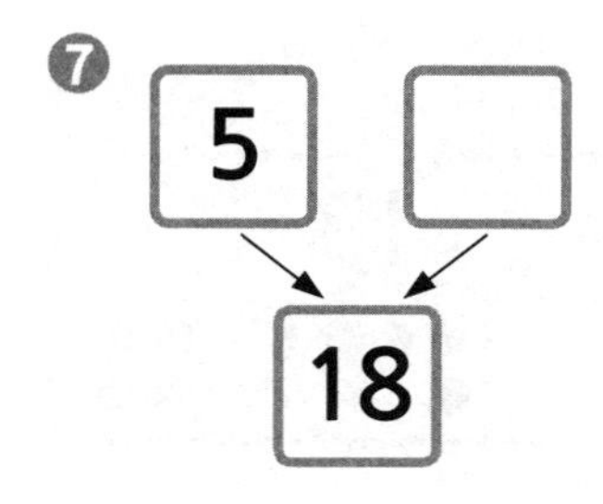

❽
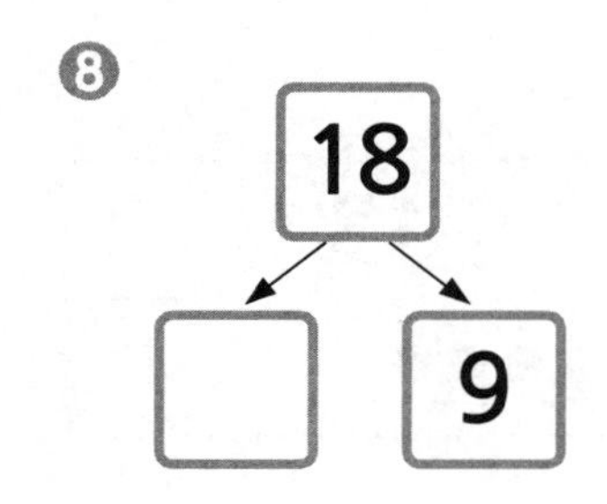

❾
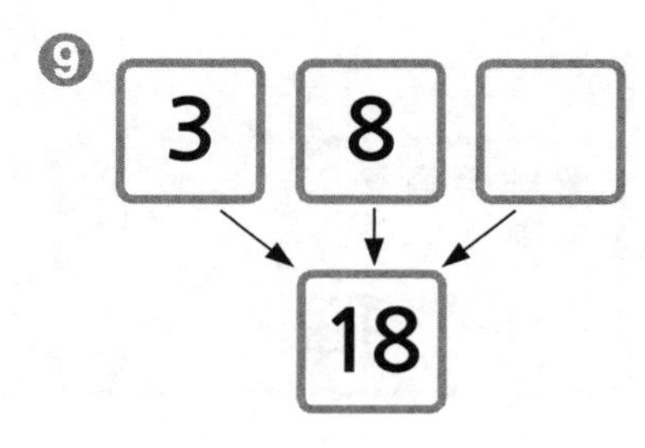

❿
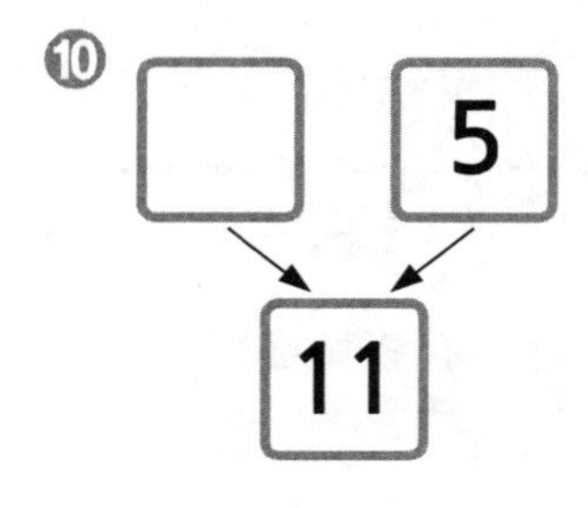

⓫
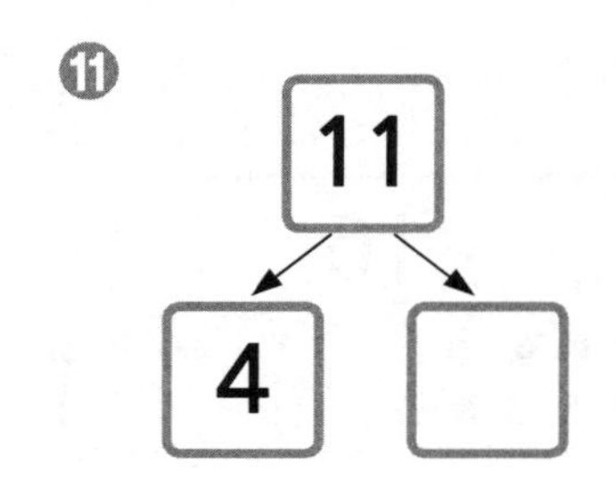

⓬
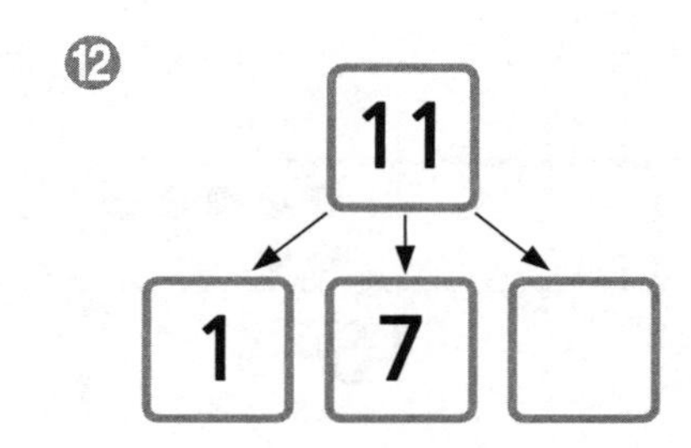

자기 점수에 ○표 하세요

맞힌 개수	6개 이하	7~8개	9~10개	11~12개
학습 방법	개념을 다시 공부하세요.	조금 더 노력 하세요.	실수하면 안 돼요.	참 잘했어요.

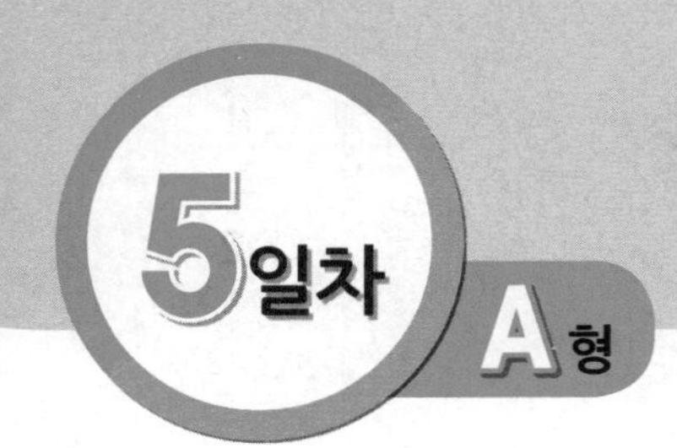

19까지의 수 모으고 가르기

월	일
분	초
	/12

빈칸에 알맞게 점을 그리세요.

❶
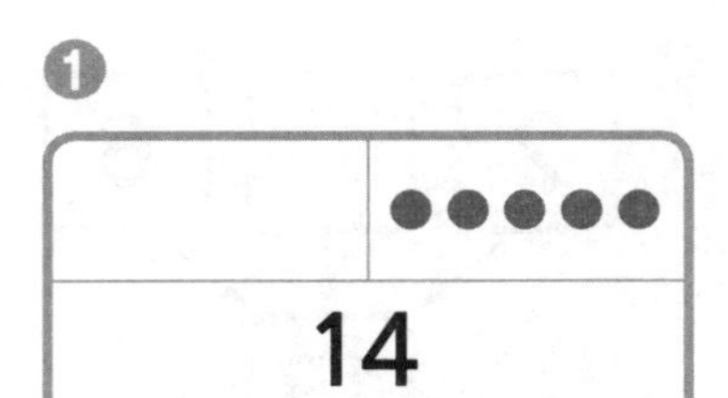

❷
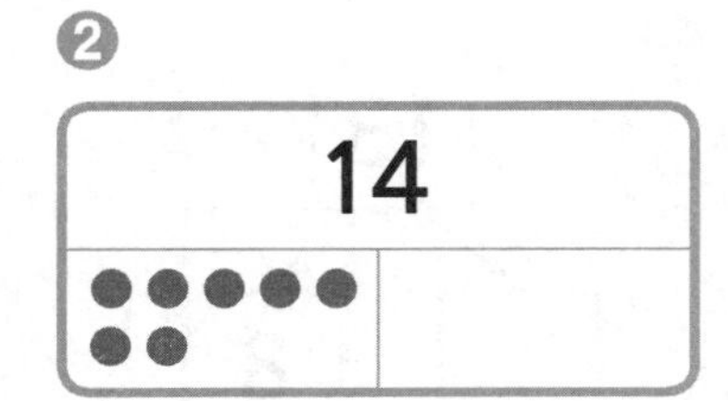

❸
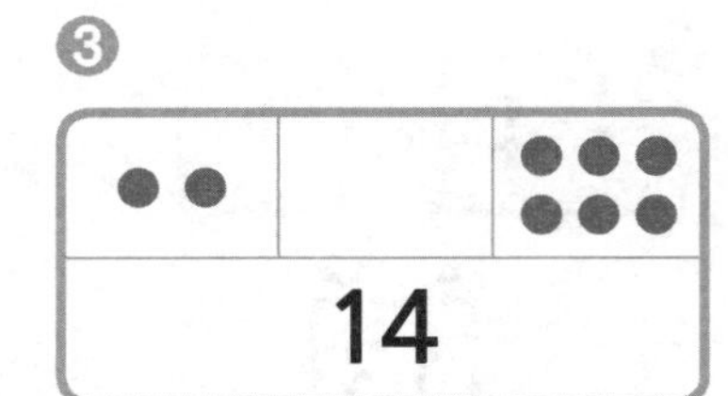

❹
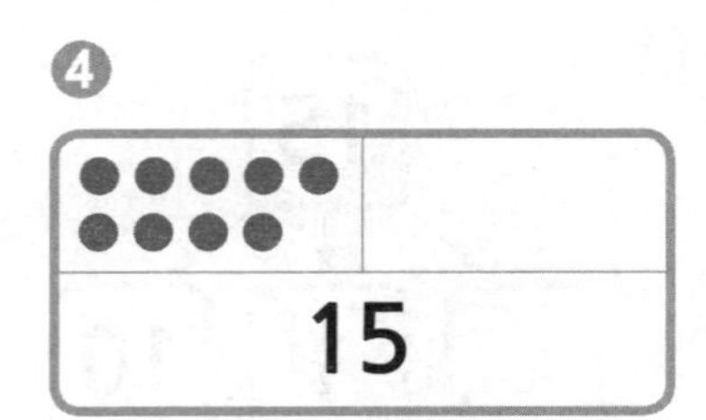

❺
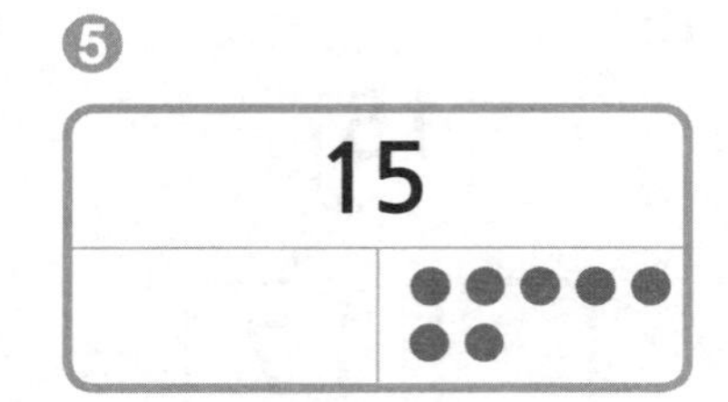

❻
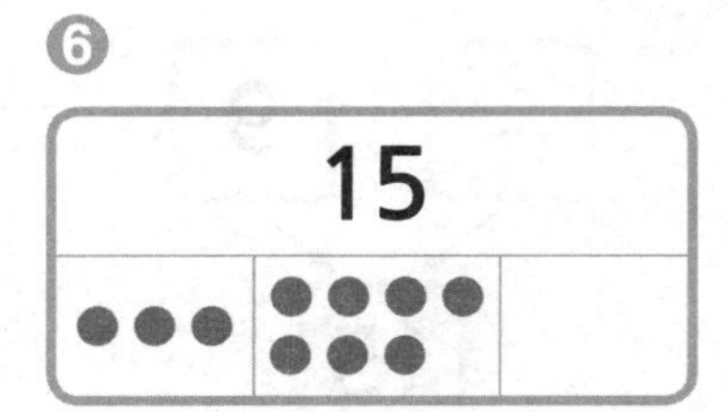

❼
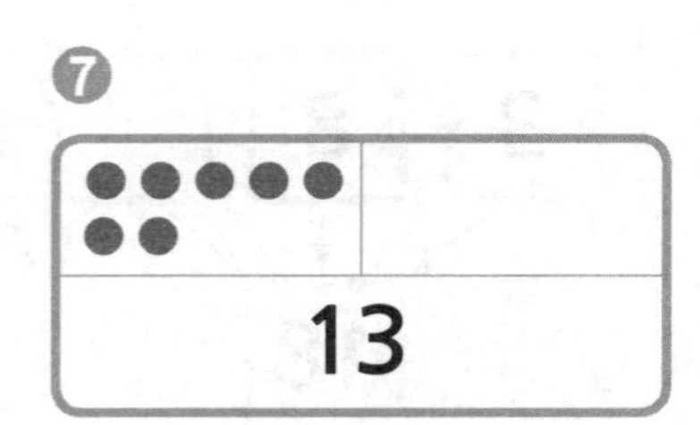

❽
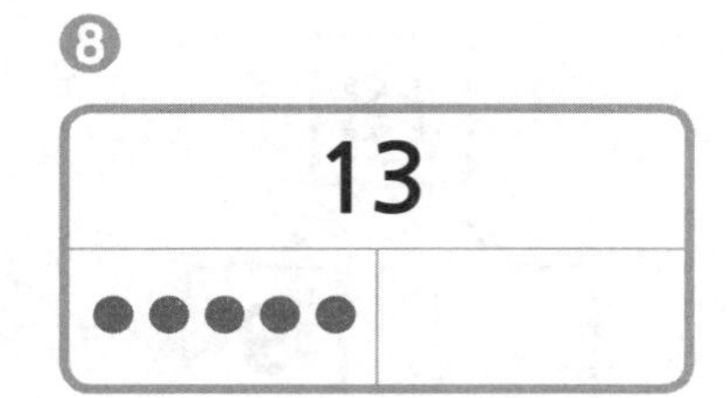

❾
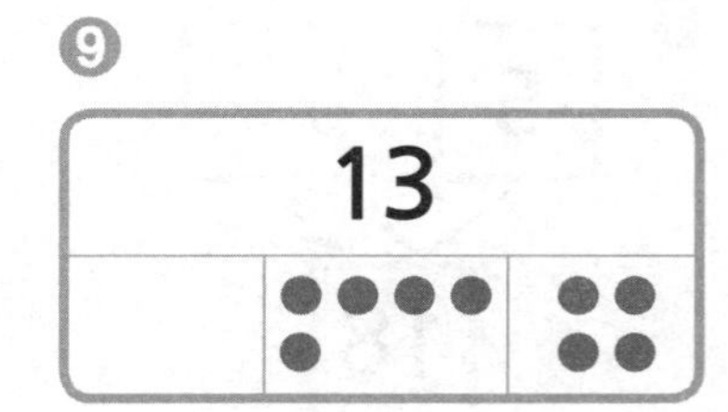

❿
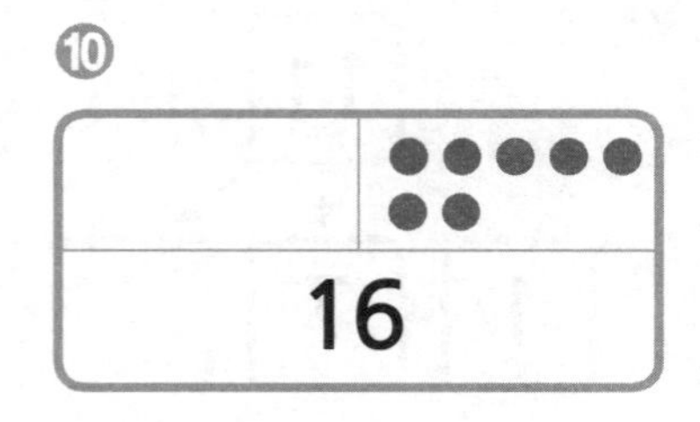

⓫
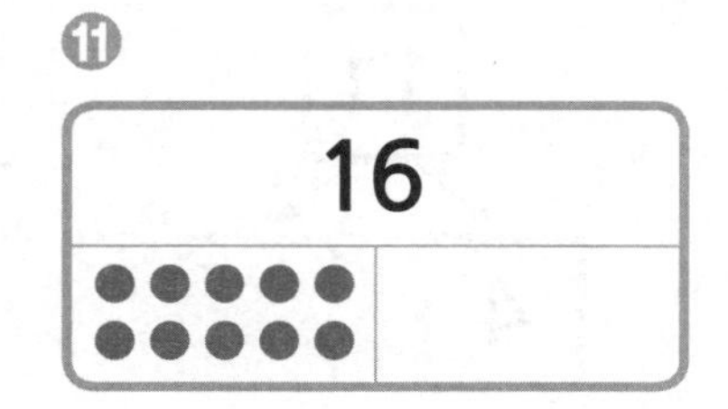

⓬
16

자기 점수에 ○표 하세요

맞힌 개수	6개 이하	7~8개	9~10개	11~12개
학습 방법	개념을 다시 공부하세요.	조금 더 노력하세요.	실수하면 안 돼요.	참 잘했어요.

5일차 B형

19까지의 수 모으고 가르기

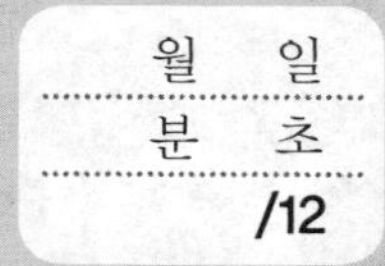

정답 43쪽

✎ 빈칸에 알맞은 수를 쓰세요.

❶
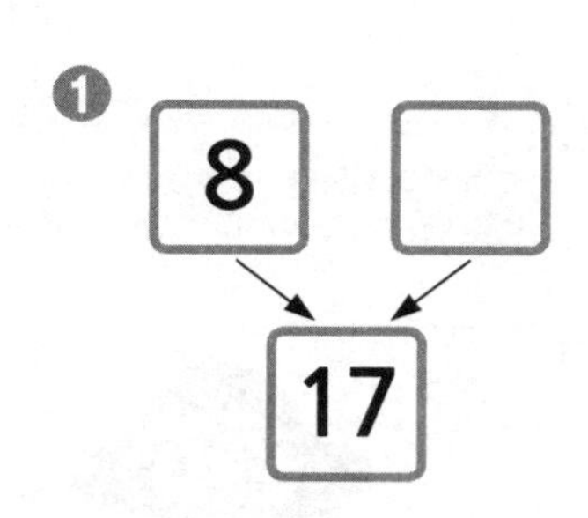

❷
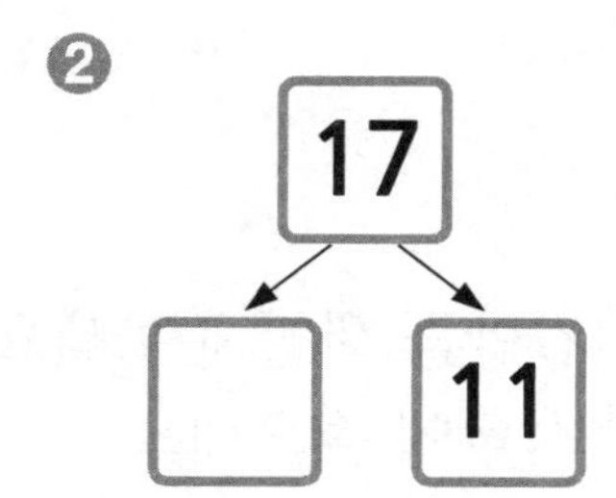

❸
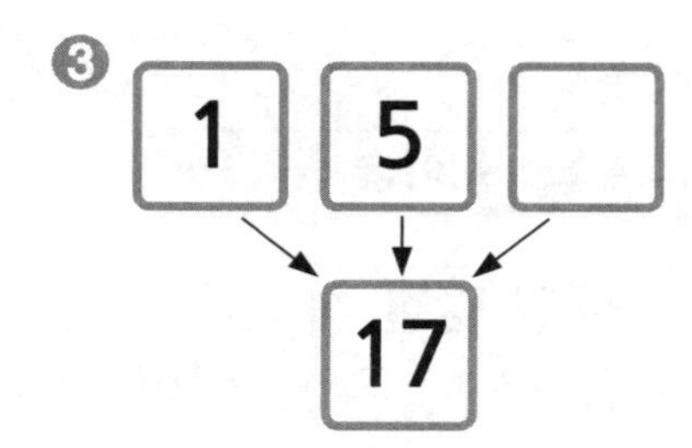

❹
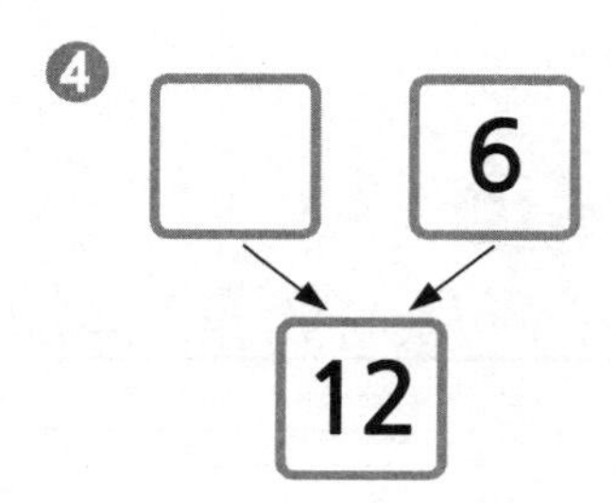

❺
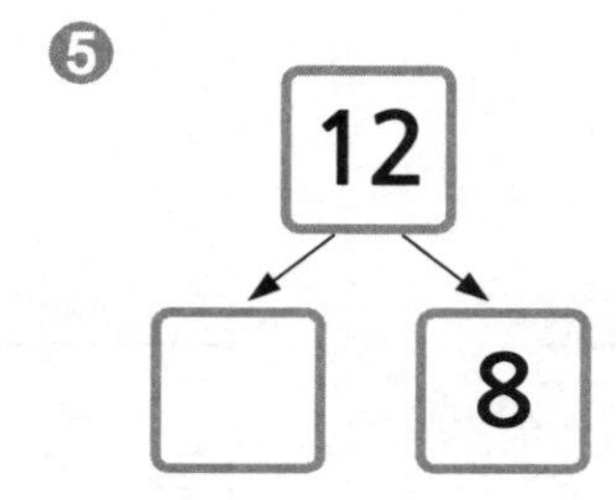

❻
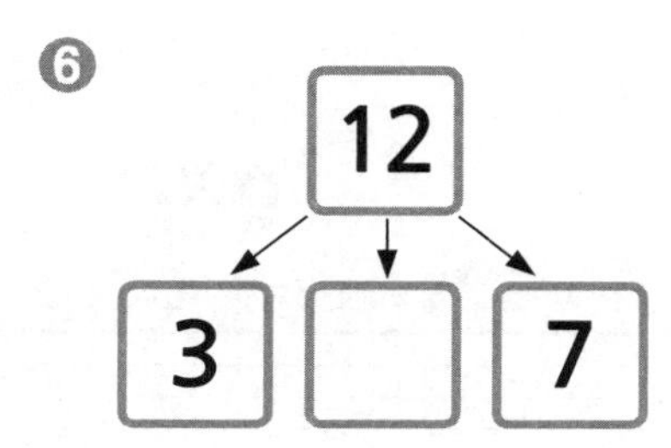

❼
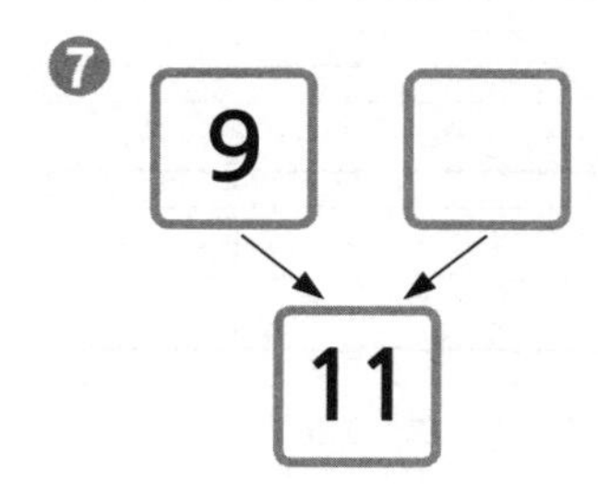

❽
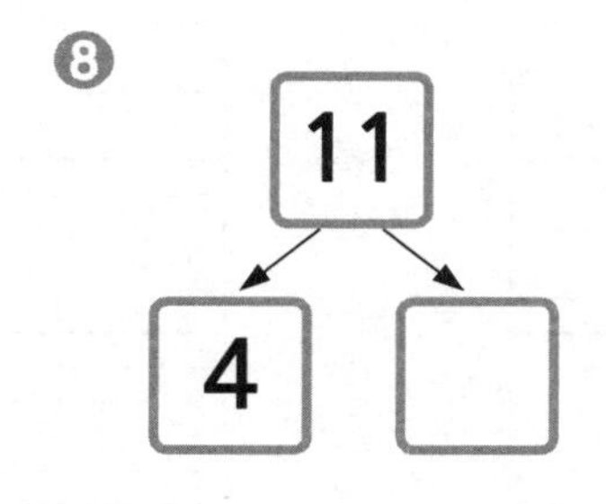

❾
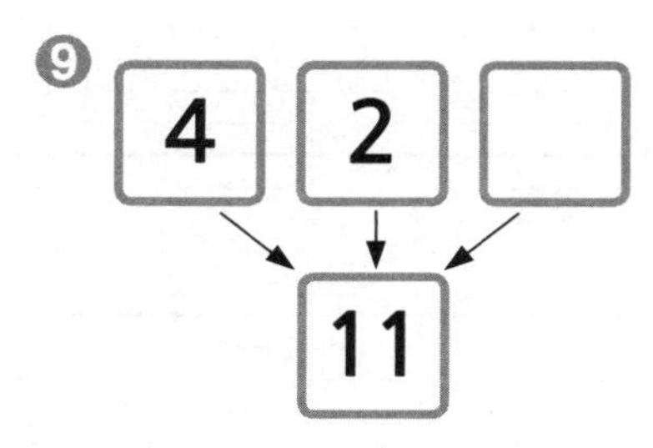

❿
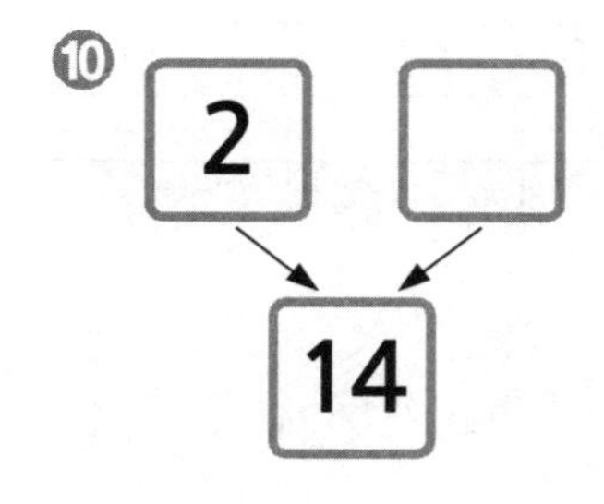

⓫
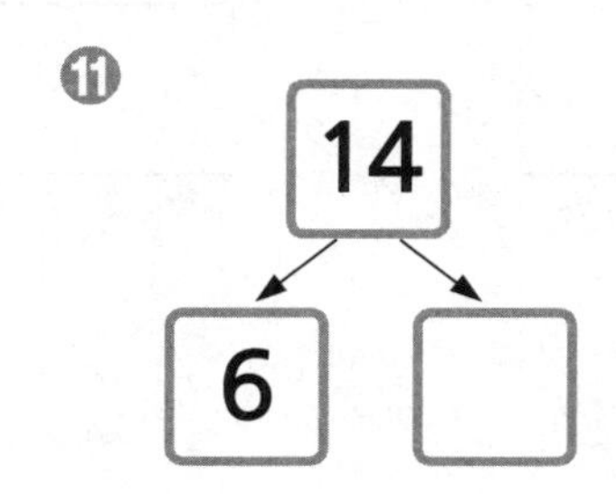

⓬
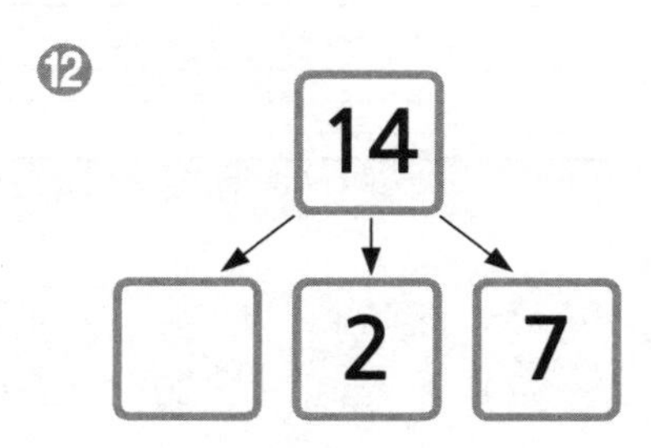

자기 점수에 ○표 하세요

맞힌 개수	6개 이하	7~8개	9~10개	11~12개
학습 방법	개념을 다시 공부하세요.	조금 더 노력 하세요.	실수하면 안 돼요.	참 잘했어요.

(몇십)+(몇), (몇)+(몇십)

정확하게 이해하면
속도도 빨라질 수 있어!

◆스스로 학습 관리표◆

- 매일 맞힌 개수를 적고, 걸린 시간만큼 색칠해 보세요. (눈금 1칸은 1분이며, 초는 표의 상단에 적으세요.)
- 하루하루 지날수록 실력이 자라고, 계산 속도가 빨라지는 것을 눈으로 직접 확인할 수 있습니다.

개념 포인트

(몇십) + (몇)

30과 6을 더하면 얼마일까요? 30은 10이 3개이고, 6은 1이 6개입니다. 이 두 수를 더하면 10이 3개이고 1이 6개인 수, 즉 36이 됩니다.

30 + 6 = 36

세로셈

더하는 두 수를 자리에 맞춰 쓰고 일의 자리는 일의 자리끼리, 십의 자리는 십의 자리끼리 계산하면 됩니다.

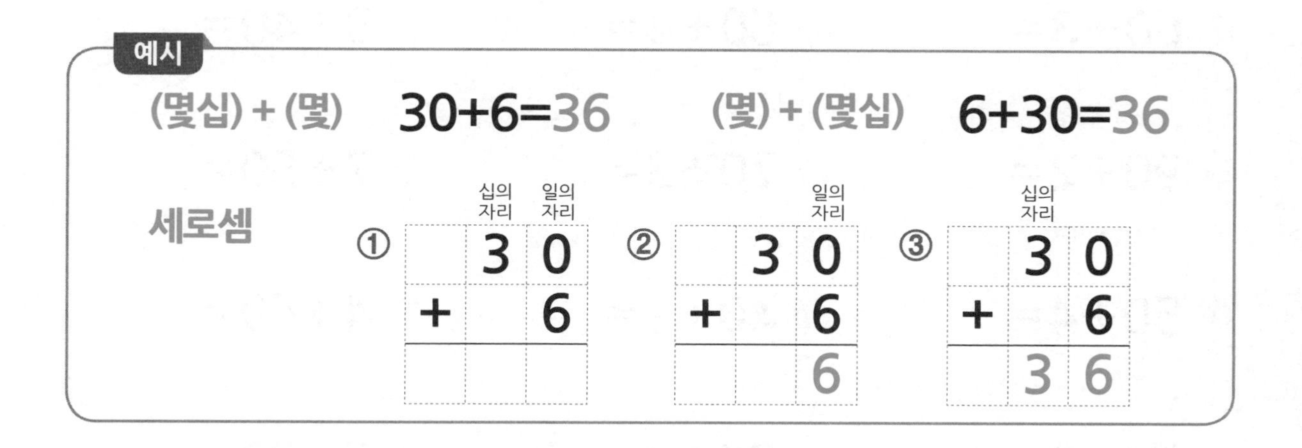

예시
(몇십) + (몇) 30+6=36
(몇) + (몇십) 6+30=36
세로셈
십의 자리
일의 자리
① 3 0 + 6
② 3 0 + 6 = 6
③ 3 0 + 6 = 3 6

결과에만 초점을 맞추면 반복할 필요가 없지만 자릿값이라는 개념을 완전히 익히기 위해서는 꼭 필요한 단계입니다. 우리가 쓰는 십진법은 오른쪽에서 왼쪽으로 한 자리 올라갈 때마다 10만큼 커집니다. 똑같은 숫자 3이라도 십의 자리에 있으면 30이라는 수를 나타내고, 일의 자리에 있으면 3을 나타냅니다. 덧셈은 일의 자리부터 같은 자리끼리 더한다는 원리와 십진법의 개념을 깨닫게 도와주세요.

1일차 A형

(몇십)+(몇), (몇)+(몇십)

월 일
분 초
/30

✎ 덧셈을 하세요.

❶ 20+5=
❷ 10+6=
❸ 1+20=
❹ 40+7=
❺ 70+5=
❻ 2+60=
❼ 10+4=
❽ 80+3=
❾ 2+10=
❿ 30+3=
⓫ 90+7=
⓬ 9+30=
⓭ 60+8=
⓮ 60+4=
⓯ 3+40=
⓰ 90+2=
⓱ 70+3=
⓲ 7+50=
⓳ 50+4=
⓴ 40+1=
㉑ 4+40=
㉒ 70+9=
㉓ 80+2=
㉔ 8+30=
㉕ 40+2=
㉖ 70+8=
㉗ 5+80=
㉘ 50+1=
㉙ 10+8=
㉚ 4+20=

자기 점수에 ○표 하세요

맞힌 개수	20개 이하	21~25개	26~28개	29~30개
학습 방법	개념을 다시 공부하세요.	조금 더 노력하세요.	실수하면 안 돼요.	참 잘했어요.

1일차
B형

(몇십)+(몇), (몇)+(몇십)

월 일
분 초
/24

일의 자리끼리,
십의 자리끼리 계산해!

정답 44쪽

덧셈을 하세요.

❶ $30 + 4$

❷ $50 + 4$

❸ $70 + 9$

❹ $90 + 7$

❺ $60 + 6$

❻ $40 + 5$

❼ $80 + 7$

❽ $20 + 9$

❾ $50 + 9$

❿ $60 + 4$

⓫ $40 + 9$

⓬ $40 + 8$

⓭ $3 + 80$

⓮ $5 + 70$

⓯ $4 + 20$

⓰ $8 + 30$

⓱ $3 + 60$

⓲ $6 + 90$

⓳ $4 + 40$

⓴ $5 + 20$

㉑ $8 + 50$

㉒ $7 + 30$

㉓ $2 + 80$

㉔ $1 + 70$

자기 점수에 ○표 하세요

맞힌 개수	16개 이하	17~20개	21~22개	23~24개
학습 방법	개념을 다시 공부하세요.	조금 더 노력하세요.	실수하면 안 돼요.	참 잘했어요.

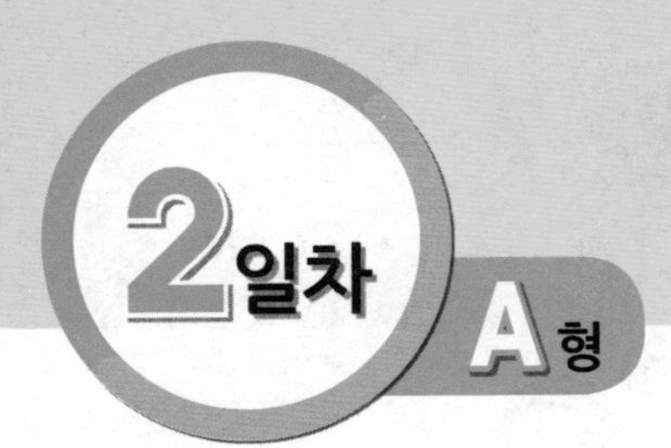

(몇십)+(몇), (몇)+(몇십)

월 일
분 초
/30

덧셈을 하세요.

❶ 30+3=　❷ 40+6=　❸ 9+50=

❹ 60+1=　❺ 70+4=　❻ 7+80=

❼ 90+2=　❽ 10+5=　❾ 8+20=

❿ 20+1=　⓫ 50+4=　⓬ 9+40=

⓭ 10+2=　⓮ 40+5=　⓯ 7+70=

⓰ 30+2=　⓱ 50+5=　⓲ 8+90=

⓳ 60+3=　⓴ 20+6=　㉑ 4+80=

㉒ 40+1=　㉓ 30+4=　㉔ 6+50=

㉕ 50+2=　㉖ 60+8=　㉗ 5+70=

㉘ 70+6=　㉙ 10+4=　㉚ 7+20=

자기 점수에 ○표 하세요

맞힌 개수	20개 이하	21~25개	26~28개	29~30개
학습 방법	개념을 다시 공부하세요.	조금 더 노력하세요.	실수하면 안 돼요.	참 잘했어요.

(몇십)+(몇), (몇)+(몇십)

월 일
분 초
/24

정답 45쪽

덧셈을 하세요.

❶ $90 + 2$

❷ $70 + 3$

❸ $50 + 4$

❹ $30 + 5$

❺ $10 + 6$

❻ $20 + 7$

❼ $40 + 8$

❽ $80 + 9$

❾ $60 + 5$

❿ $30 + 2$

⓫ $50 + 3$

⓬ $70 + 4$

⓭ $5 + 40$

⓮ $6 + 60$

⓯ $7 + 30$

⓰ $6 + 80$

⓱ $4 + 10$

⓲ $3 + 30$

⓳ $8 + 50$

⓴ $7 + 70$

㉑ $6 + 20$

㉒ $3 + 40$

㉓ $5 + 70$

㉔ $1 + 80$

자기 점수에 ○표 하세요

맞힌 개수	16개 이하	17~20개	21~22개	23~24개
학습 방법	개념을 다시 공부하세요.	조금 더 노력하세요.	실수하면 안 돼요.	참 잘했어요.

(몇십)+(몇), (몇)+(몇십)

월 일
분 초
/30

덧셈을 하세요.

❶ $40+6=$	❷ $50+7=$	❸ $8+60=$
❹ $70+9=$	❺ $80+1=$	❻ $2+90=$
❼ $10+3=$	❽ $20+4=$	❾ $5+30=$
❿ $90+1=$	⓫ $30+9=$	⓬ $4+60=$
⓭ $70+4=$	⓮ $80+2=$	⓯ $7+90=$
⓰ $10+6=$	⓱ $20+5=$	⓲ $4+30=$
⓳ $40+3=$	⓴ $50+2=$	㉑ $1+60=$
㉒ $70+2=$	㉓ $80+3=$	㉔ $4+10=$
㉕ $40+5=$	㉖ $70+6=$	㉗ $8+80=$
㉘ $50+3=$	㉙ $60+9=$	㉚ $1+20=$

자기 점수에 ○표 하세요

맞힌 개수	20개 이하	21~25개	26~28개	29~30개
학습 방법	개념을 다시 공부하세요.	조금 더 노력 하세요.	실수하면 안 돼요.	참 잘했어요.

(몇십)+(몇), (몇)+(몇십)

월 일
분 초
/24

정답 46쪽

덧셈을 하세요.

❶ 20 + 8 =

❷ 70 + 9 =

❸ 50 + 2 =

❹ 40 + 3 =

❺ 40 + 7 =

❻ 60 + 1 =

❼ 90 + 3 =

❽ 50 + 8 =

❾ 60 + 6 =

❿ 90 + 2 =

⓫ 30 + 9 =

⓬ 10 + 5 =

⓭ 7 + 10 =

⓮ 8 + 30 =

⓯ 4 + 60 =

⓰ 7 + 20 =

⓱ 4 + 30 =

⓲ 5 + 90 =

⓳ 3 + 50 =

⓴ 2 + 80 =

㉑ 6 + 80 =

㉒ 4 + 10 =

㉓ 9 + 90 =

㉔ 1 + 50 =

자기 점수에 ○표 하세요

맞힌 개수	16개 이하	17~20개	21~22개	23~24개
학습 방법	개념을 다시 공부하세요.	조금 더 노력하세요.	실수하면 안 돼요.	참 잘했어요.

(몇십)+(몇), (몇)+(몇십)

월 일
분 초
/30

✎ 덧셈을 하세요.

❶ 50+2=　❷ 20+7=　❸ 3+10=

❹ 70+4=　❺ 50+6=　❻ 4+50=

❼ 80+3=　❽ 10+2=　❾ 8+90=

❿ 20+1=　⓫ 70+8=　⓬ 5+20=

⓭ 90+4=　⓮ 30+5=　⓯ 7+30=

⓰ 40+9=　⓱ 60+4=　⓲ 1+40=

⓳ 10+7=　⓴ 80+2=　㉑ 8+30=

㉒ 90+6=　㉓ 20+3=　㉔ 7+60=

㉕ 50+3=　㉖ 90+9=　㉗ 2+70=

㉘ 40+8=　㉙ 80+5=　㉚ 4+10=

자기 점수에 ○표 하세요

맞힌 개수	20개 이하	21~25개	26~28개	29~30개
학습 방법	개념을 다시 공부하세요.	조금 더 노력 하세요.	실수하면 안 돼요.	참 잘했어요.

(몇십)+(몇), (몇)+(몇십)

월 일
분 초
/24

정답 47쪽

덧셈을 하세요.

❶ $40 + 3$

❷ $20 + 9$

❸ $30 + 1$

❹ $50 + 2$

❺ $10 + 7$

❻ $90 + 8$

❼ $80 + 7$

❽ $70 + 6$

❾ $80 + 2$

❿ $50 + 3$

⓫ $60 + 2$

⓬ $40 + 4$

⓭ $4 + 10$

⓮ $6 + 30$

⓯ $8 + 50$

⓰ $5 + 20$

⓱ $2 + 70$

⓲ $1 + 90$

⓳ $4 + 30$

⓴ $6 + 80$

㉑ $9 + 50$

㉒ $7 + 70$

㉓ $2 + 20$

㉔ $3 + 90$

자기 점수에 ○표 하세요

맞힌 개수	16개 이하	17~20개	21~22개	23~24개
학습 방법	개념을 다시 공부하세요.	조금 더 노력하세요.	실수하면 안 돼요.	참 잘했어요.

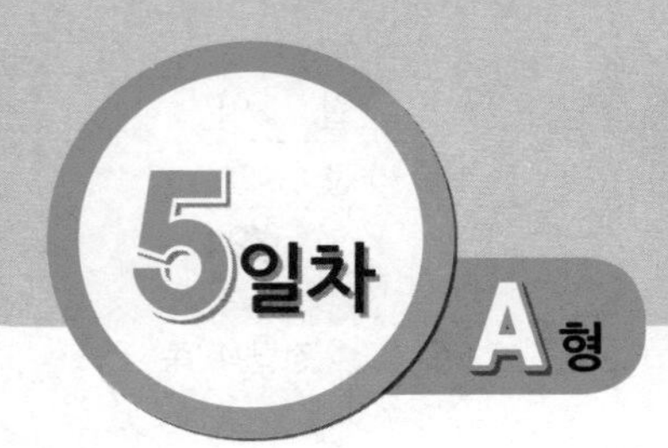

(몇십)+(몇), (몇)+(몇십)

월 일
분 초
/30

✎ 덧셈을 하세요.

❶ $60+5=$　❷ $30+5=$　❸ $2+40=$

❹ $80+7=$　❺ $60+4=$　❻ $5+20=$

❼ $90+6=$　❽ $20+2=$　❾ $3+30=$

❿ $30+4=$　⓫ $80+6=$　⓬ $9+50=$

⓭ $10+7=$　⓮ $90+3=$　⓯ $6+30=$

⓰ $50+8=$　⓱ $70+5=$　⓲ $2+60=$

⓳ $20+1=$　⓴ $90+7=$　㉑ $7+20=$

㉒ $10+9=$　㉓ $50+4=$　㉔ $6+70=$

㉕ $10+2=$　㉖ $20+6=$　㉗ $3+40=$

㉘ $50+1=$　㉙ $20+3=$　㉚ $5+50=$

자기 점수에 ○표 하세요

맞힌 개수	20개 이하	21~25개	26~28개	29~30개
학습 방법	개념을 다시 공부하세요.	조금 더 노력 하세요.	실수하면 안 돼요.	참 잘했어요.

(몇십)+(몇), (몇)+(몇십)

월 일
분 초
/24

정답 48쪽

덧셈을 하세요.

① $50 + 1$

② $30 + 8$

③ $70 + 5$

④ $80 + 4$

⑤ $10 + 3$

⑥ $20 + 7$

⑦ $40 + 8$

⑧ $70 + 4$

⑨ $60 + 6$

⑩ $90 + 2$

⑪ $30 + 4$

⑫ $10 + 5$

⑬ $5 + 40$

⑭ $8 + 60$

⑮ $7 + 30$

⑯ $6 + 80$

⑰ $3 + 60$

⑱ $8 + 70$

⑲ $4 + 40$

⑳ $5 + 20$

㉑ $9 + 80$

㉒ $7 + 40$

㉓ $9 + 90$

㉔ $8 + 50$

자기 점수에 ○표 하세요

맞힌 개수	16개 이하	17~20개	21~22개	23~24개
학습 방법	개념을 다시 공부하세요.	조금 더 노력 하세요.	실수하면 안 돼요.	참 잘했어요.

세 단계 묶어 풀기 007 ~ 009 단계
연이은 덧셈, 뺄셈/수 모으고 가르기/(몇십)+(몇)

월	일
분	초
	/21

정답 49쪽

계산을 하세요.

❶ $3+5+2=$

❷ $9-2-3=$

❸ $4+1+3=$

❹ $8-4-2=$

❺ $70+5=$

❻ $2+60=$

❼ $90+2=$

❽ $7+80=$

❾ $50+8=$

❿ $5+30=$

⓫ 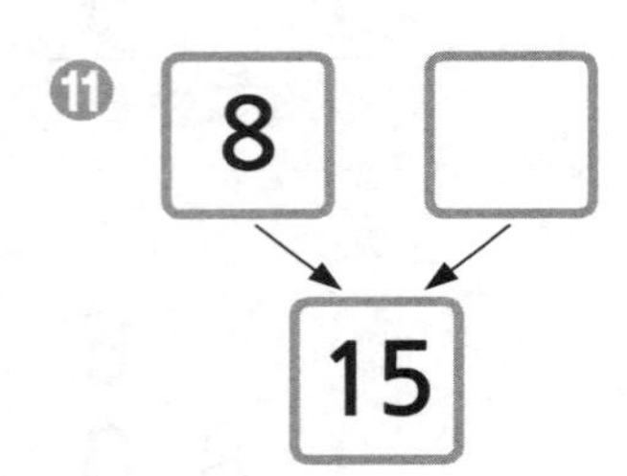

⓬ 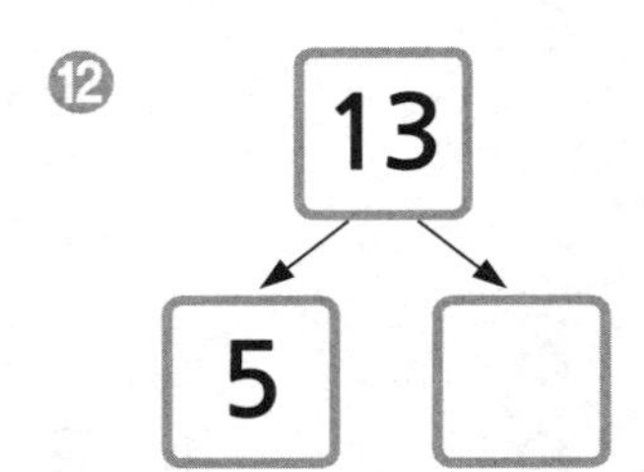

⓭ 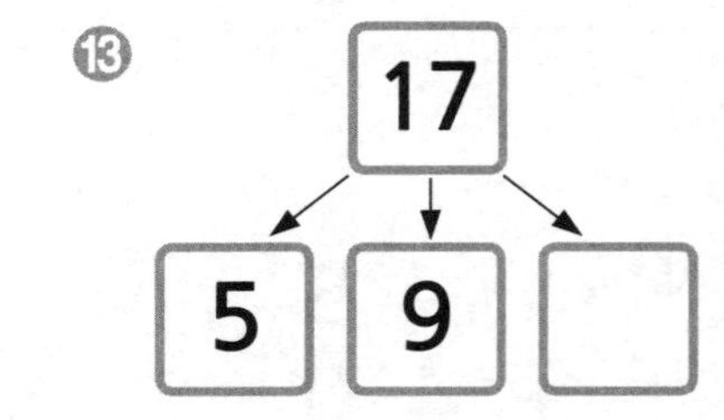

⓮

	7	0
+		4

⓯

	1	0
+		5

⓰

		7
+	9	0

⓱

		8
+	3	0

⓲

	5	0
+		7

⓳

	2	0
+		9

⓴

		5
+	6	0

㉑

		4
+	4	0

창의력 쑥쑥! 수학 퀴즈

줄로 연결된 세 수의 합이 9가 되도록
1에서 5까지 다음 동그라미 안에 써 보세요.
여러 가지 방법이 있을 거예요. 하지만 중심에
들어가는 수는 항상 같아야 합니다.
가장 가운데 들어갈 수는 얼마일까요?

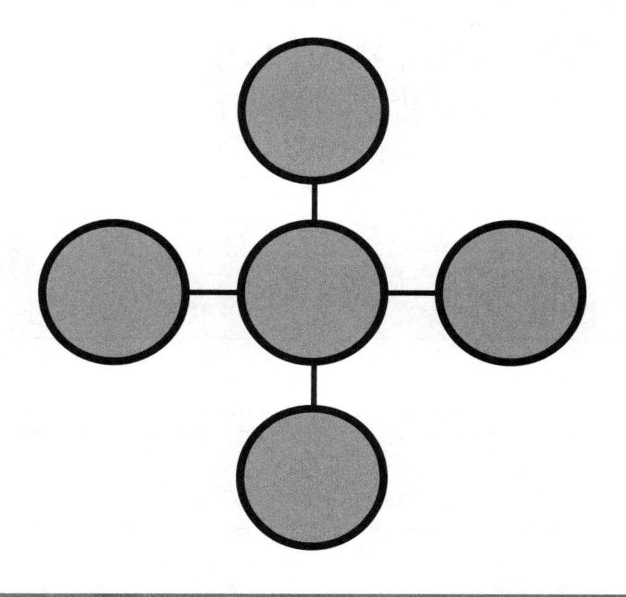

답 가장 가운데 들어가는 수는 3입니다. 1에서 5까지의 수를 짝을 지어 봅시다. 1과 5, 2와 4의 합은 모두 6입니다. 그러면 3은 짝이 없네요! 그러니까 3이 가운데 들어가야 합니다. 3이 가운데 들어가면 줄로 이어진 세 수의 합은 어느 쪽이든지 9가 됩니다!

(몇십 몇)±(몇)

◆스스로 학습 관리표◆

정확하게 이해하면
속도도 빨라질 수 있어!

- 매일 맞힌 개수를 적고, 걸린 시간만큼 색칠해 보세요.
(눈금 1칸은 1분이며, 초는 표의 상단에 적으세요.)
- 하루하루 지날수록 실력이 자라고, 계산 속도가 빨라지는 것을 눈으로 직접 확인할 수 있습니다.

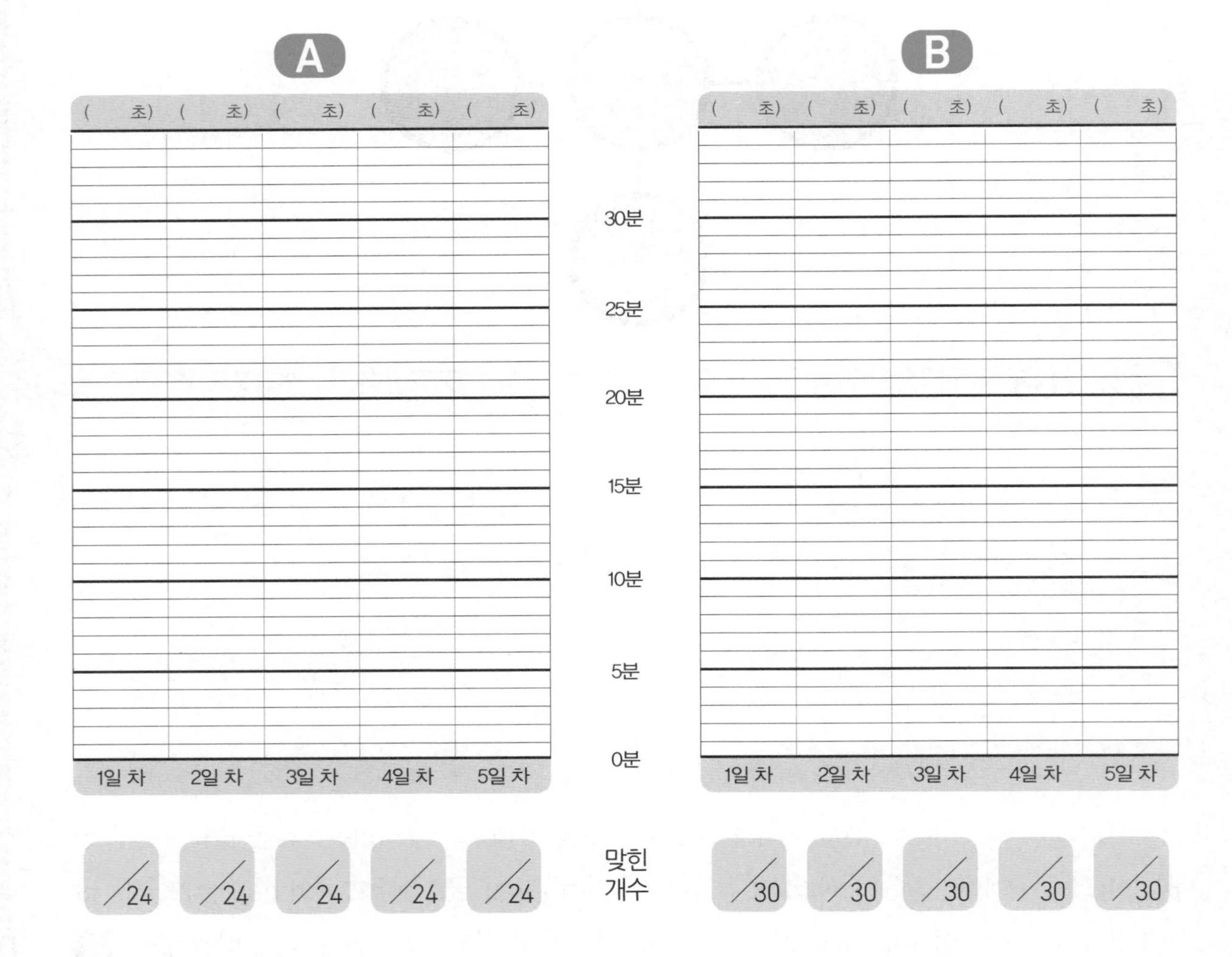

개념 포인트

두 자리 수와 한 자리 수의 덧셈, 뺄셈

일의 자리끼리 계산해서 답의 일의 자리에 계산 결과를 쓰고, 십의 자리끼리 계산해서 답의 십의 자리에 계산 결과를 쓰면 됩니다. 세로셈으로 계산할 때는 십의 자리, 일의 자리 수가 각각 얼마인지 쉽게 알 수 있기 때문에 계산이 쉽습니다. 계산에 익숙해지면 자릿값을 떠올리며 가로셈도 해 보세요.

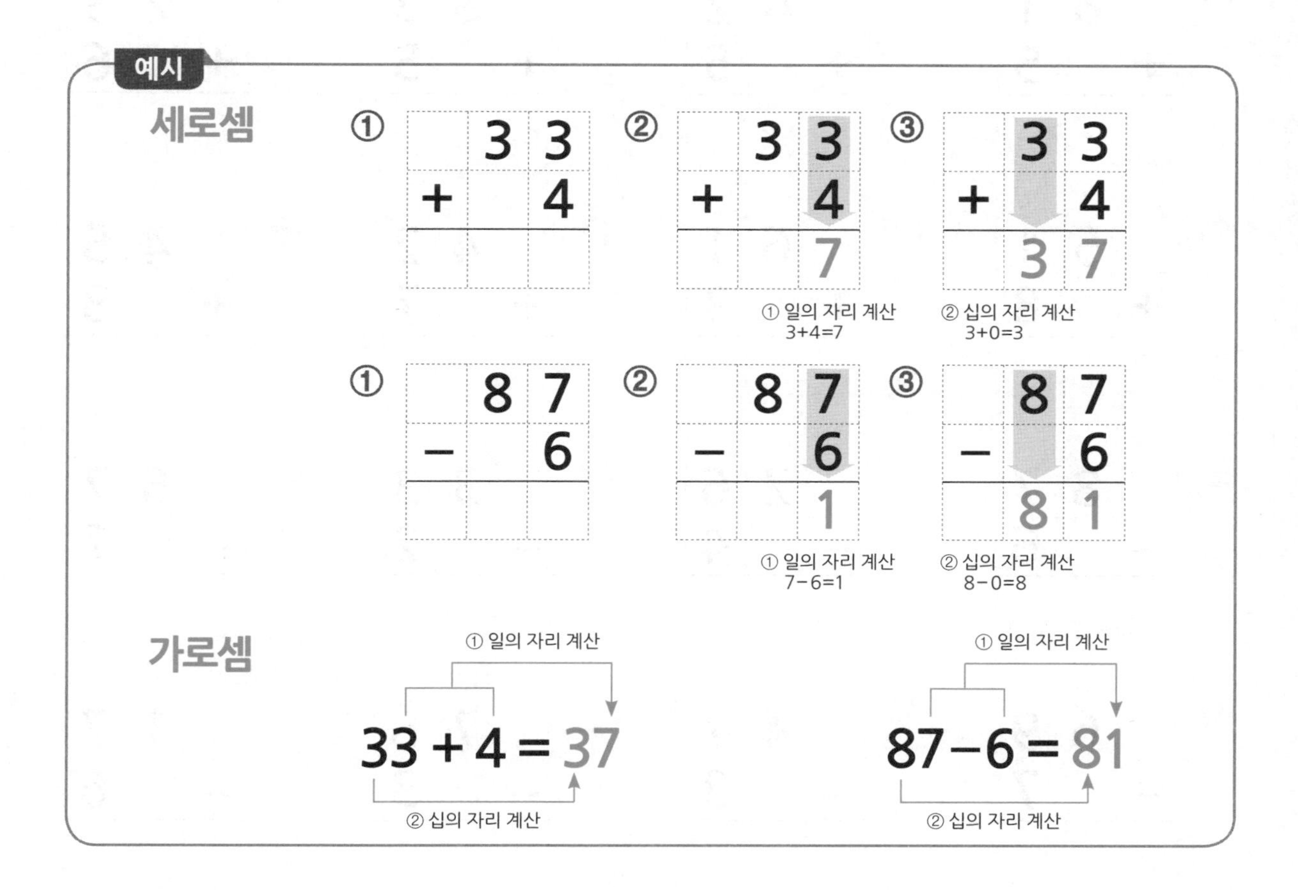

받아올림이 있는 덧셈과 받아내림이 있는 뺄셈을 배우기 전에 자릿값 개념을 완전히 익히기 위한 단계입니다. 자릿값이 같은 숫자끼리 계산하여 그 자리에 답을 쓴다는 것을 확실히 알게 지도해 주세요. 채점할 때 단순히 답만 확인하지 마시고 계산하여 나온 두 자리 수의 십이 몇 개인지, 일이 몇 개인지 물어보면서 자릿값 개념을 확실하게 이해했는지 확인해 주세요.

1일차 A형

(몇십 몇)±(몇)

월 일
분 초
/24

계산을 하세요.

❶ $\begin{array}{r} 33 \\ +\ \ 4 \\ \hline \end{array}$

❷ $\begin{array}{r} 52 \\ +\ \ 2 \\ \hline \end{array}$

❸ $\begin{array}{r} 72 \\ +\ \ 5 \\ \hline \end{array}$

❹ $\begin{array}{r} 93 \\ +\ \ 6 \\ \hline \end{array}$

❺ $\begin{array}{r} 61 \\ +\ \ 5 \\ \hline \end{array}$

❻ $\begin{array}{r} 42 \\ +\ \ 5 \\ \hline \end{array}$

❼ $\begin{array}{r} 83 \\ +\ \ 5 \\ \hline \end{array}$

❽ $\begin{array}{r} 23 \\ +\ \ 6 \\ \hline \end{array}$

❾ $\begin{array}{r} 51 \\ +\ \ 8 \\ \hline \end{array}$

❿ $\begin{array}{r} 61 \\ +\ \ 3 \\ \hline \end{array}$

⓫ $\begin{array}{r} 42 \\ +\ \ 7 \\ \hline \end{array}$

⓬ $\begin{array}{r} 45 \\ +\ \ 3 \\ \hline \end{array}$

⓭ $\begin{array}{r} 87 \\ -\ \ 6 \\ \hline \end{array}$

⓮ $\begin{array}{r} 26 \\ -\ \ 4 \\ \hline \end{array}$

⓯ $\begin{array}{r} 33 \\ -\ \ 2 \\ \hline \end{array}$

⓰ $\begin{array}{r} 57 \\ -\ \ 7 \\ \hline \end{array}$

⓱ $\begin{array}{r} 69 \\ -\ \ 7 \\ \hline \end{array}$

⓲ $\begin{array}{r} 47 \\ -\ \ 3 \\ \hline \end{array}$

⓳ $\begin{array}{r} 75 \\ -\ \ 3 \\ \hline \end{array}$

⓴ $\begin{array}{r} 17 \\ -\ \ 6 \\ \hline \end{array}$

㉑ $\begin{array}{r} 57 \\ -\ \ 1 \\ \hline \end{array}$

㉒ $\begin{array}{r} 93 \\ -\ \ 3 \\ \hline \end{array}$

㉓ $\begin{array}{r} 28 \\ -\ \ 2 \\ \hline \end{array}$

㉔ $\begin{array}{r} 37 \\ -\ \ 5 \\ \hline \end{array}$

자기 점수에 ○표 하세요

맞힌 개수	16개 이하	17~20개	21~22개	23~24개
학습 방법	개념을 다시 공부하세요.	조금 더 노력 하세요.	실수하면 안 돼요.	참 잘했어요.

(몇십 몇)±(몇)

월	일
분	초
	/30

가로셈으로도 잘할 수 있지?

정답 50쪽

계산을 하세요.

❶ 22+5=　　❷ 85+2=　　❸ 31+3=

❹ 13+4=　　❺ 53+4=　　❻ 18+1=

❼ 56+3=　　❽ 44+2=　　❾ 95+2=

❿ 43+5=　　⓫ 91+7=　　⓬ 82+4=

⓭ 31+1=　　⓮ 62+5=　　⓯ 76+3=

⓰ 22−2=　　⓱ 17−3=　　⓲ 55−3=

⓳ 49−7=　　⓴ 34−3=　　㉑ 78−5=

㉒ 86−5=　　㉓ 68−2=　　㉔ 39−2=

㉕ 75−4=　　㉖ 27−3=　　㉗ 19−4=

㉘ 46−3=　　㉙ 67−5=　　㉚ 97−3=

자기 점수에 ○표 하세요

맞힌 개수	20개 이하	21~25개	26~28개	29~30개
학습 방법	개념을 다시 공부하세요.	조금 더 노력하세요.	실수하면 안 돼요.	참 잘했어요.

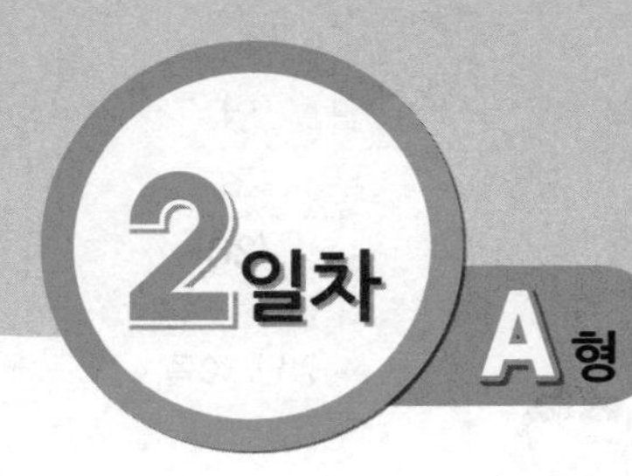

(몇십 몇)±(몇)

월	일
분	초
	/24

계산을 하세요.

❶ $\begin{array}{r} 22 \\ + \quad 4 \\ \hline \end{array}$

❷ $\begin{array}{r} 81 \\ + \quad 6 \\ \hline \end{array}$

❸ $\begin{array}{r} 74 \\ + \quad 3 \\ \hline \end{array}$

❹ $\begin{array}{r} 54 \\ + \quad 3 \\ \hline \end{array}$

❺ $\begin{array}{r} 73 \\ + \quad 6 \\ \hline \end{array}$

❻ $\begin{array}{r} 34 \\ + \quad 5 \\ \hline \end{array}$

❼ $\begin{array}{r} 92 \\ + \quad 7 \\ \hline \end{array}$

❽ $\begin{array}{r} 62 \\ + \quad 6 \\ \hline \end{array}$

❾ $\begin{array}{r} 43 \\ + \quad 5 \\ \hline \end{array}$

❿ $\begin{array}{r} 52 \\ + \quad 7 \\ \hline \end{array}$

⓫ $\begin{array}{r} 41 \\ + \quad 6 \\ \hline \end{array}$

⓬ $\begin{array}{r} 13 \\ + \quad 5 \\ \hline \end{array}$

⓭ $\begin{array}{r} 28 \\ - \quad 6 \\ \hline \end{array}$

⓮ $\begin{array}{r} 96 \\ - \quad 4 \\ \hline \end{array}$

⓯ $\begin{array}{r} 79 \\ - \quad 4 \\ \hline \end{array}$

⓰ $\begin{array}{r} 64 \\ - \quad 1 \\ \hline \end{array}$

⓱ $\begin{array}{r} 49 \\ - \quad 7 \\ \hline \end{array}$

⓲ $\begin{array}{r} 85 \\ - \quad 4 \\ \hline \end{array}$

⓳ $\begin{array}{r} 18 \\ - \quad 6 \\ \hline \end{array}$

⓴ $\begin{array}{r} 59 \\ - \quad 3 \\ \hline \end{array}$

㉑ $\begin{array}{r} 29 \\ - \quad 5 \\ \hline \end{array}$

㉒ $\begin{array}{r} 93 \\ - \quad 3 \\ \hline \end{array}$

㉓ $\begin{array}{r} 46 \\ - \quad 5 \\ \hline \end{array}$

㉔ $\begin{array}{r} 37 \\ - \quad 5 \\ \hline \end{array}$

자기 점수에 ○표 하세요

맞힌 개수	16개 이하	17~20개	21~22개	23~24개
학습 방법	개념을 다시 공부하세요.	조금 더 노력 하세요.	실수하면 안 돼요.	참 잘했어요.

(몇십 몇)±(몇)

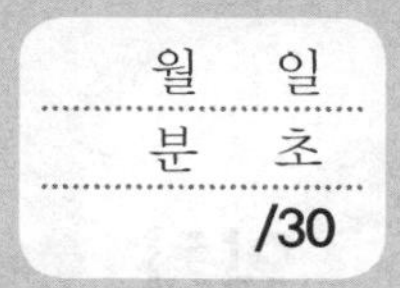

정답 51쪽

계산을 하세요.

① 32+3=　② 22+6=　③ 41+5=

④ 51+8=　⑤ 73+3=　⑥ 67+2=

⑦ 42+7=　⑧ 54+2=　⑨ 83+6=

⑩ 36+2=　⑪ 72+6=　⑫ 52+3=

⑬ 28+1=　⑭ 86+1=　⑮ 11+8=

⑯ 29−2=　⑰ 16−3=　⑱ 54−4=

⑲ 49−6=　⑳ 37−3=　㉑ 75−1=

㉒ 83−1=　㉓ 47−2=　㉔ 36−3=

㉕ 76−4=　㉖ 29−5=　㉗ 19−3=

㉘ 28−2=　㉙ 65−3=　㉚ 99−8=

자기 점수에 ○표 하세요

맞힌 개수	20개 이하	21~25개	26~28개	29~30개
학습 방법	개념을 다시 공부하세요.	조금 더 노력하세요.	실수하면 안 돼요.	참 잘했어요.

(몇십 몇)±(몇)

월	일
분	초
	/24

✎ 계산을 하세요.

❶ $23 + 2$

❷ $42 + 4$

❸ $92 + 5$

❹ $31 + 4$

❺ $71 + 5$

❻ $62 + 6$

❼ $13 + 5$

❽ $52 + 6$

❾ $41 + 8$

❿ $12 + 5$

⓫ $72 + 7$

⓬ $35 + 1$

⓭ $37 - 6$

⓮ $56 - 4$

⓯ $63 - 2$

⓰ $29 - 6$

⓱ $89 - 7$

⓲ $37 - 3$

⓳ $88 - 2$

⓴ $44 - 2$

㉑ $97 - 1$

㉒ $53 - 3$

㉓ $48 - 7$

㉔ $17 - 5$

자기 점수에 ○표 하세요

맞힌 개수	16개 이하	17~20개	21~22개	23~24개
학습 방법	개념을 다시 공부하세요.	조금 더 노력하세요.	실수하면 안 돼요.	참 잘했어요.

(몇십 몇)±(몇)

월 일
분 초
/30

정답 52쪽

계산을 하세요.

❶ 24+5=　❷ 23+2=　❸ 34+3=

❹ 16+2=　❺ 54+4=　❻ 12+1=

❼ 72+5=　❽ 41+2=　❾ 36+2=

❿ 42+5=　⓫ 92+7=　⓬ 83+4=

⓭ 35+1=　⓮ 65+3=　⓯ 18+1=

⓰ 24−2=　⓱ 19−3=　⓲ 57−3=

⓳ 48−7=　⓴ 35−3=　㉑ 76−5=

㉒ 85−5=　㉓ 47−2=　㉔ 35−2=

㉕ 77−4=　㉖ 29−1=　㉗ 13−3=

㉘ 49−3=　㉙ 68−4=　㉚ 95−3=

자기 점수에 ○표 하세요

맞힌 개수	20개 이하	21~25개	26~28개	29~30개
학습 방법	개념을 다시 공부하세요.	조금 더 노력하세요.	실수하면 안 돼요.	참 잘했어요.

(몇십 몇)±(몇)

월 일
분 초
/24

✎ 계산을 하세요.

❶ $\begin{array}{r} 85 \\ +\ \ 2 \\ \hline \end{array}$

❷ $\begin{array}{r} 43 \\ +\ \ 3 \\ \hline \end{array}$

❸ $\begin{array}{r} 63 \\ +\ \ 4 \\ \hline \end{array}$

❹ $\begin{array}{r} 12 \\ +\ \ 7 \\ \hline \end{array}$

❺ $\begin{array}{r} 22 \\ +\ \ 4 \\ \hline \end{array}$

❻ $\begin{array}{r} 36 \\ +\ \ 1 \\ \hline \end{array}$

❼ $\begin{array}{r} 74 \\ +\ \ 4 \\ \hline \end{array}$

❽ $\begin{array}{r} 44 \\ +\ \ 5 \\ \hline \end{array}$

❾ $\begin{array}{r} 13 \\ +\ \ 6 \\ \hline \end{array}$

❿ $\begin{array}{r} 72 \\ +\ \ 2 \\ \hline \end{array}$

⓫ $\begin{array}{r} 56 \\ +\ \ 3 \\ \hline \end{array}$

⓬ $\begin{array}{r} 36 \\ +\ \ 2 \\ \hline \end{array}$

⓭ $\begin{array}{r} 48 \\ -\ \ 3 \\ \hline \end{array}$

⓮ $\begin{array}{r} 58 \\ -\ \ 6 \\ \hline \end{array}$

⓯ $\begin{array}{r} 95 \\ -\ \ 4 \\ \hline \end{array}$

⓰ $\begin{array}{r} 27 \\ -\ \ 7 \\ \hline \end{array}$

⓱ $\begin{array}{r} 76 \\ -\ \ 4 \\ \hline \end{array}$

⓲ $\begin{array}{r} 89 \\ -\ \ 5 \\ \hline \end{array}$

⓳ $\begin{array}{r} 67 \\ -\ \ 2 \\ \hline \end{array}$

⓴ $\begin{array}{r} 37 \\ -\ \ 4 \\ \hline \end{array}$

㉑ $\begin{array}{r} 27 \\ -\ \ 2 \\ \hline \end{array}$

㉒ $\begin{array}{r} 83 \\ -\ \ 1 \\ \hline \end{array}$

㉓ $\begin{array}{r} 98 \\ -\ \ 4 \\ \hline \end{array}$

㉔ $\begin{array}{r} 53 \\ -\ \ 2 \\ \hline \end{array}$

자기 점수에 ○표 하세요

맞힌 개수	16개 이하	17~20개	21~22개	23~24개
학습 방법	개념을 다시 공부하세요.	조금 더 노력하세요.	실수하면 안 돼요.	참 잘했어요.

(몇십 몇)±(몇)

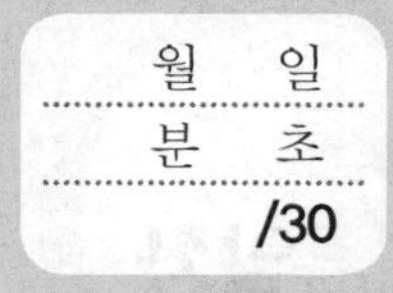

정답 53쪽

계산을 하세요.

❶ $52+7=$　　❷ $85+3=$　　❸ $91+4=$

❹ $73+5=$　　❺ $93+2=$　　❻ $28+1=$

❼ $36+3=$　　❽ $14+3=$　　❾ $25+3=$

❿ $23+1=$　　⓫ $41+2=$　　⓬ $32+5=$

⓭ $11+8=$　　⓮ $62+4=$　　⓯ $46+2=$

⓰ $72-2=$　　⓱ $47-6=$　　⓲ $55-2=$

⓳ $29-4=$　　⓴ $94-1=$　　㉑ $38-2=$

㉒ $56-6=$　　㉓ $68-3=$　　㉔ $79-6=$

㉕ $45-1=$　　㉖ $17-7=$　　㉗ $89-7=$

㉘ $36-3=$　　㉙ $87-3=$　　㉚ $97-6=$

자기 점수에 ○표 하세요

맞힌 개수	20개 이하	21~25개	26~28개	29~30개
학습 방법	개념을 다시 공부하세요.	조금 더 노력하세요.	실수하면 안 돼요.	참 잘했어요.

(몇십 몇)±(몇)

월	일
분	초
	/24

✎ 계산을 하세요.

❶ $21 + 1 =$

❷ $11 + 2 =$

❸ $73 + 1 =$

❹ $43 + 2 =$

❺ $43 + 3 =$

❻ $33 + 4 =$

❼ $86 + 2 =$

❽ $54 + 5 =$

❾ $61 + 1 =$

❿ $52 + 1 =$

⓫ $91 + 3 =$

⓬ $64 + 1 =$

⓭ $19 - 3 =$

⓮ $28 - 2 =$

⓯ $99 - 1 =$

⓰ $64 - 4 =$

⓱ $36 - 4 =$

⓲ $45 - 2 =$

⓳ $87 - 3 =$

⓴ $59 - 5 =$

㉑ $57 - 1 =$

㉒ $69 - 2 =$

㉓ $79 - 4 =$

㉔ $47 - 7 =$

자기 점수에 ○표 하세요

맞힌 개수	16개 이하	17~20개	21~22개	23~24개
학습 방법	개념을 다시 공부하세요.	조금 더 노력하세요.	실수하면 안 돼요.	참 잘했어요.

(몇십 몇)±(몇)

월 일
분 초
/30

정답 54쪽

계산을 하세요.

❶ $42+4=$	❷ $73+5=$	❸ $91+5=$
❹ $13+2=$	❺ $81+5=$	❻ $35+2=$
❼ $83+4=$	❽ $43+6=$	❾ $15+3=$
❿ $52+3=$	⓫ $22+6=$	⓬ $73+4=$
⓭ $31+1=$	⓮ $62+5=$	⓯ $16+3=$
⓰ $64-2=$	⓱ $49-1=$	⓲ $55-3=$
⓳ $49-6=$	⓴ $58-4=$	㉑ $78-2=$
㉒ $29-2=$	㉓ $39-1=$	㉔ $36-3=$
㉕ $38-2=$	㉖ $29-3=$	㉗ $15-1=$
㉘ $59-2=$	㉙ $19-6=$	㉚ $97-5=$

자기 점수에 ○표 하세요

맞힌 개수	20개 이하	21~25개	26~28개	29~30개
학습 방법	개념을 다시 공부하세요.	조금 더 노력 하세요.	실수하면 안 돼요.	참 잘했어요.

전체 묶어 풀기 001~010단계
자연수의 덧셈과 뺄셈 기본

월	일
분	초
	/24

정답 55쪽

계산을 하세요.

❶ 2+6=

❷ 3+4=

❸ 5+4=

❹ 8−2=

❺ 7−4=

❻ 9−5=

빈칸에 알맞은 수를 넣으세요.

❼ 5+□=10

❽ 10−□=7

❾ □+4=10

❿ 10−□=8

⓫ 9+□=10

⓬ 10−□=4

계산을 하세요.

⓭ 5+1+3=

⓮ 7−3−2=

⓯ 4+1+2=

⓰ 8−5−3=

⓱

	2	0
+		6

⓲

	9	0
+		1

⓳

		3
+	5	0

⓴

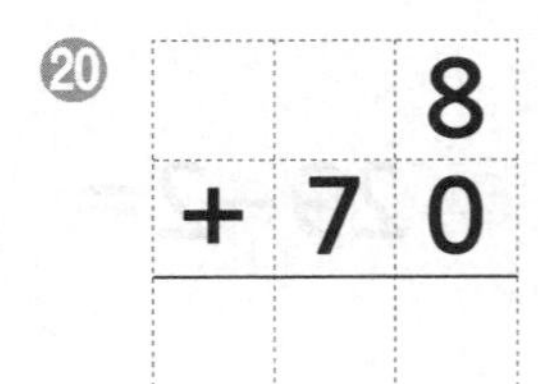

		8
+	7	0

㉑

	1	6
−		4

㉒

	2	8
−		5

㉓

	9	9
−		7

㉔

	6	4
−		3

창의력 쑥쑥! 수학 퀴즈

아래 그림의 빈칸에
1에서 8까지의 수를 넣으세요. 단,
1과 2, 3과 4처럼 연이은 수는 가로, 세로는 물론
대각선으로도 옆에 붙어 있으면 안됩니다.

힌트 수를 여기저기 넣으면서 해 봤는데 잘 안된다고요? 힌트를 드릴게요. 가운데 줄에 있는 빈칸 두 개를 잘 이용하면 이 문제를 풀 수 있답니다. 연이은 수를 멀리 떨어뜨려 놓아야 하니까 가운데 줄에 있는 빈칸 두 개에는 멀리 떨어져 있는 수가 들어가겠지요? 아직 답을 못 찾은 친구는 여기까지 읽고 다시 도전해 보세요!

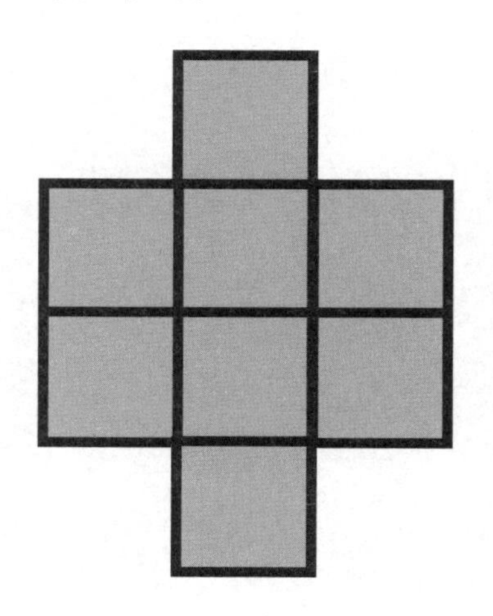

답 아래 그림은 4개의 답 중 2개입니다. 왼쪽과 오른쪽의 수가 서로 뒤바뀐 것도 답이 되겠지요. 그렇지만 어떤 경우이든지 가운데 빈칸 두 개에는 1과 8이 들어갑니다.

	7	
3	1	4
5	8	6
	2	

	2	
4	8	3
6	1	5
	7	

우와~ 벌써 한 권을 다 풀었어요!
실력과 성적이 쑥쑥 올라가는 소리 들리죠?

《계산의 신》 2권에서는 덧셈과 뺄셈을 하는 방법을 배워요. 특히 받아올림과 받아내림이 있는 경우 어떻게 계산하면 되는지 함께 공부해 볼까요?^^

개발 책임 이운영
편집 관리 윤용민
디자인 이현지 임성자
마케팅 박진용
관리 장희정 강진식
용지 영지페이퍼
인쇄 제본 벽호·GKC
유통 북앤북

학부모 체험단의 교재 Review

강현아 (서울_신중초) **김명진** (서울_신도초) **김정선** (원주_문막초) **김진영** (서울_백운초)
나현경 (인천_원당초) **방윤정** (서울_강서초) **안조혁** (전주_온빛초) **오정화** (광주_양산초)
이향숙 (서울_금양초) **이혜선** (서울_홍파초) **전예원** (서울_금양초)

♥ <계산의 신>은 초등학교 학생들의 기본 계산력을 향상시킬 수 있는 최적의 교재입니다. 처음에는 반복 계산이 많아 아이가 지루해하고 계산 실수를 많이 하는 것 같았는데, 점점 계산 속도가 빨라지고 실수도 확연히 줄어 아주 좋았어요.^^

- 서울 서초구 신중초등학교 학부모 강현아

♥ 우리 아이는 수학을 싫어해서 수학 문제집을 좀처럼 풀지 않으려 했는데, 의외로 <계산의 신>은 하루에 2쪽씩 꾸준히 푸네요. 너무 신기하고 뿌듯하여 아이에게 물었더니 "이 책은 숫자만 있어서 쉬운 것 같고, 빨리빨리 풀 수 있어서 좋아요." 라고 하네요. 요즘은 일반 문제집도 집중하여 잘 푸는 것 같아 기특합니다.^^ <계산의 신>은 우리 아이에게 수학에 대한 흥미와 재미를 주는 고마운 책입니다.

- 전주 덕진구 온빛초등학교 학부모 안조혁

♥ 초등 3학년인 우리 아이는 수학을 잘하는 편은 아니지만 제 나름대로 하루에 4~6쪽을 풀었어요. 그러면서 "엄마, 이 책 다 풀고 책 제목처럼 계산의 신이 될 거예요~" 하며 능청떠는 아이의 모습이 정말 예쁘고 대견하네요. <계산의 신>이 비록 계산력을 연습시키는 쉬운 교재이지만 이 교재로 인해 우리 아이가 수학에 관심을 갖고, 앞으로도 수학을 계속 좋아했으면 하는 바람입니다.

- 광주 북구 양산초등학교 학부모 오정화

♥ <계산의 신>은 학부모의 마음까지 헤아려 만든 좋은 책인 것 같아요. 아이가 평소 '시간의 합과 차'를 어려워하여 걱정을 많이 했었는데, <계산의 신>은 그 부분까지 상세하게 다루고 있어 무척 좋았어요. 학생들이 힘들어하는 부분까지 세심하게 파악하여 만든 문제집이라고 생각해요.

- 서울 용산구 금양초등학교 학부모 이향숙

《계산의 신》은

★ 최신 교육과정에 맞춘 단계별 계산 프로그램으로 계산법 완벽 습득
★ '단계별 묶어 풀기', '전체 묶어 풀기'로 체계적 복습까지 한 번에!
★ 좌뇌와 우뇌를 고르게 계발하는 수학 이야기와 수학 퀴즈로 창의성 쑥쑥!

아이들이 수학 문제를 풀 때 자꾸 실수하는 이유는 바로 계산력이 부족하기 때문입니다.
계산 문제에서 실수를 줄이면 점수가 오르고, 점수가 오르면 수학에 자신감이 생깁니다.
아이들에게 《계산의 신》으로 수학의 재미와 자신감을 심어 주세요.

	《계산의 신》 권별 핵심 내용		
초등 1학년	1권	자연수의 덧셈과 뺄셈 기본(1)	합과 차가 9까지인 덧셈과 뺄셈 받아올림/내림이 없는 (두 자리 수)±(한 자리 수)
초등 1학년	2권	자연수의 덧셈과 뺄셈 기본(2)	받아올림/내림이 없는 (두 자리 수)±(두 자리 수) 받아올림/내림이 있는 (한/두 자리 수)±(한 자리 수)
초등 2학년	3권	자연수의 덧셈과 뺄셈 발전	(두 자리 수)±(한 자리 수) (두 자리 수)±(두 자리 수)
초등 2학년	4권	네 자리 수/곱셈구구	네 자리 수 곱셈구구
초등 3학년	5권	자연수의 덧셈과 뺄셈/곱셈과 나눗셈	(세 자리 수)±(세 자리 수), (두 자리 수)×(한 자리 수) 곱셈구구 범위에서의 나눗셈
초등 3학년	6권	자연수의 곱셈과 나눗셈 발전	(세 자리 수)×(한 자리 수), (두 자리 수)×(두 자리 수) (두/세 자리 수)÷(한 자리 수)
초등 4학년	7권	자연수의 곱셈과 나눗셈 심화	(세 자리 수)×(두 자리 수) (두/세 자리 수)÷(두 자리 수)
초등 4학년	8권	분수와 소수의 덧셈과 뺄셈 기본	분모가 같은 분수의 덧셈과 뺄셈 소수의 덧셈과 뺄셈
초등 5학년	9권	자연수의 혼합 계산/분수의 덧셈과 뺄셈	자연수의 혼합 계산, 약수와 배수, 약분과 통분 분모가 다른 분수의 덧셈과 뺄셈
초등 5학년	10권	분수와 소수의 곱셈	(분수)×(자연수), (분수)×(분수) (소수)×(자연수), (소수)×(소수)
초등 6학년	11권	분수와 소수의 나눗셈 기본	(분수)÷(자연수), (소수)÷(자연수) (자연수)÷(자연수)
초등 6학년	12권	분수와 소수의 나눗셈 발전	(분수)÷(분수), (자연수)÷(분수), (소수)÷(소수), (자연수)÷(소수), 비례식과 비례배분

KAIST 출신 수학 선생님들이 집필한

송명진·박종하 지음

1
초등 1-1

자연수의 덧셈과
뺄셈 기본(1)

정답 및 풀이

송명진·박종하 지음

1 초등 1학년 1학기

정 답

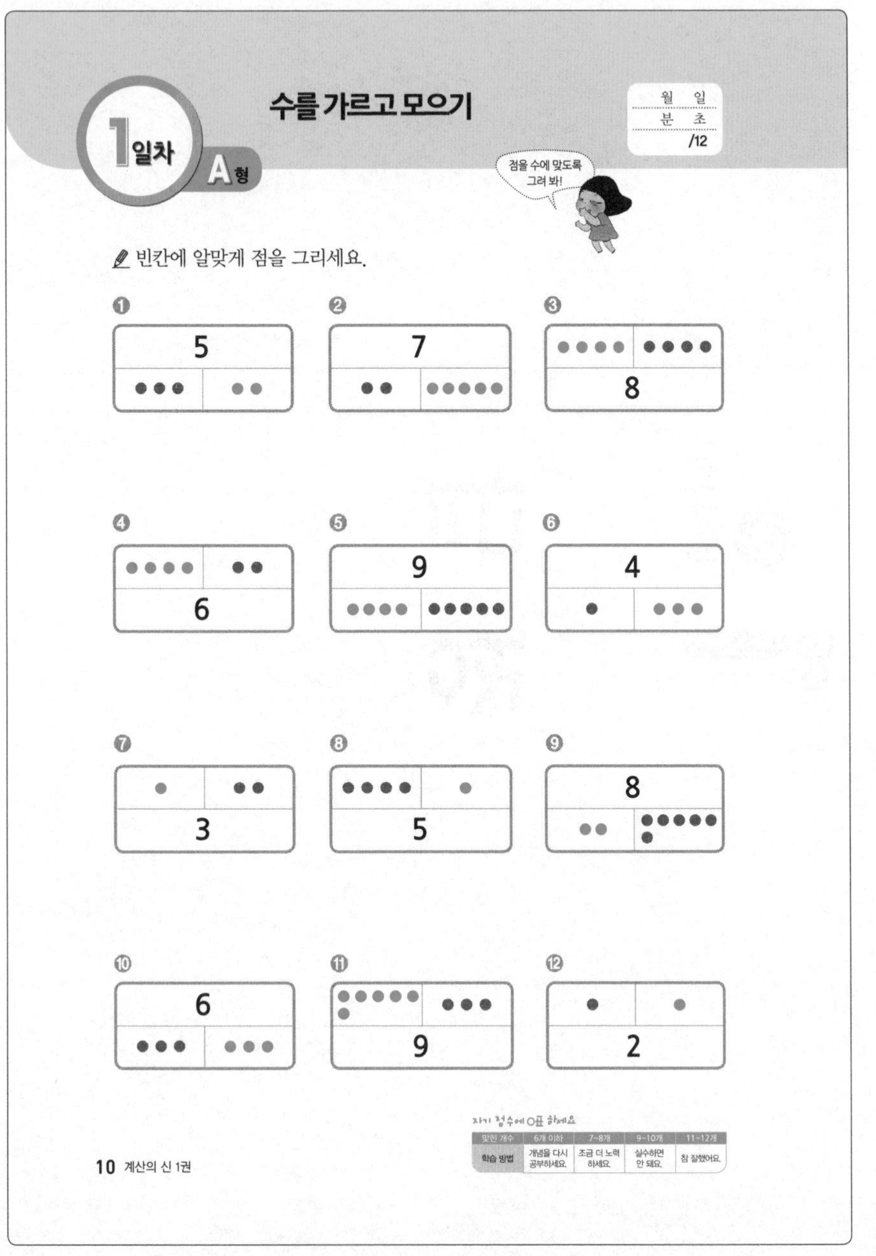

1일차 A형

수를 가르고 모으기

월 일 / 분 초 / /12

빈칸에 알맞게 점을 그리세요.

1. 5
2. 7
3. 8
4. 6
5. 9
6. 4
7. 3
8. 5
9. 8
10. 6
11. 9
12. 2

자기 점수에 ○표 하세요.

맞힌 개수	6개 이하	7~8개	9~10개	11~12개
학습 방법	개념을 다시 공부하세요.	조금 더 노력하세요.	실수하면 안 돼요.	참 잘했어요.

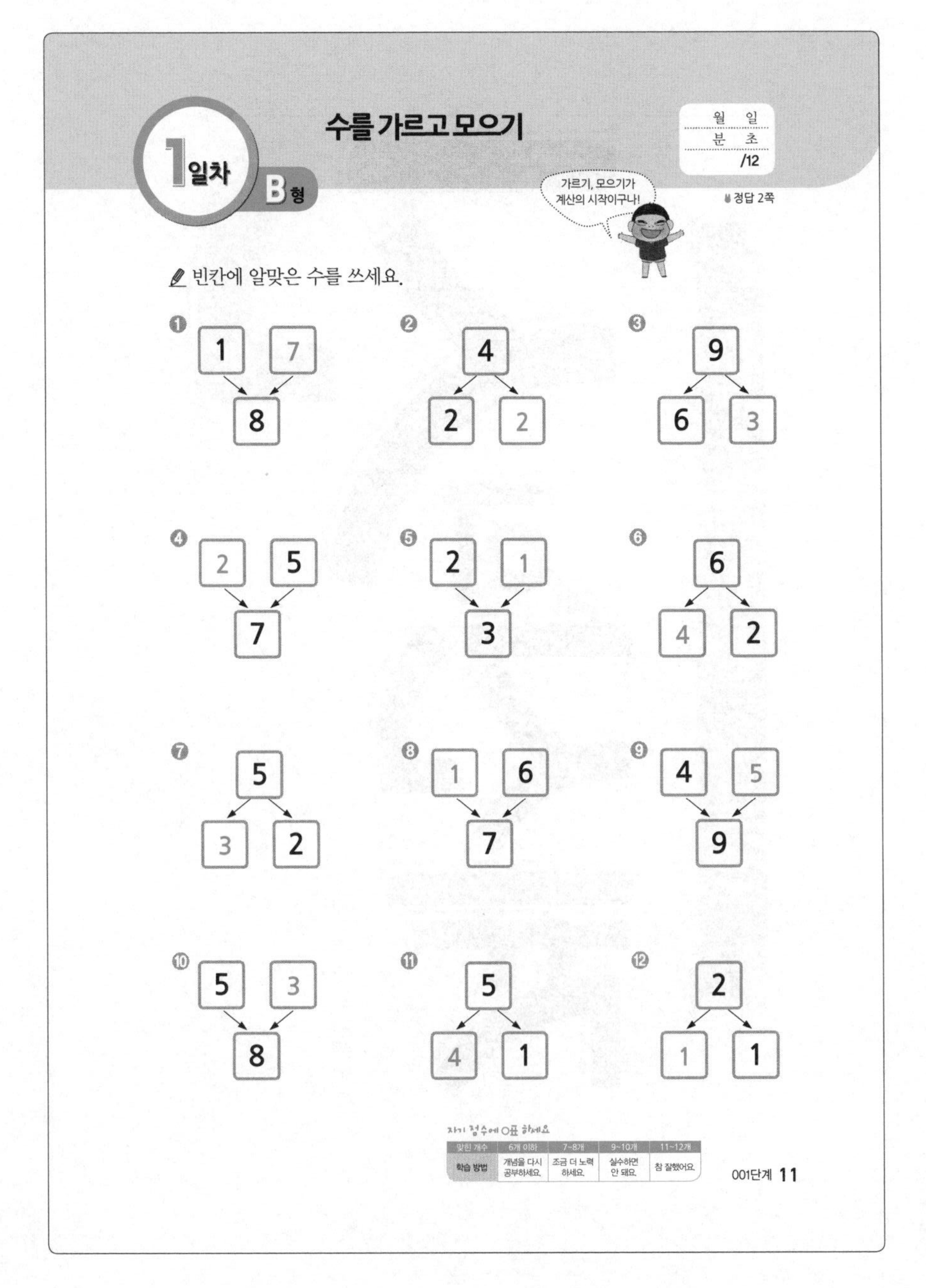

1일차 B형

수를 가르고 모으기

월 일 / 분 초 / /12

정답 2쪽

빈칸에 알맞은 수를 쓰세요.

1. 1, 7 → 8
2. 4 → 2, 2
3. 9 → 6, 3
4. 2, 5 → 7
5. 2, 1 → 3
6. 6 → 4, 2
7. 5 → 3, 2
8. 1, 6 → 7
9. 4, 5 → 9
10. 5, 3 → 8
11. 5 → 4, 1
12. 2 → 1, 1

자기 점수에 ○표 하세요.

맞힌 개수	6개 이하	7~8개	9~10개	11~12개
학습 방법	개념을 다시 공부하세요.	조금 더 노력하세요.	실수하면 안 돼요.	참 잘했어요.

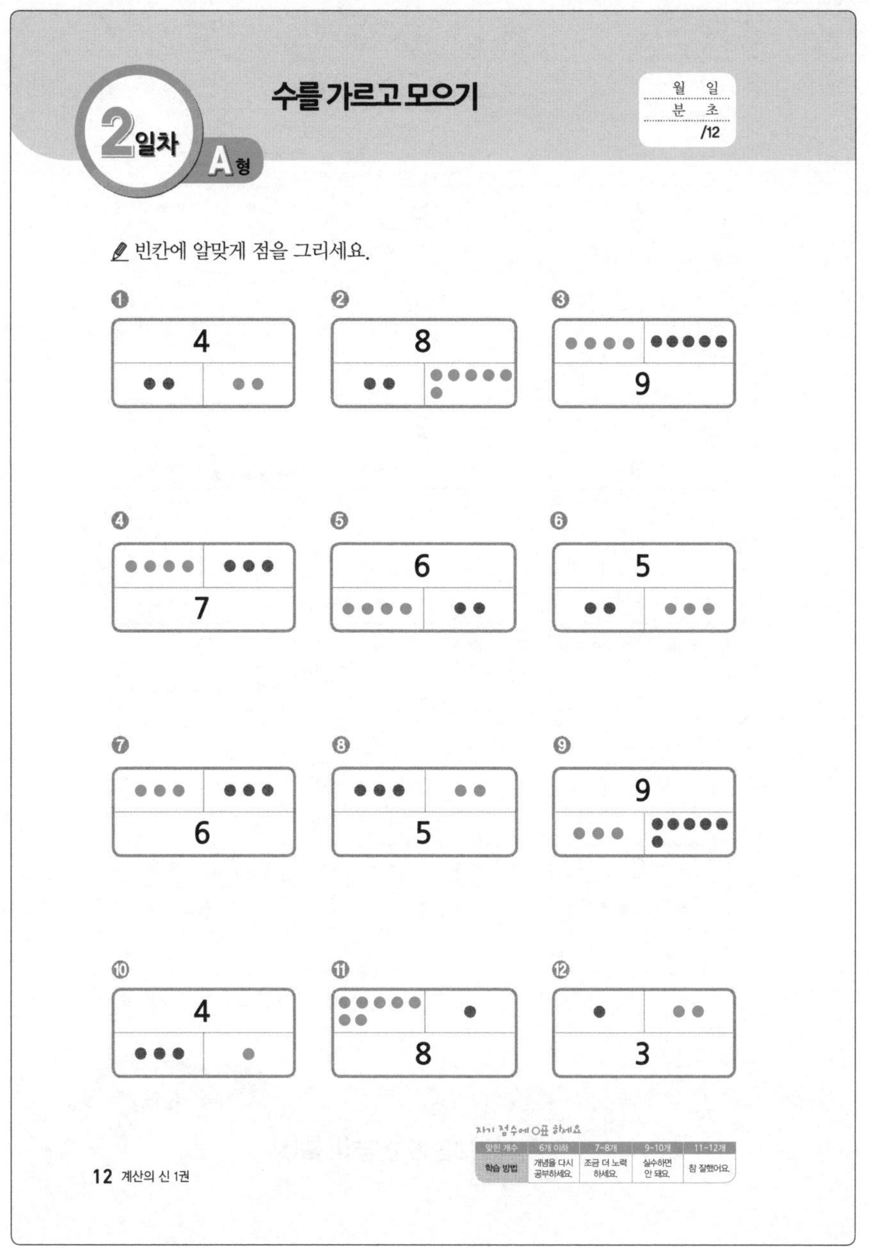

2일차 A형 수를 가르고 모으기

월 일 / 분 초 / /12

빈칸에 알맞게 점을 그리세요.

❶ 4 — ●● / ●●
❷ 8 — ●● / ●●●●●●
❸ ●●●● / ●●●●● — 9
❹ ●●●● / ●●● — 7
❺ 6 — ●●●● / ●●
❻ 5 — ●● / ●●●
❼ ●●● / ●●● — 6
❽ ●●● / ●● — 5
❾ 9 — ●●● / ●●●●●●
❿ 4 — ●●● / ●
⓫ ●●●●●●● / ● — 8
⓬ ● / ●● — 3

자기 점수에 ○표 하세요

맞힌 개수	6개 이하	7~8개	9~10개	11~12개
학습 방법	개념을 다시 공부하세요.	조금 더 노력 하세요.	실수하면 안 돼요.	참 잘했어요.

12 계산의 신 1권

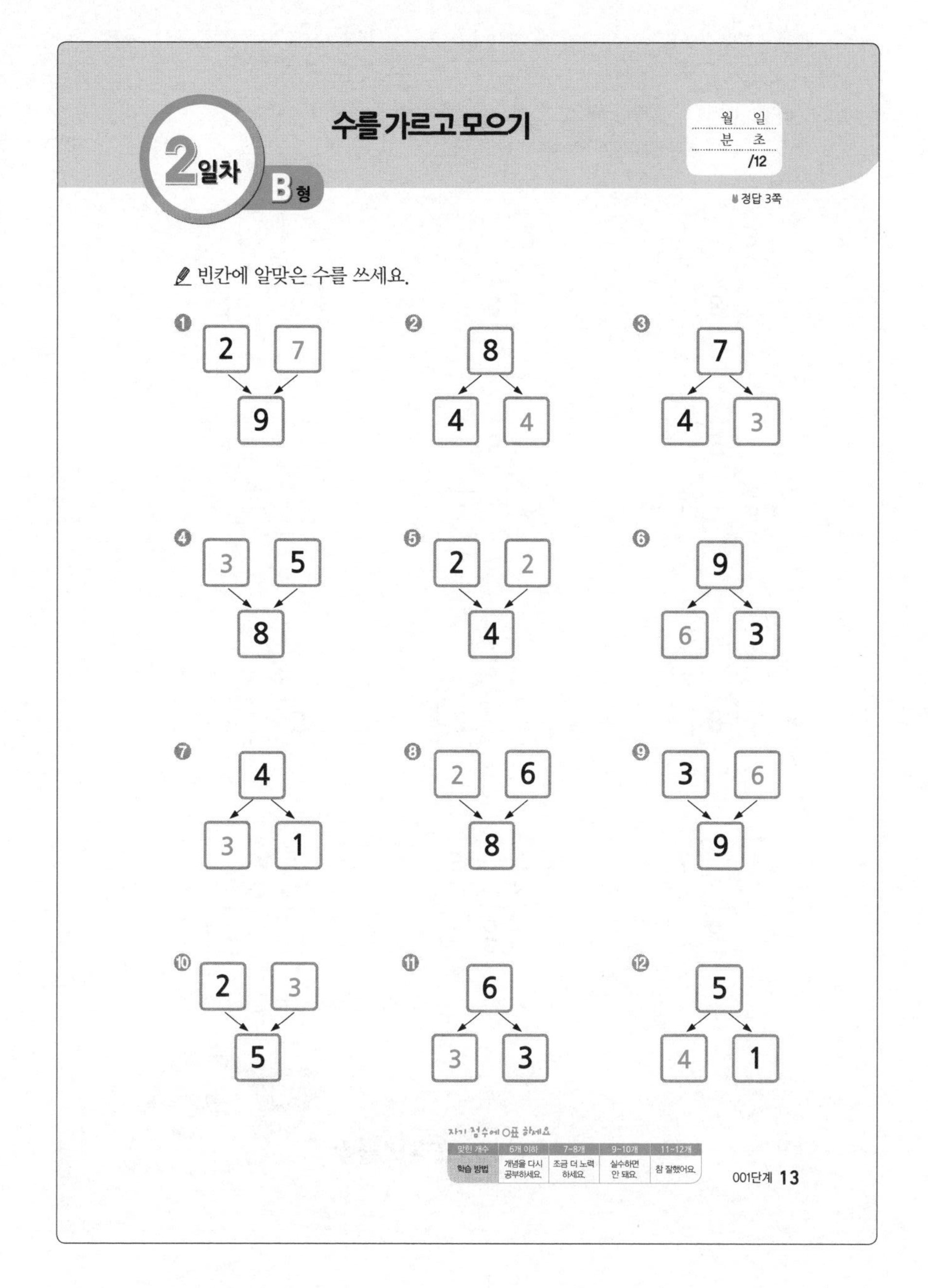

2일차 B형 수를 가르고 모으기

월 일 / 분 초 / /12

정답 3쪽

빈칸에 알맞은 수를 쓰세요.

❶ 2, 7 → 9
❷ 8 → 4, 4
❸ 7 → 4, 3
❹ 3, 5 → 8
❺ 2, 2 → 4
❻ 9 → 6, 3
❼ 4 → 3, 1
❽ 2, 6 → 8
❾ 3, 6 → 9
❿ 2, 3 → 5
⓫ 6 → 3, 3
⓬ 5 → 4, 1

자기 점수에 ○표 하세요

맞힌 개수	6개 이하	7~8개	9~10개	11~12개
학습 방법	개념을 다시 공부하세요.	조금 더 노력 하세요.	실수하면 안 돼요.	참 잘했어요.

001단계 13

3일차 A형 수를 가르고 모으기

월 일
분 초
/12

빈칸에 알맞게 점을 그리세요.

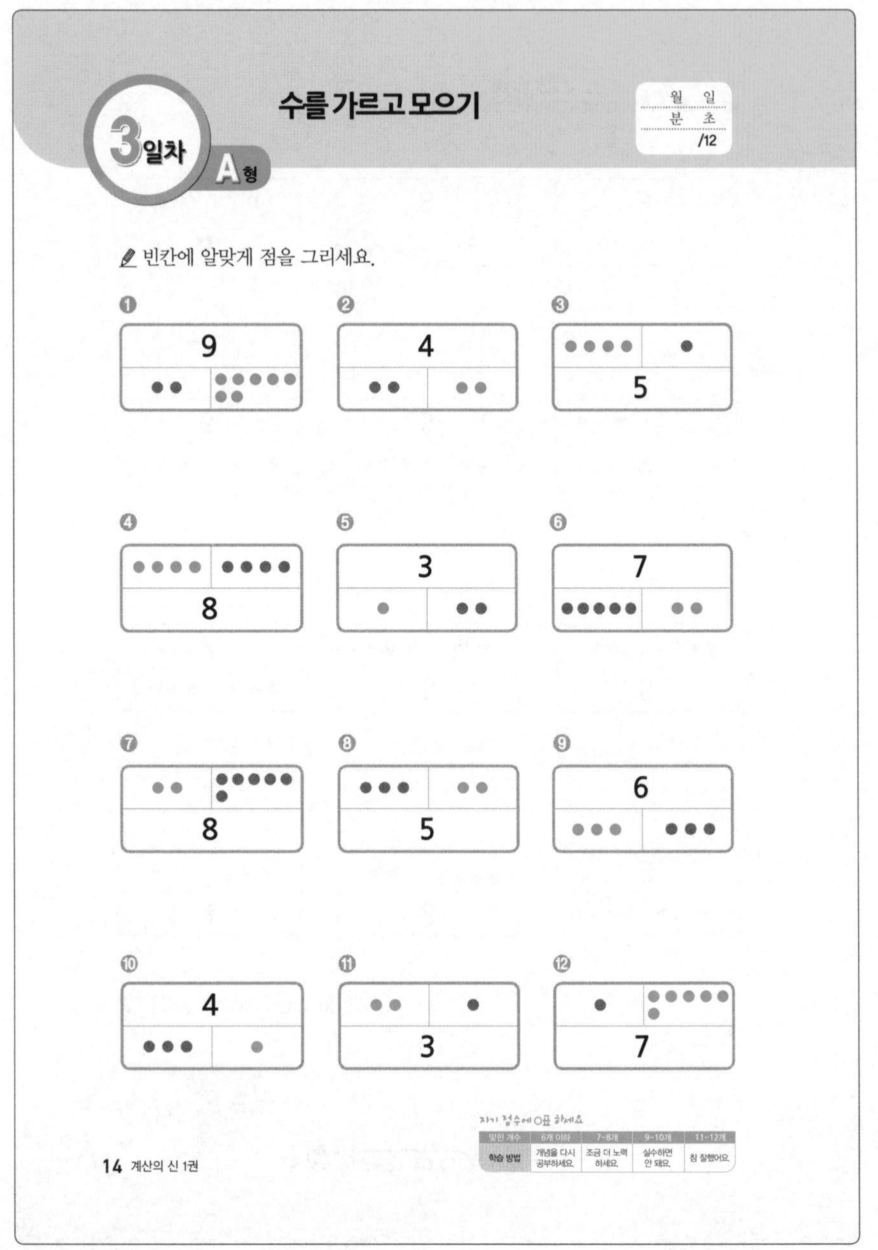

자기 점수에 ○표 하세요.

맞힌 개수	6개 이하	7~8개	9~10개	11~12개
학습 방법	개념을 다시 공부하세요.	조금 더 노력하세요.	실수하면 안 돼요.	참 잘했어요.

3일차 B형 수를 가르고 모으기

월 일
분 초
/12

정답 4쪽

빈칸에 알맞은 수를 쓰세요.

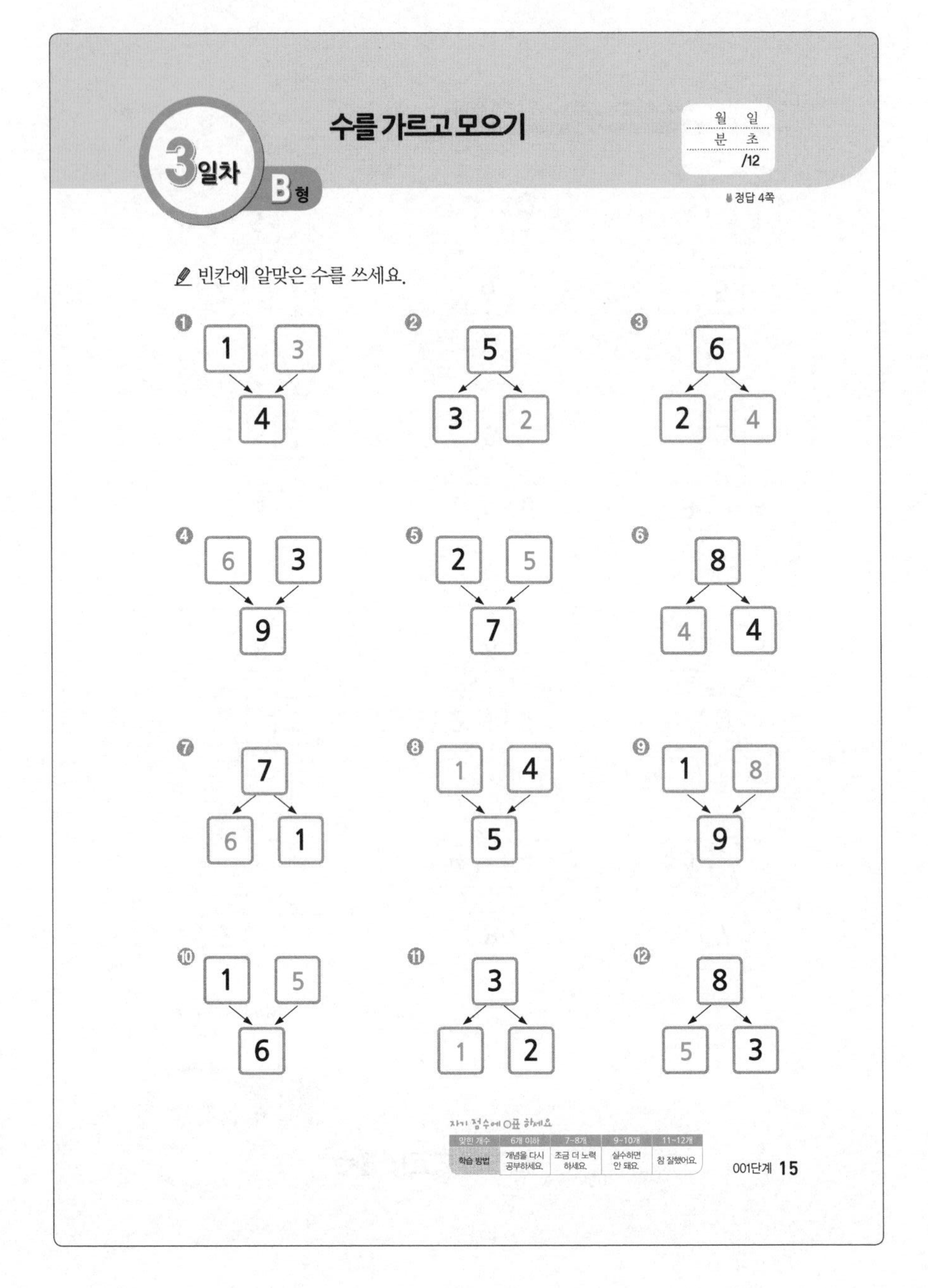

자기 점수에 ○표 하세요.

맞힌 개수	6개 이하	7~8개	9~10개	11~12개
학습 방법	개념을 다시 공부하세요.	조금 더 노력하세요.	실수하면 안 돼요.	참 잘했어요.

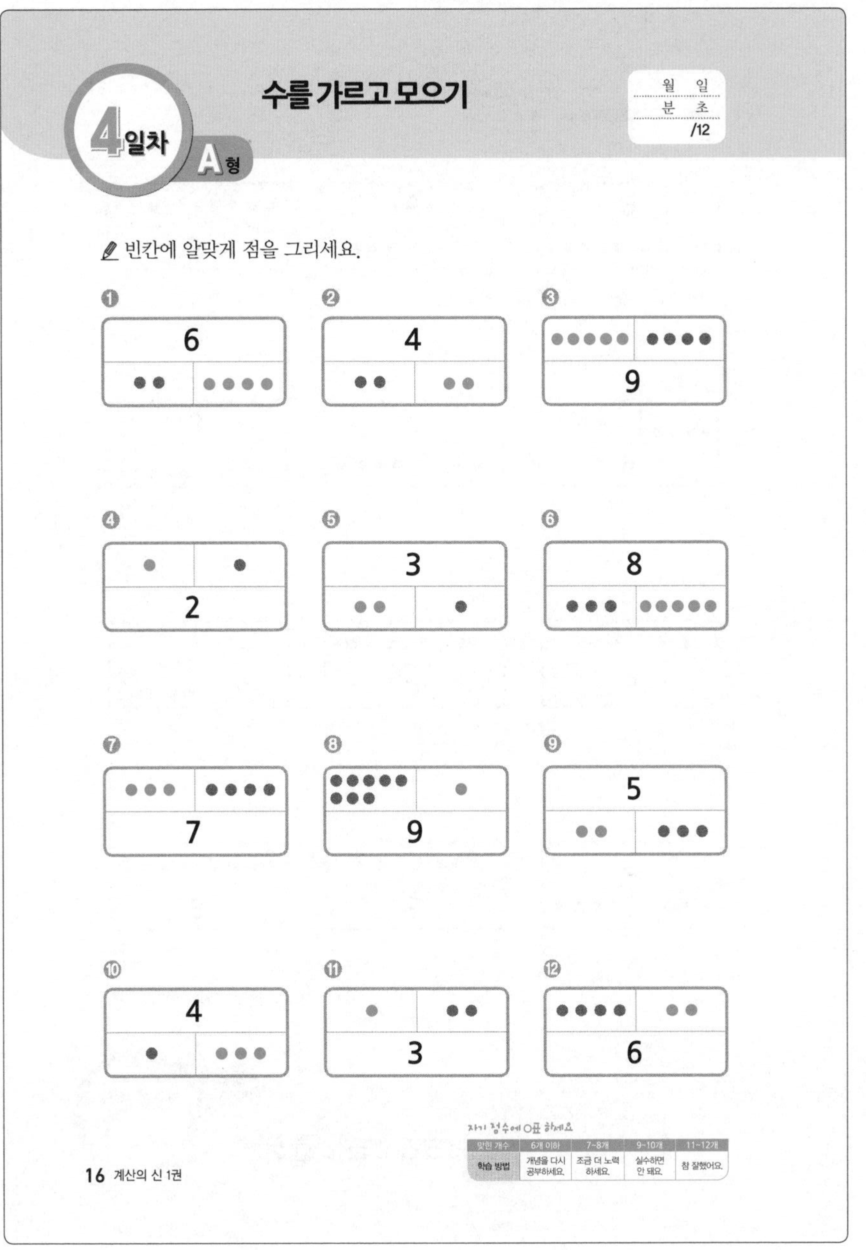

4일차 A형

수를 가르고 모으기

월 일
분 초
/12

빈칸에 알맞게 점을 그리세요.

자기 점수에 ○표 하세요.

맞힌 개수	6개 이하	7~8개	9~10개	11~12개
학습 방법	개념을 다시 공부하세요.	조금 더 노력하세요.	실수하면 안 돼요.	참 잘했어요.

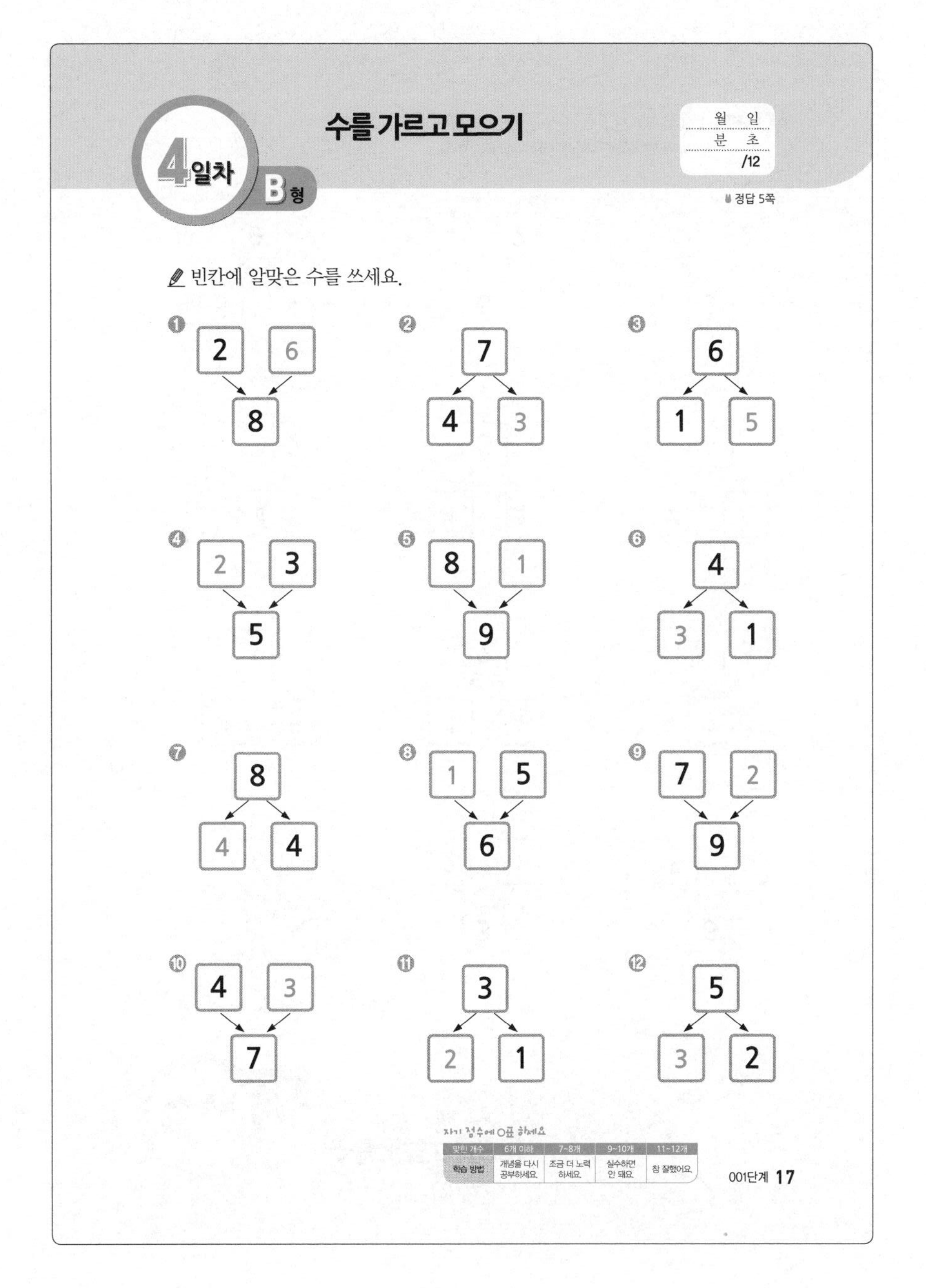

4일차 B형

수를 가르고 모으기

월 일
분 초
/12

정답 5쪽

빈칸에 알맞은 수를 쓰세요.

자기 점수에 ○표 하세요.

맞힌 개수	6개 이하	7~8개	9~10개	11~12개
학습 방법	개념을 다시 공부하세요.	조금 더 노력하세요.	실수하면 안 돼요.	참 잘했어요.

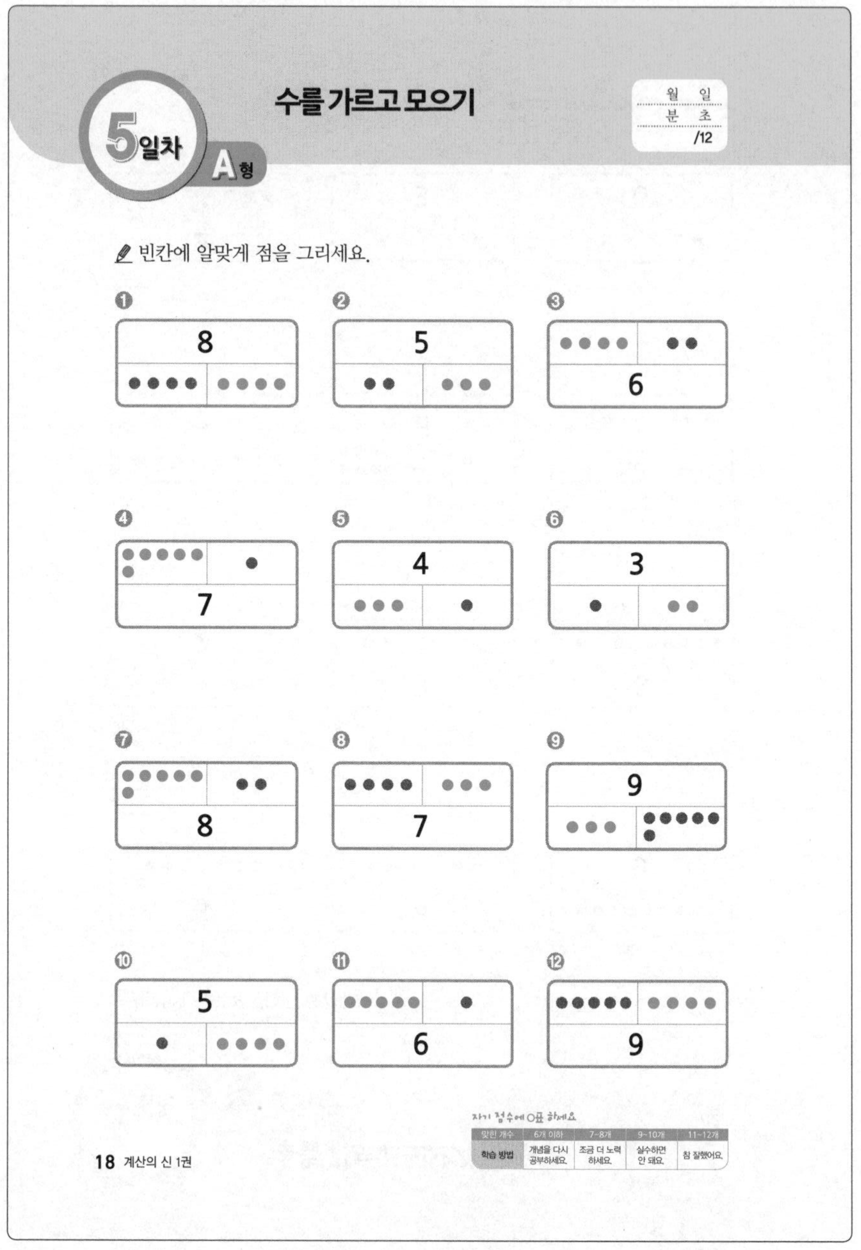
5일차 A형
수를 가르고 모으기
월 일
분 초
/12
빈칸에 알맞게 점을 그리세요.
자기 점수에 ○표 하세요
맞힌 개수 | 6개 이하 | 7~8개 | 9~10개 | 11~12개
학습 방법 | 개념을 다시 공부하세요. | 조금 더 노력하세요. | 실수하면 안 돼요. | 참 잘했어요.
18 계산의 신 1권

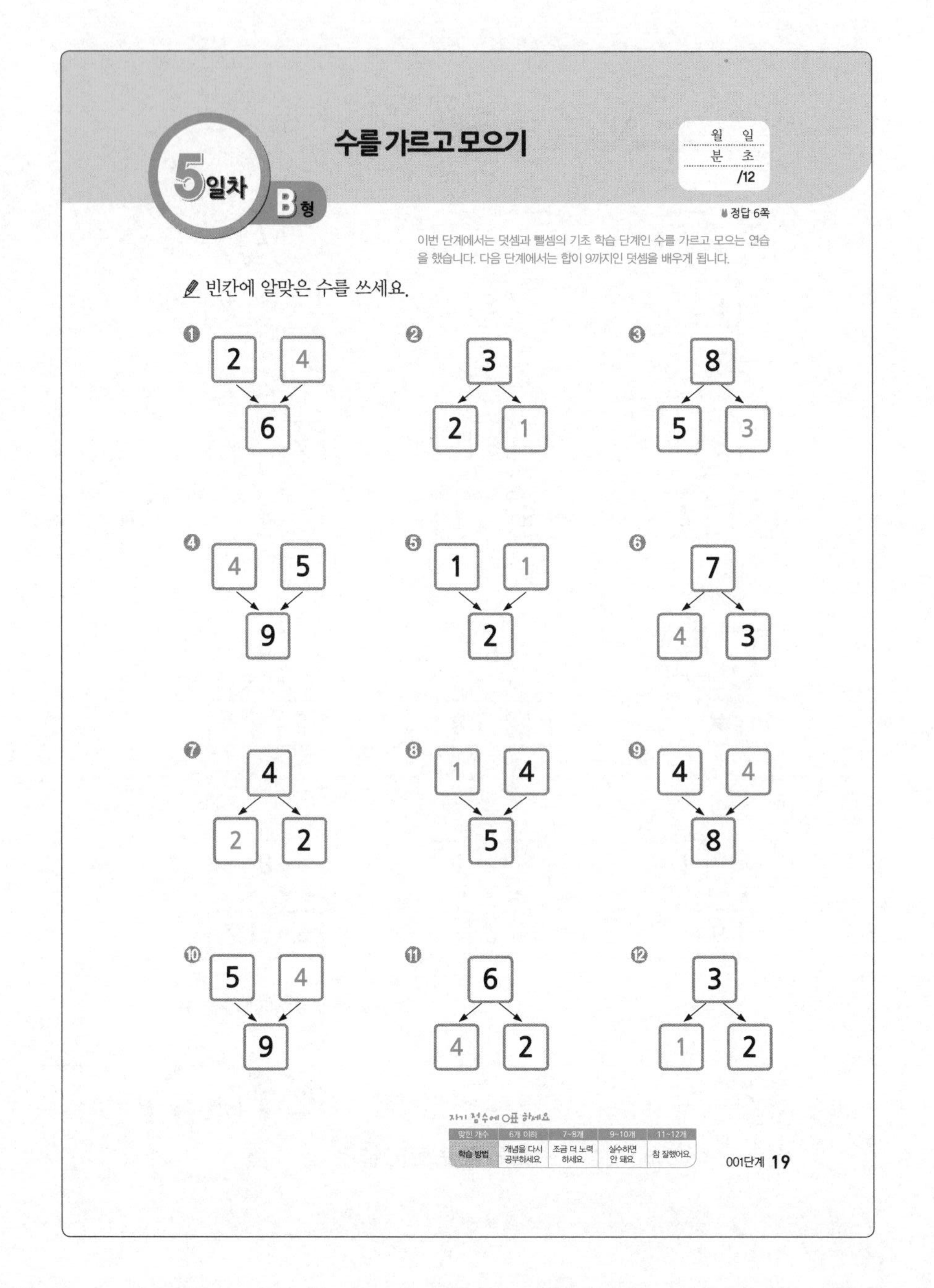
5일차 B형
수를 가르고 모으기
월 일
분 초
/12
정답 6쪽
이번 단계에서는 덧셈과 뺄셈의 기초 학습 단계인 수를 가르고 모으는 연습을 했습니다. 다음 단계에서는 합이 9까지인 덧셈을 배우게 됩니다.
빈칸에 알맞은 수를 쓰세요.
자기 점수에 ○표 하세요
맞힌 개수 | 6개 이하 | 7~8개 | 9~10개 | 11~12개
학습 방법 | 개념을 다시 공부하세요. | 조금 더 노력하세요. | 실수하면 안 돼요. | 참 잘했어요.
001단계 19

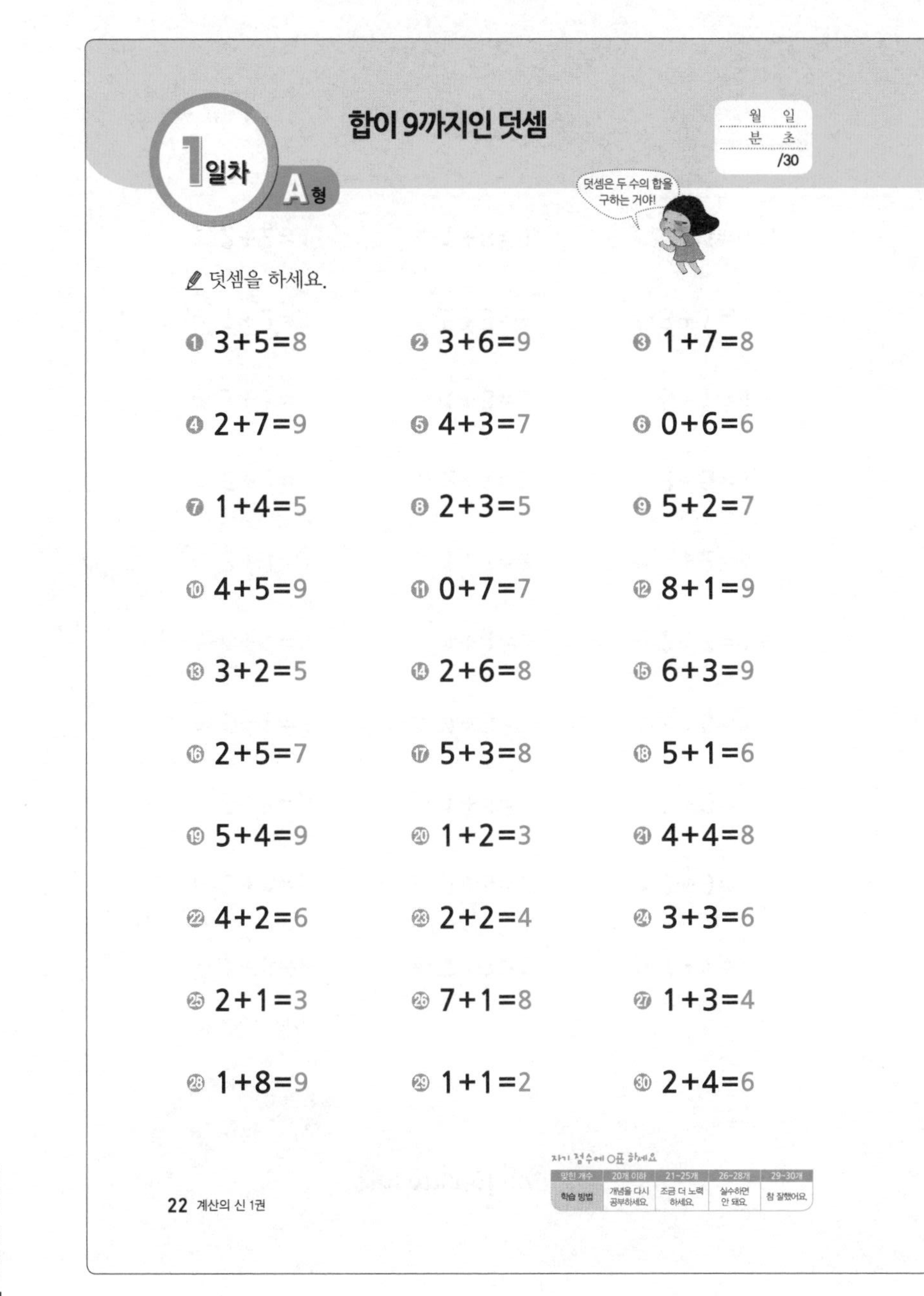

1일차 A형 합이 9까지인 덧셈

월 일 / 분 초 / /30

덧셈은 두 수의 합을 구하는 거야!

덧셈을 하세요.

① 3+5=8	② 3+6=9	③ 1+7=8
④ 2+7=9	⑤ 4+3=7	⑥ 0+6=6
⑦ 1+4=5	⑧ 2+3=5	⑨ 5+2=7
⑩ 4+5=9	⑪ 0+7=7	⑫ 8+1=9
⑬ 3+2=5	⑭ 2+6=8	⑮ 6+3=9
⑯ 2+5=7	⑰ 5+3=8	⑱ 5+1=6
⑲ 5+4=9	⑳ 1+2=3	㉑ 4+4=8
㉒ 4+2=6	㉓ 2+2=4	㉔ 3+3=6
㉕ 2+1=3	㉖ 7+1=8	㉗ 1+3=4
㉘ 1+8=9	㉙ 1+1=2	㉚ 2+4=6

22 계산의 신 1권

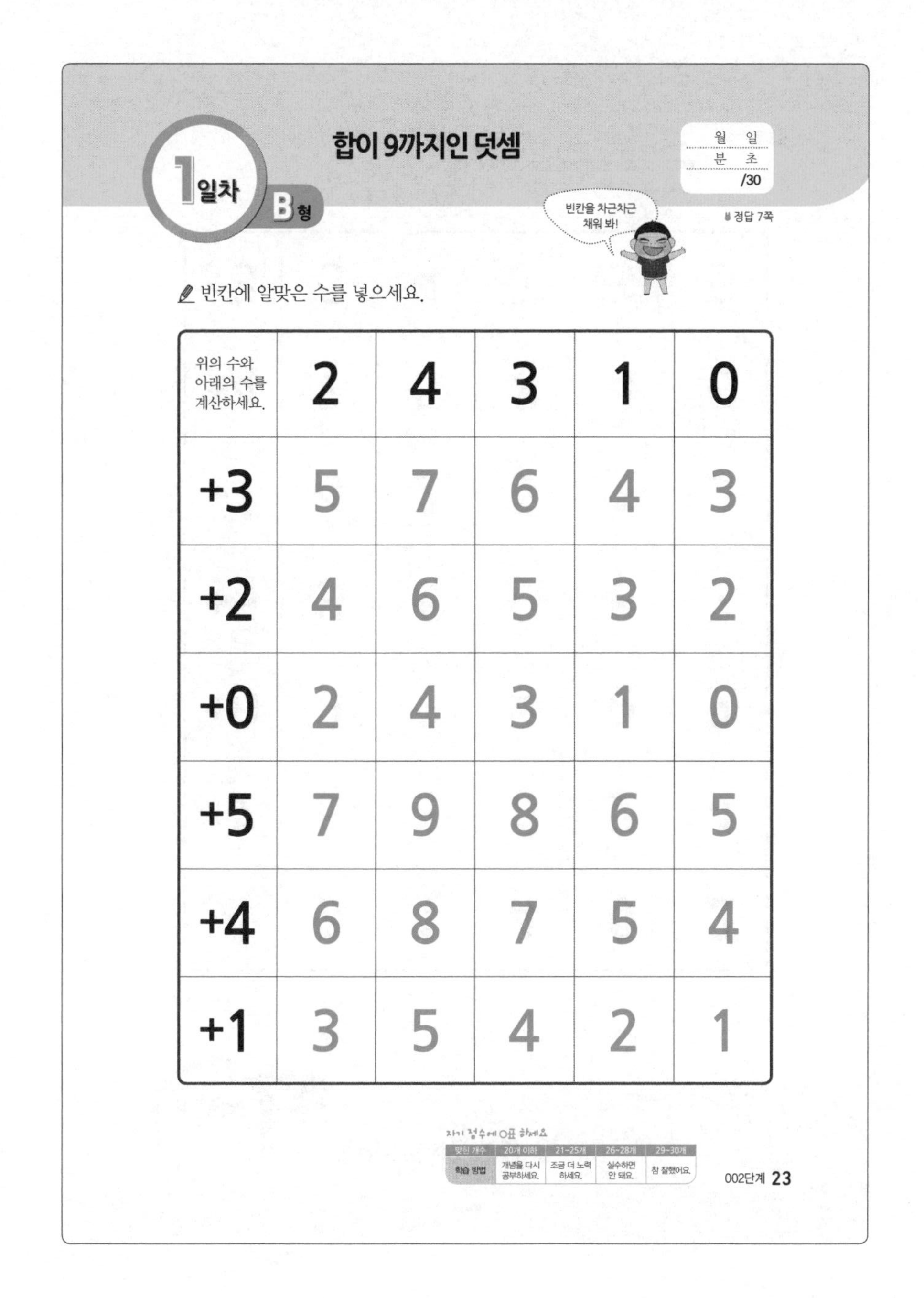

1일차 B형 합이 9까지인 덧셈

월 일 / 분 초 / /30

빈칸을 차근차근 채워 봐!

정답 7쪽

빈칸에 알맞은 수를 넣으세요.

위의 수와 아래의 수를 계산하세요.	2	4	3	1	0
+3	5	7	6	4	3
+2	4	6	5	3	2
+0	2	4	3	1	0
+5	7	9	8	6	5
+4	6	8	7	5	4
+1	3	5	4	2	1

002단계 23

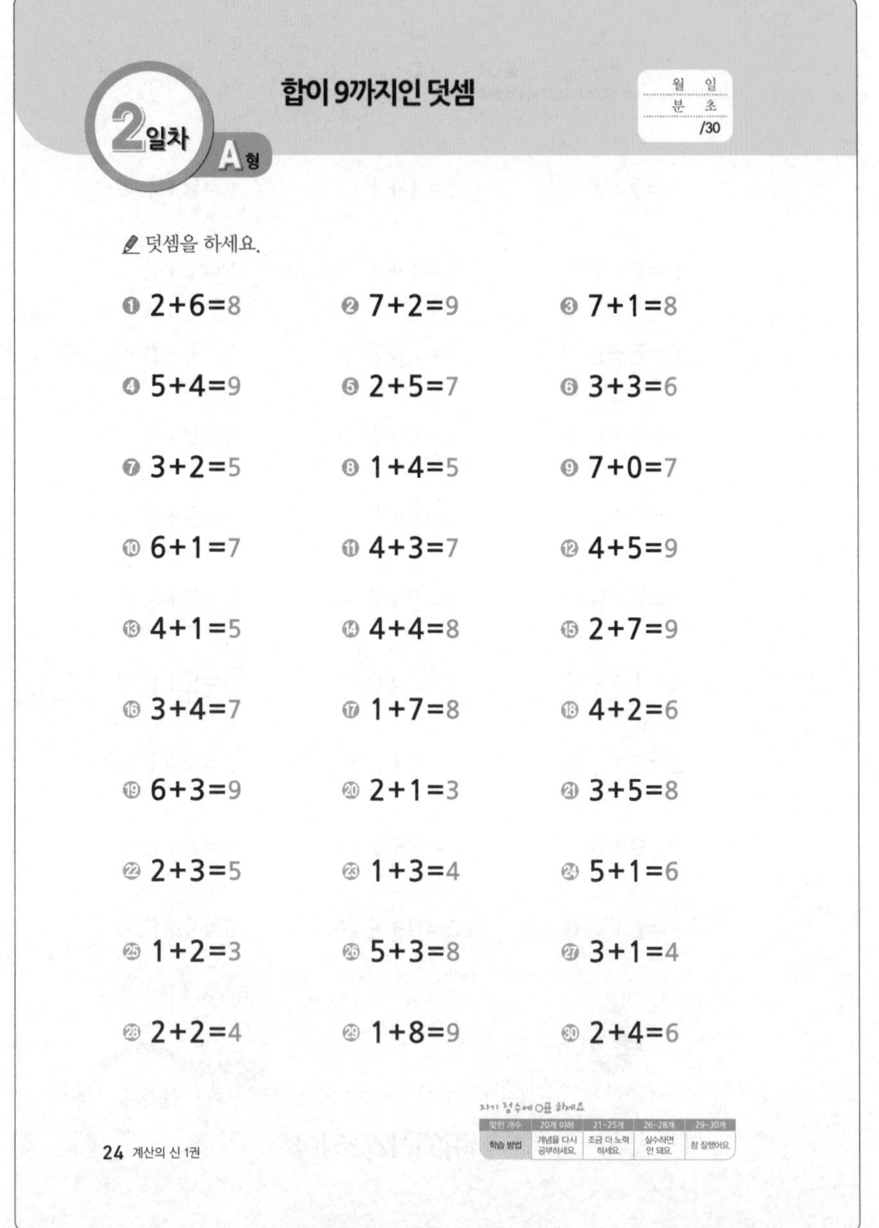

2일차 A형 합이 9까지인 덧셈

월 일 / 분 초 / /30

덧셈을 하세요.

❶ 2+6=8	❷ 7+2=9	❸ 7+1=8
❹ 5+4=9	❺ 2+5=7	❻ 3+3=6
❼ 3+2=5	❽ 1+4=5	❾ 7+0=7
❿ 6+1=7	⓫ 4+3=7	⓬ 4+5=9
⓭ 4+1=5	⓮ 4+4=8	⓯ 2+7=9
⓰ 3+4=7	⓱ 1+7=8	⓲ 4+2=6
⓳ 6+3=9	⓴ 2+1=3	㉑ 3+5=8
㉒ 2+3=5	㉓ 1+3=4	㉔ 5+1=6
㉕ 1+2=3	㉖ 5+3=8	㉗ 3+1=4
㉘ 2+2=4	㉙ 1+8=9	㉚ 2+4=6

자기 점수에 ○표 하세요

맞힌 개수	20개 이하	21~25개	26~28개	29~30개
학습 방법	개념을 다시 공부하세요.	조금 더 노력하세요.	실수하면 안 돼요.	참 잘했어요.

24 계산의 신 1권

2일차 B형 합이 9까지인 덧셈

월 일 / 분 초 / /30

정답 8쪽

빈칸에 알맞은 수를 넣으세요.

위의 수와 아래의 수를 계산하세요.	3	1	4	0	2
+2	5	3	6	2	4
+0	3	1	4	0	2
+5	8	6	9	5	7
+1	4	2	5	1	3
+4	7	5	8	4	6
+3	6	4	7	3	5

자기 점수에 ○표 하세요

맞힌 개수	20개 이하	21~25개	26~28개	29~30개
학습 방법	개념을 다시 공부하세요.	조금 더 노력하세요.	실수하면 안 돼요.	참 잘했어요.

002단계 25

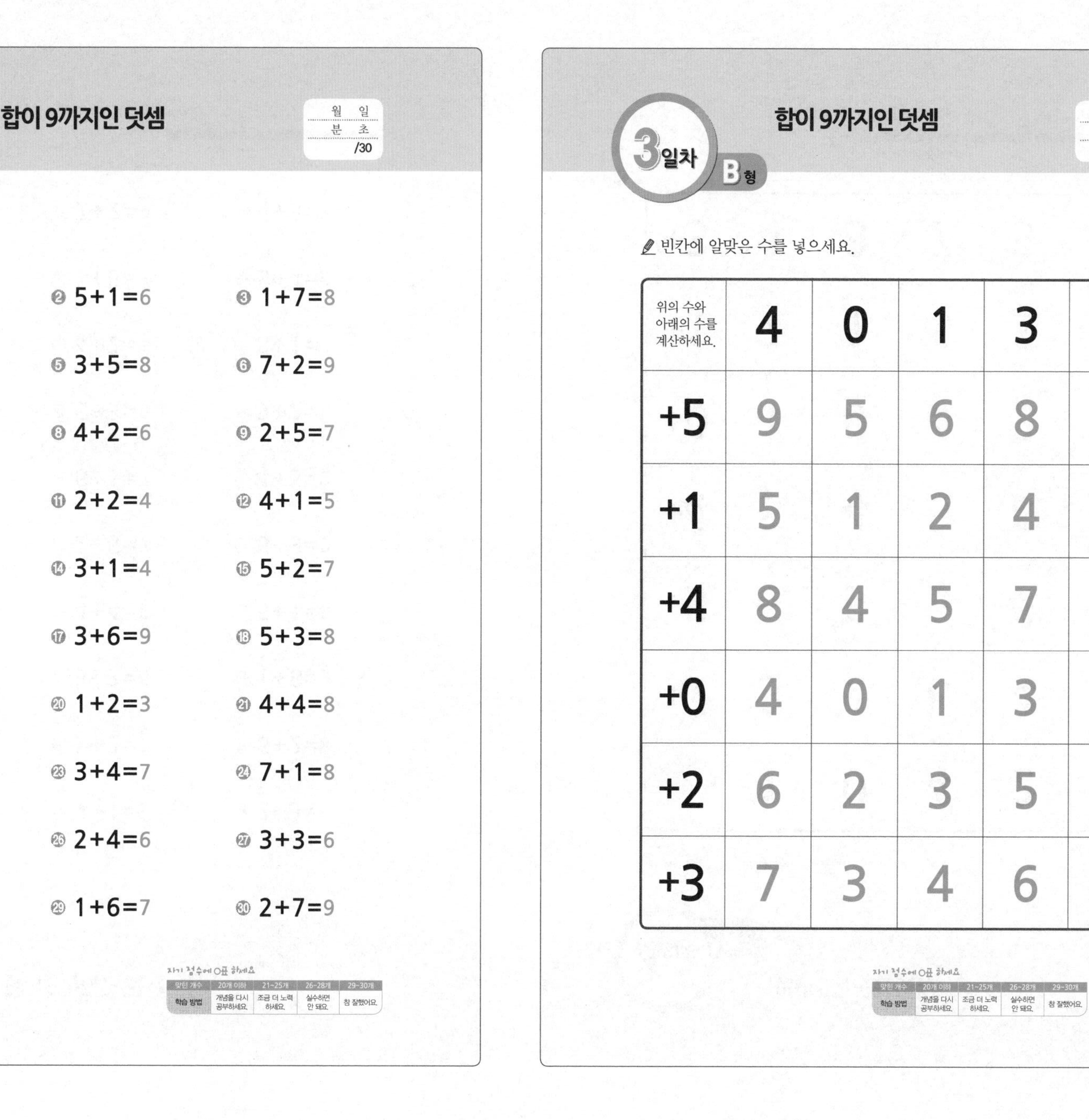

3일차 A형 합이 9까지인 덧셈

월 일 / 분 초 / /30

덧셈을 하세요.

① 2+3=5	② 5+1=6	③ 1+7=8
④ 6+2=8	⑤ 3+5=8	⑥ 7+2=9
⑦ 1+8=9	⑧ 4+2=6	⑨ 2+5=7
⑩ 6+3=9	⑪ 2+2=4	⑫ 4+1=5
⑬ 6+1=7	⑭ 3+1=4	⑮ 5+2=7
⑯ 3+2=5	⑰ 3+6=9	⑱ 5+3=8
⑲ 4+5=9	⑳ 1+2=3	㉑ 4+4=8
㉒ 2+6=8	㉓ 3+4=7	㉔ 7+1=8
㉕ 8+1=9	㉖ 2+4=6	㉗ 3+3=6
㉘ 5+4=9	㉙ 1+6=7	㉚ 2+7=9

자기 점수에 ○표 하세요

맞힌 개수	20개 이하	21~25개	26~28개	29~30개
학습 방법	개념을 다시 공부하세요.	조금 더 노력하세요.	실수하면 안 돼요.	참 잘했어요.

26 계산의 신 1권

3일차 B형 합이 9까지인 덧셈

월 일 / 분 초 / /30

정답 9쪽

빈칸에 알맞은 수를 넣으세요.

위의 수와 아래의 수를 계산하세요.	4	0	1	3	2
+5	9	5	6	8	7
+1	5	1	2	4	3
+4	8	4	5	7	6
+0	4	0	1	3	2
+2	6	2	3	5	4
+3	7	3	4	6	5

자기 점수에 ○표 하세요

맞힌 개수	20개 이하	21~25개	26~28개	29~30개
학습 방법	개념을 다시 공부하세요.	조금 더 노력하세요.	실수하면 안 돼요.	참 잘했어요.

002단계 27

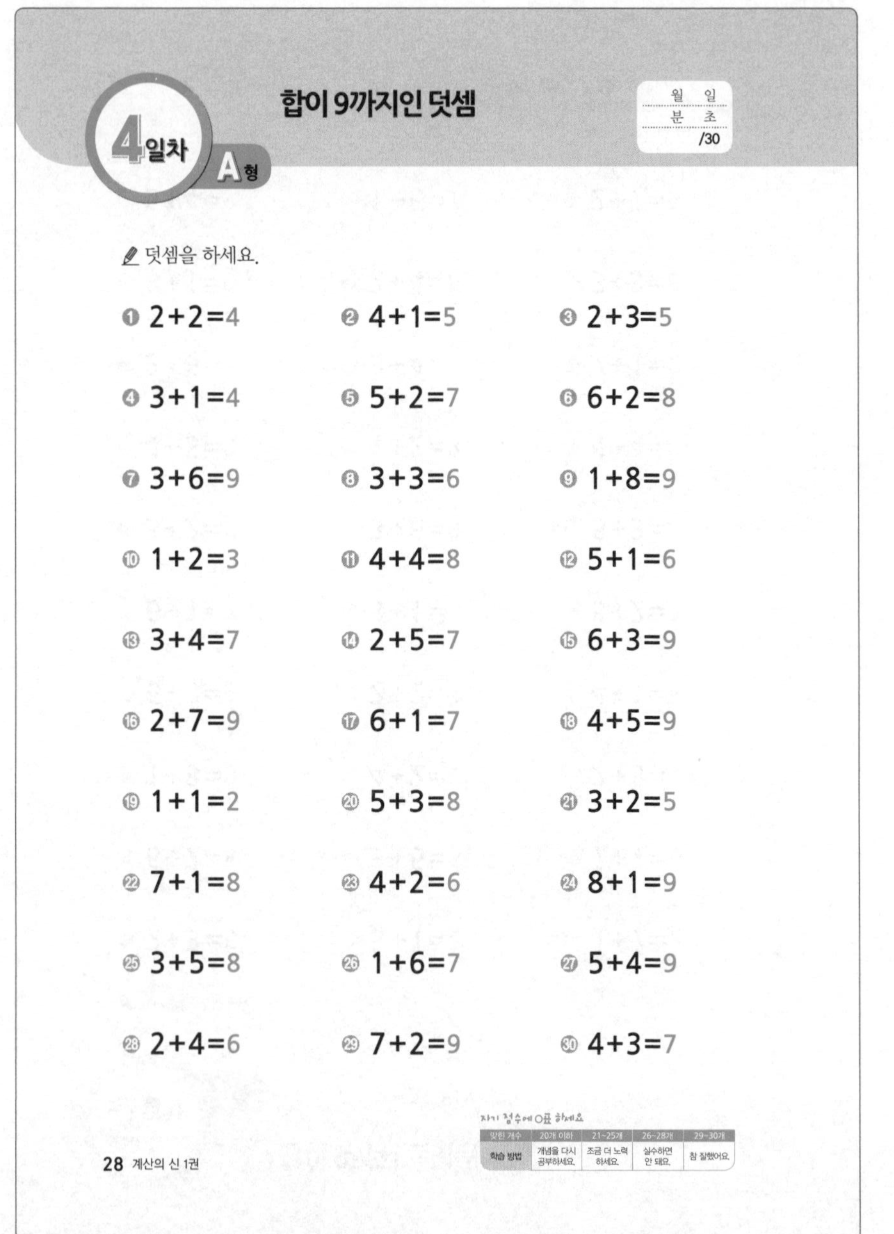

4일차 A형 합이 9까지인 덧셈

월 일 / 분 초 / /30

✎ 덧셈을 하세요.

① 2+2=4	② 4+1=5	③ 2+3=5
④ 3+1=4	⑤ 5+2=7	⑥ 6+2=8
⑦ 3+6=9	⑧ 3+3=6	⑨ 1+8=9
⑩ 1+2=3	⑪ 4+4=8	⑫ 5+1=6
⑬ 3+4=7	⑭ 2+5=7	⑮ 6+3=9
⑯ 2+7=9	⑰ 6+1=7	⑱ 4+5=9
⑲ 1+1=2	⑳ 5+3=8	㉑ 3+2=5
㉒ 7+1=8	㉓ 4+2=6	㉔ 8+1=9
㉕ 3+5=8	㉖ 1+6=7	㉗ 5+4=9
㉘ 2+4=6	㉙ 7+2=9	㉚ 4+3=7

자기 점수에 ○표 하세요

맞힌 개수	20개 이하	21~25개	26~28개	29~30개
학습 방법	개념을 다시 공부하세요.	조금 더 노력하세요.	실수하면 안 돼요.	참 잘했어요.

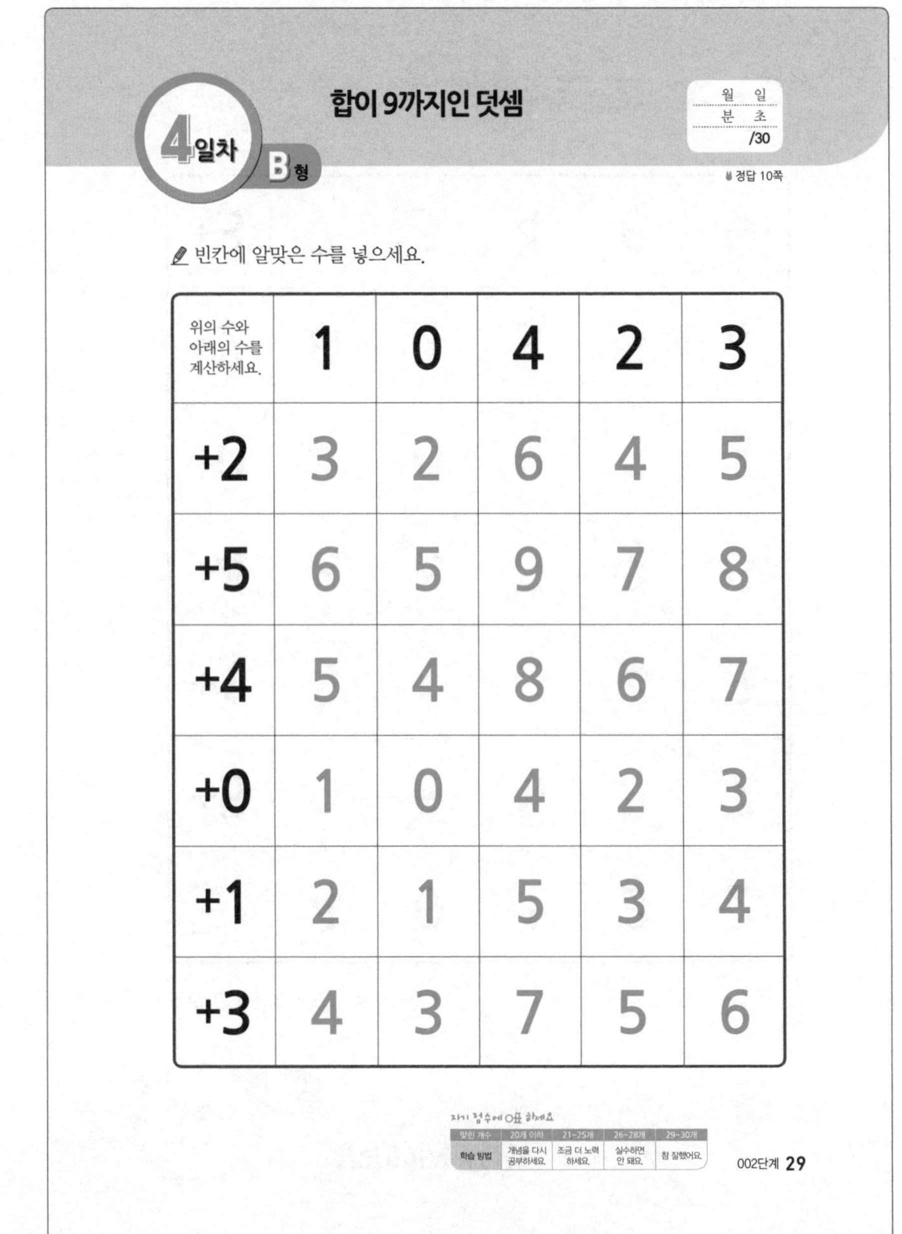

4일차 B형 합이 9까지인 덧셈

월 일 / 분 초 / /30

정답 10쪽

✎ 빈칸에 알맞은 수를 넣으세요.

위의 수와 아래의 수를 계산하세요.	1	0	4	2	3
+2	3	2	6	4	5
+5	6	5	9	7	8
+4	5	4	8	6	7
+0	1	0	4	2	3
+1	2	1	5	3	4
+3	4	3	7	5	6

자기 점수에 ○표 하세요

맞힌 개수	20개 이하	21~25개	26~28개	29~30개
학습 방법	개념을 다시 공부하세요.	조금 더 노력하세요.	실수하면 안 돼요.	참 잘했어요.

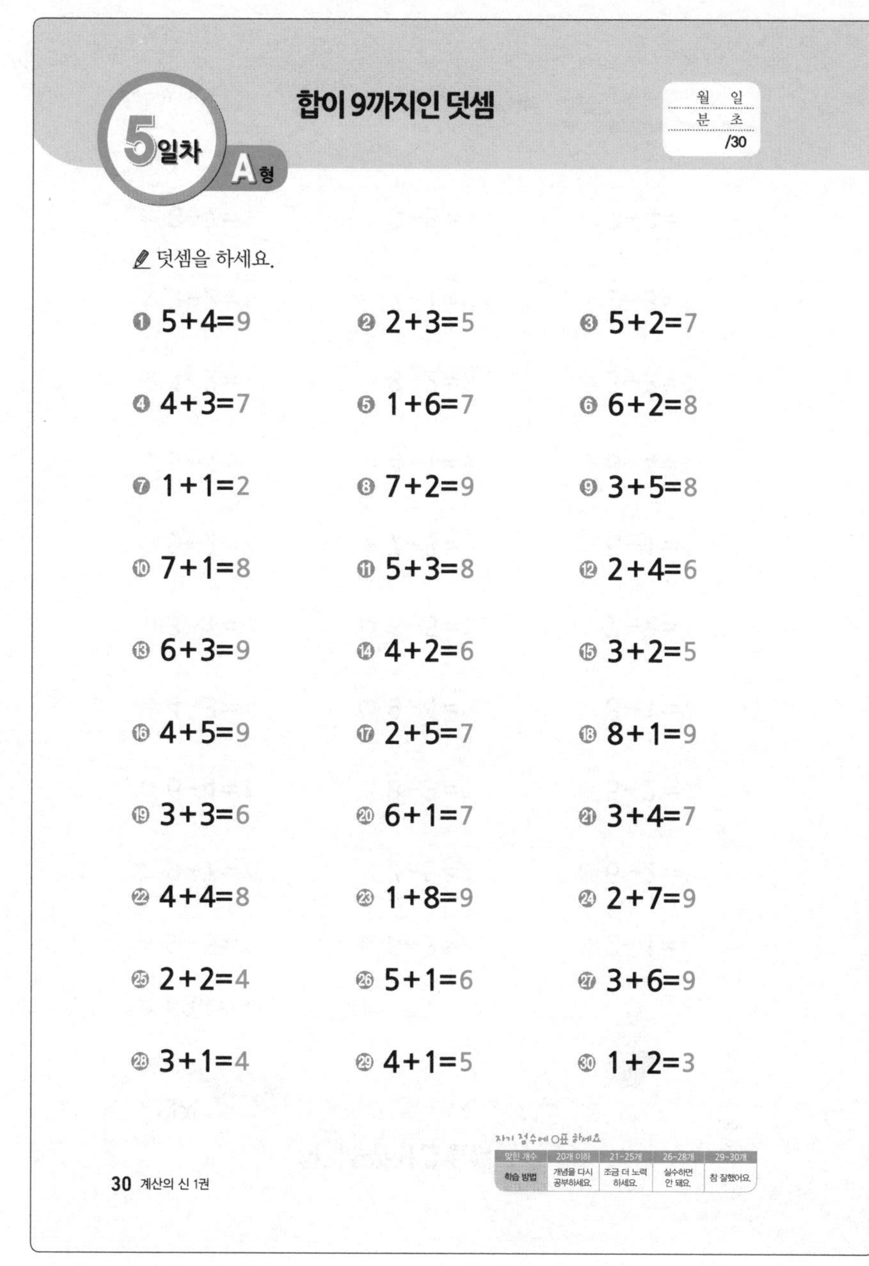

5일차 A형 합이 9까지인 덧셈

월 일 / 분 초 / /30

✎ 덧셈을 하세요.

❶ 5+4=9	❷ 2+3=5	❸ 5+2=7
❹ 4+3=7	❺ 1+6=7	❻ 6+2=8
❼ 1+1=2	❽ 7+2=9	❾ 3+5=8
❿ 7+1=8	⓫ 5+3=8	⓬ 2+4=6
⓭ 6+3=9	⓮ 4+2=6	⓯ 3+2=5
⓰ 4+5=9	⓱ 2+5=7	⓲ 8+1=9
⓳ 3+3=6	⓴ 6+1=7	㉑ 3+4=7
㉒ 4+4=8	㉓ 1+8=9	㉔ 2+7=9
㉕ 2+2=4	㉖ 5+1=6	㉗ 3+6=9
㉘ 3+1=4	㉙ 4+1=5	㉚ 1+2=3

자기 점수에 ○표 하세요.

맞힌 개수	20개 이하	21~25개	26~28개	29~30개
학습 방법	개념을 다시 공부하세요.	조금 더 노력 하세요.	실수하면 안 돼요.	참 잘했어요.

30 계산의 신 1권

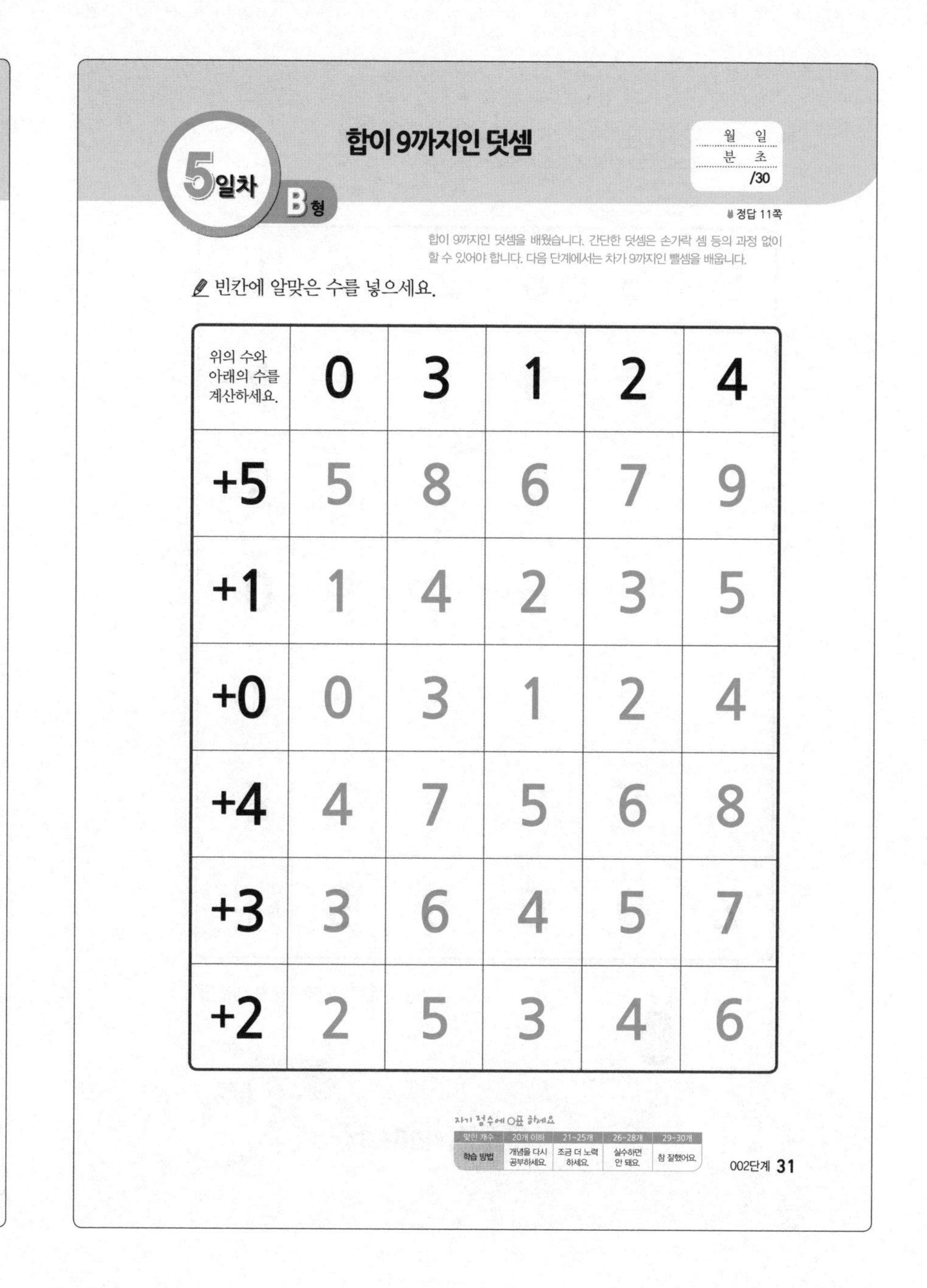

5일차 B형 합이 9까지인 덧셈

월 일 / 분 초 / /30

정답 11쪽

합이 9까지인 덧셈을 배웠습니다. 간단한 덧셈은 손가락 셈 등의 과정 없이 할 수 있어야 합니다. 다음 단계에서는 차가 9까지인 뺄셈을 배웁니다.

✎ 빈칸에 알맞은 수를 넣으세요.

위의 수와 아래의 수를 계산하세요.	0	3	1	2	4
+5	5	8	6	7	9
+1	1	4	2	3	5
+0	0	3	1	2	4
+4	4	7	5	6	8
+3	3	6	4	5	7
+2	2	5	3	4	6

자기 점수에 ○표 하세요.

맞힌 개수	20개 이하	21~25개	26~28개	29~30개
학습 방법	개념을 다시 공부하세요.	조금 더 노력 하세요.	실수하면 안 돼요.	참 잘했어요.

002단계 31

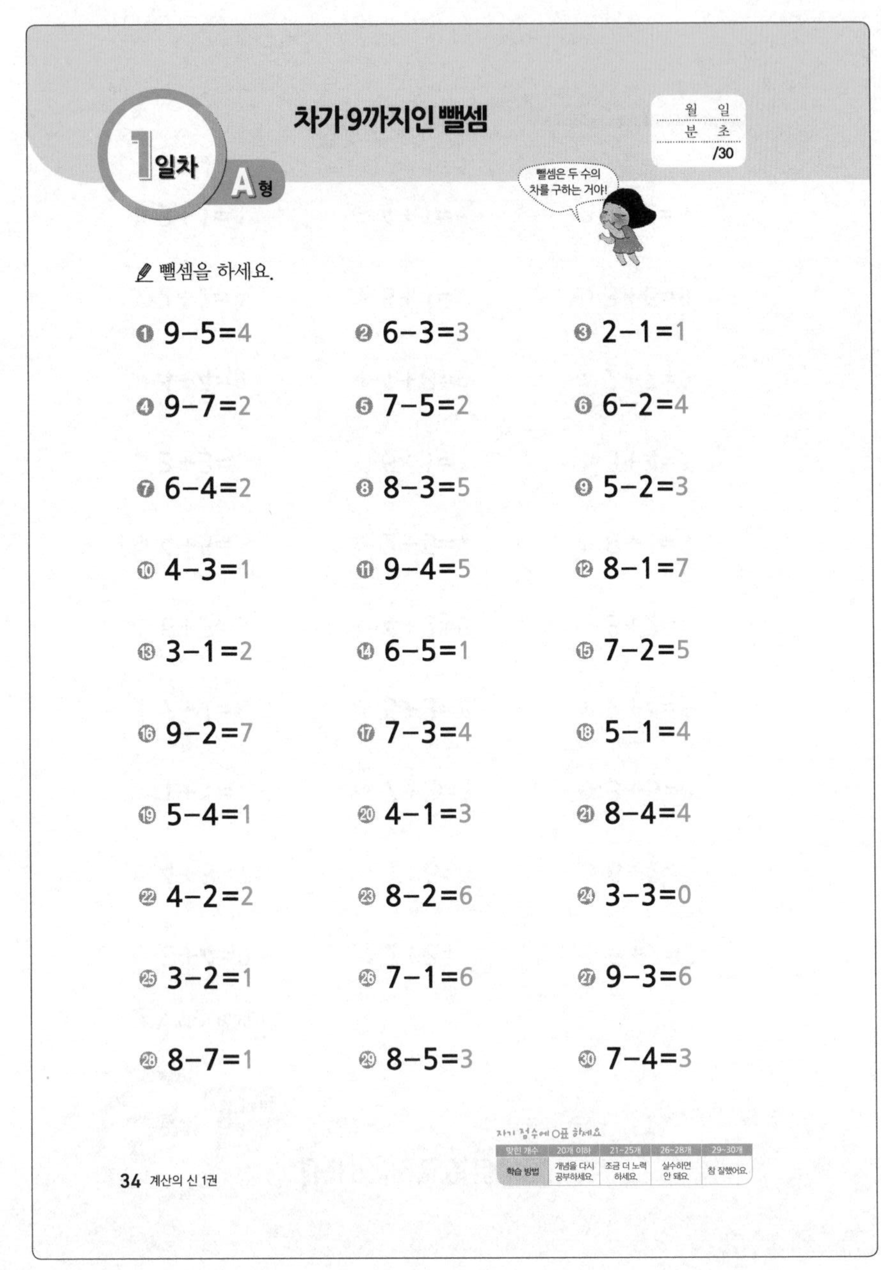

1일차 A형 차가 9까지인 빽셈

월 일 / 분 초 / /30

빽셈을 하세요.

❶ 9−5=4	❷ 6−3=3	❸ 2−1=1
❹ 9−7=2	❺ 7−5=2	❻ 6−2=4
❼ 6−4=2	❽ 8−3=5	❾ 5−2=3
❿ 4−3=1	⓫ 9−4=5	⓬ 8−1=7
⓭ 3−1=2	⓮ 6−5=1	⓯ 7−2=5
⓰ 9−2=7	⓱ 7−3=4	⓲ 5−1=4
⓳ 5−4=1	⓴ 4−1=3	㉑ 8−4=4
㉒ 4−2=2	㉓ 8−2=6	㉔ 3−3=0
㉕ 3−2=1	㉖ 7−1=6	㉗ 9−3=6
㉘ 8−7=1	㉙ 8−5=3	㉚ 7−4=3

자기 점수에 ○표 하세요

맞힌 개수	20개 이하	21~25개	26~28개	29~30개
학습 방법	개념을 다시 공부하세요.	조금 더 노력 하세요.	실수하면 안 돼요.	참 잘했어요.

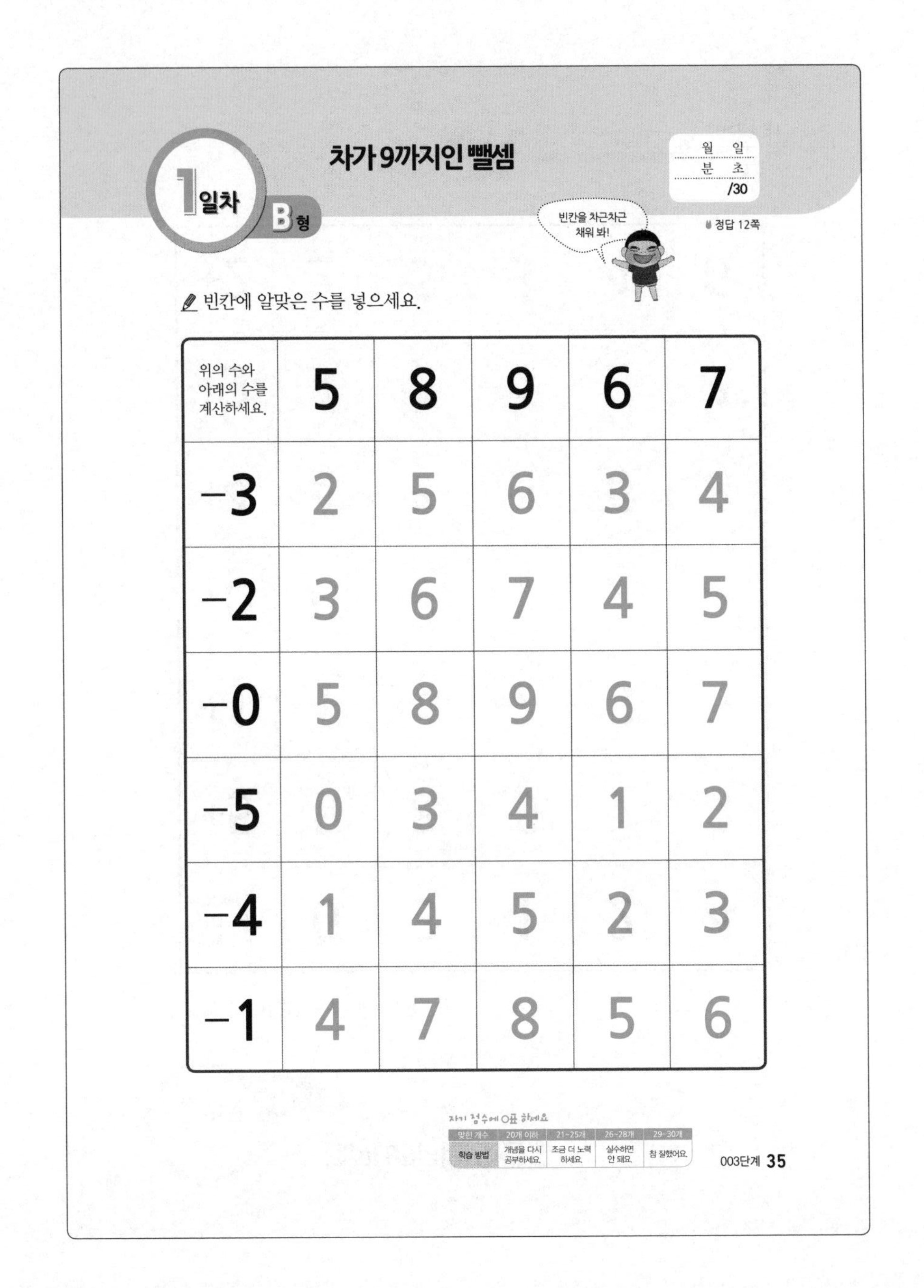

1일차 B형 차가 9까지인 빽셈

월 일 / 분 초 / /30

정답 12쪽

빈칸에 알맞은 수를 넣으세요.

위의 수와 아래의 수를 계산하세요.	5	8	9	6	7
−3	2	5	6	3	4
−2	3	6	7	4	5
−0	5	8	9	6	7
−5	0	3	4	1	2
−4	1	4	5	2	3
−1	4	7	8	5	6

자기 점수에 ○표 하세요

맞힌 개수	20개 이하	21~25개	26~28개	29~30개
학습 방법	개념을 다시 공부하세요.	조금 더 노력 하세요.	실수하면 안 돼요.	참 잘했어요.

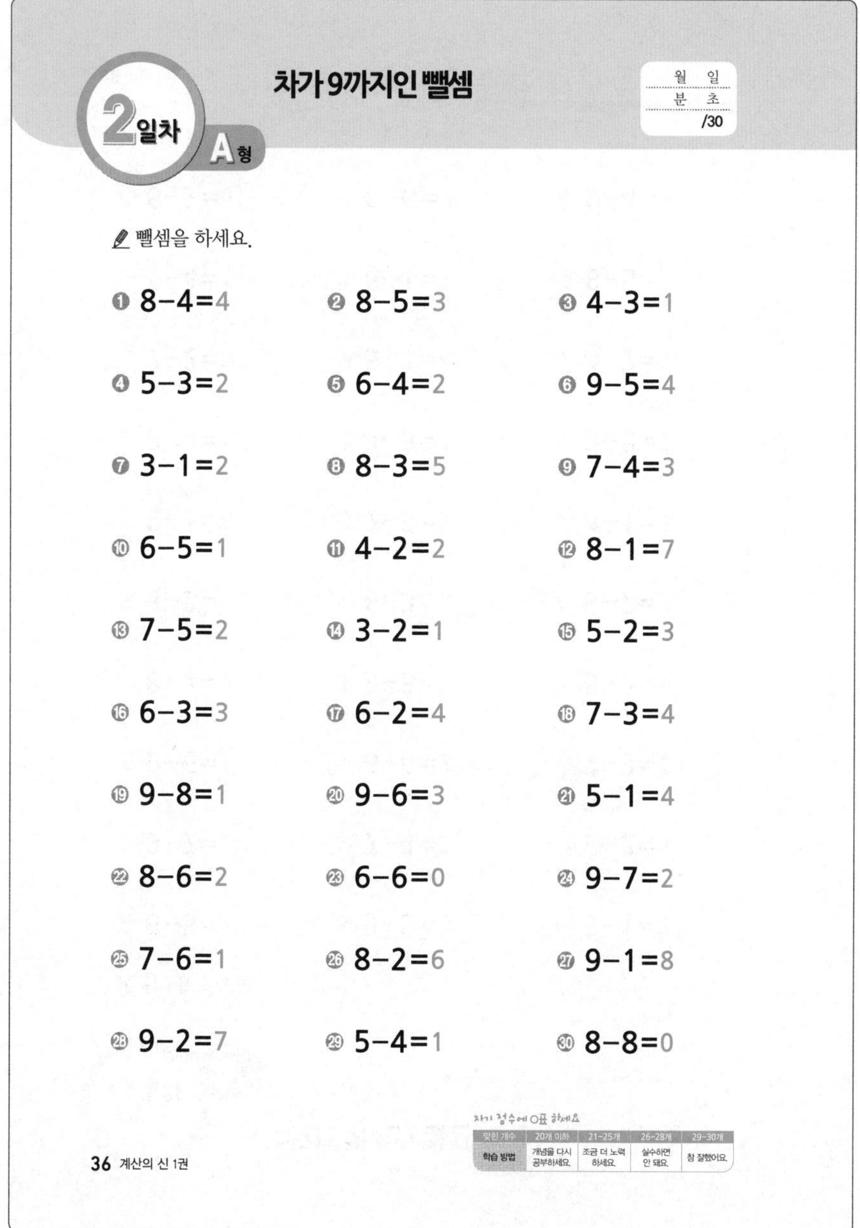

2일차 A형 차가 9까지인 뺄셈

월 일 / 분 초 / /30

빼셈을 하세요.

① 8−4=4 ② 8−5=3 ③ 4−3=1

④ 5−3=2 ⑤ 6−4=2 ⑥ 9−5=4

⑦ 3−1=2 ⑧ 8−3=5 ⑨ 7−4=3

⑩ 6−5=1 ⑪ 4−2=2 ⑫ 8−1=7

⑬ 7−5=2 ⑭ 3−2=1 ⑮ 5−2=3

⑯ 6−3=3 ⑰ 6−2=4 ⑱ 7−3=4

⑲ 9−8=1 ⑳ 9−6=3 ㉑ 5−1=4

㉒ 8−6=2 ㉓ 6−6=0 ㉔ 9−7=2

㉕ 7−6=1 ㉖ 8−2=6 ㉗ 9−1=8

㉘ 9−2=7 ㉙ 5−4=1 ㉚ 8−8=0

자기 점수에 ○표 하세요

맞힌 개수	20개 이하	21~25개	26~28개	29~30개
학습 방법	개념을 다시 공부하세요.	조금 더 노력하세요.	실수하면 안 돼요.	참 잘했어요.

36 계산의 신 1권

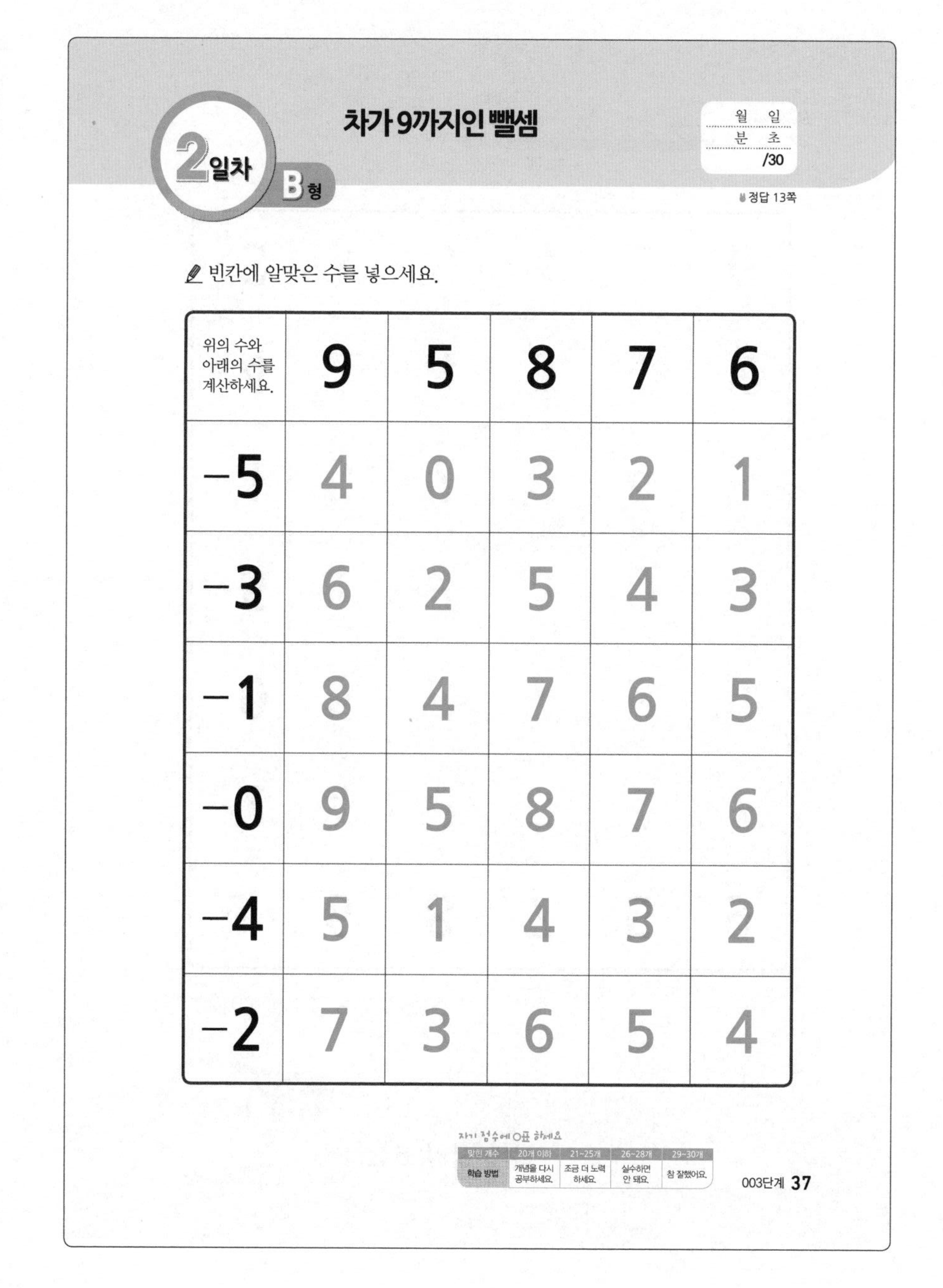

2일차 B형 차가 9까지인 뺄셈

월 일 / 분 초 / /30

정답 13쪽

빈칸에 알맞은 수를 넣으세요.

위의 수와 아래의 수를 계산하세요.	9	5	8	7	6
−5	4	0	3	2	1
−3	6	2	5	4	3
−1	8	4	7	6	5
−0	9	5	8	7	6
−4	5	1	4	3	2
−2	7	3	6	5	4

자기 점수에 ○표 하세요

맞힌 개수	20개 이하	21~25개	26~28개	29~30개
학습 방법	개념을 다시 공부하세요.	조금 더 노력하세요.	실수하면 안 돼요.	참 잘했어요.

003단계 37

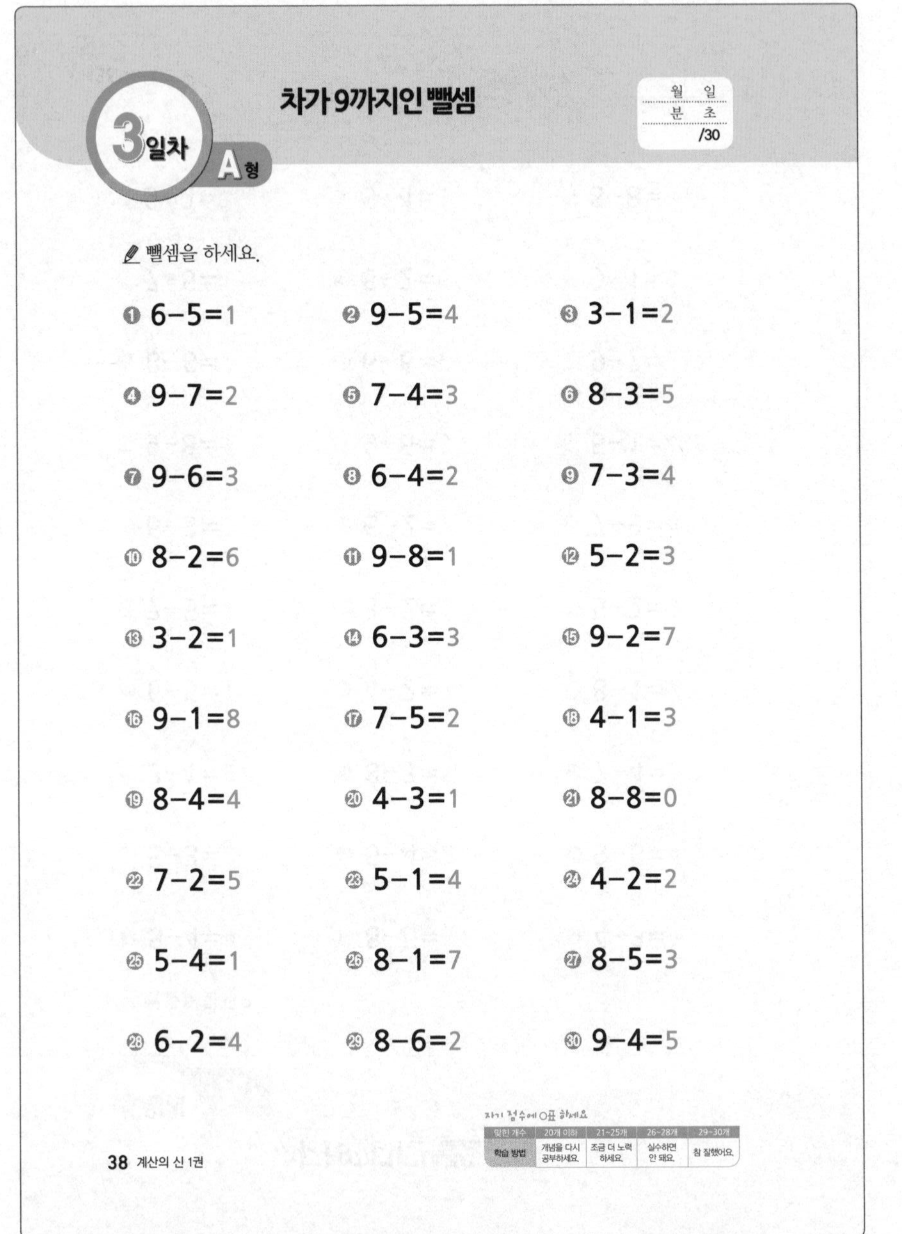

3일차 A형 차가 9까지인 뺄셈

월 일 / 분 초 / /30

빼셈을 하세요.

① 6−5=1 ② 9−5=4 ③ 3−1=2
④ 9−7=2 ⑤ 7−4=3 ⑥ 8−3=5
⑦ 9−6=3 ⑧ 6−4=2 ⑨ 7−3=4
⑩ 8−2=6 ⑪ 9−8=1 ⑫ 5−2=3
⑬ 3−2=1 ⑭ 6−3=3 ⑮ 9−2=7
⑯ 9−1=8 ⑰ 7−5=2 ⑱ 4−1=3
⑲ 8−4=4 ⑳ 4−3=1 ㉑ 8−8=0
㉒ 7−2=5 ㉓ 5−1=4 ㉔ 4−2=2
㉕ 5−4=1 ㉖ 8−1=7 ㉗ 8−5=3
㉘ 6−2=4 ㉙ 8−6=2 ㉚ 9−4=5

자기 점수에 ○표 하세요.

맞힌 개수	20개 이하	21~25개	26~28개	29~30개
학습 방법	개념을 다시 공부하세요.	조금 더 노력 하세요.	실수하면 안 돼요.	참 잘했어요.

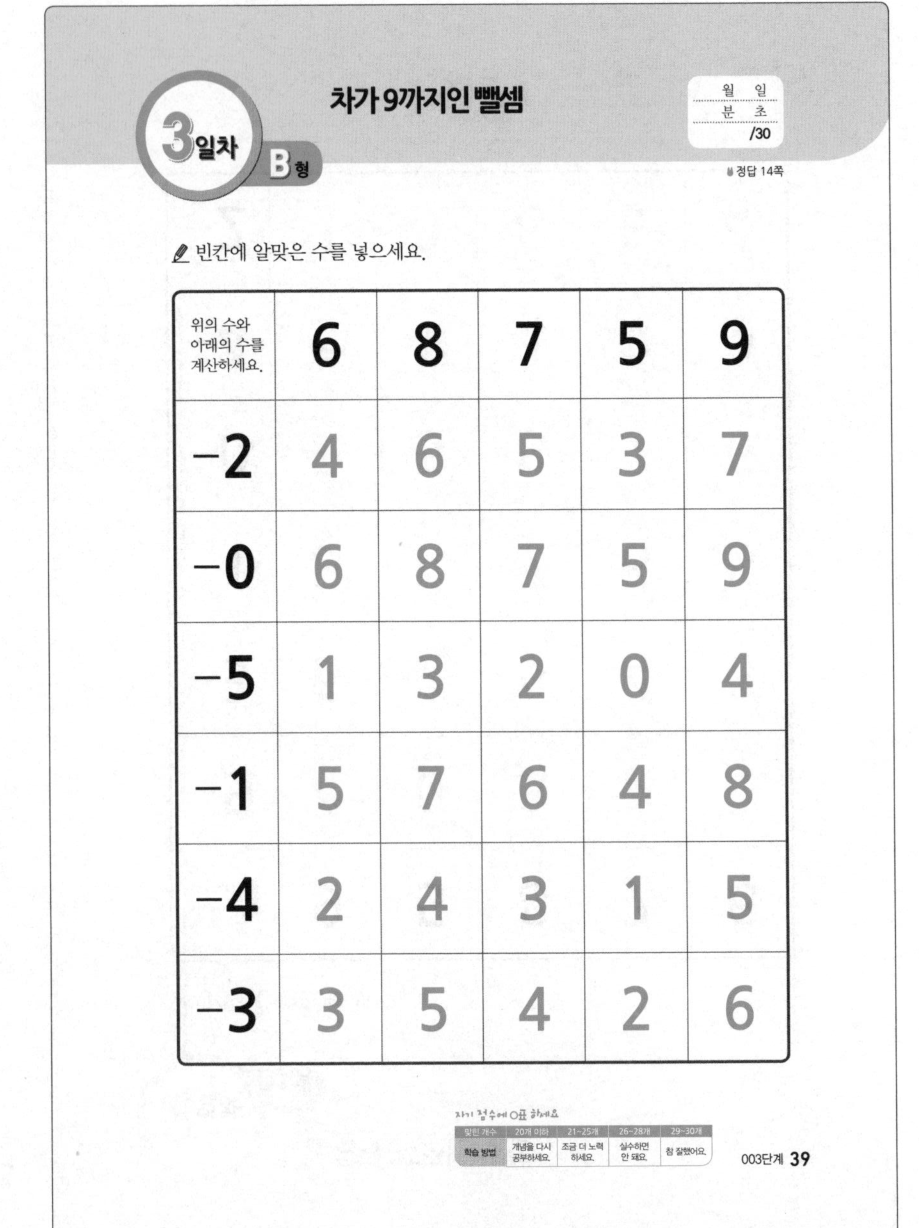

3일차 B형 차가 9까지인 뺄셈

월 일 / 분 초 / /30

정답 14쪽

빈칸에 알맞은 수를 넣으세요.

위의 수와 아래의 수를 계산하세요.	6	8	7	5	9
−2	4	6	5	3	7
−0	6	8	7	5	9
−5	1	3	2	0	4
−1	5	7	6	4	8
−4	2	4	3	1	5
−3	3	5	4	2	6

자기 점수에 ○표 하세요.

맞힌 개수	20개 이하	21~25개	26~28개	29~30개
학습 방법	개념을 다시 공부하세요.	조금 더 노력 하세요.	실수하면 안 돼요.	참 잘했어요.

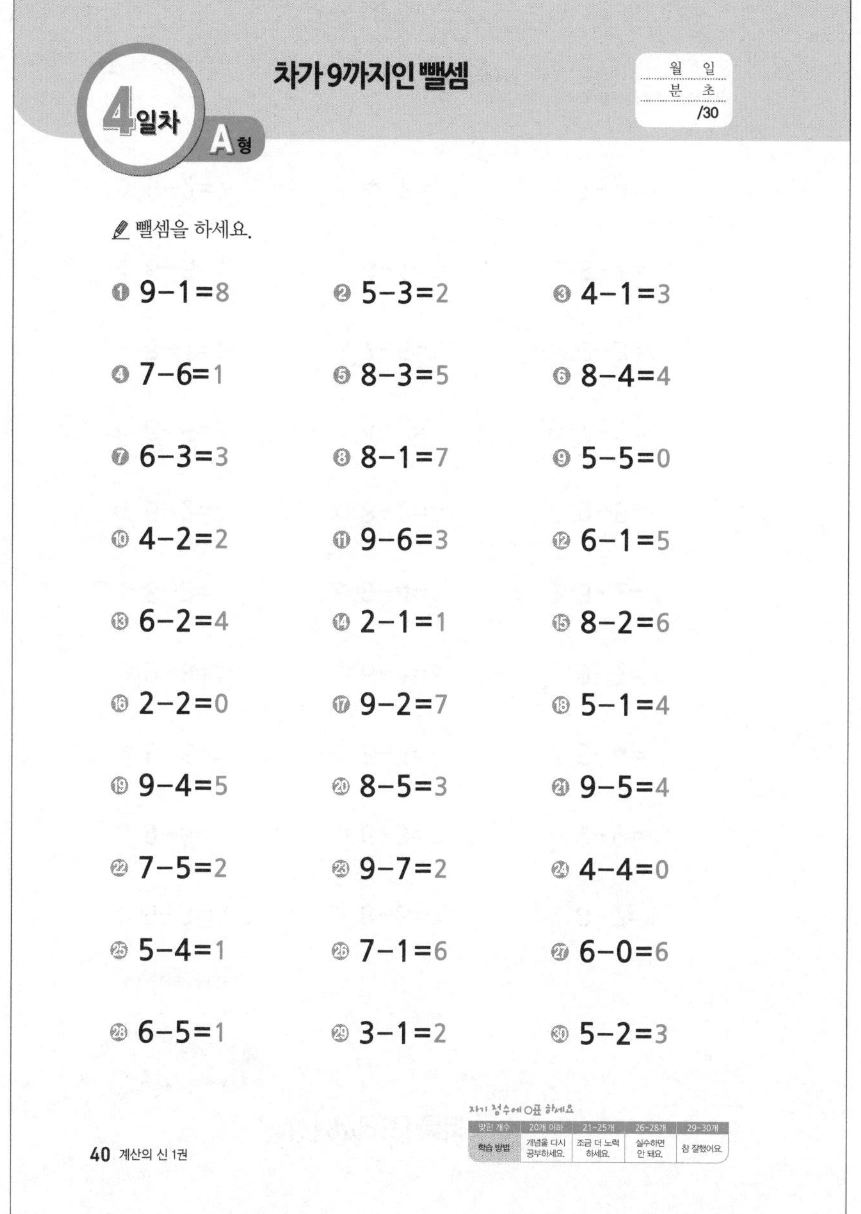

4일차 A형 차가 9까지인 뺄셈

월 일 / 분 초 / /30

빼셈을 하세요.

① 9−1=8	② 5−3=2	③ 4−1=3
④ 7−6=1	⑤ 8−3=5	⑥ 8−4=4
⑦ 6−3=3	⑧ 8−1=7	⑨ 5−5=0
⑩ 4−2=2	⑪ 9−6=3	⑫ 6−1=5
⑬ 6−2=4	⑭ 2−1=1	⑮ 8−2=6
⑯ 2−2=0	⑰ 9−2=7	⑱ 5−1=4
⑲ 9−4=5	⑳ 8−5=3	㉑ 9−5=4
㉒ 7−5=2	㉓ 9−7=2	㉔ 4−4=0
㉕ 5−4=1	㉖ 7−1=6	㉗ 6−0=6
㉘ 6−5=1	㉙ 3−1=2	㉚ 5−2=3

자기 점수에 ○표 하세요

맞힌 개수	20개 이하	21~25개	26~28개	29~30개
학습 방법	개념을 다시 공부하세요.	조금 더 노력하세요.	실수하면 안 돼요.	참 잘했어요.

40 계산의 신 1권

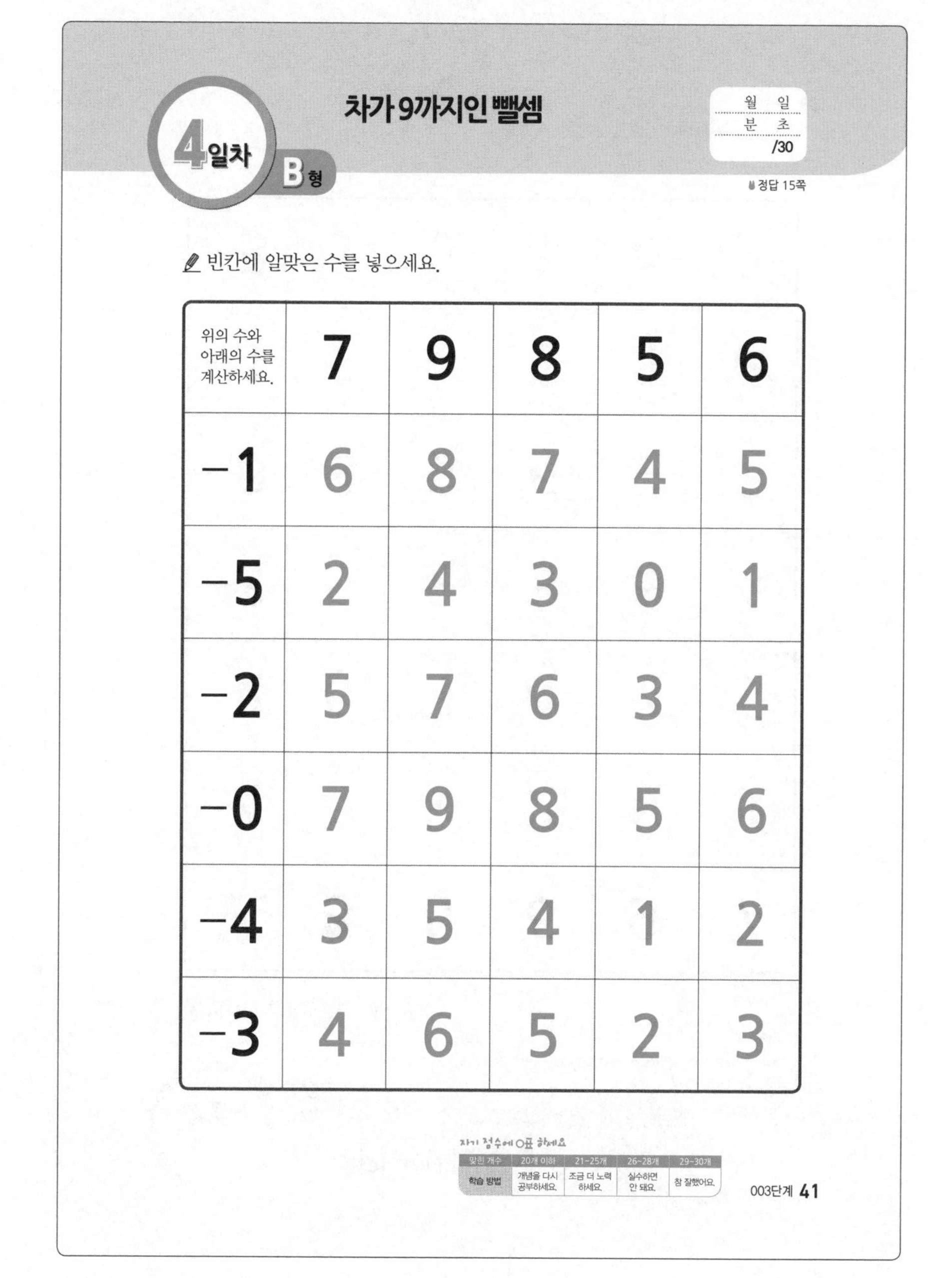

4일차 B형 차가 9까지인 뺄셈

월 일 / 분 초 / /30

정답 15쪽

빈칸에 알맞은 수를 넣으세요.

위의 수와 아래의 수를 계산하세요.	7	9	8	5	6
−1	6	8	7	4	5
−5	2	4	3	0	1
−2	5	7	6	3	4
−0	7	9	8	5	6
−4	3	5	4	1	2
−3	4	6	5	2	3

자기 점수에 ○표 하세요

맞힌 개수	20개 이하	21~25개	26~28개	29~30개
학습 방법	개념을 다시 공부하세요.	조금 더 노력하세요.	실수하면 안 돼요.	참 잘했어요.

003단계 41

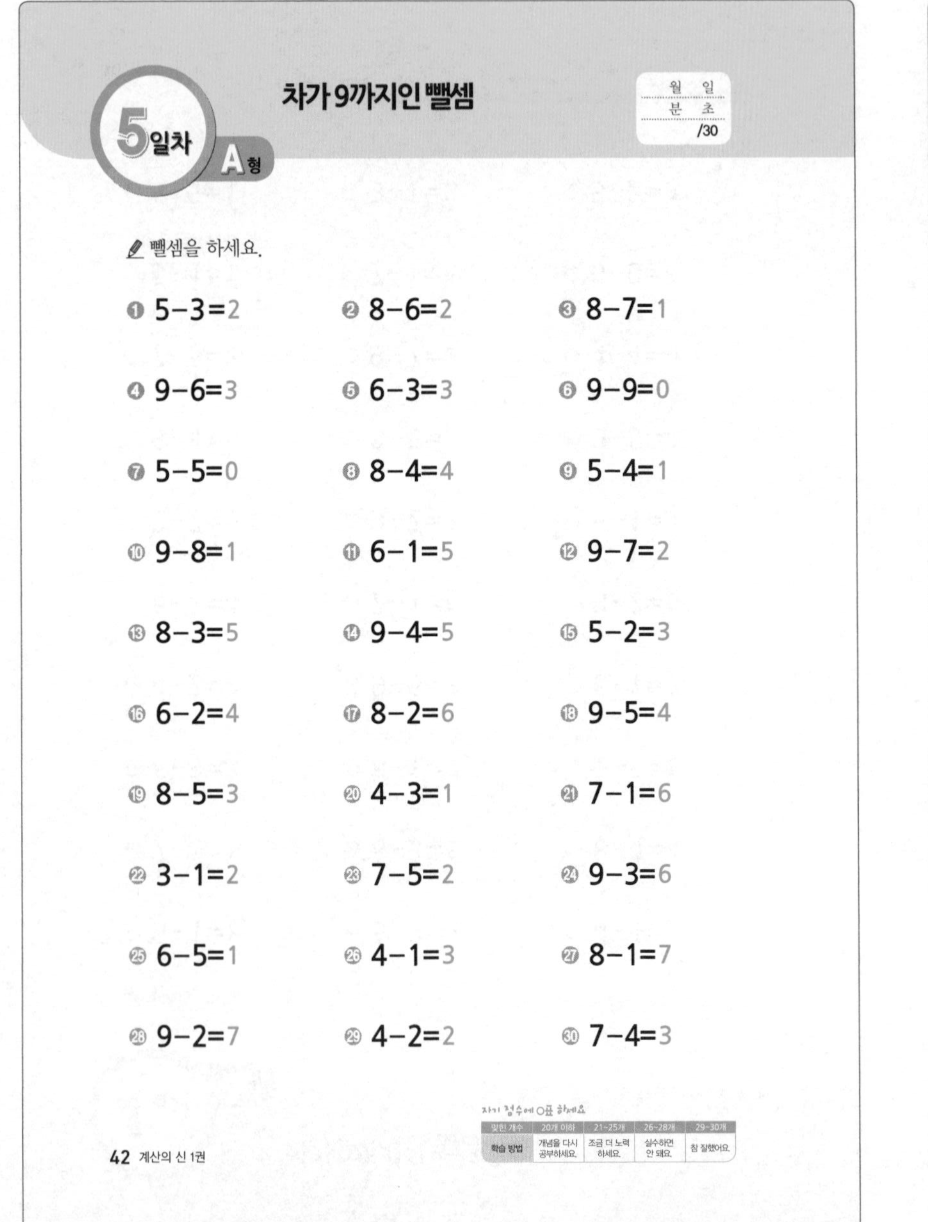

5일차 A형 차가 9까지인 뺄셈

월 일 / 분 초 / /30

뺄셈을 하세요.

① 5−3=2	② 8−6=2	③ 8−7=1
④ 9−6=3	⑤ 6−3=3	⑥ 9−9=0
⑦ 5−5=0	⑧ 8−4=4	⑨ 5−4=1
⑩ 9−8=1	⑪ 6−1=5	⑫ 9−7=2
⑬ 8−3=5	⑭ 9−4=5	⑮ 5−2=3
⑯ 6−2=4	⑰ 8−2=6	⑱ 9−5=4
⑲ 8−5=3	⑳ 4−3=1	㉑ 7−1=6
㉒ 3−1=2	㉓ 7−5=2	㉔ 9−3=6
㉕ 6−5=1	㉖ 4−1=3	㉗ 8−1=7
㉘ 9−2=7	㉙ 4−2=2	㉚ 7−4=3

자기 점수에 ○표 하세요.

맞힌 개수	20개 이하	21~25개	26~28개	29~30개
학습 방법	개념을 다시 공부하세요.	조금 더 노력 하세요.	실수하면 안 돼요.	참 잘했어요.

42 계산의 신 1권

5일차 B형 차가 9까지인 뺄셈

월 일 / 분 초 / /30

정답 16쪽

차가 9까지인 뺄셈을 배웠습니다. 다음 단계에서는 덧셈과 뺄셈의 변화와 식을 만드는 것을 배웁니다.

빈칸에 알맞은 수를 넣으세요.

위의 수와 아래의 수를 계산하세요.	8	5	6	9	7
−4	4	1	2	5	3
−2	6	3	4	7	5
−3	5	2	3	6	4
−0	8	5	6	9	7
−1	7	4	5	8	6
−5	3	0	1	4	2

자기 점수에 ○표 하세요.

맞힌 개수	20개 이하	21~25개	26~28개	29~30개
학습 방법	개념을 다시 공부하세요.	조금 더 노력 하세요.	실수하면 안 돼요.	참 잘했어요.

003단계 43

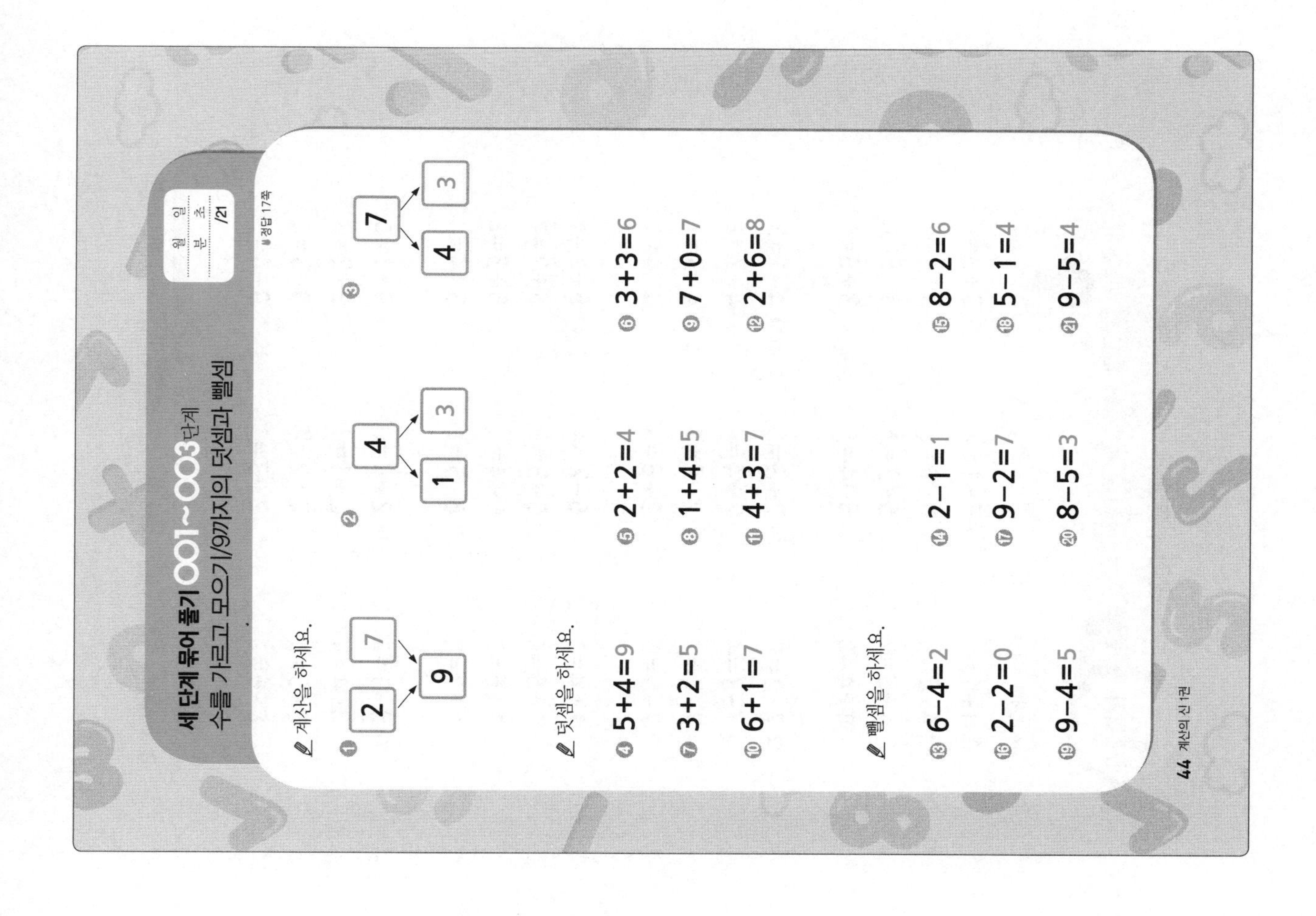

세 단계 묶어 풀기 001~003단계
수를 가르고 모으기/9가지의 덧셈과 뺄셈

월 일
분 초
/21

정답 17쪽

계산을 하세요.

① 2, 7 → 9

② 4 → 1, 3

③ 7 → 4, 3

덧셈을 하세요.

④ 5+4=9 ⑤ 2+2=4 ⑥ 3+3=6

⑦ 3+2=5 ⑧ 1+4=5 ⑨ 7+0=7

⑩ 6+1=7 ⑪ 4+3=7 ⑫ 2+6=8

뺄셈을 하세요.

⑬ 6−4=2 ⑭ 2−1=1 ⑮ 8−2=6

⑯ 2−2=0 ⑰ 9−2=7 ⑱ 5−1=4

⑲ 9−4=5 ⑳ 8−5=3 ㉑ 9−5=4

44 계산의 신 1권

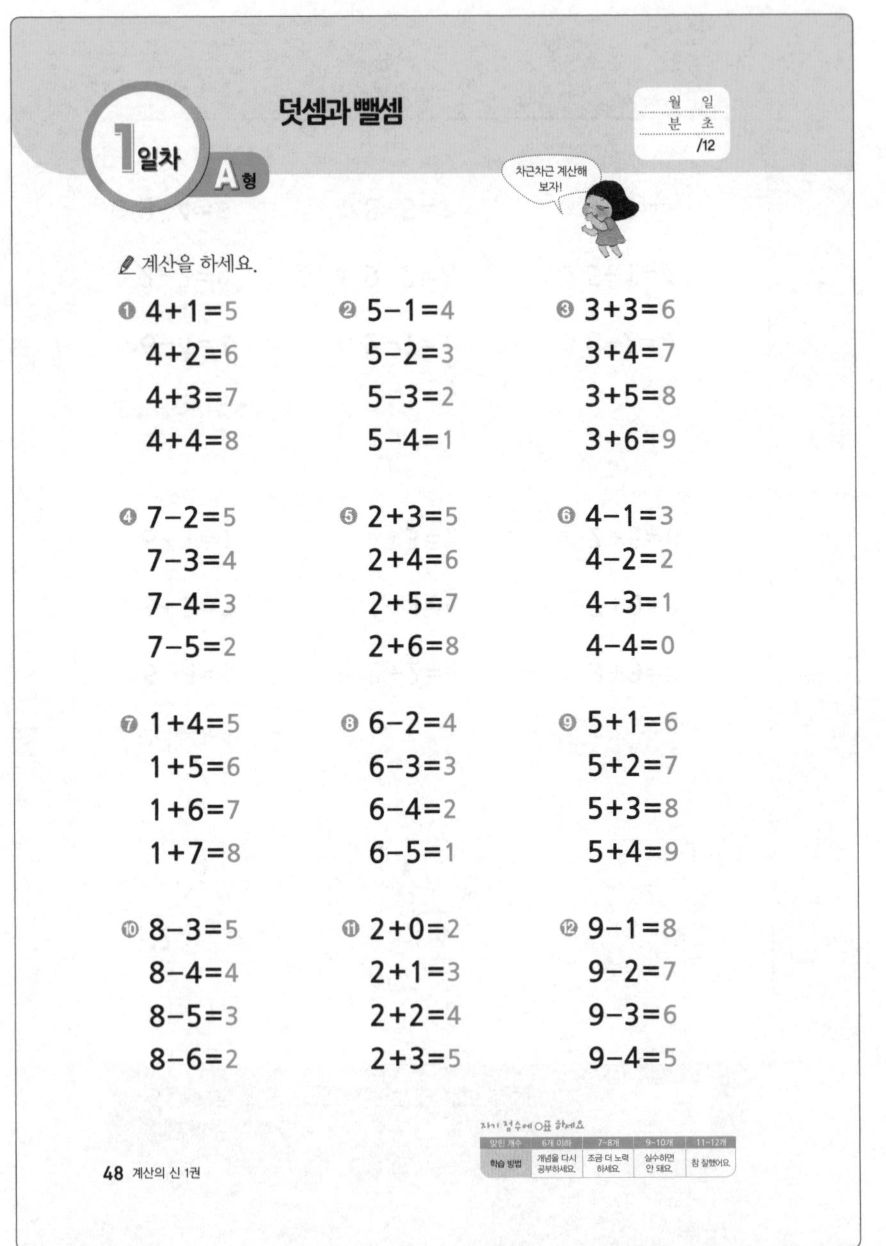

1일차 A형 덧셈과 뺄셈

월 일 / 분 초 / /12

차근차근 계산해 보자!

계산을 하세요.

❶ 4+1=5, 4+2=6, 4+3=7, 4+4=8
❷ 5−1=4, 5−2=3, 5−3=2, 5−4=1
❸ 3+3=6, 3+4=7, 3+5=8, 3+6=9
❹ 7−2=5, 7−3=4, 7−4=3, 7−5=2
❺ 2+3=5, 2+4=6, 2+5=7, 2+6=8
❻ 4−1=3, 4−2=2, 4−3=1, 4−4=0
❼ 1+4=5, 1+5=6, 1+6=7, 1+7=8
❽ 6−2=4, 6−3=3, 6−4=2, 6−5=1
❾ 5+1=6, 5+2=7, 5+3=8, 5+4=9
❿ 8−3=5, 8−4=4, 8−5=3, 8−6=2
⓫ 2+0=2, 2+1=3, 2+2=4, 2+3=5
⓬ 9−1=8, 9−2=7, 9−3=6, 9−4=5

자기 점수에 ○표 하세요.

맞힌 개수	6개 이하	7~8개	9~10개	11~12개
학습 방법	개념을 다시 공부하세요.	조금 더 노력하세요.	실수하면 안 돼요.	참 잘했어요.

48 계산의 신 1권

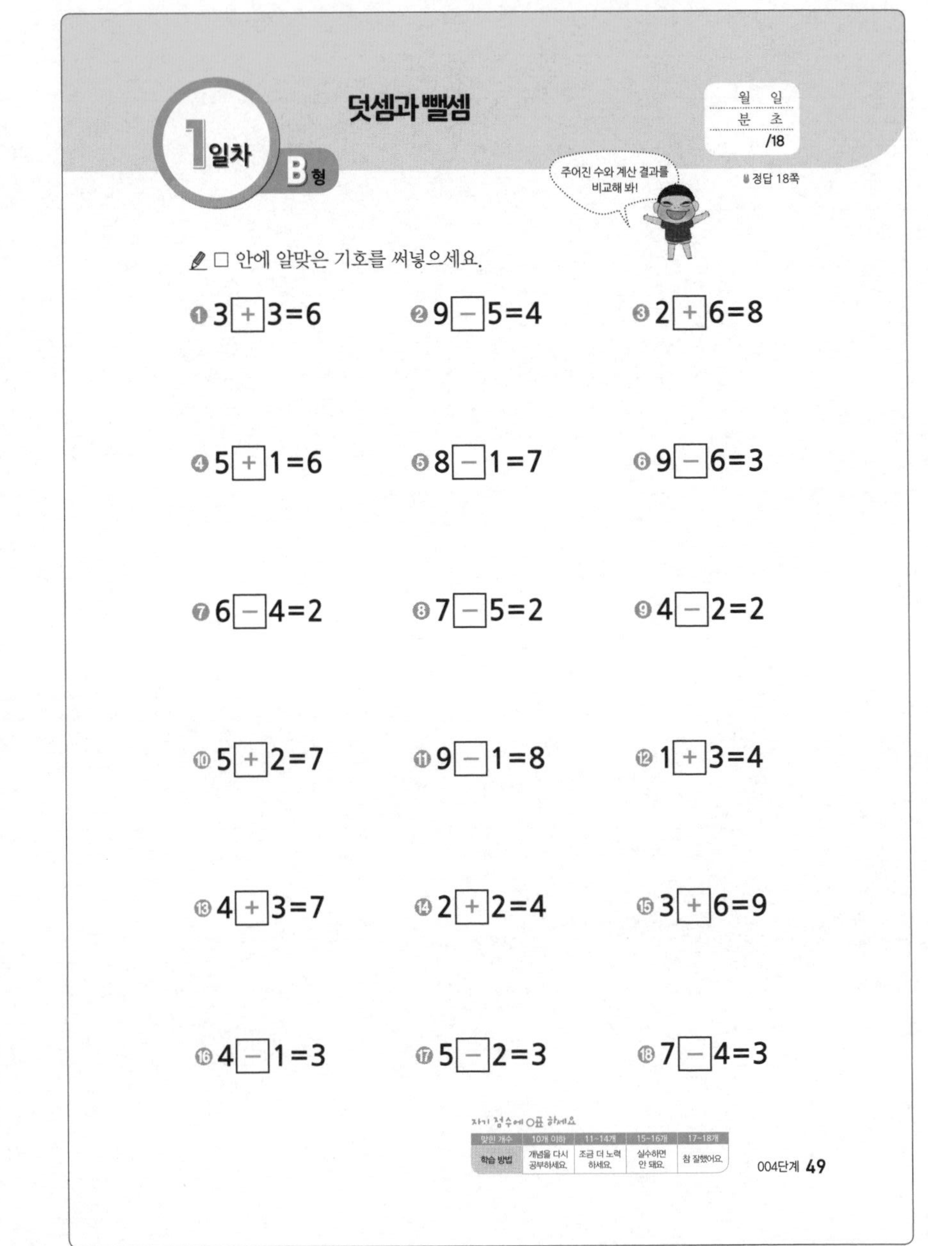

1일차 B형 덧셈과 뺄셈

월 일 / 분 초 / /18

주어진 수와 계산 결과를 비교해 봐!

정답 18쪽

□ 안에 알맞은 기호를 써넣으세요.

❶ 3[+]3=6 ❷ 9[−]5=4 ❸ 2[+]6=8
❹ 5[+]1=6 ❺ 8[−]1=7 ❻ 9[−]6=3
❼ 6[−]4=2 ❽ 7[−]5=2 ❾ 4[−]2=2
❿ 5[+]2=7 ⓫ 9[−]1=8 ⓬ 1[+]3=4
⓭ 4[+]3=7 ⓮ 2[+]2=4 ⓯ 3[+]6=9
⓰ 4[−]1=3 ⓱ 5[−]2=3 ⓲ 7[−]4=3

자기 점수에 ○표 하세요.

맞힌 개수	10개 이하	11~14개	15~16개	17~18개
학습 방법	개념을 다시 공부하세요.	조금 더 노력하세요.	실수하면 안 돼요.	참 잘했어요.

004단계 49

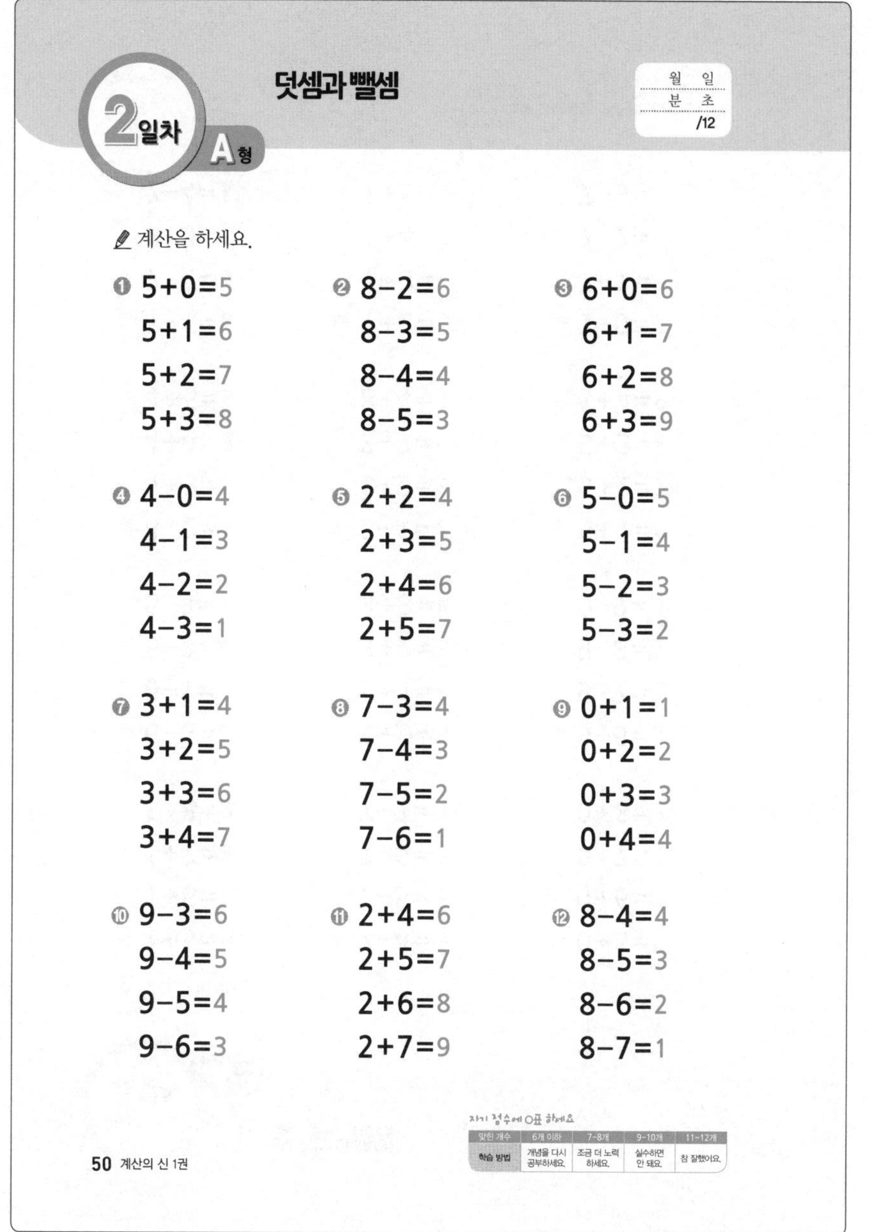

2일차 A형 덧셈과 뺄셈

월 일
분 초
/12

계산을 하세요.

❶	❷	❸
5+0=5	8−2=6	6+0=6
5+1=6	8−3=5	6+1=7
5+2=7	8−4=4	6+2=8
5+3=8	8−5=3	6+3=9

❹	❺	❻
4−0=4	2+2=4	5−0=5
4−1=3	2+3=5	5−1=4
4−2=2	2+4=6	5−2=3
4−3=1	2+5=7	5−3=2

❼	❽	❾
3+1=4	7−3=4	0+1=1
3+2=5	7−4=3	0+2=2
3+3=6	7−5=2	0+3=3
3+4=7	7−6=1	0+4=4

❿	⓫	⓬
9−3=6	2+4=6	8−4=4
9−4=5	2+5=7	8−5=3
9−5=4	2+6=8	8−6=2
9−6=3	2+7=9	8−7=1

자기 점수에 ○표 하세요

맞힌 개수	6개 이하	7~8개	9~10개	11~12개
학습 방법	개념을 다시 공부하세요.	조금 더 노력하세요.	실수하면 안 돼요.	참 잘했어요.

50 계산의 신 1권

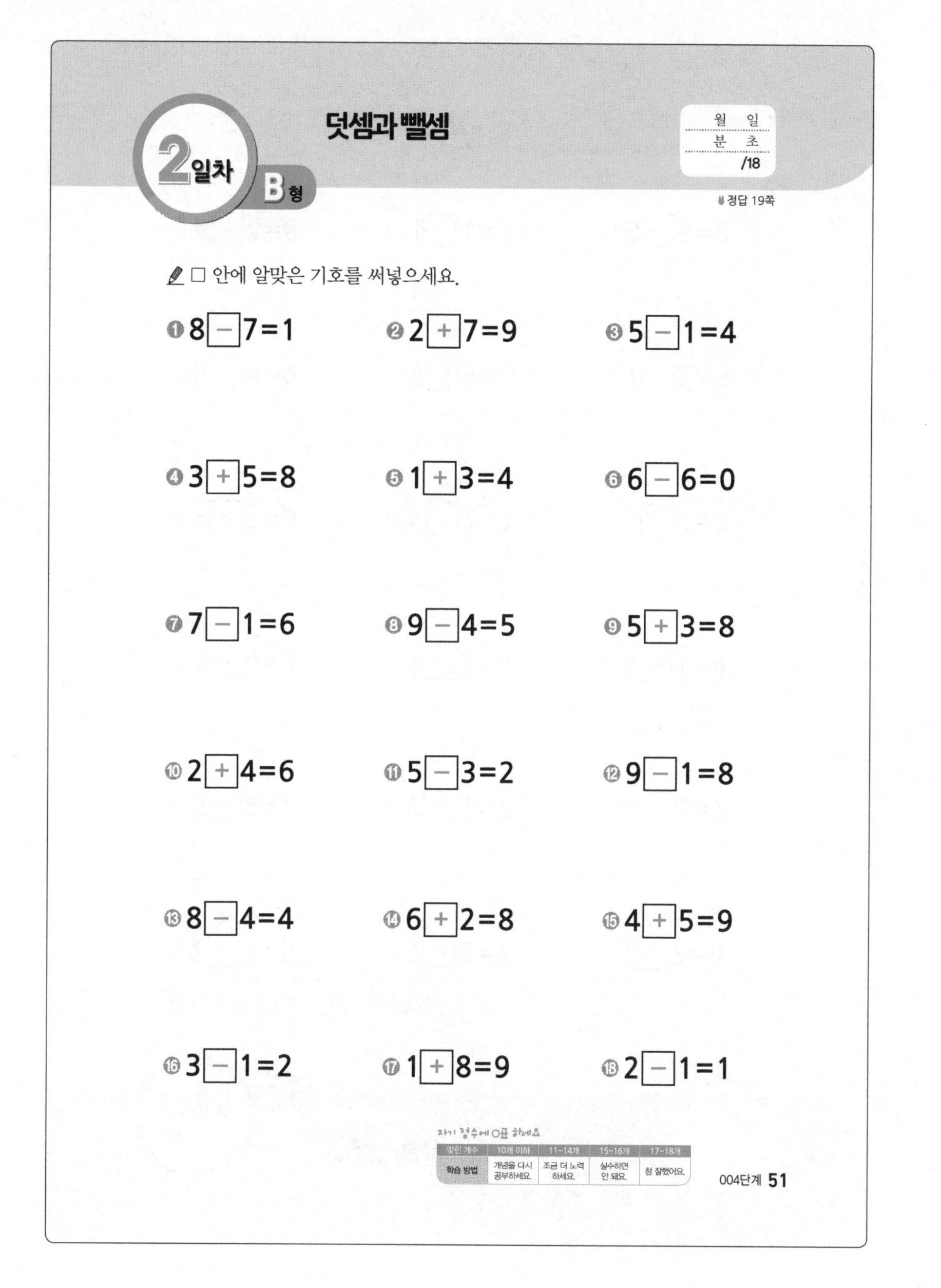

2일차 B형 덧셈과 뺄셈

월 일
분 초
/18

정답 19쪽

□ 안에 알맞은 기호를 써넣으세요.

❶ 8 − 7=1	❷ 2 + 7=9	❸ 5 − 1=4
❹ 3 + 5=8	❺ 1 + 3=4	❻ 6 − 6=0
❼ 7 − 1=6	❽ 9 − 4=5	❾ 5 + 3=8
❿ 2 + 4=6	⓫ 5 − 3=2	⓬ 9 − 1=8
⓭ 8 − 4=4	⓮ 6 + 2=8	⓯ 4 + 5=9
⓰ 3 − 1=2	⓱ 1 + 8=9	⓲ 2 − 1=1

자기 점수에 ○표 하세요

맞힌 개수	10개 이하	11~14개	15~16개	17~18개
학습 방법	개념을 다시 공부하세요.	조금 더 노력하세요.	실수하면 안 돼요.	참 잘했어요.

004단계 51

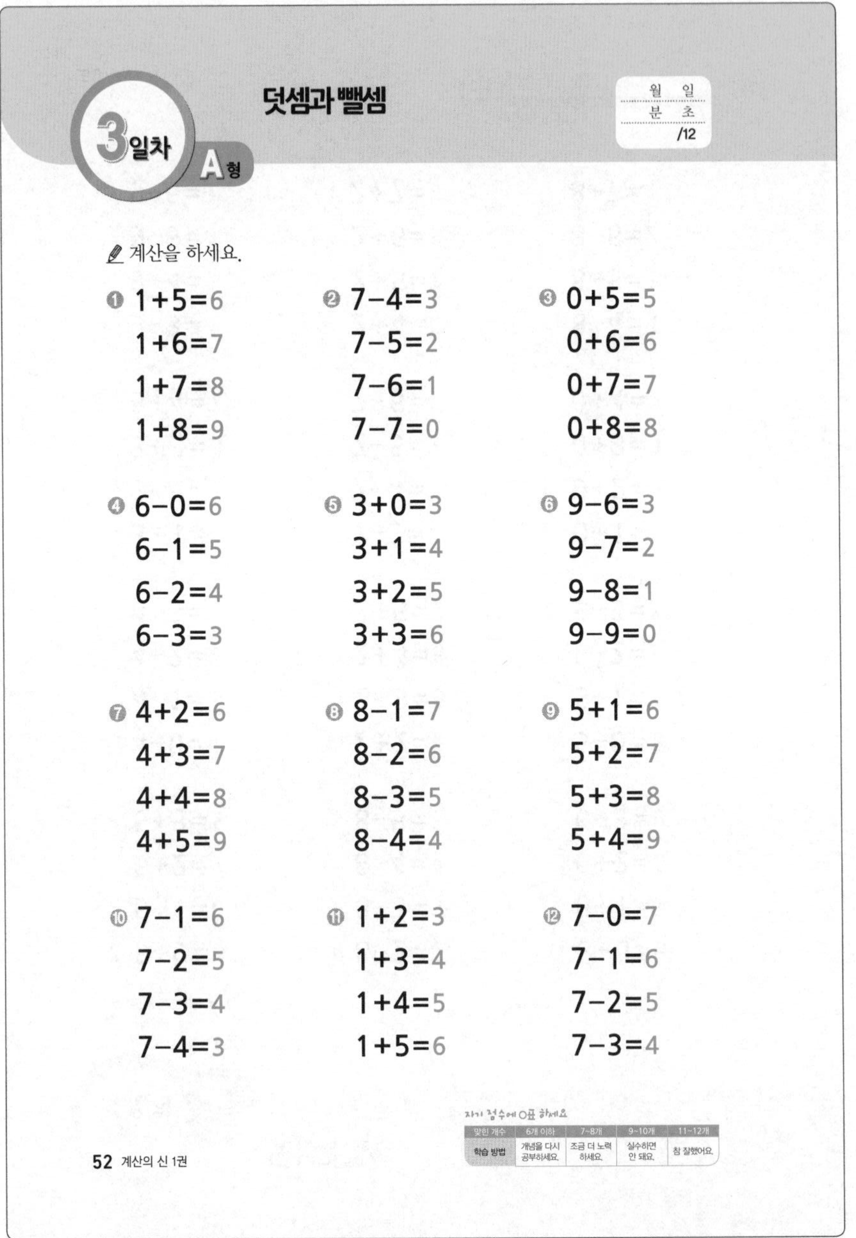

3일차 A형 덧셈과 뺄셈

월 일 / 분 초 / /12

✎ 계산을 하세요.

❶ 1+5=6
1+6=7
1+7=8
1+8=9

❷ 7−4=3
7−5=2
7−6=1
7−7=0

❸ 0+5=5
0+6=6
0+7=7
0+8=8

❹ 6−0=6
6−1=5
6−2=4
6−3=3

❺ 3+0=3
3+1=4
3+2=5
3+3=6

❻ 9−6=3
9−7=2
9−8=1
9−9=0

❼ 4+2=6
4+3=7
4+4=8
4+5=9

❽ 8−1=7
8−2=6
8−3=5
8−4=4

❾ 5+1=6
5+2=7
5+3=8
5+4=9

❿ 7−1=6
7−2=5
7−3=4
7−4=3

⓫ 1+2=3
1+3=4
1+4=5
1+5=6

⓬ 7−0=7
7−1=6
7−2=5
7−3=4

자기 점수에 ○표 하세요.

맞힌 개수	6개 이하	7~8개	9~10개	11~12개
학습 방법	개념을 다시 공부하세요.	조금 더 노력하세요.	실수하면 안 돼요.	참 잘했어요.

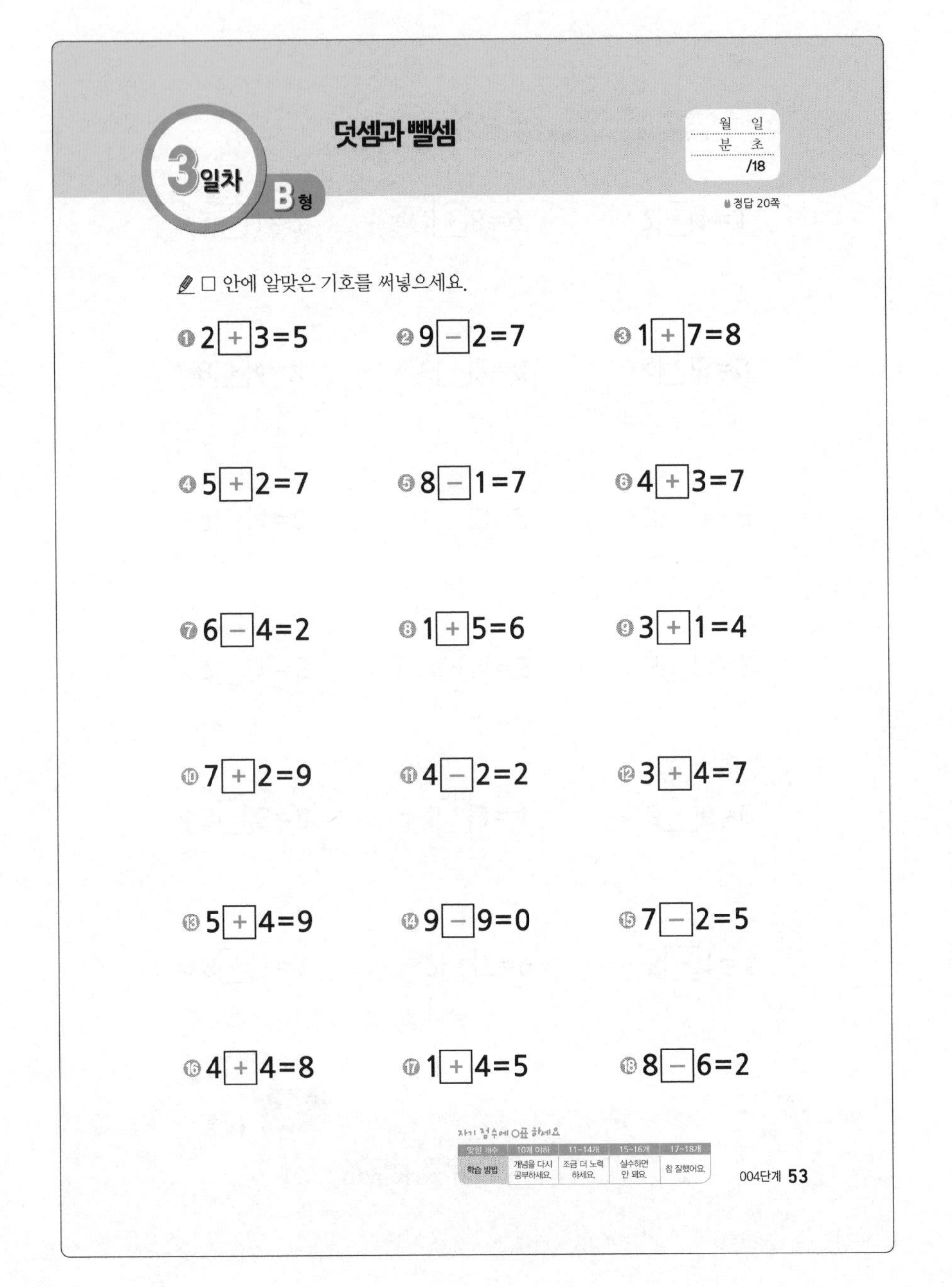

3일차 B형 덧셈과 뺄셈

월 일 / 분 초 / /18

정답 20쪽

✎ □ 안에 알맞은 기호를 써넣으세요.

❶ 2 [+] 3=5　❷ 9 [−] 2=7　❸ 1 [+] 7=8

❹ 5 [+] 2=7　❺ 8 [−] 1=7　❻ 4 [+] 3=7

❼ 6 [−] 4=2　❽ 1 [+] 5=6　❾ 3 [+] 1=4

❿ 7 [+] 2=9　⓫ 4 [−] 2=2　⓬ 3 [+] 4=7

⓭ 5 [+] 4=9　⓮ 9 [−] 9=0　⓯ 7 [−] 2=5

⓰ 4 [+] 4=8　⓱ 1 [+] 4=5　⓲ 8 [−] 6=2

자기 점수에 ○표 하세요.

맞힌 개수	10개 이하	11~14개	15~16개	17~18개
학습 방법	개념을 다시 공부하세요.	조금 더 노력하세요.	실수하면 안 돼요.	참 잘했어요.

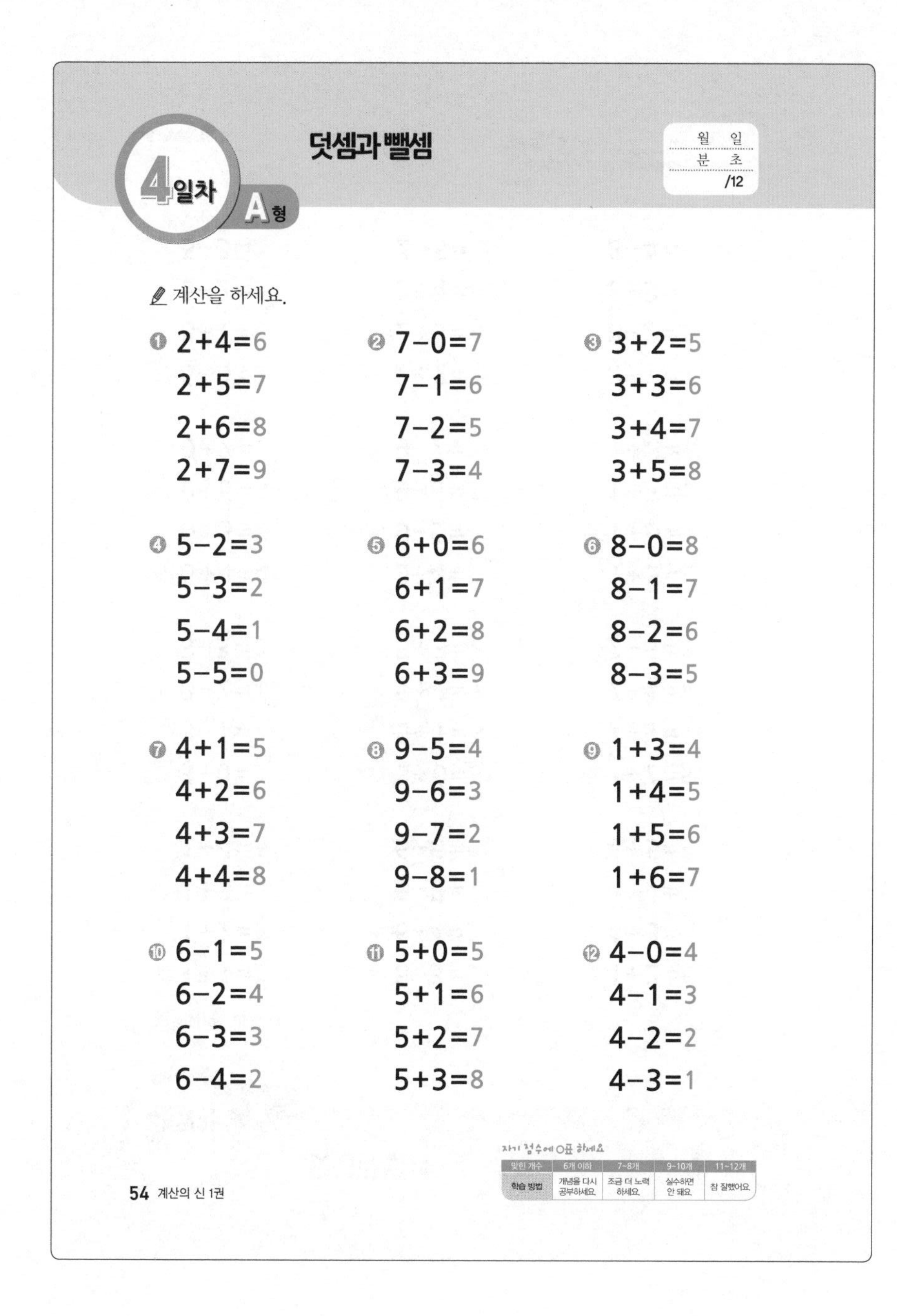

4일차 A형

덧셈과 뺄셈

월 일
분 초
/12

✎ 계산을 하세요.

①	②	③
2+4=6	7−0=7	3+2=5
2+5=7	7−1=6	3+3=6
2+6=8	7−2=5	3+4=7
2+7=9	7−3=4	3+5=8

④	⑤	⑥
5−2=3	6+0=6	8−0=8
5−3=2	6+1=7	8−1=7
5−4=1	6+2=8	8−2=6
5−5=0	6+3=9	8−3=5

⑦	⑧	⑨
4+1=5	9−5=4	1+3=4
4+2=6	9−6=3	1+4=5
4+3=7	9−7=2	1+5=6
4+4=8	9−8=1	1+6=7

⑩	⑪	⑫
6−1=5	5+0=5	4−0=4
6−2=4	5+1=6	4−1=3
6−3=3	5+2=7	4−2=2
6−4=2	5+3=8	4−3=1

자기 점수에 ○표 하세요.

맞힌 개수	6개 이하	7~8개	9~10개	11~12개
학습 방법	개념을 다시 공부하세요.	조금 더 노력 하세요.	실수하면 안 돼요.	참 잘했어요.

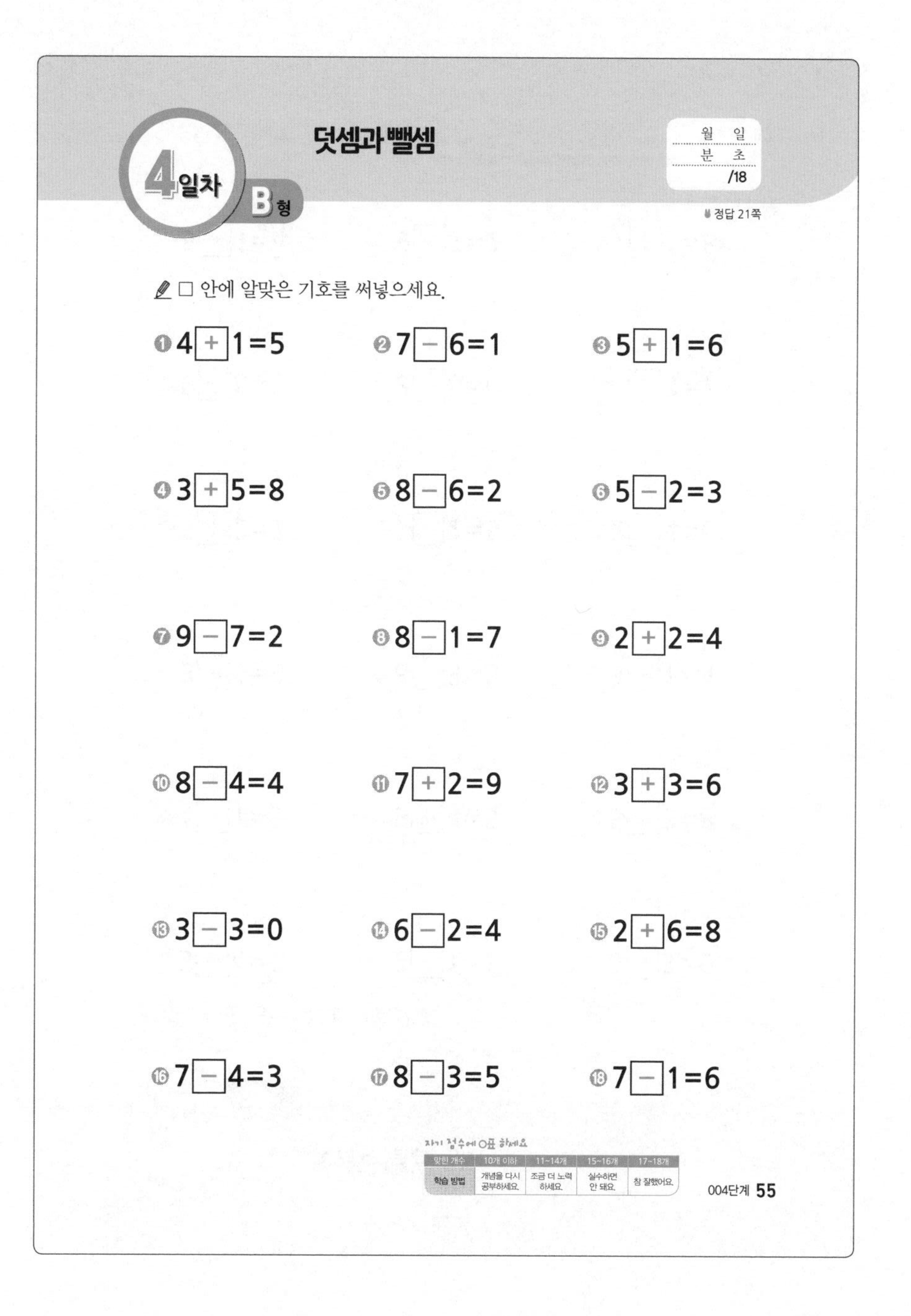

4일차 B형

덧셈과 뺄셈

월 일
분 초
/18

정답 21쪽

✎ □ 안에 알맞은 기호를 써넣으세요.

① 4 + 1=5	② 7 − 6=1	③ 5 + 1=6
④ 3 + 5=8	⑤ 8 − 6=2	⑥ 5 − 2=3
⑦ 9 − 7=2	⑧ 8 − 1=7	⑨ 2 + 2=4
⑩ 8 − 4=4	⑪ 7 + 2=9	⑫ 3 + 3=6
⑬ 3 − 3=0	⑭ 6 − 2=4	⑮ 2 + 6=8
⑯ 7 − 4=3	⑰ 8 − 3=5	⑱ 7 − 1=6

자기 점수에 ○표 하세요.

맞힌 개수	10개 이하	11~14개	15~16개	17~18개
학습 방법	개념을 다시 공부하세요.	조금 더 노력 하세요.	실수하면 안 돼요.	참 잘했어요.

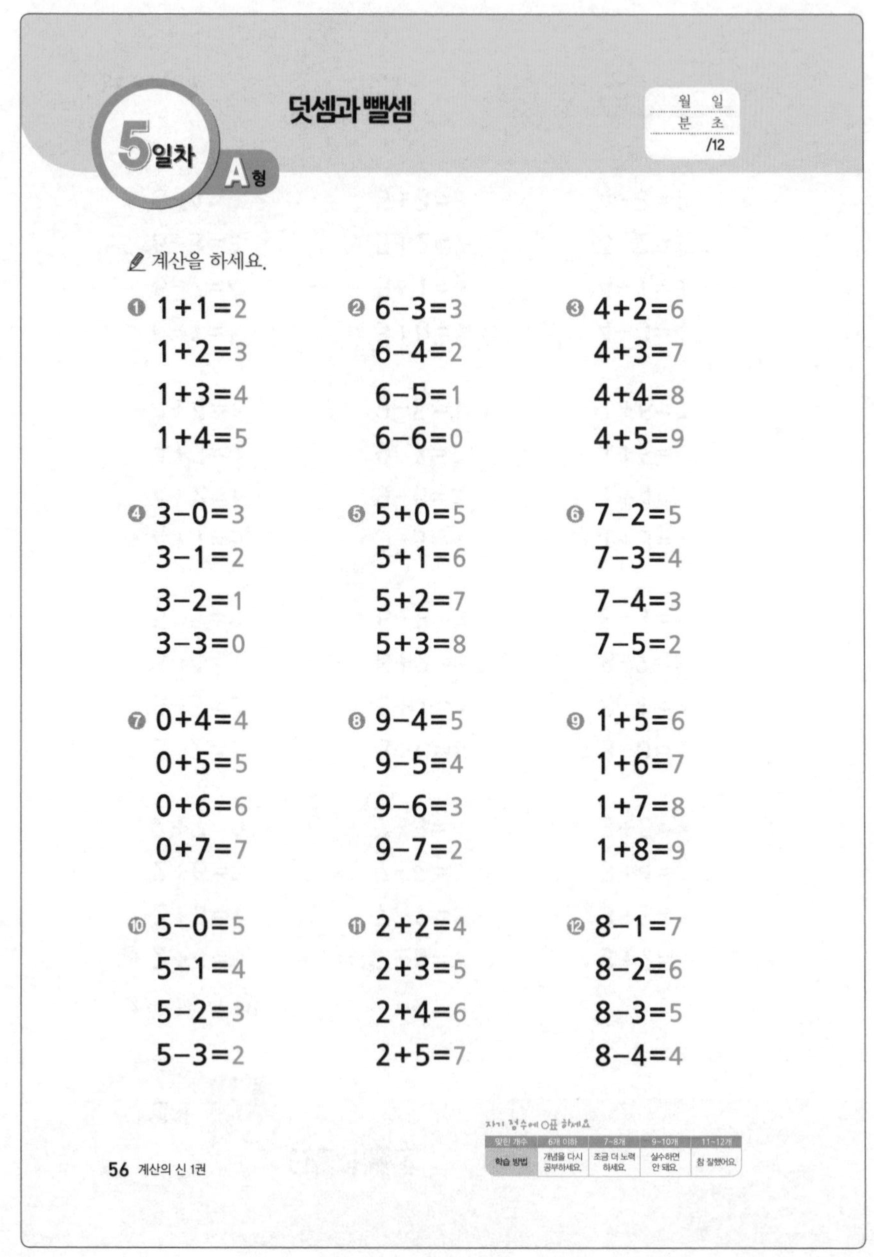

5일차 A형 덧셈과 뺄셈

월 일
분 초
/12

✎ 계산을 하세요.

❶ 1+1=2
1+2=3
1+3=4
1+4=5

❷ 6−3=3
6−4=2
6−5=1
6−6=0

❸ 4+2=6
4+3=7
4+4=8
4+5=9

❹ 3−0=3
3−1=2
3−2=1
3−3=0

❺ 5+0=5
5+1=6
5+2=7
5+3=8

❻ 7−2=5
7−3=4
7−4=3
7−5=2

❼ 0+4=4
0+5=5
0+6=6
0+7=7

❽ 9−4=5
9−5=4
9−6=3
9−7=2

❾ 1+5=6
1+6=7
1+7=8
1+8=9

❿ 5−0=5
5−1=4
5−2=3
5−3=2

⓫ 2+2=4
2+3=5
2+4=6
2+5=7

⓬ 8−1=7
8−2=6
8−3=5
8−4=4

자기 점수에 ○표 하세요.

맞힌 개수	6개 이하	7~8개	9~10개	11~12개
학습 방법	개념을 다시 공부하세요.	조금 더 노력하세요.	실수하면 안 돼요.	참 잘했어요.

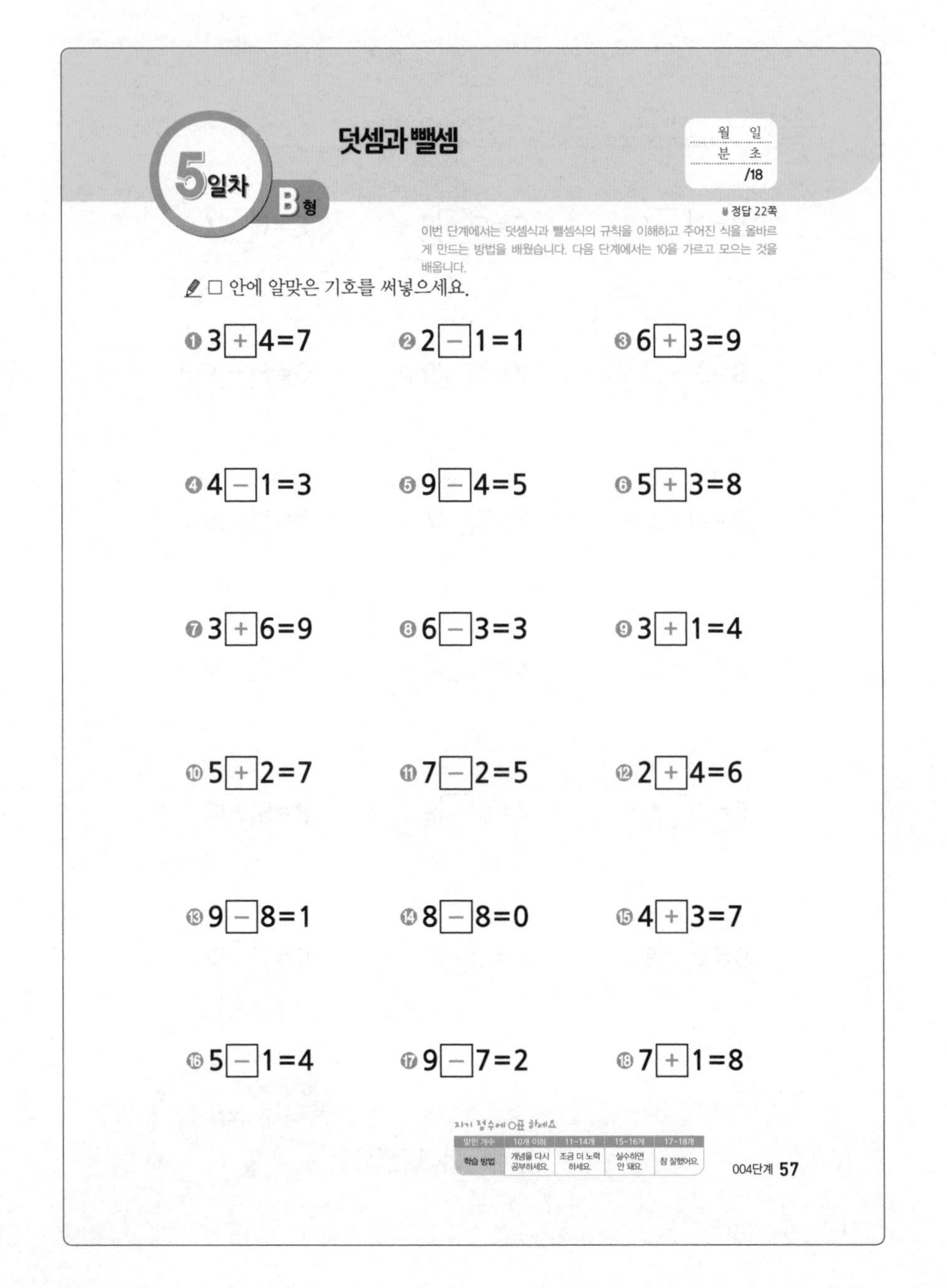

5일차 B형 덧셈과 뺄셈

월 일
분 초
/18

정답 22쪽

이번 단계에서는 덧셈식과 뺄셈식의 규칙을 이해하고 주어진 식을 올바르게 만드는 방법을 배웠습니다. 다음 단계에서는 10을 가르고 모으는 것을 배웁니다.

✎ □ 안에 알맞은 기호를 써넣으세요.

❶ 3 + 4=7
❷ 2 − 1=1
❸ 6 + 3=9

❹ 4 − 1=3
❺ 9 − 4=5
❻ 5 + 3=8

❼ 3 + 6=9
❽ 6 − 3=3
❾ 3 + 1=4

❿ 5 + 2=7
⓫ 7 − 2=5
⓬ 2 + 4=6

⓭ 9 − 8=1
⓮ 8 − 8=0
⓯ 4 + 3=7

⓰ 5 − 1=4
⓱ 9 − 7=2
⓲ 7 + 1=8

자기 점수에 ○표 하세요.

맞힌 개수	10개 이하	11~14개	15~16개	17~18개
학습 방법	개념을 다시 공부하세요.	조금 더 노력하세요.	실수하면 안 돼요.	참 잘했어요.

1일차 A형 10을 가르고 모으기

월 일
분 초
/12

빈칸에 알맞게 점을 그리세요.

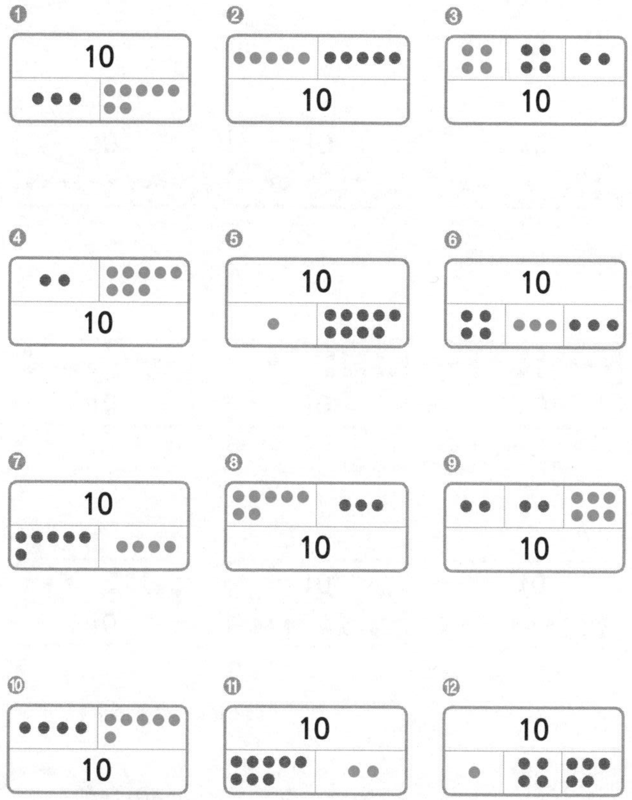

자기 점수에 ○표 하세요.

맞힌 개수	6개 이하	7~8개	9~10개	11~12개
학습 방법	개념을 다시 공부하세요.	조금 더 노력 하세요.	실수하면 안 돼요.	참 잘했어요.

1일차 B형 10을 가르고 모으기

월 일
분 초
/12

정답 23쪽

빈칸에 알맞은 수를 쓰세요.

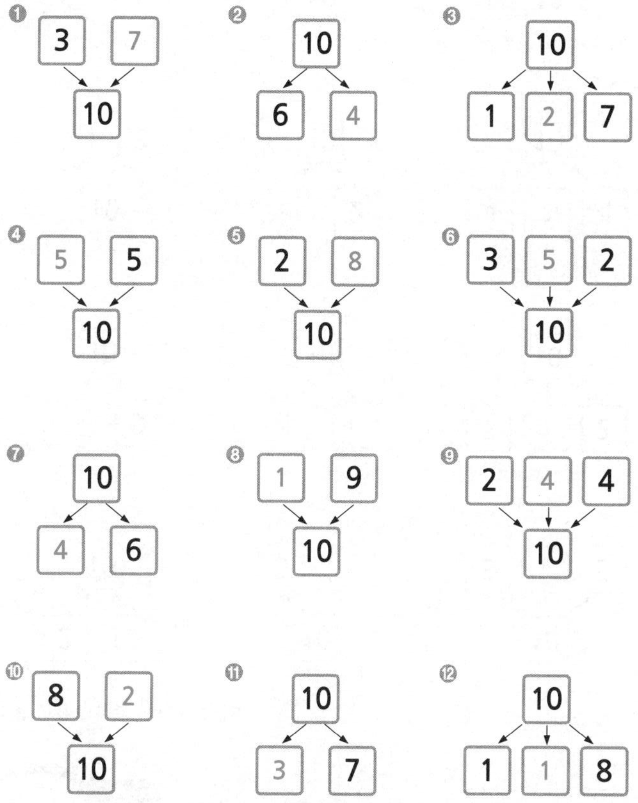

자기 점수에 ○표 하세요.

맞힌 개수	6개 이하	7~8개	9~10개	11~12개
학습 방법	개념을 다시 공부하세요.	조금 더 노력 하세요.	실수하면 안 돼요.	참 잘했어요.

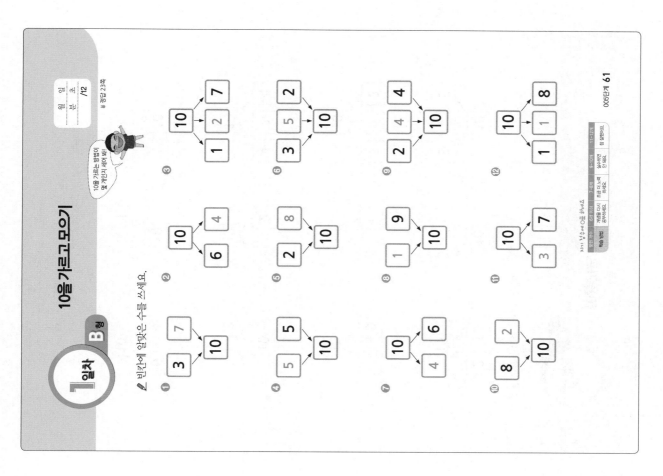

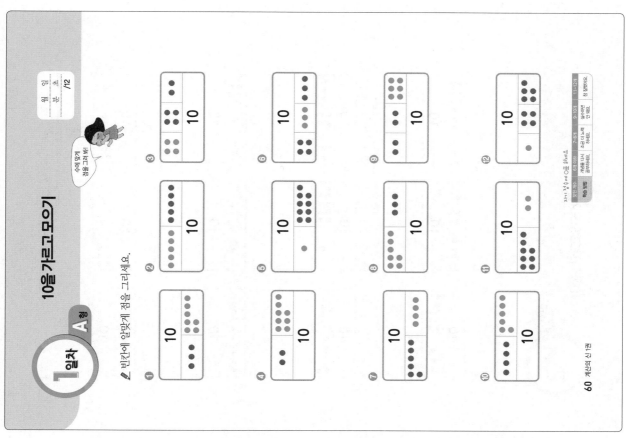

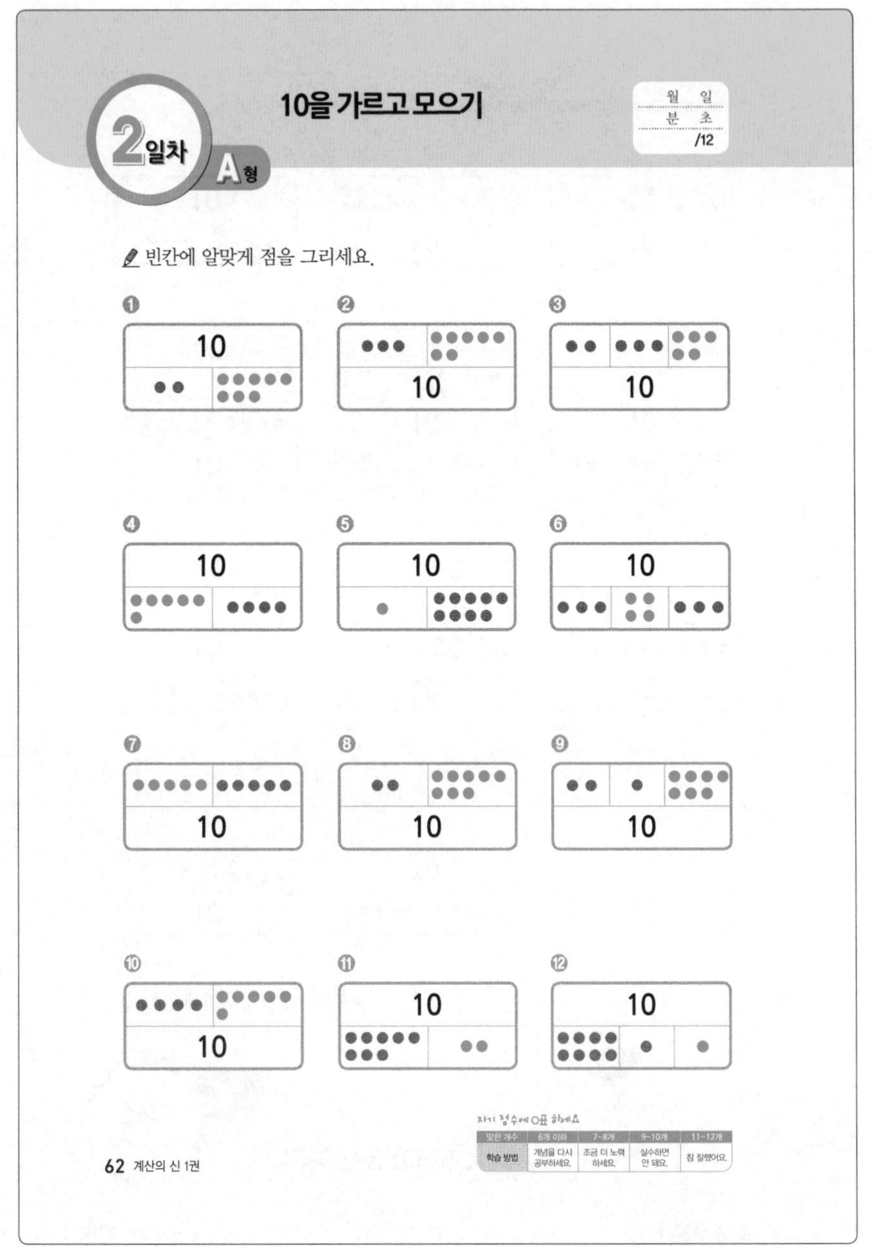
2일차 A형
10을 가르고 모으기
월 일
분 초
/12
빈칸에 알맞게 점을 그리세요.
자기 점수에 ○표 하세요
맞힌 개수 6개 이하 7~8개 9~10개 11~12개
학습 방법 개념을 다시 공부하세요. 조금 더 노력하세요. 실수하면 안 돼요. 참 잘했어요.
62 계산의 신 1권

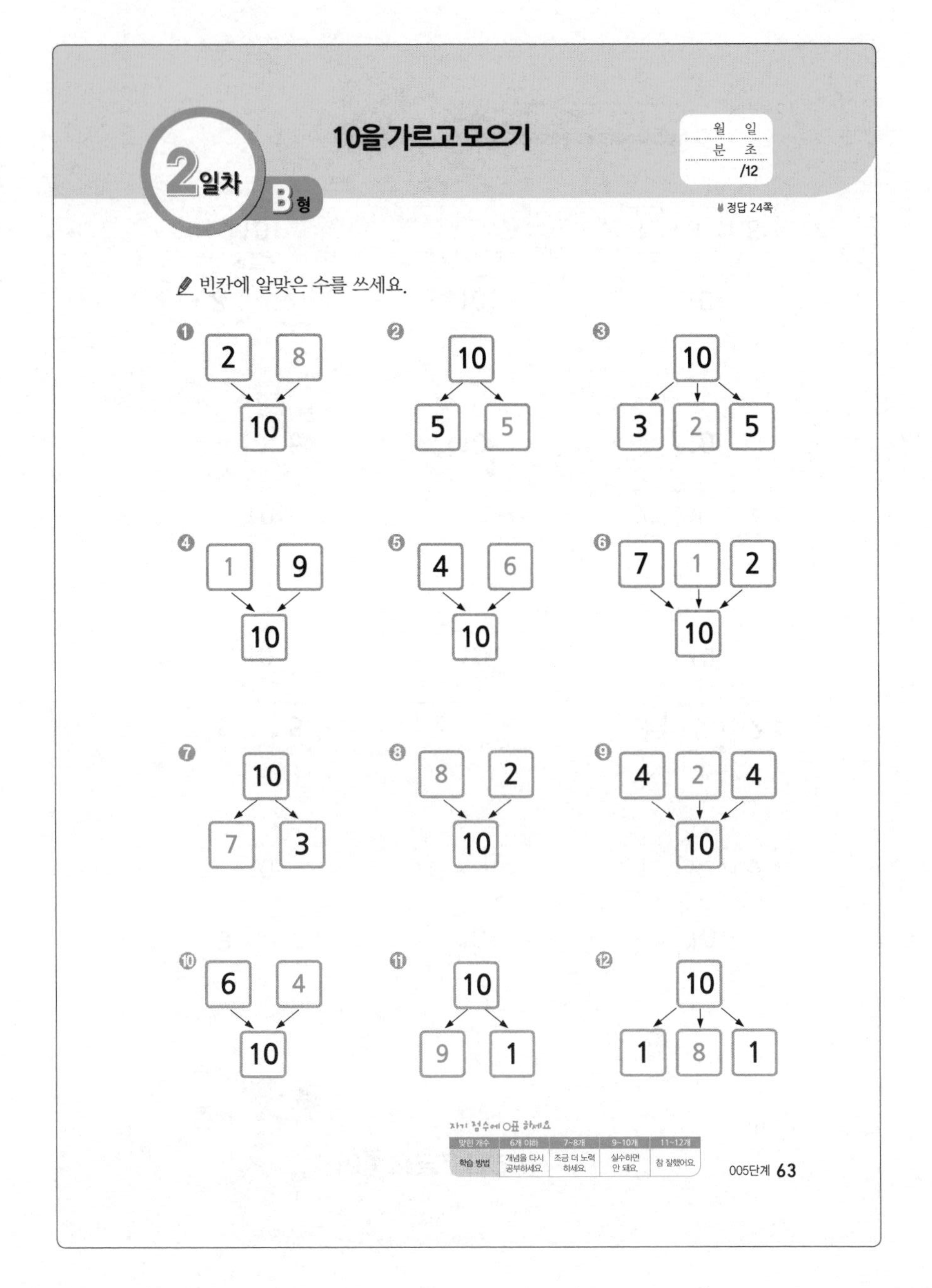
2일차 B형
10을 가르고 모으기
월 일
분 초
/12
정답 24쪽
빈칸에 알맞은 수를 쓰세요.
자기 점수에 ○표 하세요
맞힌 개수 6개 이하 7~8개 9~10개 11~12개
학습 방법 개념을 다시 공부하세요. 조금 더 노력하세요. 실수하면 안 돼요. 참 잘했어요.
005단계 63

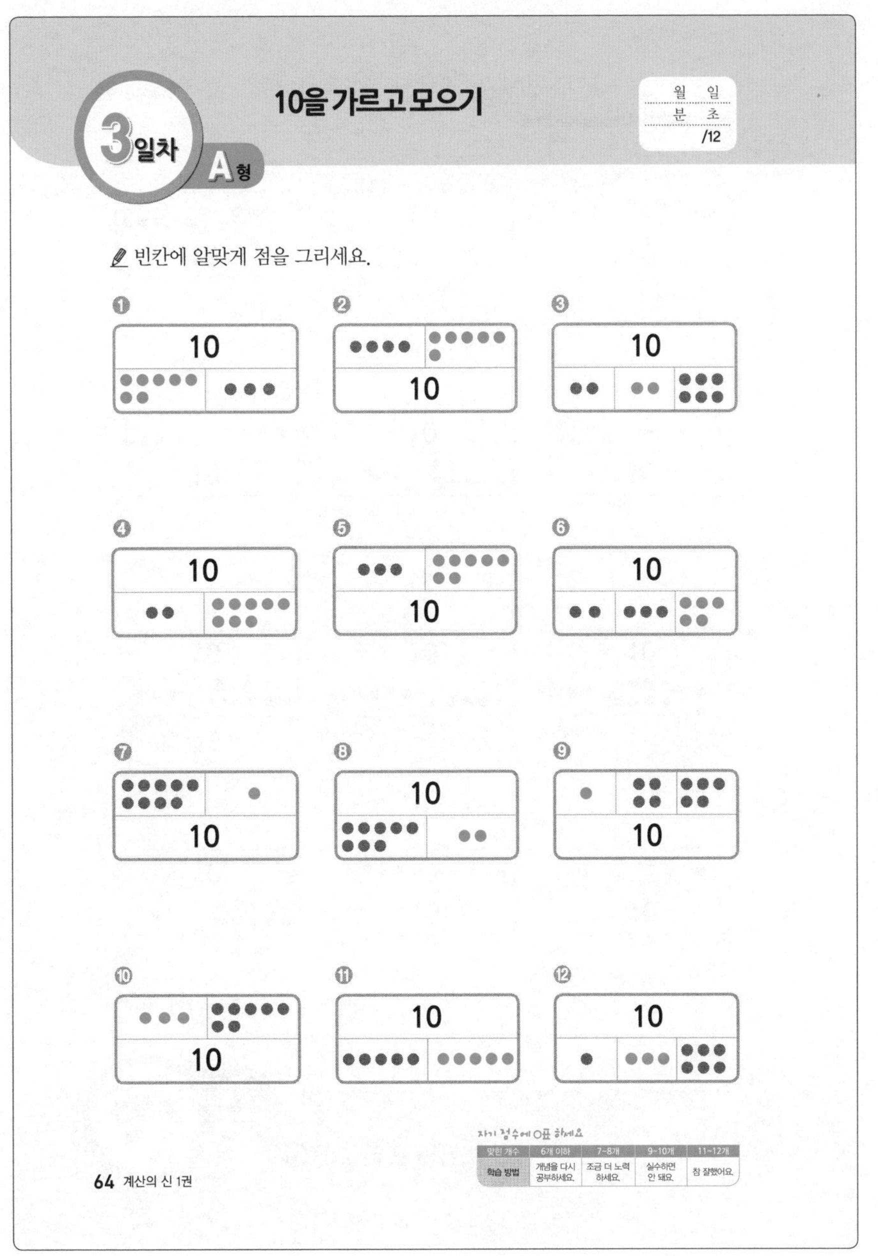
3일차 A형
10을 가르고 모으기
월 일
분 초
/12
빈칸에 알맞게 점을 그리세요.
자기 점수에 ○표 하세요
맞힌 개수 | 6개 이하 | 7~8개 | 9~10개 | 11~12개
학습 방법 | 개념을 다시 공부하세요. | 조금 더 노력하세요. | 실수하면 안 돼요. | 참 잘했어요.
64 계산의 신 1권

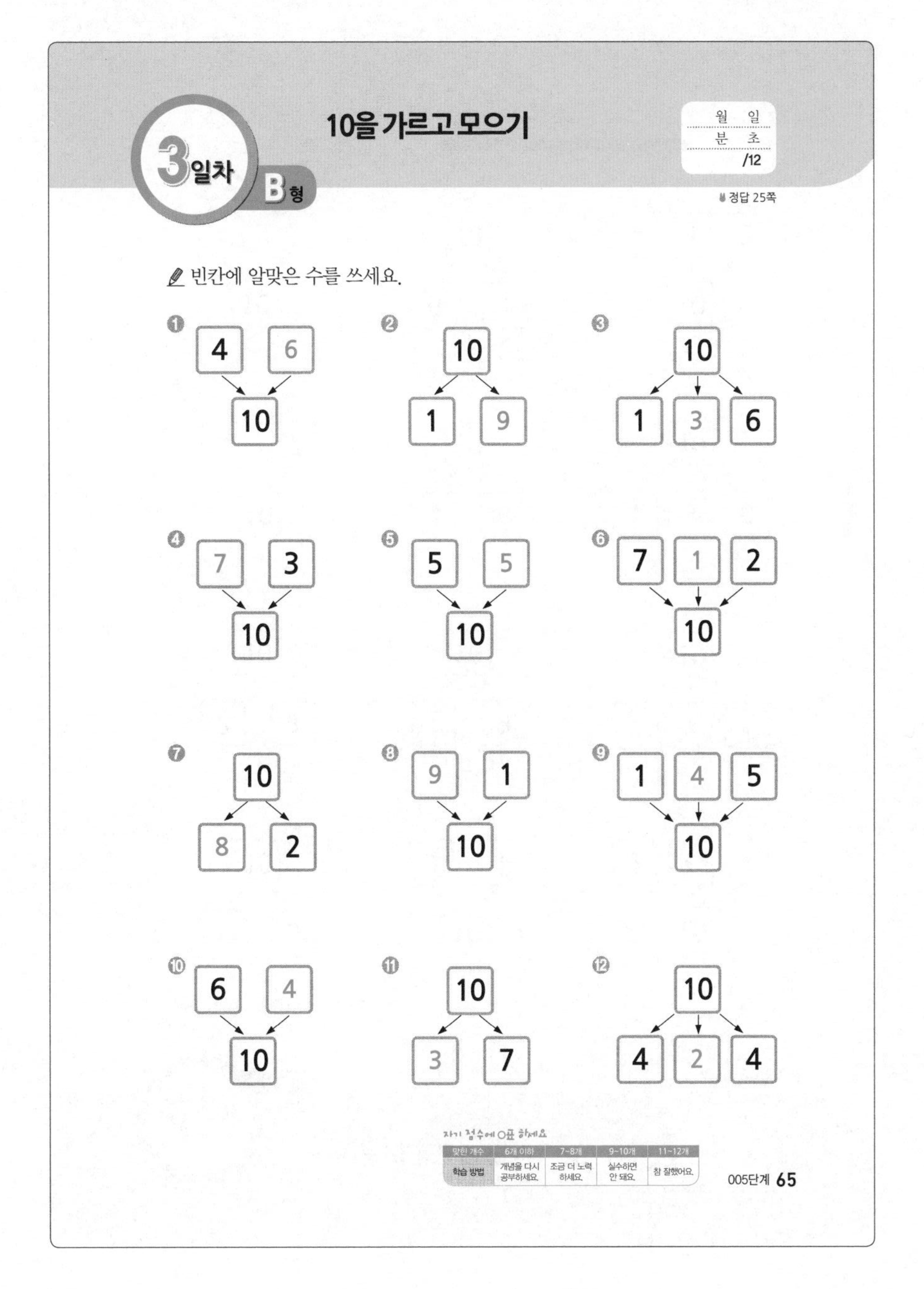
3일차 B형
10을 가르고 모으기
월 일
분 초
/12
정답 25쪽
빈칸에 알맞은 수를 쓰세요.
자기 점수에 ○표 하세요
맞힌 개수 | 6개 이하 | 7~8개 | 9~10개 | 11~12개
학습 방법 | 개념을 다시 공부하세요. | 조금 더 노력하세요. | 실수하면 안 돼요. | 참 잘했어요.
005단계 65

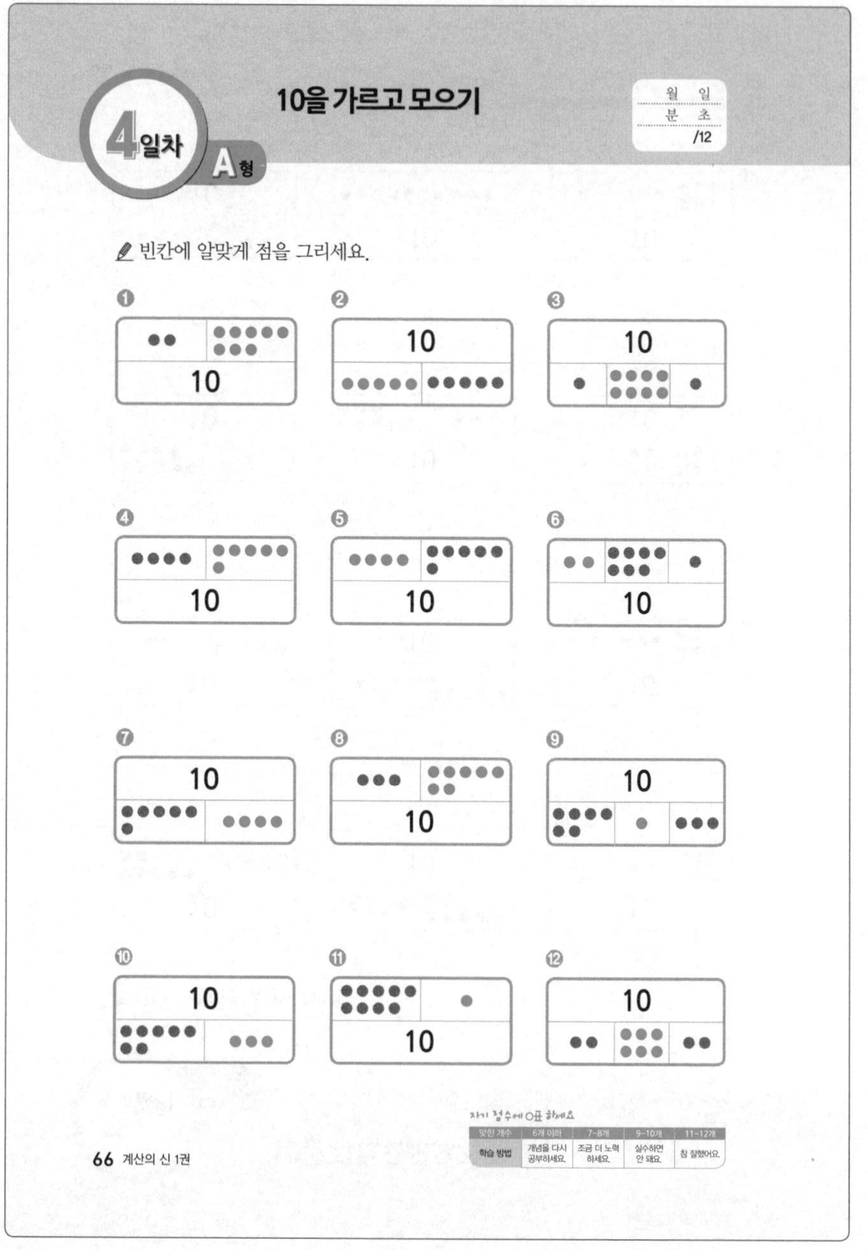

4일차 A형
10을 가르고 모으기
월 일
분 초
/12
빈칸에 알맞게 점을 그리세요.
자기 점수에 ○표 하세요
맞힌 개수 6개 이하 7~8개 9~10개 11~12개
학습 방법 개념을 다시 공부하세요. 조금 더 노력하세요. 실수하면 안 돼요. 참 잘했어요.
66 계산의 신 1권

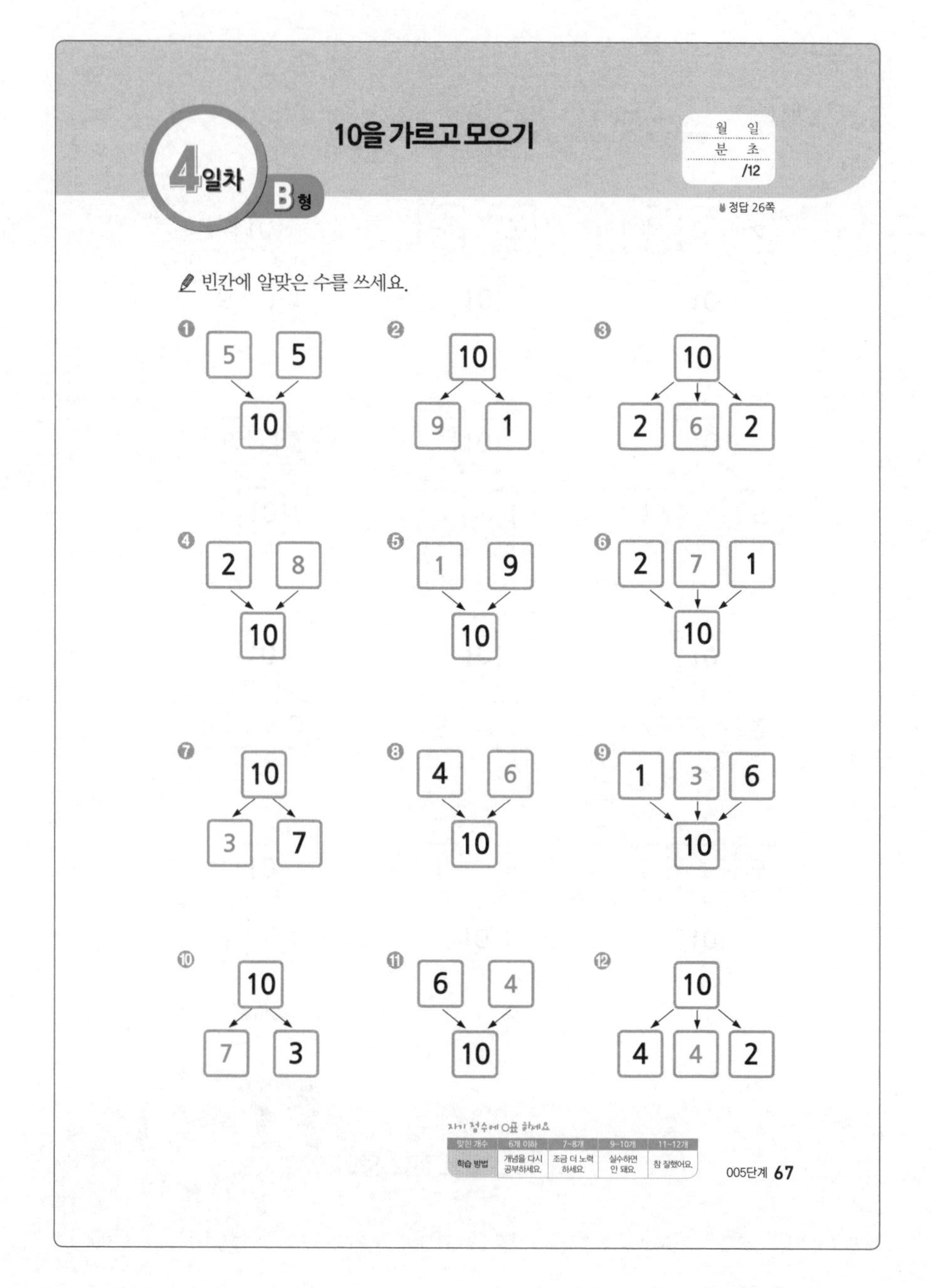

4일차 B형
10을 가르고 모으기
월 일
분 초
/12
정답 26쪽
빈칸에 알맞은 수를 쓰세요.
자기 점수에 ○표 하세요
맞힌 개수 6개 이하 7~8개 9~10개 11~12개
학습 방법 개념을 다시 공부하세요. 조금 더 노력하세요. 실수하면 안 돼요. 참 잘했어요.
005단계 67

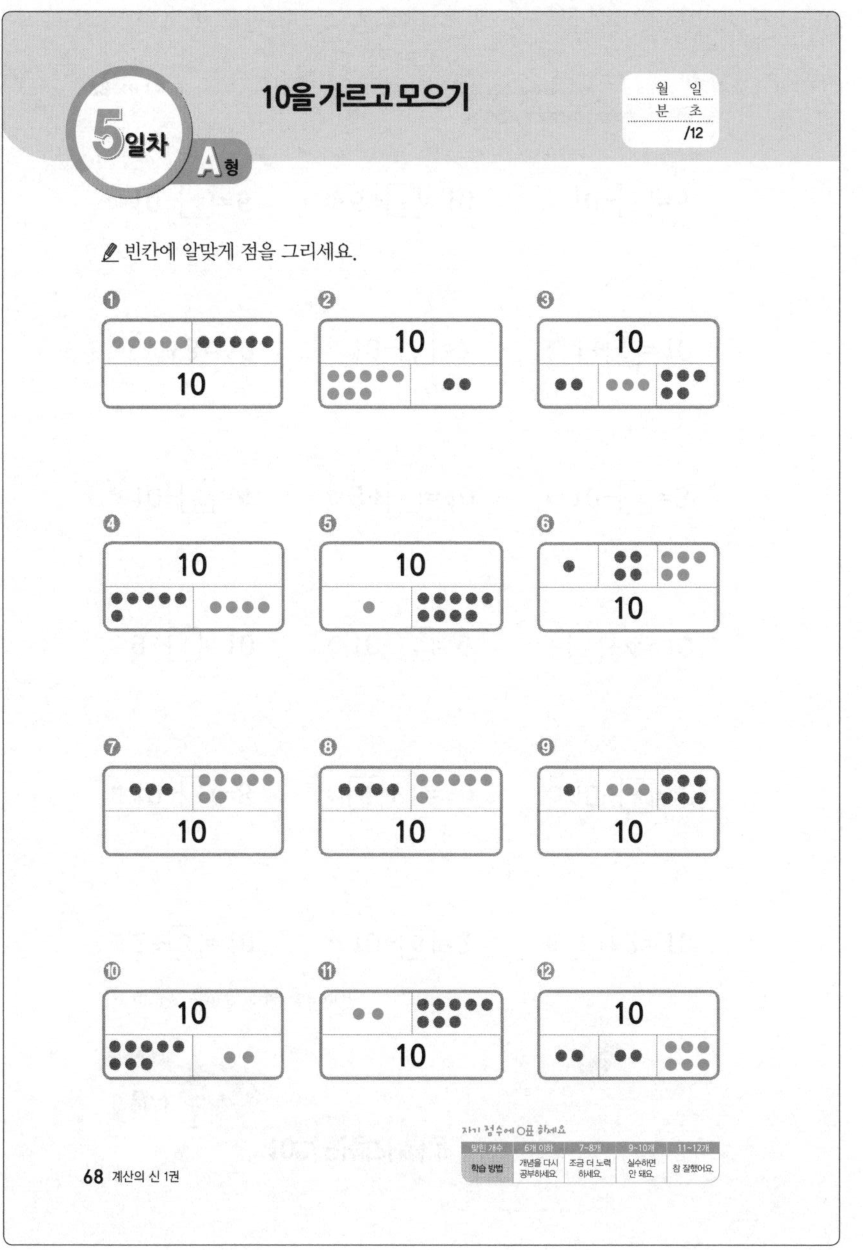

5일차 A형

10을 가르고 모으기

월 일 / 분 초 / /12

빈칸에 알맞게 점을 그리세요.

68 계산의 신 1권

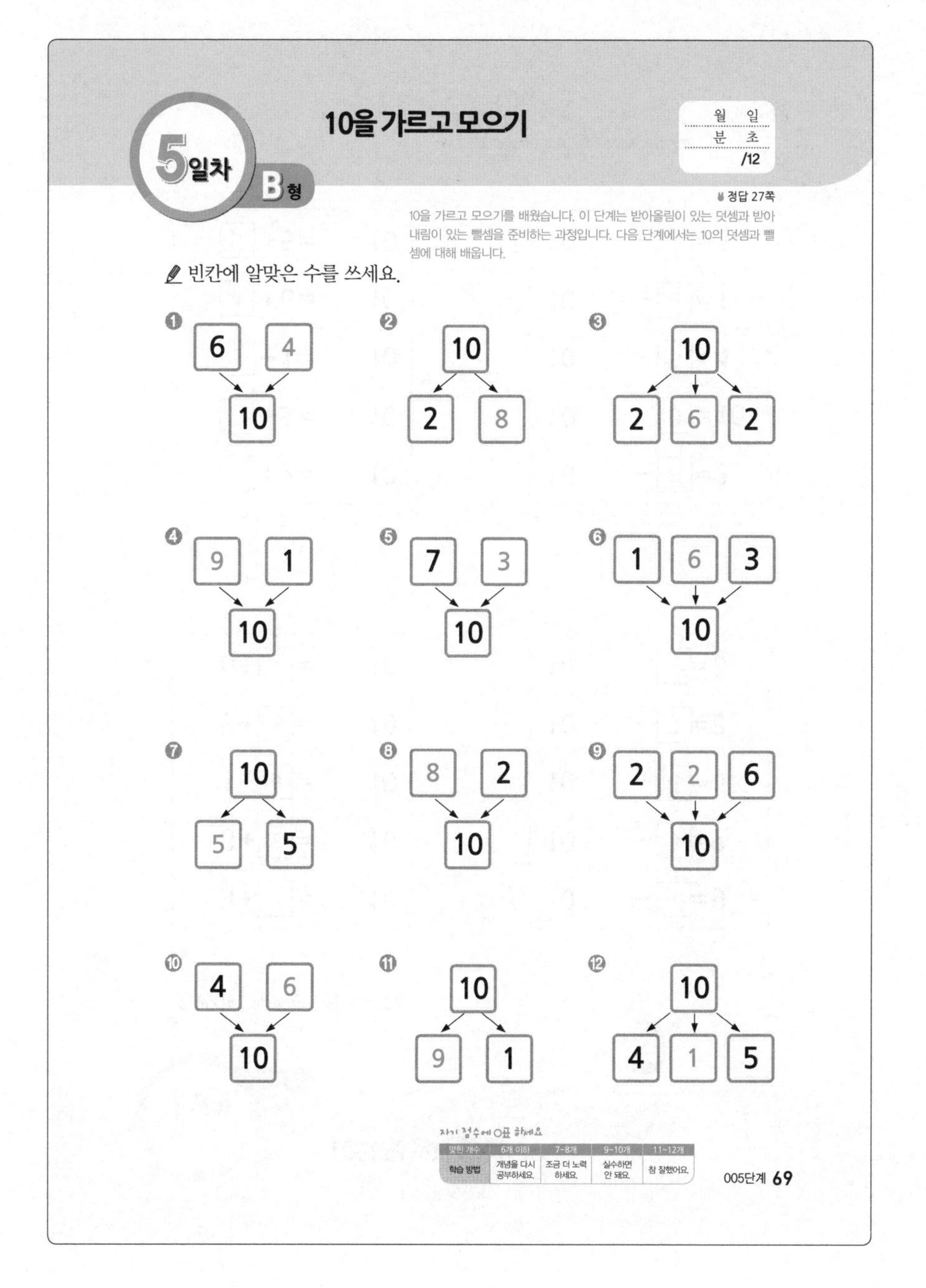

5일차 B형

10을 가르고 모으기

월 일 / 분 초 / /12

정답 27쪽

10을 가르고 모으기를 배웠습니다. 이 단계는 받아올림이 있는 덧셈과 받아내림이 있는 뺄셈을 준비하는 과정입니다. 다음 단계에서는 10의 덧셈과 뺄셈에 대해 배웁니다.

빈칸에 알맞은 수를 쓰세요.

005단계 69

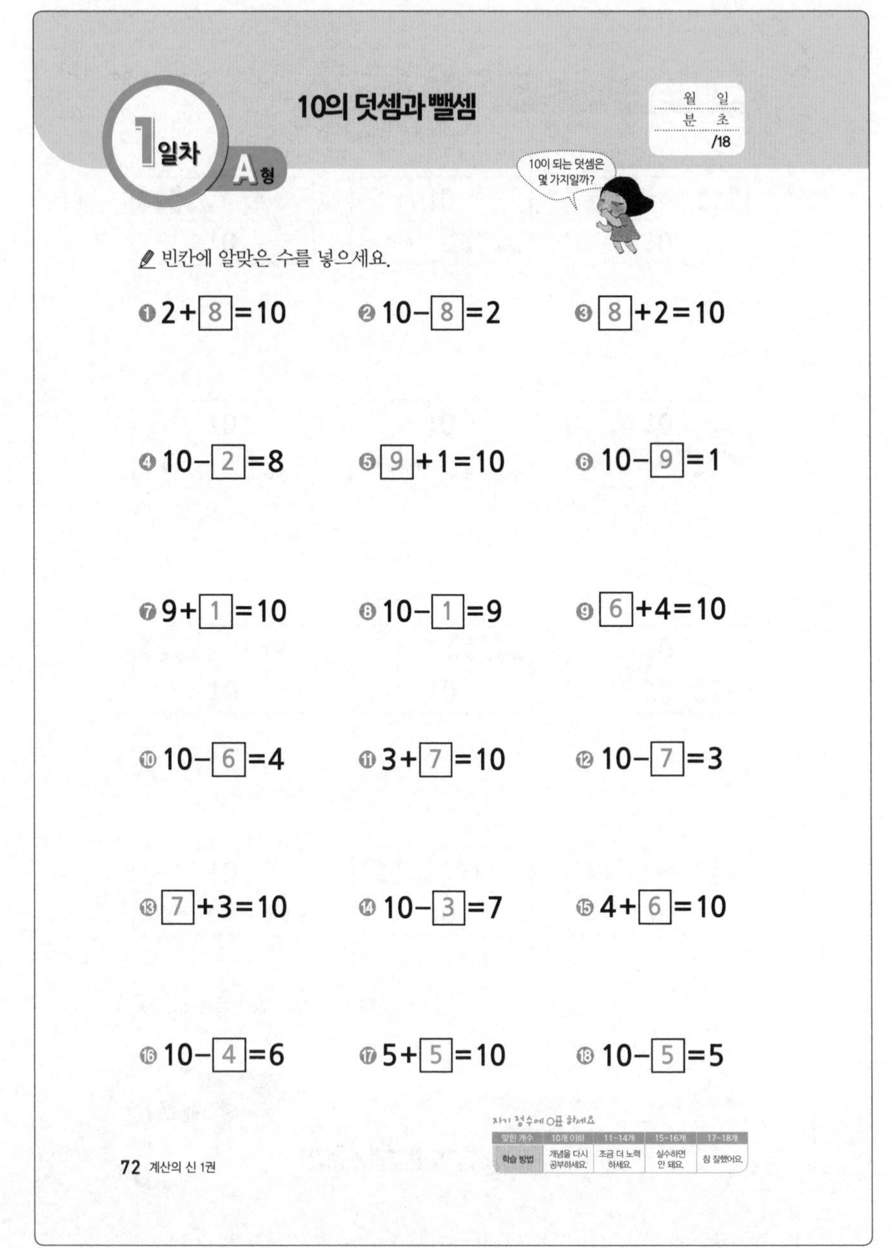

1일차 A형

10의 덧셈과 뺄셈

월 일
분 초
/18

10이 되는 덧셈은 몇 가지일까?

빈칸에 알맞은 수를 넣으세요.

❶ 2+[8]=10 ❷ 10−[8]=2 ❸ [8]+2=10

❹ 10−[2]=8 ❺ [9]+1=10 ❻ 10−[9]=1

❼ 9+[1]=10 ❽ 10−[1]=9 ❾ [6]+4=10

❿ 10−[6]=4 ⓫ 3+[7]=10 ⓬ 10−[7]=3

⓭ [7]+3=10 ⓮ 10−[3]=7 ⓯ 4+[6]=10

⓰ 10−[4]=6 ⓱ 5+[5]=10 ⓲ 10−[5]=5

자기 점수에 ○표 하세요.

맞힌 개수	10개 이하	11~14개	15~16개	17~18개
학습 방법	개념을 다시 공부하세요.	조금 더 노력하세요.	실수하면 안 돼요.	참 잘했어요.

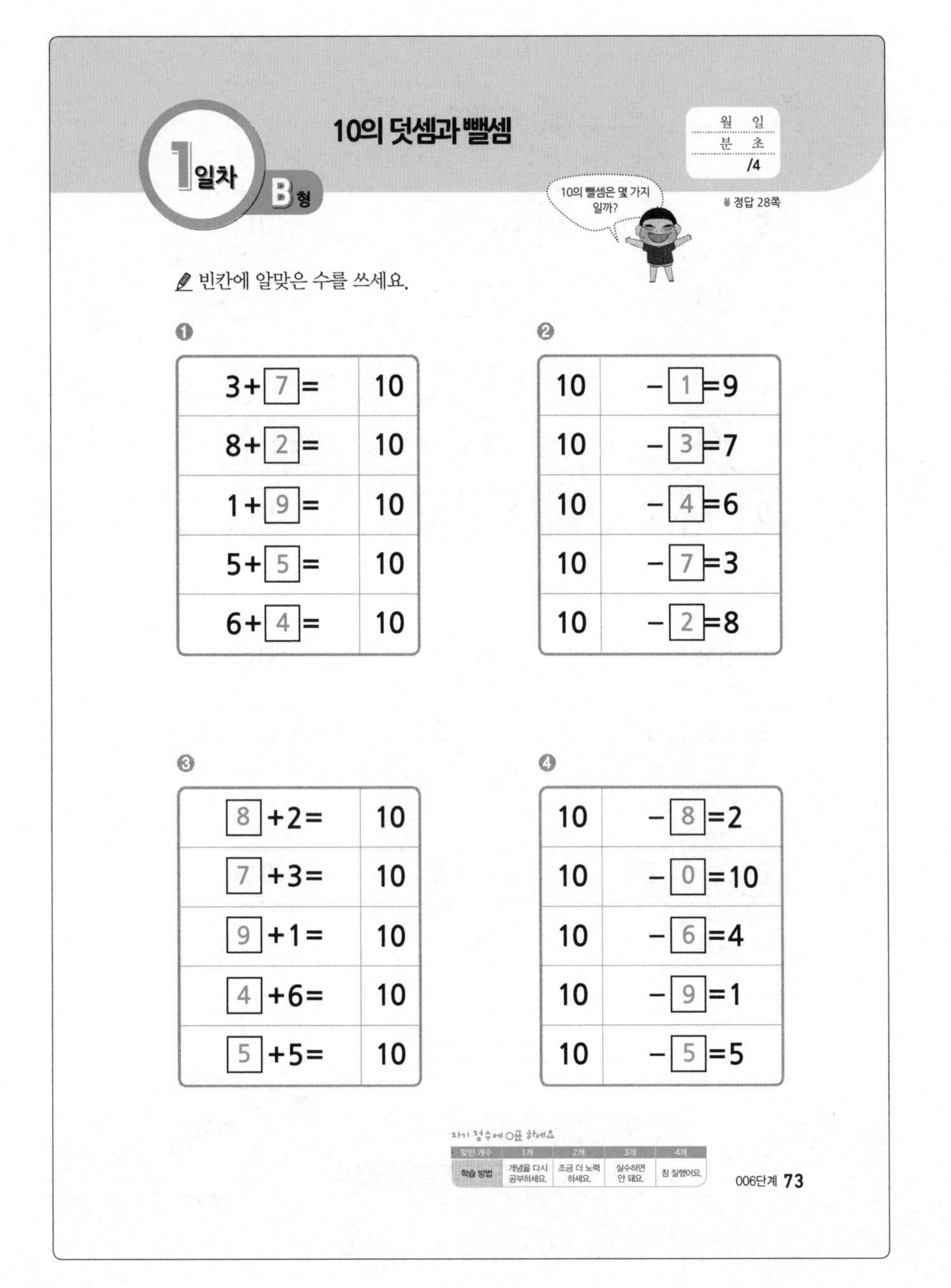

1일차 B형

10의 덧셈과 뺄셈

월 일
분 초
/4

10의 뺄셈은 몇 가지일까?

정답 28쪽

빈칸에 알맞은 수를 쓰세요.

❶

3+[7]=	10
8+[2]=	10
1+[9]=	10
5+[5]=	10
6+[4]=	10

❷

10	−[1]=9
10	−[3]=7
10	−[4]=6
10	−[7]=3
10	−[2]=8

❸

[8]+2=	10
[7]+3=	10
[9]+1=	10
[4]+6=	10
[5]+5=	10

❹

10	−[8]=2
10	−[0]=10
10	−[6]=4
10	−[9]=1
10	−[5]=5

자기 점수에 ○표 하세요.

맞힌 개수	1개	2개	3개	4개
학습 방법	개념을 다시 공부하세요.	조금 더 노력하세요.	실수하면 안 돼요.	참 잘했어요.

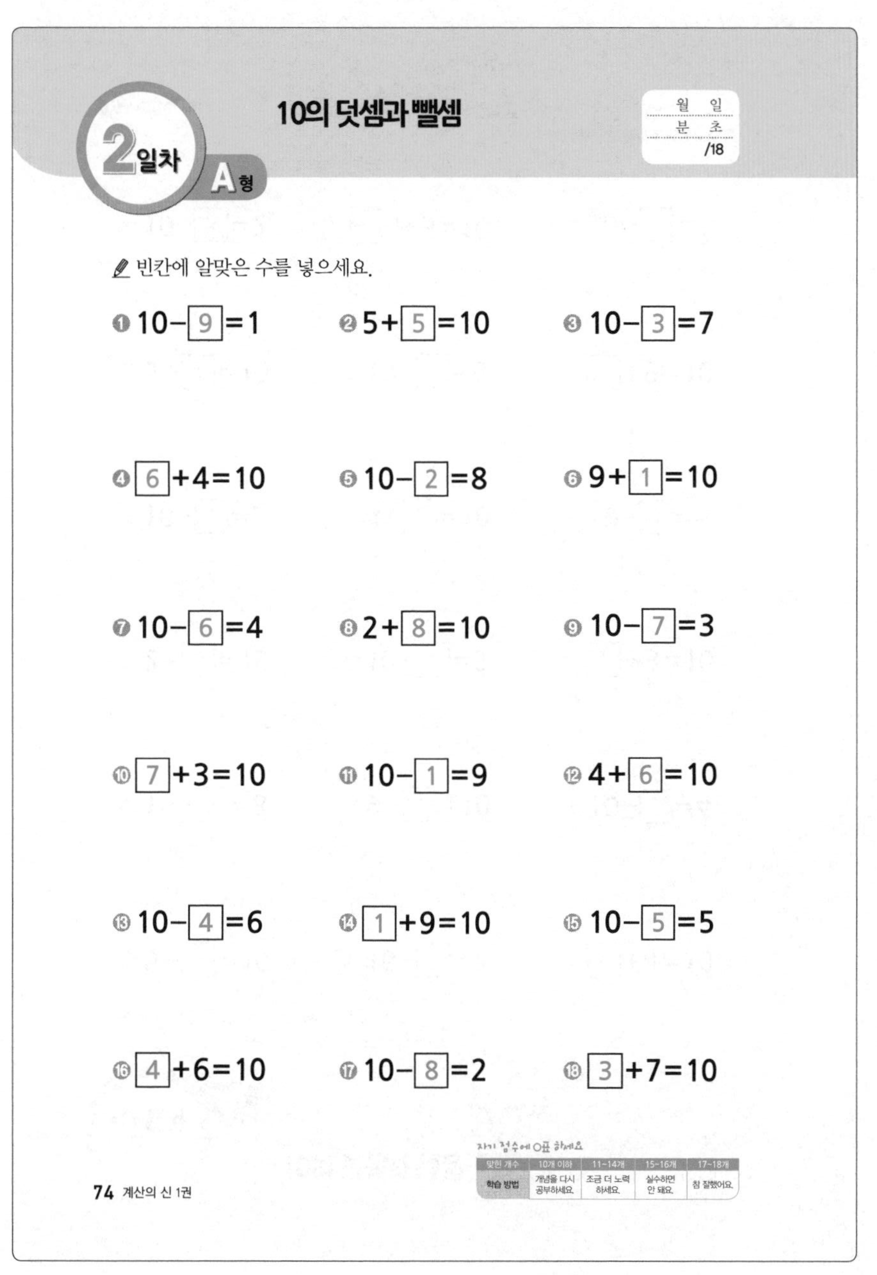

2일차 A형

10의 덧셈과 뺄셈

월 일 / 분 초 / /18

빈칸에 알맞은 수를 넣으세요.

① 10−[9]=1 ② 5+[5]=10 ③ 10−[3]=7

④ [6]+4=10 ⑤ 10−[2]=8 ⑥ 9+[1]=10

⑦ 10−[6]=4 ⑧ 2+[8]=10 ⑨ 10−[7]=3

⑩ [7]+3=10 ⑪ 10−[1]=9 ⑫ 4+[6]=10

⑬ 10−[4]=6 ⑭ [1]+9=10 ⑮ 10−[5]=5

⑯ [4]+6=10 ⑰ 10−[8]=2 ⑱ [3]+7=10

자기 점수에 ○표 하세요.

맞힌 개수	10개 이하	11~14개	15~16개	17~18개
학습 방법	개념을 다시 공부하세요.	조금 더 노력하세요.	실수하면 안 돼요.	참 잘했어요.

74 계산의 신 1권

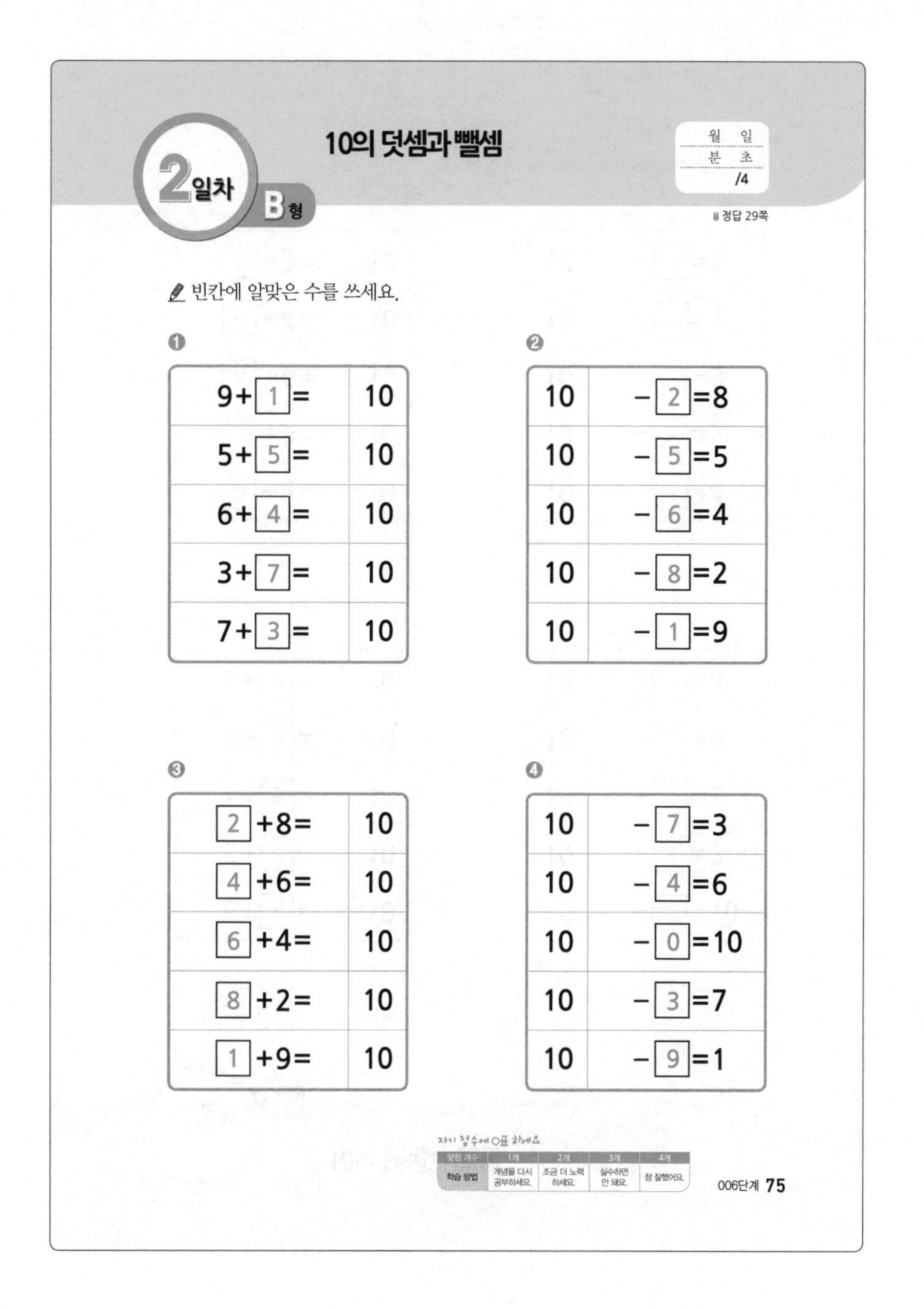

2일차 B형

10의 덧셈과 뺄셈

월 일 / 분 초 / /4

정답 29쪽

빈칸에 알맞은 수를 쓰세요.

①

9+[1]=	10
5+[5]=	10
6+[4]=	10
3+[7]=	10
7+[3]=	10

②

10	−[2]=8
10	−[5]=5
10	−[6]=4
10	−[8]=2
10	−[1]=9

③

[2]+8=	10
[4]+6=	10
[6]+4=	10
[8]+2=	10
[1]+9=	10

④

10	−[7]=3
10	−[4]=6
10	−[0]=10
10	−[3]=7
10	−[9]=1

자기 점수에 ○표 하세요.

맞힌 개수	1개	2개	3개	4개
학습 방법	개념을 다시 공부하세요.	조금 더 노력하세요.	실수하면 안 돼요.	참 잘했어요.

006단계 75

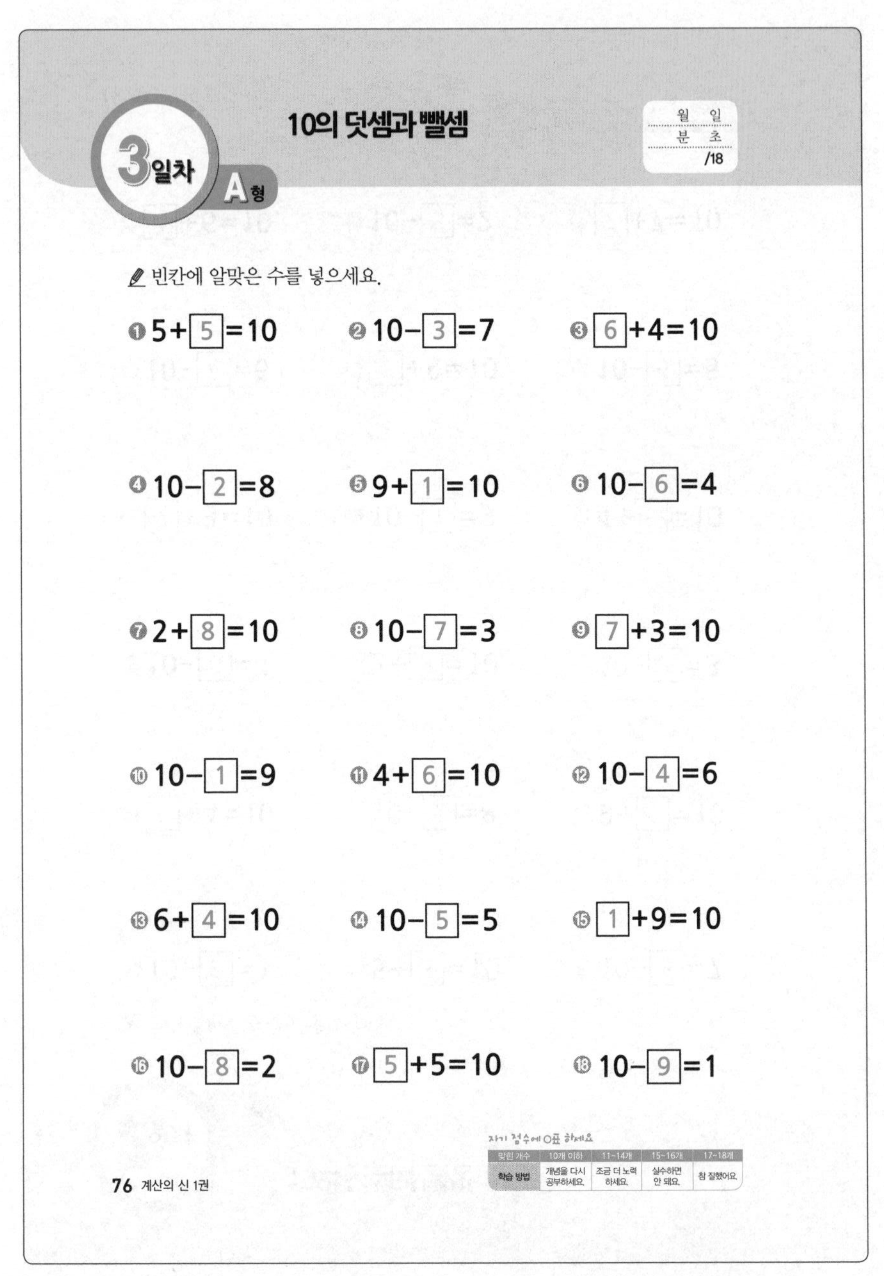

3일차 A형 10의 덧셈과 뺄셈

월 일 / 분 초 / /18

빈칸에 알맞은 수를 넣으세요.

❶ 5+[5]=10　❷ 10−[3]=7　❸ [6]+4=10

❹ 10−[2]=8　❺ 9+[1]=10　❻ 10−[6]=4

❼ 2+[8]=10　❽ 10−[7]=3　❾ [7]+3=10

❿ 10−[1]=9　⓫ 4+[6]=10　⓬ 10−[4]=6

⓭ 6+[4]=10　⓮ 10−[5]=5　⓯ [1]+9=10

⓰ 10−[8]=2　⓱ [5]+5=10　⓲ 10−[9]=1

자기 점수에 ○표 하세요

맞힌 개수	10개 이하	11~14개	15~16개	17~18개
학습 방법	개념을 다시 공부하세요.	조금 더 노력 하세요.	실수하면 안 돼요.	참 잘했어요.

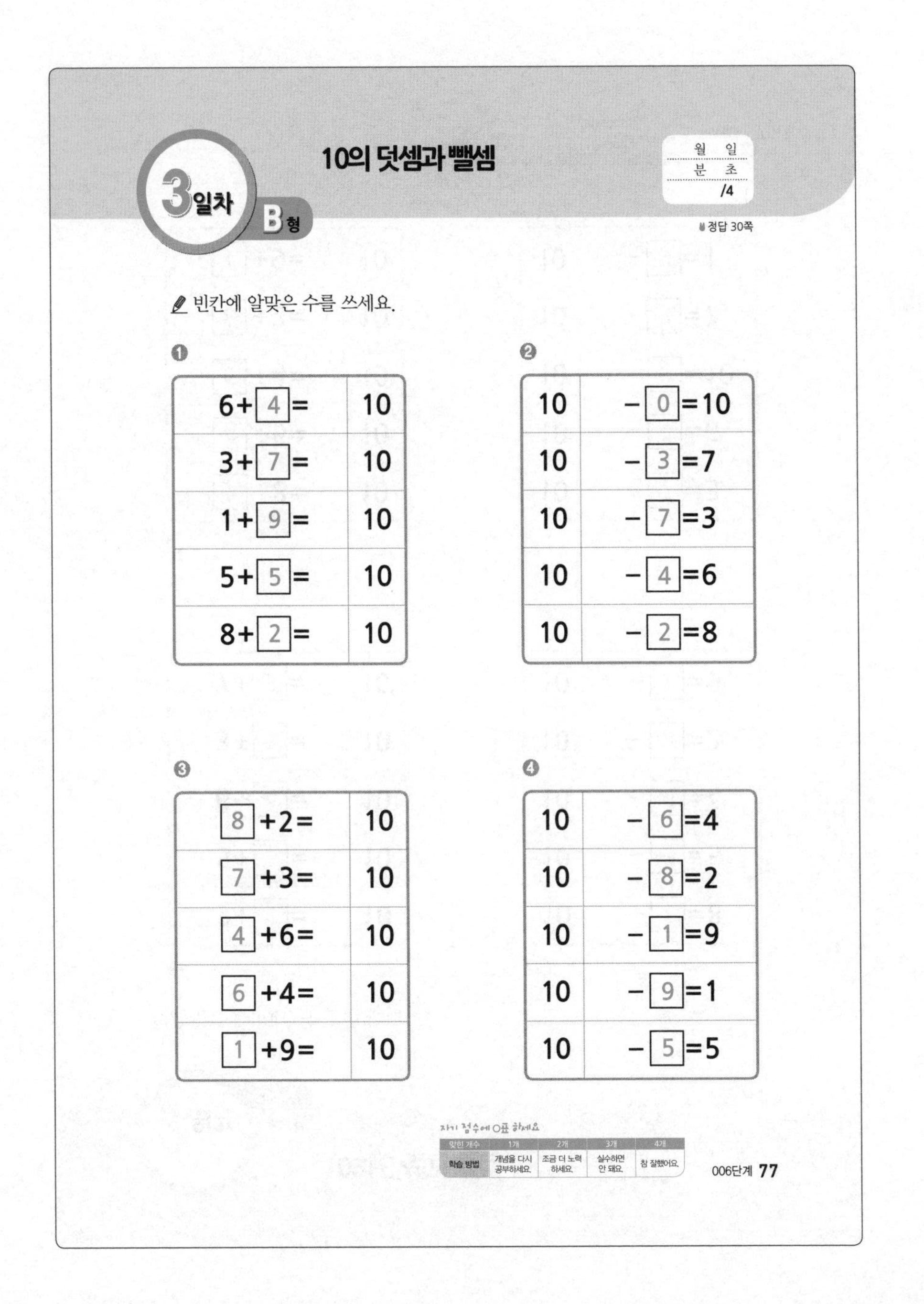

3일차 B형 10의 덧셈과 뺄셈

월 일 / 분 초 / /4

정답 30쪽

빈칸에 알맞은 수를 쓰세요.

❶

6+[4]=	10
3+[7]=	10
1+[9]=	10
5+[5]=	10
8+[2]=	10

❷

10	−[0]=10
10	−[3]=7
10	−[7]=3
10	−[4]=6
10	−[2]=8

❸

[8]+2=	10
[7]+3=	10
[4]+6=	10
[6]+4=	10
[1]+9=	10

❹

10	−[6]=4
10	−[8]=2
10	−[1]=9
10	−[9]=1
10	−[5]=5

자기 점수에 ○표 하세요

맞힌 개수	1개	2개	3개	4개
학습 방법	개념을 다시 공부하세요.	조금 더 노력 하세요.	실수하면 안 돼요.	참 잘했어요.

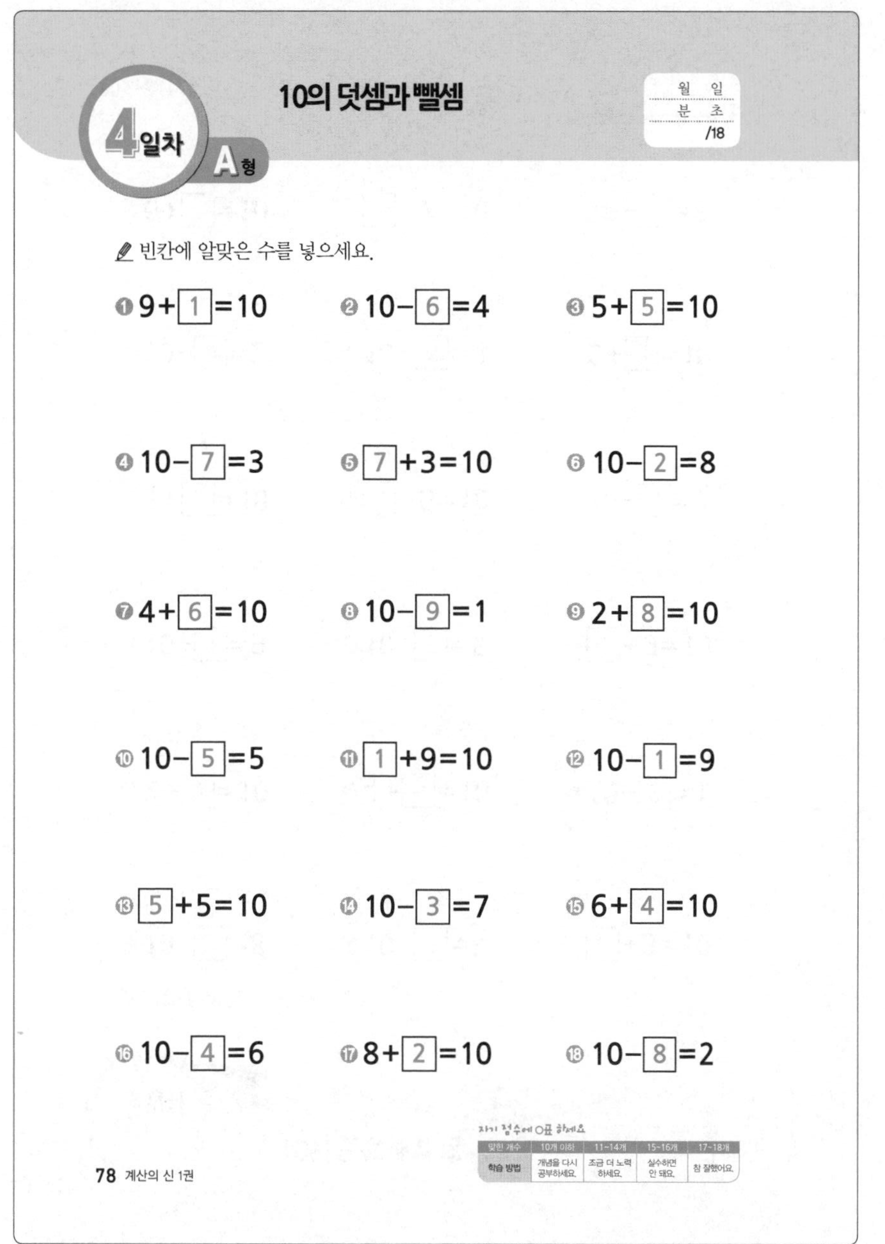

4일차 A형 10의 덧셈과 뺄셈

월 일 / 분 초 / /18

빈칸에 알맞은 수를 넣으세요.

❶ 9+[1]=10 ❷ 10−[6]=4 ❸ 5+[5]=10

❹ 10−[7]=3 ❺ [7]+3=10 ❻ 10−[2]=8

❼ 4+[6]=10 ❽ 10−[9]=1 ❾ 2+[8]=10

❿ 10−[5]=5 ⓫ [1]+9=10 ⓬ 10−[1]=9

⓭ [5]+5=10 ⓮ 10−[3]=7 ⓯ 6+[4]=10

⓰ 10−[4]=6 ⓱ 8+[2]=10 ⓲ 10−[8]=2

자기 점수에 ○표 하세요

맞힌 개수	10개 이하	11~14개	15~16개	17~18개
학습 방법	개념을 다시 공부하세요.	조금 더 노력하세요.	실수하면 안 돼요.	참 잘했어요.

78 계산의 신 1권

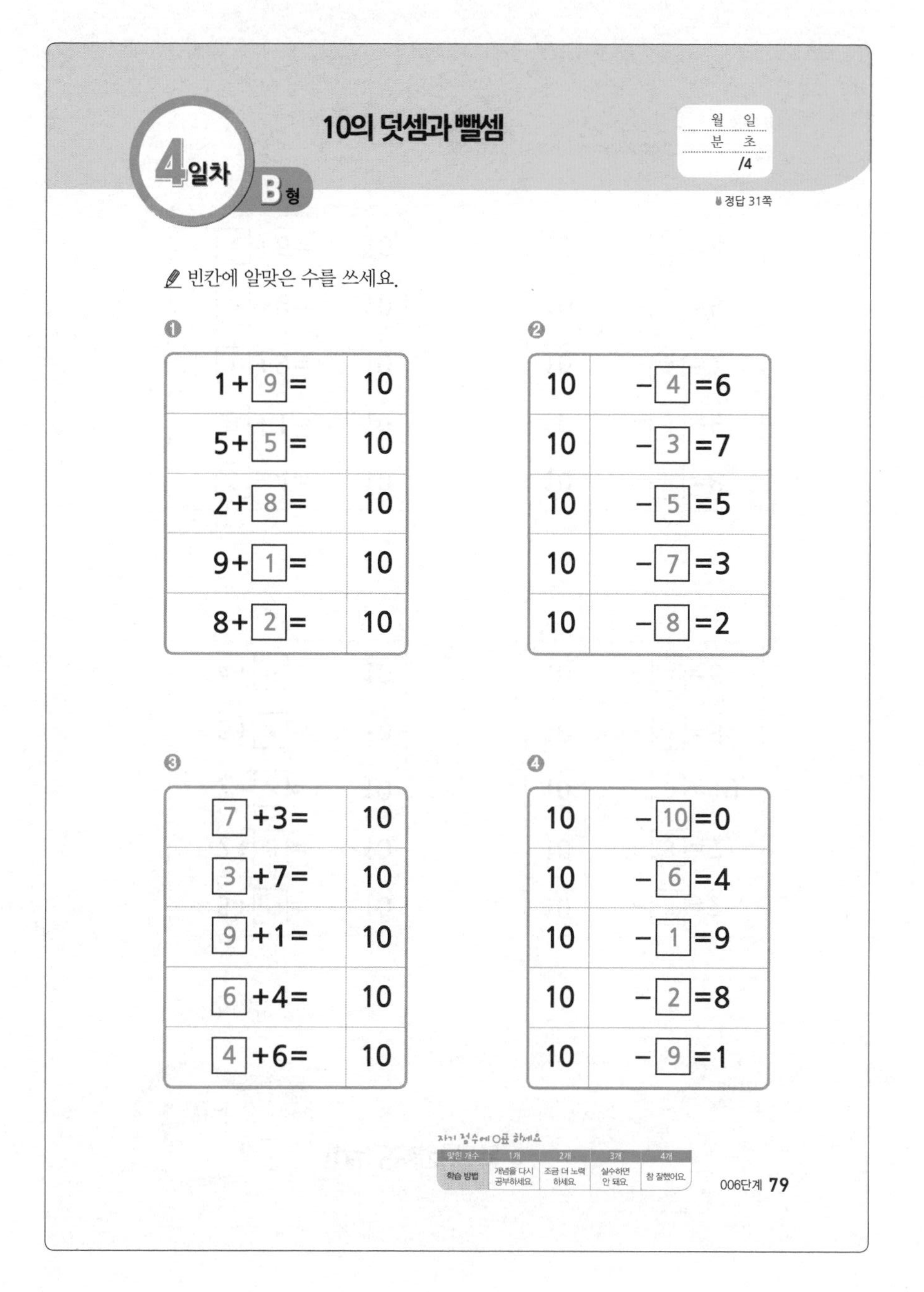

4일차 B형 10의 덧셈과 뺄셈

월 일 / 분 초 / /4

정답 31쪽

빈칸에 알맞은 수를 쓰세요.

❶

1+[9]=	10
5+[5]=	10
2+[8]=	10
9+[1]=	10
8+[2]=	10

❷

10	−[4]=6
10	−[3]=7
10	−[5]=5
10	−[7]=3
10	−[8]=2

❸

[7]+3=	10
[3]+7=	10
[9]+1=	10
[6]+4=	10
[4]+6=	10

❹

10	−[10]=0
10	−[6]=4
10	−[1]=9
10	−[2]=8
10	−[9]=1

자기 점수에 ○표 하세요

맞힌 개수	1개	2개	3개	4개
학습 방법	개념을 다시 공부하세요.	조금 더 노력하세요.	실수하면 안 돼요.	참 잘했어요.

006단계 79

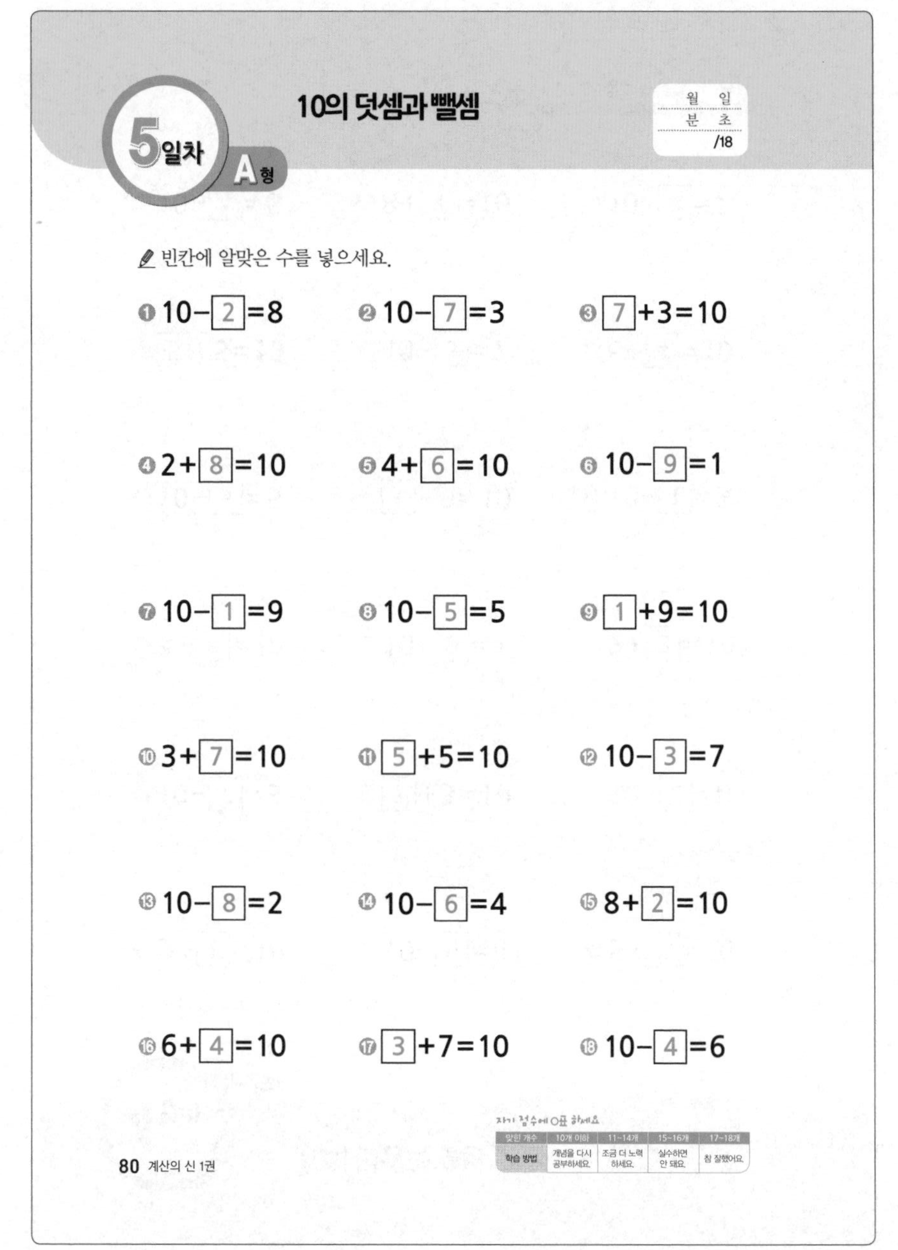

5일차 A형

10의 덧셈과 뺄셈

월 일 분 초 /18

빈칸에 알맞은 수를 넣으세요.

❶ 10−[2]=8 ❷ 10−[7]=3 ❸ [7]+3=10

❹ 2+[8]=10 ❺ 4+[6]=10 ❻ 10−[9]=1

❼ 10−[1]=9 ❽ 10−[5]=5 ❾ [1]+9=10

❿ 3+[7]=10 ⓫ [5]+5=10 ⓬ 10−[3]=7

⓭ 10−[8]=2 ⓮ 10−[6]=4 ⓯ 8+[2]=10

⓰ 6+[4]=10 ⓱ [3]+7=10 ⓲ 10−[4]=6

자기 점수에 ○표 하세요.

맞힌 개수	10개 이하	11~14개	15~16개	17~18개
학습 방법	개념을 다시 공부하세요.	조금 더 노력하세요.	실수하면 안 돼요.	참 잘했어요.

80 계산의 신 1권

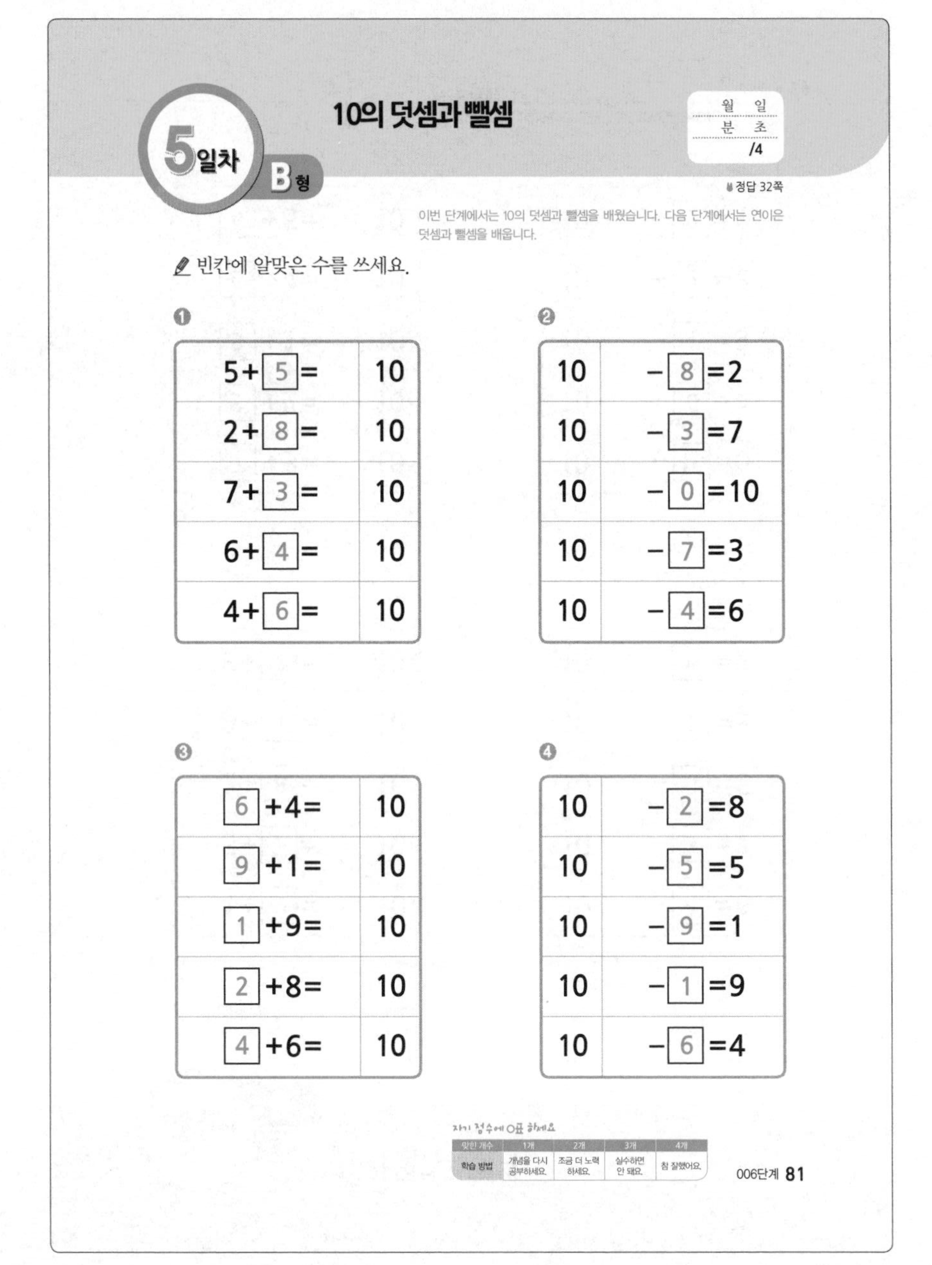

5일차 B형

10의 덧셈과 뺄셈

월 일 분 초 /4

정답 32쪽

이번 단계에서는 10의 덧셈과 뺄셈을 배웠습니다. 다음 단계에서는 연이은 덧셈과 뺄셈을 배웁니다.

빈칸에 알맞은 수를 쓰세요.

❶

5+[5]=	10
2+[8]=	10
7+[3]=	10
6+[4]=	10
4+[6]=	10

❷

10	−[8]=2
10	−[3]=7
10	−[0]=10
10	−[7]=3
10	−[4]=6

❸

[6]+4=	10
[9]+1=	10
[1]+9=	10
[2]+8=	10
[4]+6=	10

❹

10	−[2]=8
10	−[5]=5
10	−[9]=1
10	−[1]=9
10	−[6]=4

자기 점수에 ○표 하세요.

맞힌 개수	1개	2개	3개	4개
학습 방법	개념을 다시 공부하세요.	조금 더 노력하세요.	실수하면 안 돼요.	참 잘했어요.

006단계 81

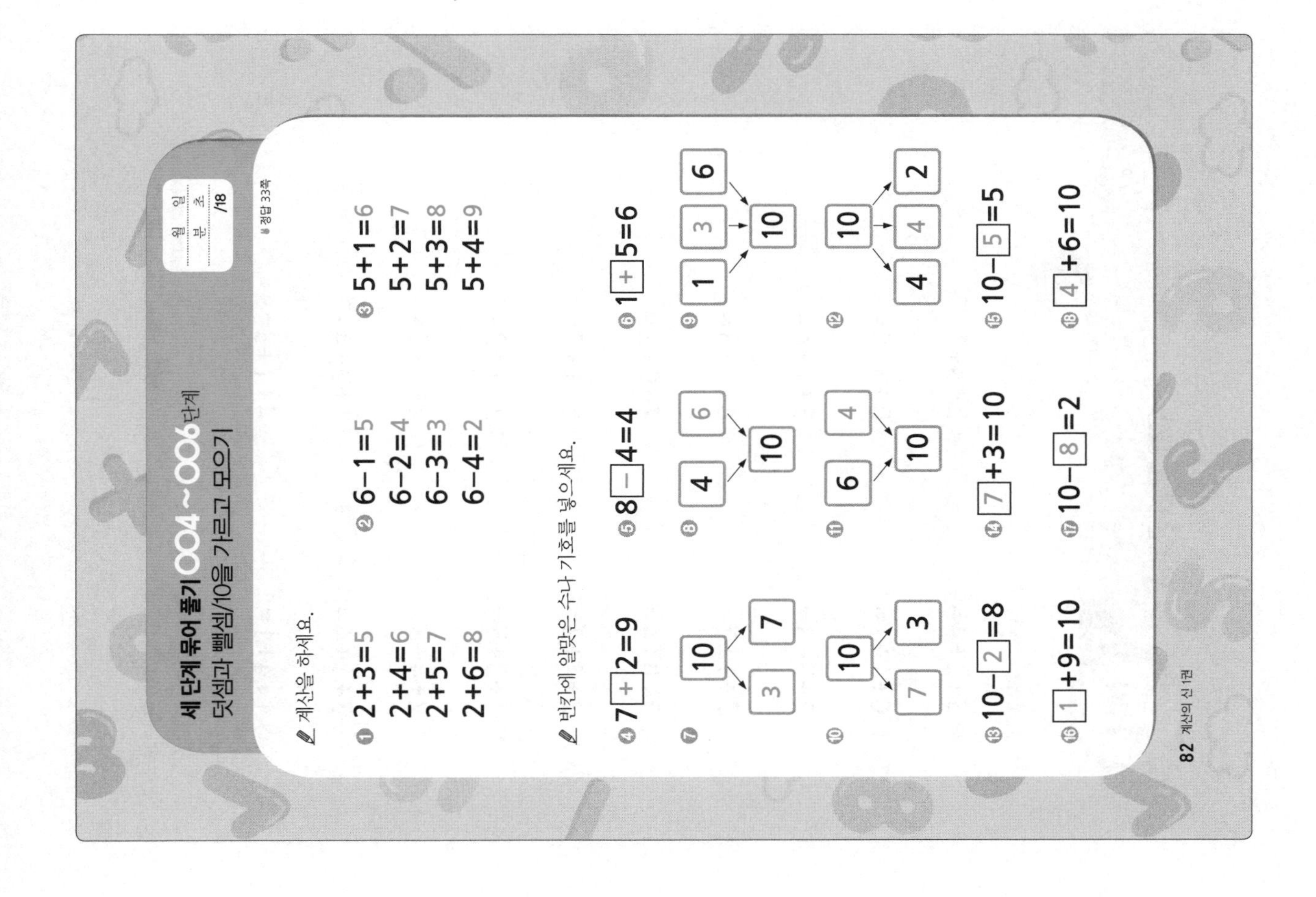
세 단계 묶어 풀기 004 ~ 006단계
덧셈과 뺄셈/10을 가르고 모으기

월 일
분 초
/18

정답 33쪽

계산을 하세요.

❶ 2+3=5
2+4=6
2+5=7
2+6=8

❷ 6−1=5
6−2=4
6−3=3
6−4=2

❸ 5+1=6
5+2=7
5+3=8
5+4=9

빈칸에 알맞은 수나 기호를 넣으세요.

❹ 7 [+] 2=9

❺ 8 [−] 4=4

❻ 1 [+] 5=6

❼ 10 → 3, 7

❽ 4, 6 → 10

❾ 1, 3, 6 → 10

❿ 10 → 7, 3

⓫ 6, 4 → 10

⓬ 10 → 4, 4, 2

⓭ 10− [2] =8

⓮ [7] +3=10

⓯ 10− [5] =5

⓰ [1] +9=10

⓱ 10− [8] =2

⓲ [4] +6=10

82 계산의 신 1권

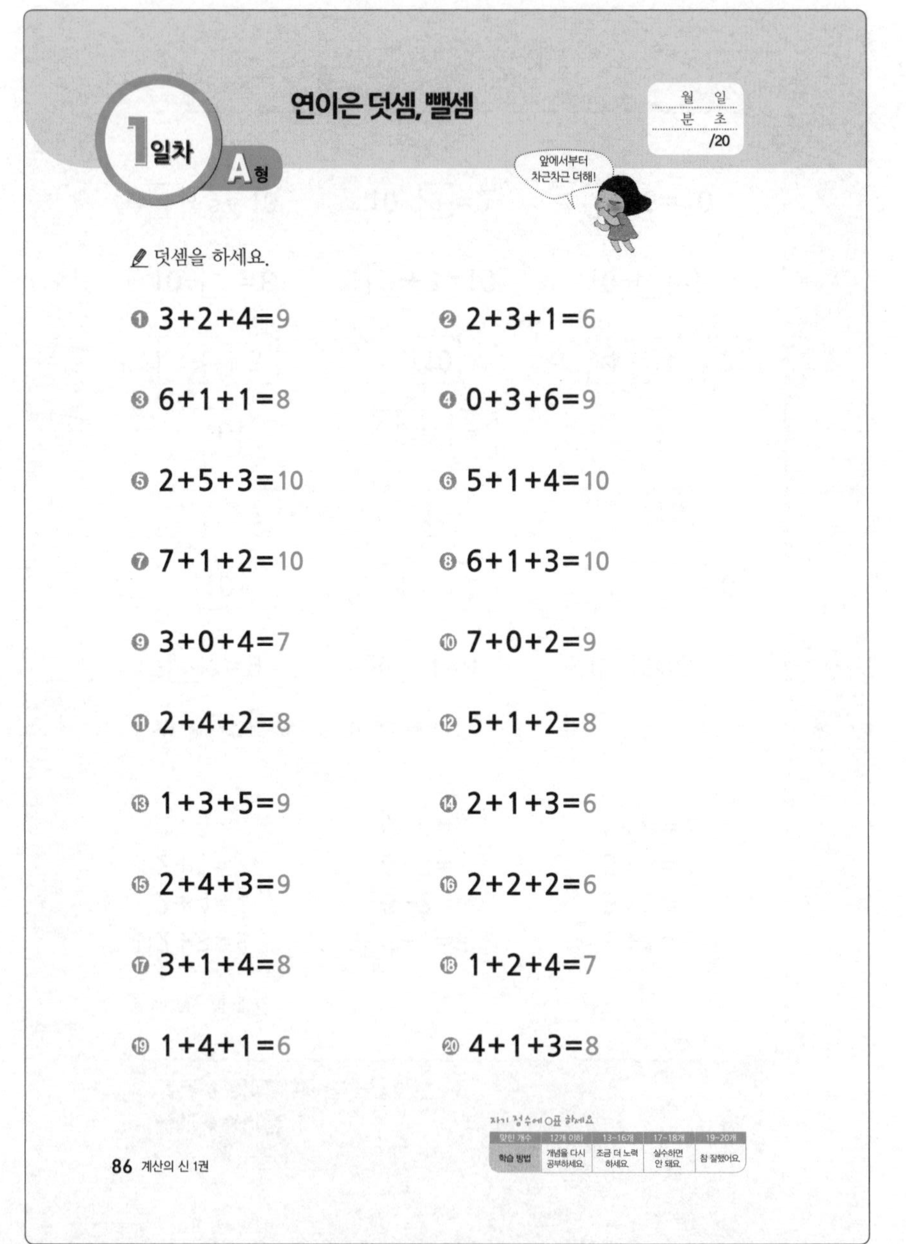

1일차 A형

연이은 덧셈, 뺄셈

월 일
분 초
/20

앞에서부터
차근차근 더해!

덧셈을 하세요.

❶ 3+2+4=9	❷ 2+3+1=6
❸ 6+1+1=8	❹ 0+3+6=9
❺ 2+5+3=10	❻ 5+1+4=10
❼ 7+1+2=10	❽ 6+1+3=10
❾ 3+0+4=7	❿ 7+0+2=9
⓫ 2+4+2=8	⓬ 5+1+2=8
⓭ 1+3+5=9	⓮ 2+1+3=6
⓯ 2+4+3=9	⓰ 2+2+2=6
⓱ 3+1+4=8	⓲ 1+2+4=7
⓳ 1+4+1=6	⓴ 4+1+3=8

자기 점수에 ○표 하세요.

맞힌 개수	12개 이하	13~16개	17~18개	19~20개
학습 방법	개념을 다시 공부하세요.	조금 더 노력하세요.	실수하면 안 돼요.	참 잘했어요.

86 계산의 신 1권

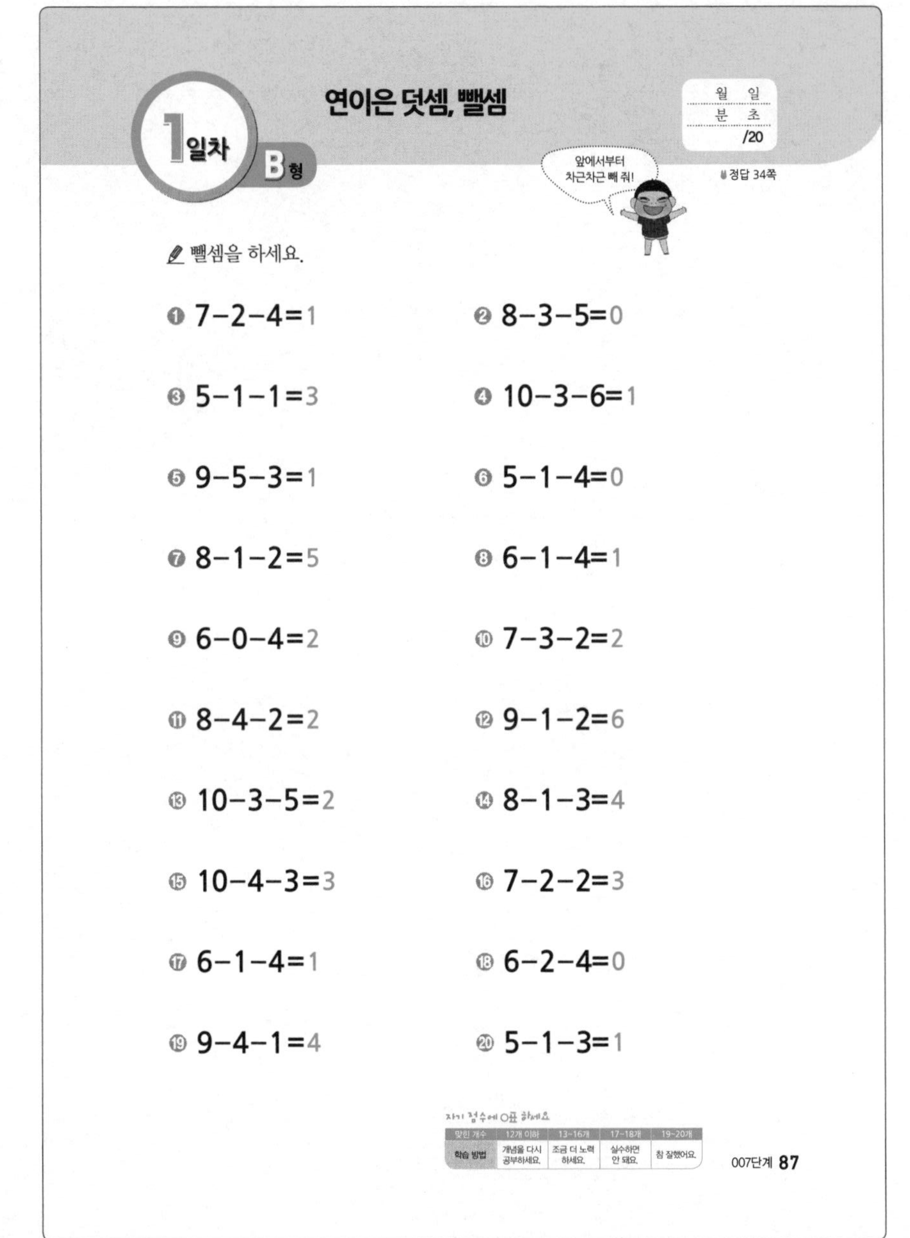

1일차 B형

연이은 덧셈, 뺄셈

월 일
분 초
/20

앞에서부터
차근차근 빼 줘!

정답 34쪽

뺄셈을 하세요.

❶ 7−2−4=1	❷ 8−3−5=0
❸ 5−1−1=3	❹ 10−3−6=1
❺ 9−5−3=1	❻ 5−1−4=0
❼ 8−1−2=5	❽ 6−1−4=1
❾ 6−0−4=2	❿ 7−3−2=2
⓫ 8−4−2=2	⓬ 9−1−2=6
⓭ 10−3−5=2	⓮ 8−1−3=4
⓯ 10−4−3=3	⓰ 7−2−2=3
⓱ 6−1−4=1	⓲ 6−2−4=0
⓳ 9−4−1=4	⓴ 5−1−3=1

자기 점수에 ○표 하세요.

맞힌 개수	12개 이하	13~16개	17~18개	19~20개
학습 방법	개념을 다시 공부하세요.	조금 더 노력하세요.	실수하면 안 돼요.	참 잘했어요.

007단계 87

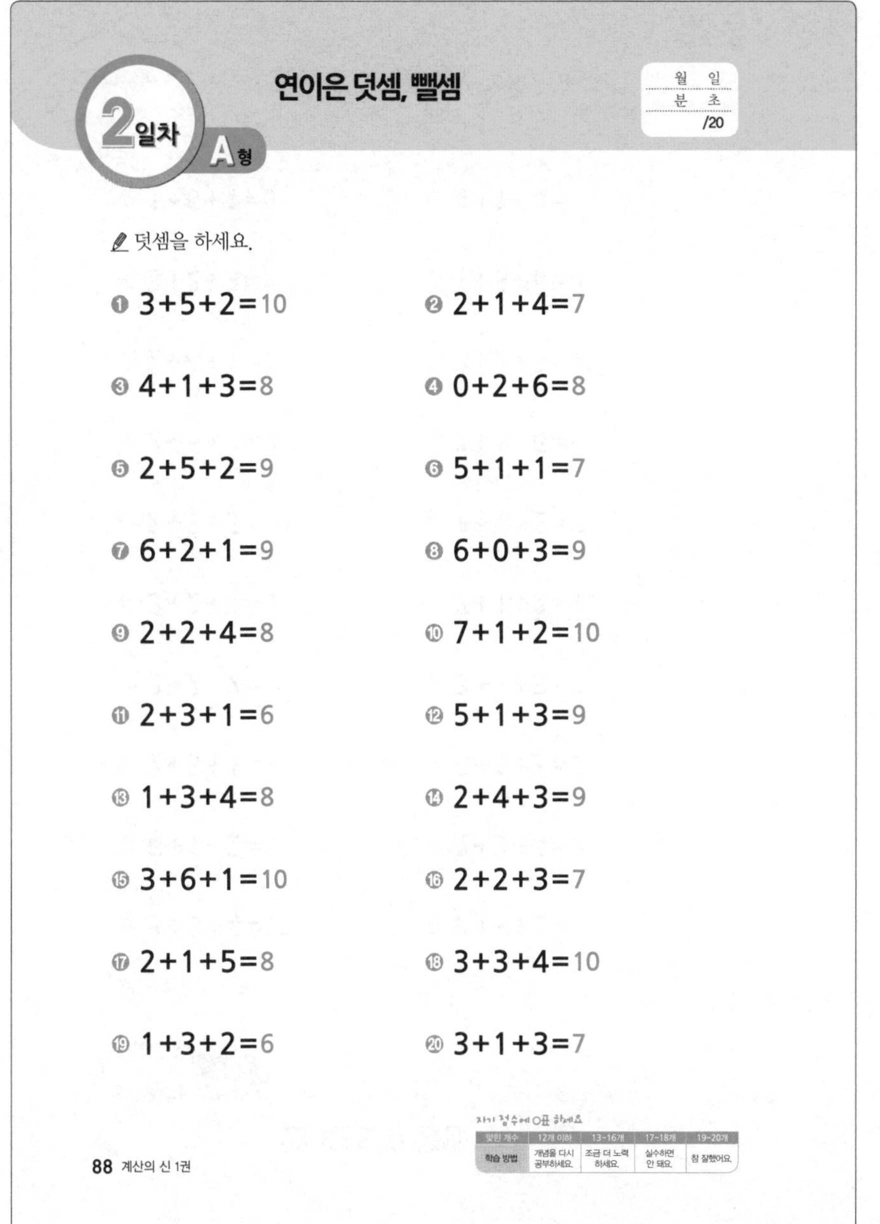

2일차 A형

연이은 덧셈, 뺄셈

월 일
분 초
/20

덧셈을 하세요.

① 3+5+2=10	② 2+1+4=7
③ 4+1+3=8	④ 0+2+6=8
⑤ 2+5+2=9	⑥ 5+1+1=7
⑦ 6+2+1=9	⑧ 6+0+3=9
⑨ 2+2+4=8	⑩ 7+1+2=10
⑪ 2+3+1=6	⑫ 5+1+3=9
⑬ 1+3+4=8	⑭ 2+4+3=9
⑮ 3+6+1=10	⑯ 2+2+3=7
⑰ 2+1+5=8	⑱ 3+3+4=10
⑲ 1+3+2=6	⑳ 3+1+3=7

자기 점수에 ○표 하세요.

맞힌 개수	12개 이하	13~16개	17~18개	19~20개
학습 방법	개념을 다시 공부하세요.	조금 더 노력하세요.	실수하면 안 돼요.	참 잘했어요.

88 계산의 신 1권

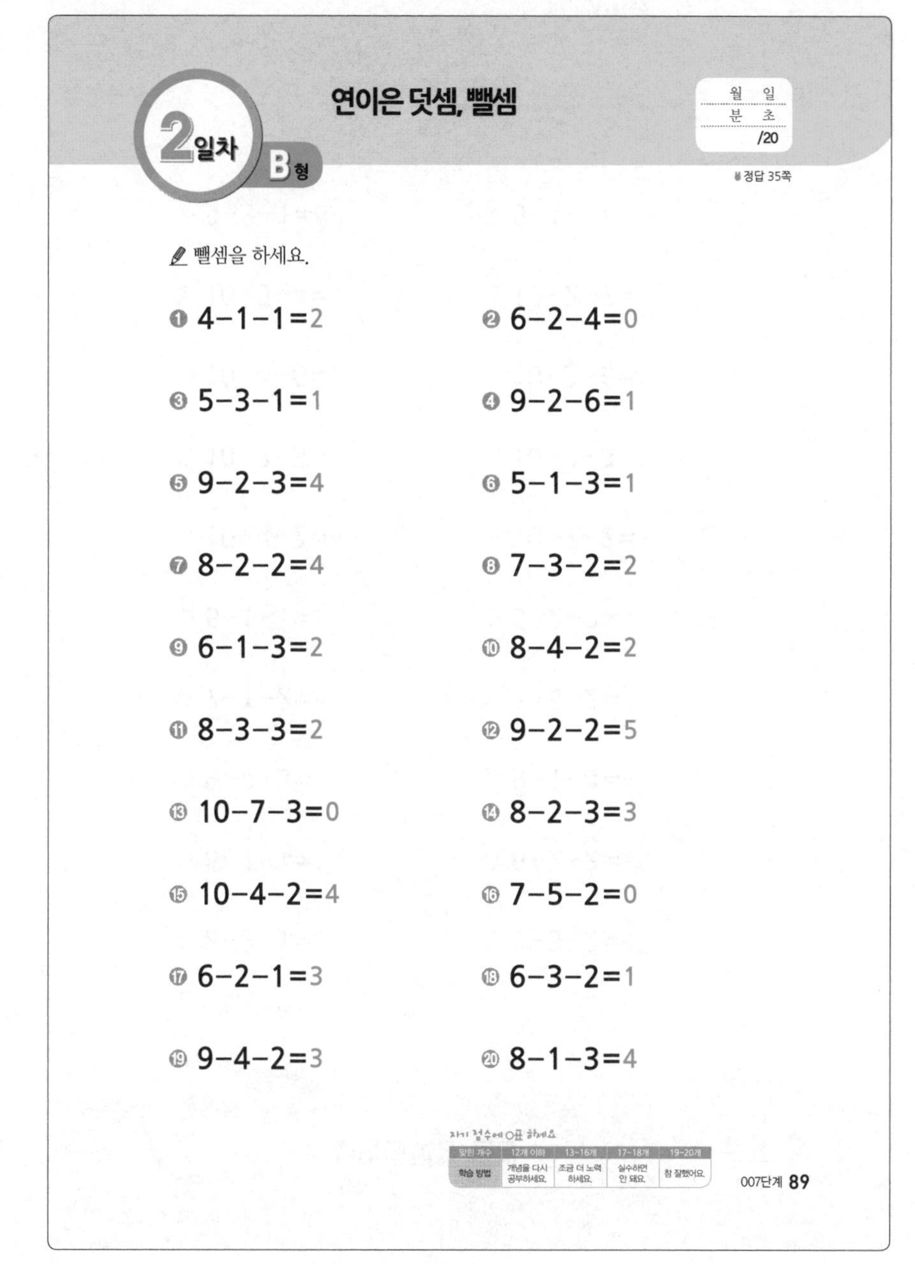

2일차 B형

연이은 덧셈, 뺄셈

월 일
분 초
/20

정답 35쪽

뺄셈을 하세요.

① 4−1−1=2	② 6−2−4=0
③ 5−3−1=1	④ 9−2−6=1
⑤ 9−2−3=4	⑥ 5−1−3=1
⑦ 8−2−2=4	⑧ 7−3−2=2
⑨ 6−1−3=2	⑩ 8−4−2=2
⑪ 8−3−3=2	⑫ 9−2−2=5
⑬ 10−7−3=0	⑭ 8−2−3=3
⑮ 10−4−2=4	⑯ 7−5−2=0
⑰ 6−2−1=3	⑱ 6−3−2=1
⑲ 9−4−2=3	⑳ 8−1−3=4

자기 점수에 ○표 하세요.

맞힌 개수	12개 이하	13~16개	17~18개	19~20개
학습 방법	개념을 다시 공부하세요.	조금 더 노력하세요.	실수하면 안 돼요.	참 잘했어요.

007단계 89

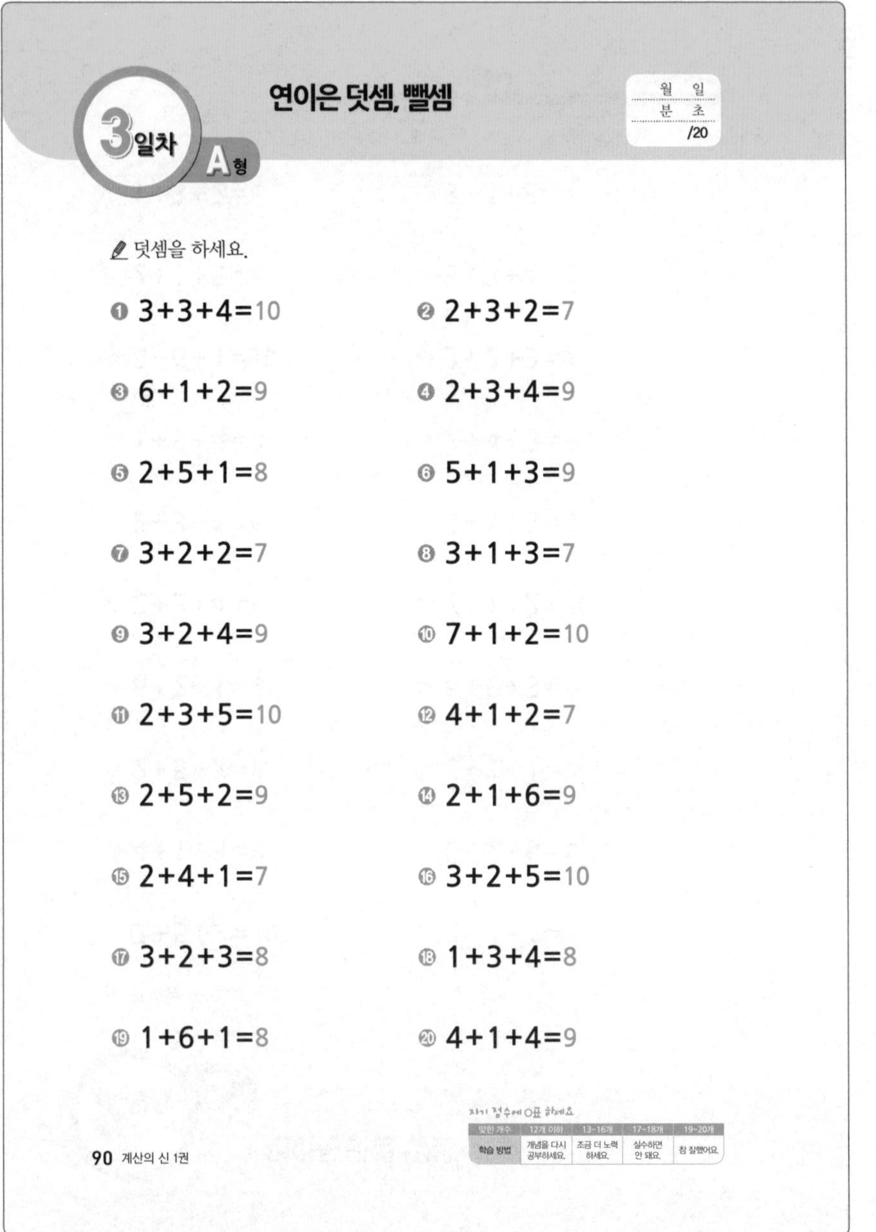

3일차 A형 연이은 덧셈, 뺄셈

월 일 / 분 초 / /20

덧셈을 하세요.

❶ 3+3+4=10	❷ 2+3+2=7
❸ 6+1+2=9	❹ 2+3+4=9
❺ 2+5+1=8	❻ 5+1+3=9
❼ 3+2+2=7	❽ 3+1+3=7
❾ 3+2+4=9	❿ 7+1+2=10
⓫ 2+3+5=10	⓬ 4+1+2=7
⓭ 2+5+2=9	⓮ 2+1+6=9
⓯ 2+4+1=7	⓰ 3+2+5=10
⓱ 3+2+3=8	⓲ 1+3+4=8
⓳ 1+6+1=8	⓴ 4+1+4=9

자기 점수에 ○표 하세요.

맞힌 개수	12개 이하	13~16개	17~18개	19~20개
학습 방법	개념을 다시 공부하세요.	조금 더 노력하세요.	실수하면 안 돼요.	참 잘했어요.

90 계산의 신 1권

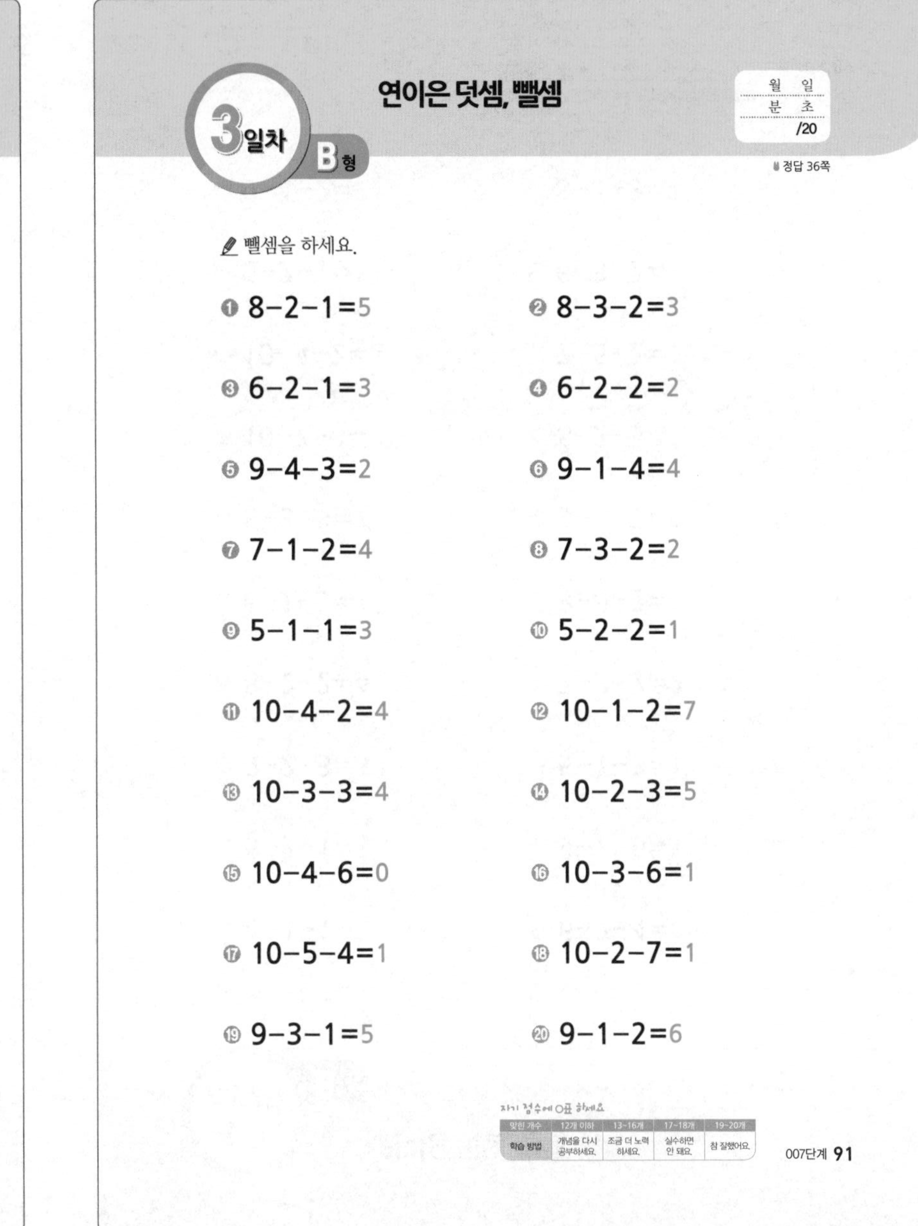

3일차 B형 연이은 덧셈, 뺄셈

월 일 / 분 초 / /20

정답 36쪽

뺄셈을 하세요.

❶ 8−2−1=5	❷ 8−3−2=3
❸ 6−2−1=3	❹ 6−2−2=2
❺ 9−4−3=2	❻ 9−1−4=4
❼ 7−1−2=4	❽ 7−3−2=2
❾ 5−1−1=3	❿ 5−2−2=1
⓫ 10−4−2=4	⓬ 10−1−2=7
⓭ 10−3−3=4	⓮ 10−2−3=5
⓯ 10−4−6=0	⓰ 10−3−6=1
⓱ 10−5−4=1	⓲ 10−2−7=1
⓳ 9−3−1=5	⓴ 9−1−2=6

자기 점수에 ○표 하세요.

맞힌 개수	12개 이하	13~16개	17~18개	19~20개
학습 방법	개념을 다시 공부하세요.	조금 더 노력하세요.	실수하면 안 돼요.	참 잘했어요.

007단계 91

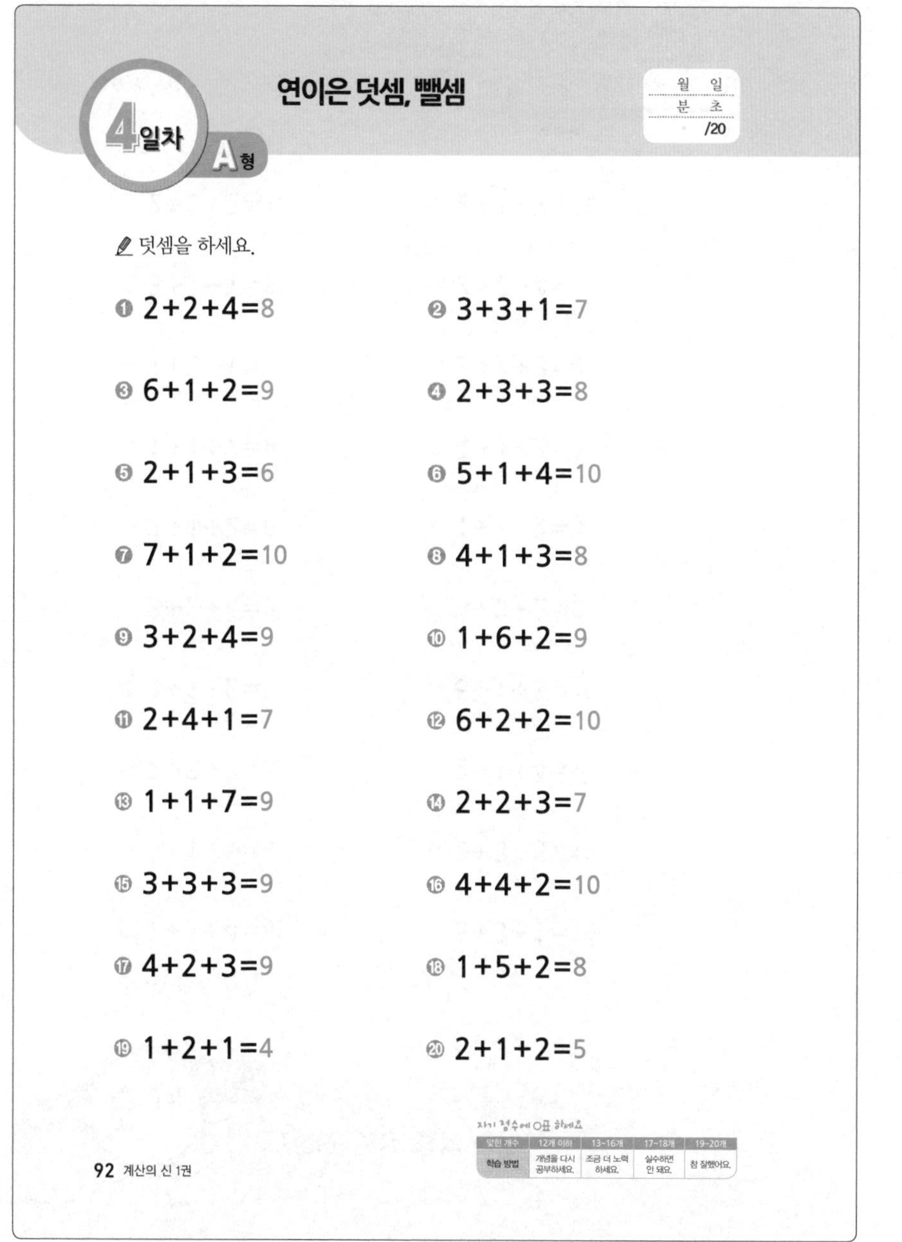

4일차 A형 연이은 덧셈, 뺄셈

월 일 / 분 초 / /20

덧셈을 하세요.

❶ 2+2+4=8 ❷ 3+3+1=7

❸ 6+1+2=9 ❹ 2+3+3=8

❺ 2+1+3=6 ❻ 5+1+4=10

❼ 7+1+2=10 ❽ 4+1+3=8

❾ 3+2+4=9 ❿ 1+6+2=9

⓫ 2+4+1=7 ⓬ 6+2+2=10

⓭ 1+1+7=9 ⓮ 2+2+3=7

⓯ 3+3+3=9 ⓰ 4+4+2=10

⓱ 4+2+3=9 ⓲ 1+5+2=8

⓳ 1+2+1=4 ⓴ 2+1+2=5

자기 점수에 ○표 하세요.

맞힌 개수	12개 이하	13~16개	17~18개	19~20개
학습 방법	개념을 다시 공부하세요.	조금 더 노력 하세요.	실수하면 안 돼요.	참 잘했어요.

92 계산의 신 1권

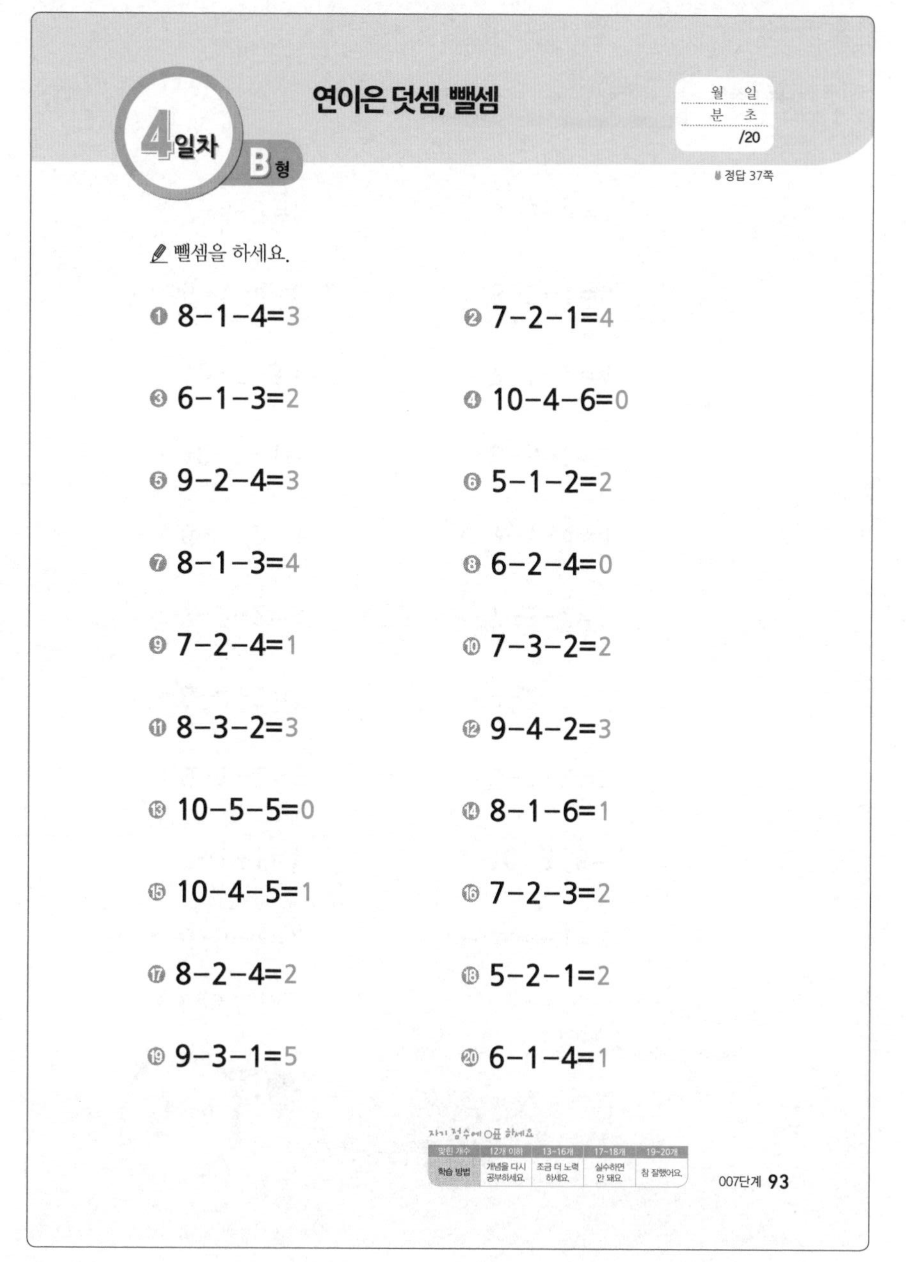

4일차 B형 연이은 덧셈, 뺄셈

월 일 / 분 초 / /20

정답 37쪽

뺄셈을 하세요.

❶ 8−1−4=3 ❷ 7−2−1=4

❸ 6−1−3=2 ❹ 10−4−6=0

❺ 9−2−4=3 ❻ 5−1−2=2

❼ 8−1−3=4 ❽ 6−2−4=0

❾ 7−2−4=1 ❿ 7−3−2=2

⓫ 8−3−2=3 ⓬ 9−4−2=3

⓭ 10−5−5=0 ⓮ 8−1−6=1

⓯ 10−4−5=1 ⓰ 7−2−3=2

⓱ 8−2−4=2 ⓲ 5−2−1=2

⓳ 9−3−1=5 ⓴ 6−1−4=1

자기 점수에 ○표 하세요.

맞힌 개수	12개 이하	13~16개	17~18개	19~20개
학습 방법	개념을 다시 공부하세요.	조금 더 노력 하세요.	실수하면 안 돼요.	참 잘했어요.

007단계 93

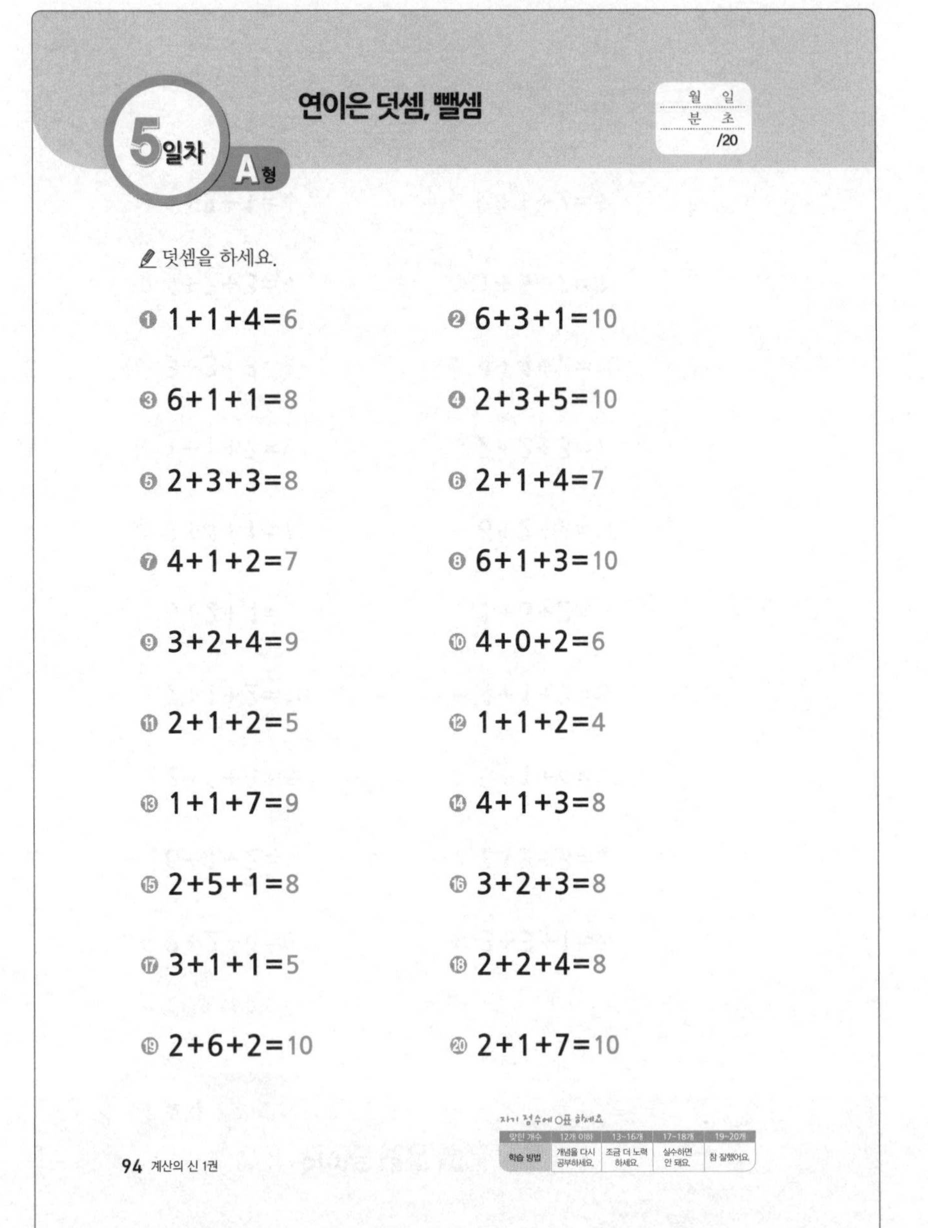

5일차 A형 연이은 덧셈, 뺄셈

월 일 / 분 초 / /20

덧셈을 하세요.

❶ 1+1+4=6 ❷ 6+3+1=10

❸ 6+1+1=8 ❹ 2+3+5=10

❺ 2+3+3=8 ❻ 2+1+4=7

❼ 4+1+2=7 ❽ 6+1+3=10

❾ 3+2+4=9 ❿ 4+0+2=6

⓫ 2+1+2=5 ⓬ 1+1+2=4

⓭ 1+1+7=9 ⓮ 4+1+3=8

⓯ 2+5+1=8 ⓰ 3+2+3=8

⓱ 3+1+1=5 ⓲ 2+2+4=8

⓳ 2+6+2=10 ⓴ 2+1+7=10

자기 점수에 ○표 하세요

맞힌 개수	12개 이하	13~16개	17~18개	19~20개
학습 방법	개념을 다시 공부하세요.	조금 더 노력하세요.	실수하면 안 돼요.	참 잘했어요.

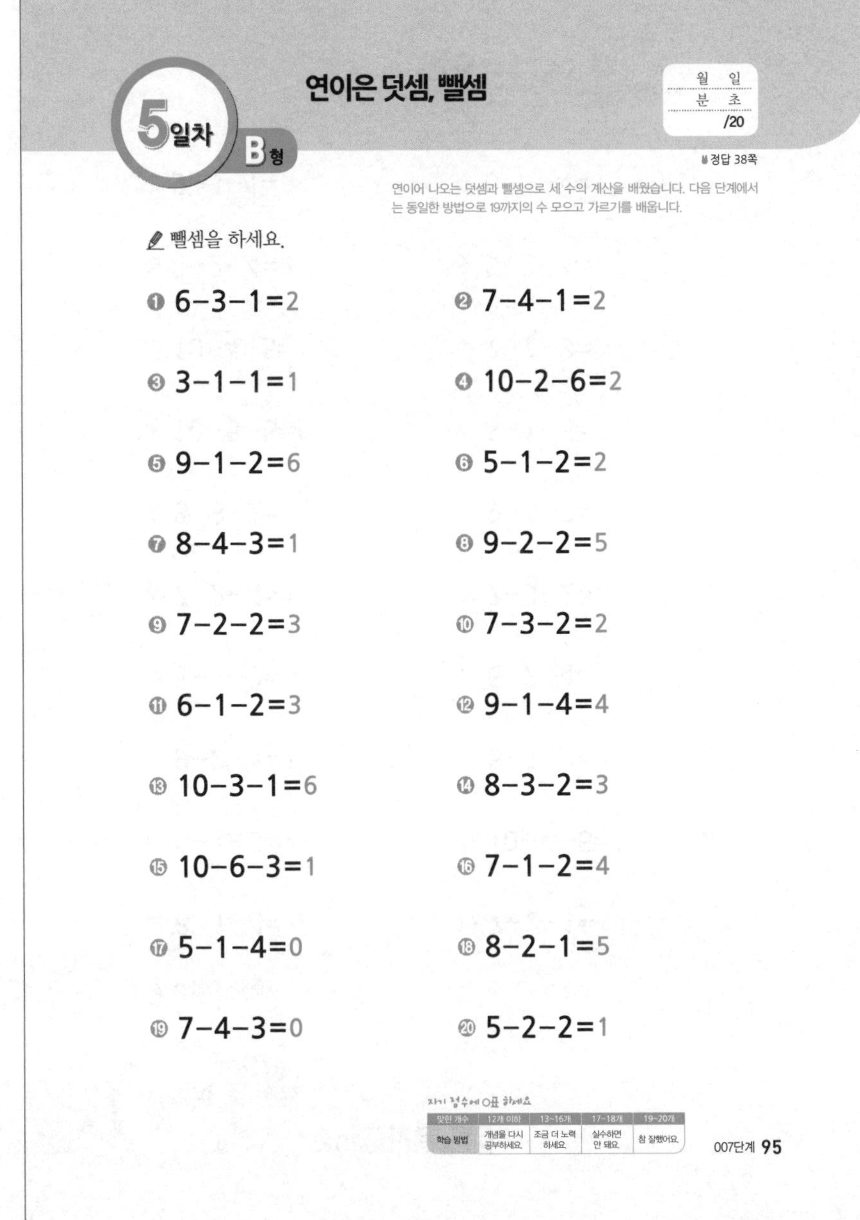

5일차 B형 연이은 덧셈, 뺄셈

월 일 / 분 초 / /20

정답 38쪽

연이어 나오는 덧셈과 뺄셈으로 세 수의 계산을 배웠습니다. 다음 단계에서는 동일한 방법으로 19까지의 수 모으고 가르기를 배웁니다.

뺄셈을 하세요.

❶ 6−3−1=2 ❷ 7−4−1=2

❸ 3−1−1=1 ❹ 10−2−6=2

❺ 9−1−2=6 ❻ 5−1−2=2

❼ 8−4−3=1 ❽ 9−2−2=5

❾ 7−2−2=3 ❿ 7−3−2=2

⓫ 6−1−2=3 ⓬ 9−1−4=4

⓭ 10−3−1=6 ⓮ 8−3−2=3

⓯ 10−6−3=1 ⓰ 7−1−2=4

⓱ 5−1−4=0 ⓲ 8−2−1=5

⓳ 7−4−3=0 ⓴ 5−2−2=1

자기 점수에 ○표 하세요

맞힌 개수	12개 이하	13~16개	17~18개	19~20개
학습 방법	개념을 다시 공부하세요.	조금 더 노력하세요.	실수하면 안 돼요.	참 잘했어요.

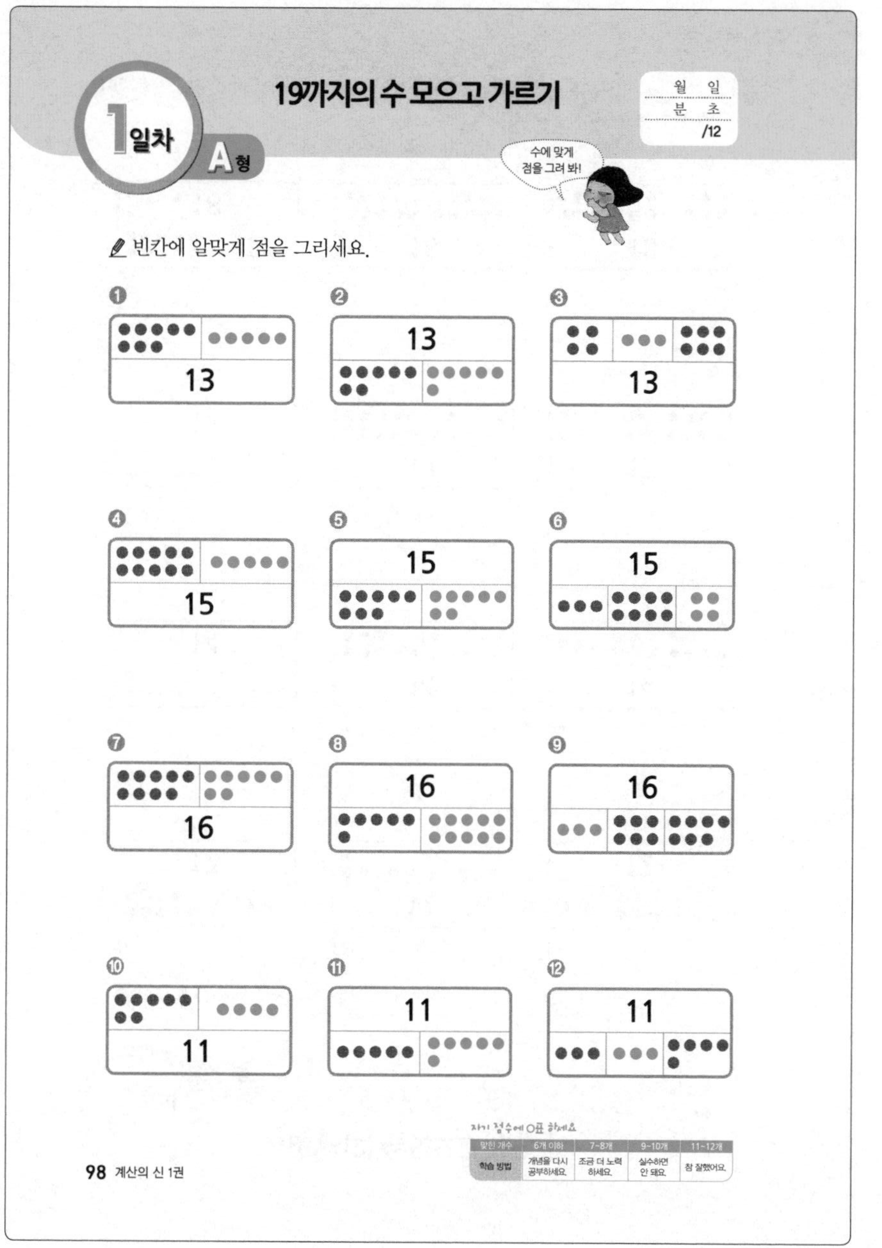

1일차 A형

19까지의 수 모으고 가르기

월 일 / 분 초 / /12

수에 맞게 점을 그려 봐!

빈칸에 알맞게 점을 그리세요.

① 13 ② 13 ③ 13
④ 15 ⑤ 15 ⑥ 15
⑦ 16 ⑧ 16 ⑨ 16
⑩ 11 ⑪ 11 ⑫ 11

맞힌 개수	6개 이하	7~8개	9~10개	11~12개
학습 방법	개념을 다시 공부하세요.	조금 더 노력하세요.	실수하면 안 돼요.	참 잘했어요.

98 계산의 신 1권

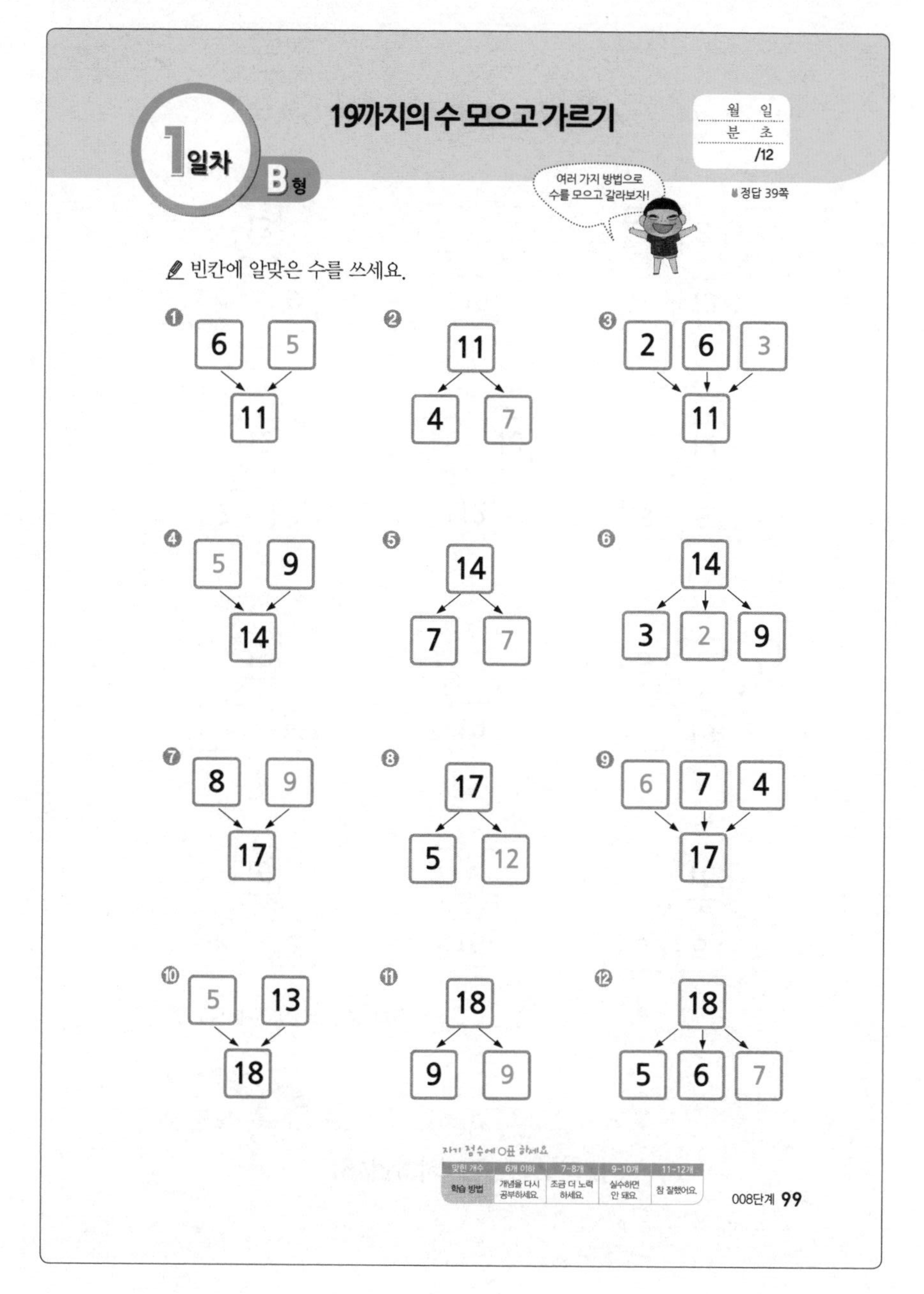

1일차 B형

19까지의 수 모으고 가르기

월 일 / 분 초 / /12

여러 가지 방법으로 수를 모으고 갈라보자!

정답 39쪽

빈칸에 알맞은 수를 쓰세요.

① 6, 5 → 11
② 11 → 4, 7
③ 2, 6, 3 → 11
④ 5, 9 → 14
⑤ 14 → 7, 7
⑥ 14 → 3, 2, 9
⑦ 8, 9 → 17
⑧ 17 → 5, 12
⑨ 6, 7, 4 → 17
⑩ 5, 13 → 18
⑪ 18 → 9, 9
⑫ 18 → 5, 6, 7

맞힌 개수	6개 이하	7~8개	9~10개	11~12개
학습 방법	개념을 다시 공부하세요.	조금 더 노력하세요.	실수하면 안 돼요.	참 잘했어요.

008단계 99

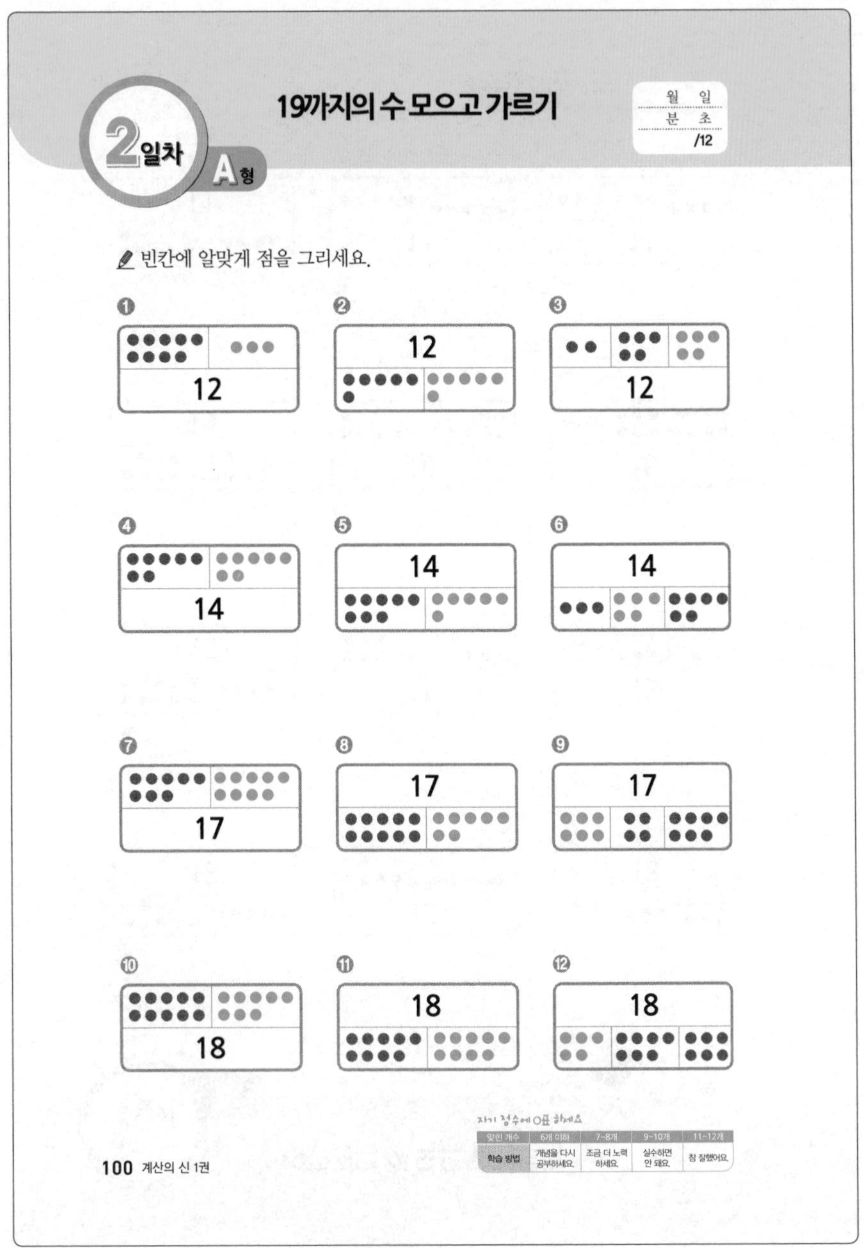

2일차 A형

19까지의 수 모으고 가르기

월 일
분 초
/12

빈칸에 알맞게 점을 그리세요.

❶ 12
❷ 12
❸ 12
❹ 14
❺ 14
❻ 14
❼ 17
❽ 17
❾ 17
❿ 18
⓫ 18
⓬ 18

자기 점수에 ○표 하세요

맞힌 개수	6개 이하	7~8개	9~10개	11~12개
학습 방법	개념을 다시 공부하세요.	조금 더 노력하세요.	실수하면 안 돼요.	참 잘했어요.

100 계산의 신 1권

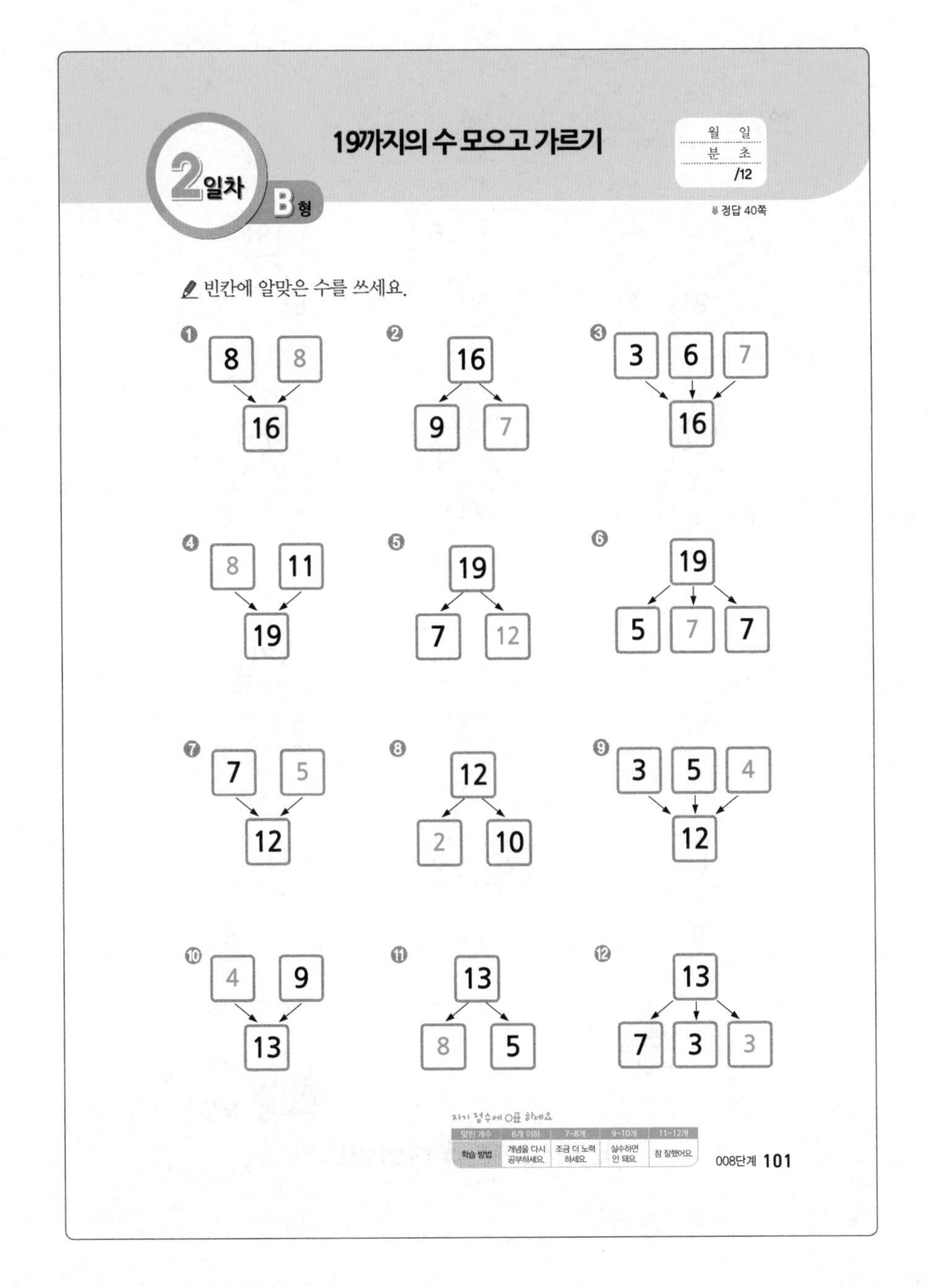

2일차 B형

19까지의 수 모으고 가르기

월 일
분 초
/12

※ 정답 40쪽

빈칸에 알맞은 수를 쓰세요.

❶ 8, 8 → 16
❷ 16 → 9, 7
❸ 3, 6, 7 → 16
❹ 8, 11 → 19
❺ 19 → 7, 12
❻ 19 → 5, 7, 7
❼ 7, 5 → 12
❽ 12 → 2, 10
❾ 3, 5, 4 → 12
❿ 4, 9 → 13
⓫ 13 → 8, 5
⓬ 13 → 7, 3, 3

자기 점수에 ○표 하세요

맞힌 개수	6개 이하	7~8개	9~10개	11~12개
학습 방법	개념을 다시 공부하세요.	조금 더 노력하세요.	실수하면 안 돼요.	참 잘했어요.

008단계 101

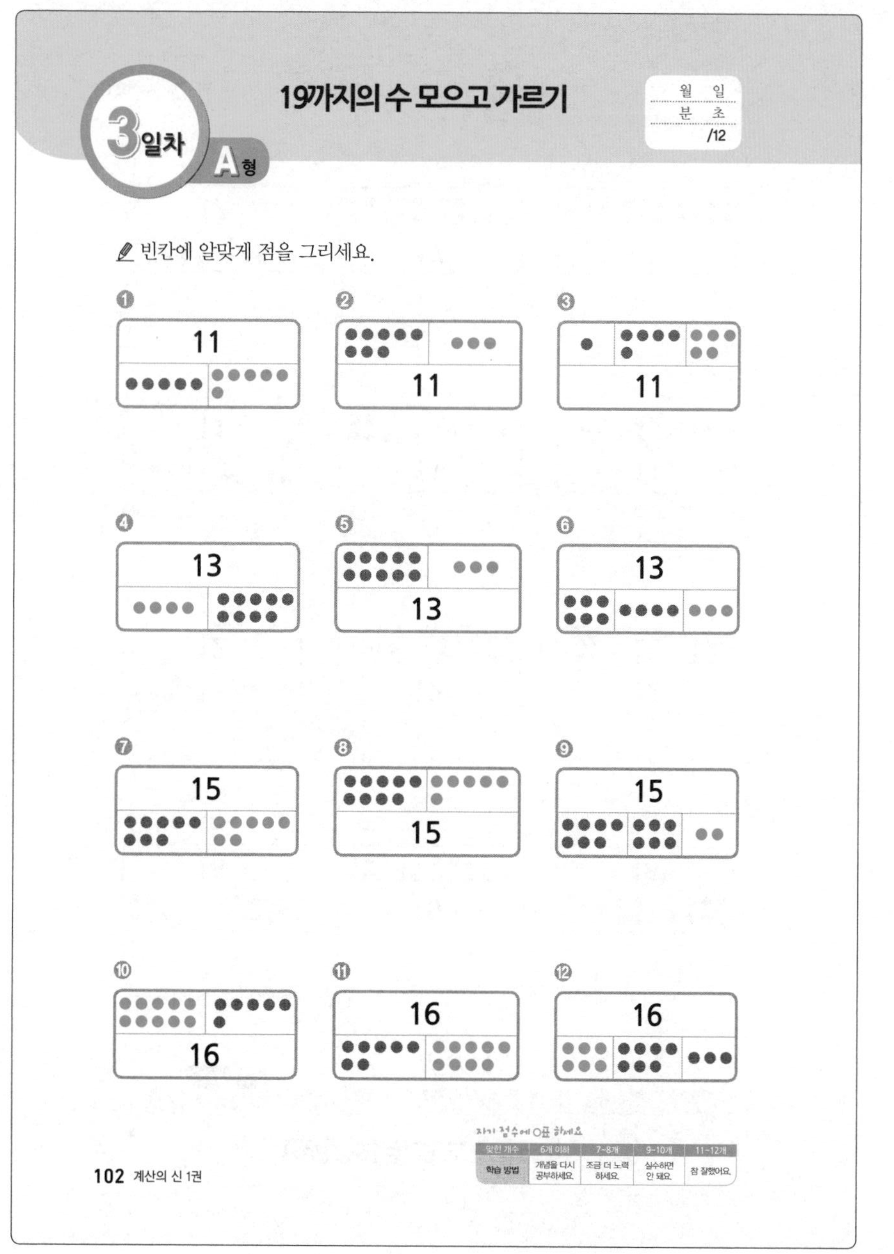

3일차 A형

19까지의 수 모으고 가르기

월 일 / 분 초 / /12

빈칸에 알맞게 점을 그리세요.

① 11
② 11
③ 11
④ 13
⑤ 13
⑥ 13
⑦ 15
⑧ 15
⑨ 15
⑩ 16
⑪ 16
⑫ 16

자기 점수에 ○표 하세요.

맞힌 개수	6개 이하	7~8개	9~10개	11~12개
학습 방법	개념을 다시 공부하세요.	조금 더 노력하세요.	실수하면 안 돼요.	참 잘했어요.

102 계산의 신 1권

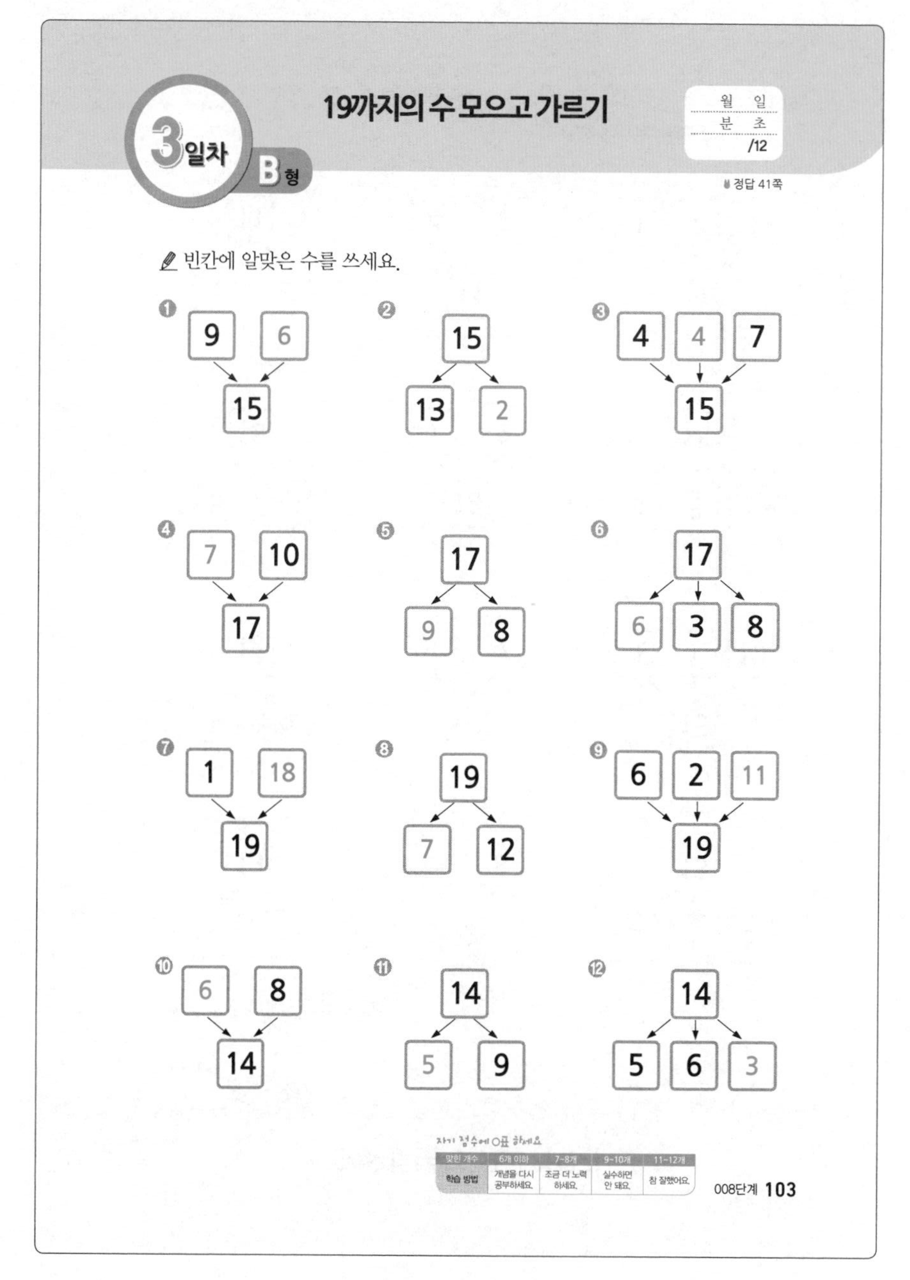

3일차 B형

19까지의 수 모으고 가르기

월 일 / 분 초 / /12

정답 41쪽

빈칸에 알맞은 수를 쓰세요.

① 9, 6 → 15
② 15 → 13, 2
③ 4, 4, 7 → 15
④ 7, 10 → 17
⑤ 17 → 9, 8
⑥ 17 → 6, 3, 8
⑦ 1, 18 → 19
⑧ 19 → 7, 12
⑨ 6, 2, 11 → 19
⑩ 6, 8 → 14
⑪ 14 → 5, 9
⑫ 14 → 5, 6, 3

자기 점수에 ○표 하세요.

맞힌 개수	6개 이하	7~8개	9~10개	11~12개
학습 방법	개념을 다시 공부하세요.	조금 더 노력하세요.	실수하면 안 돼요.	참 잘했어요.

008단계 103

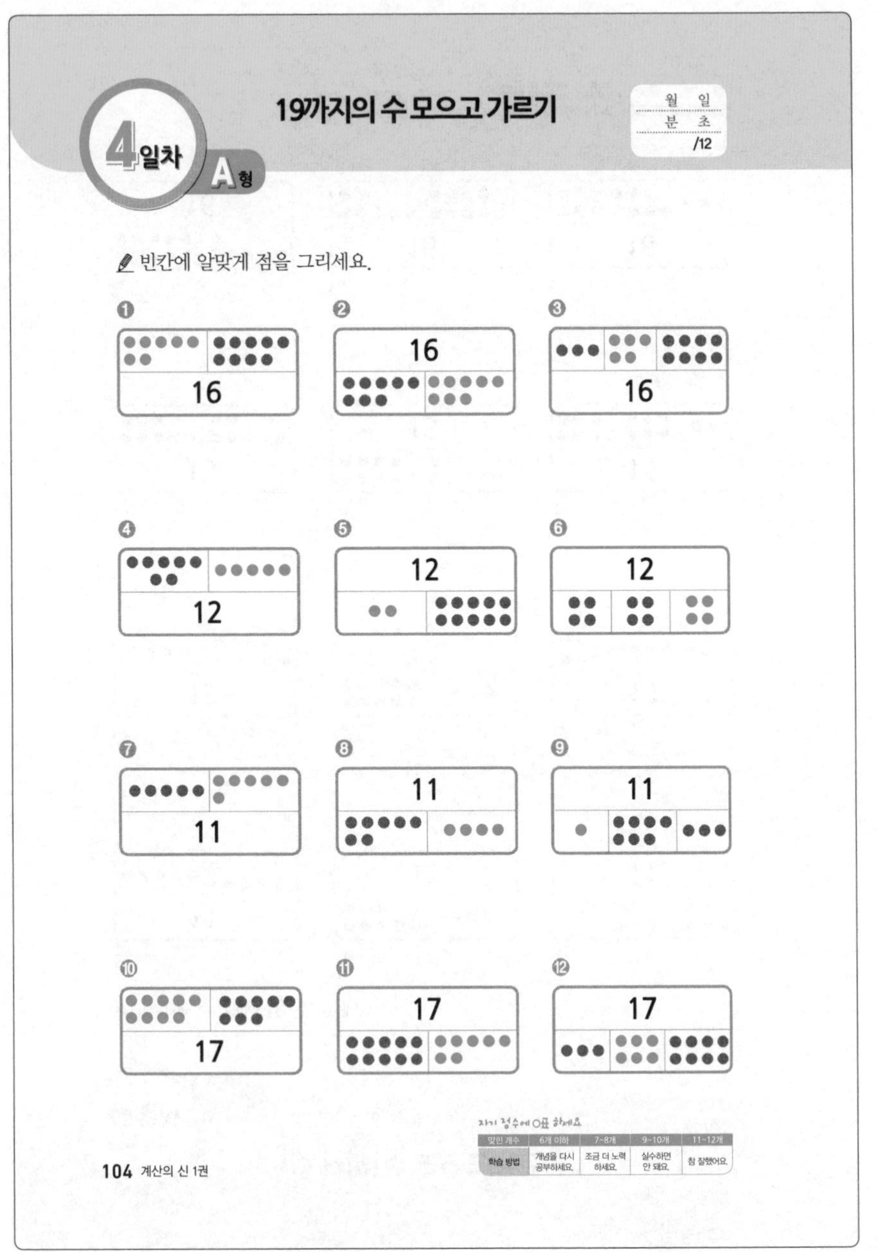

4일차 A형 19까지의 수 모으고 가르기

월 일 / 분 초 / /12

빈칸에 알맞게 점을 그리세요.

① 16　② 16　③ 16

④ 12　⑤ 12　⑥ 12

⑦ 11　⑧ 11　⑨ 11

⑩ 17　⑪ 17　⑫ 17

자기 점수에 ○표 하세요.

맞힌 개수	6개 이하	7~8개	9~10개	11~12개
학습 방법	개념을 다시 공부하세요.	조금 더 노력하세요.	실수하면 안 돼요.	참 잘했어요.

104 계산의 신 1권

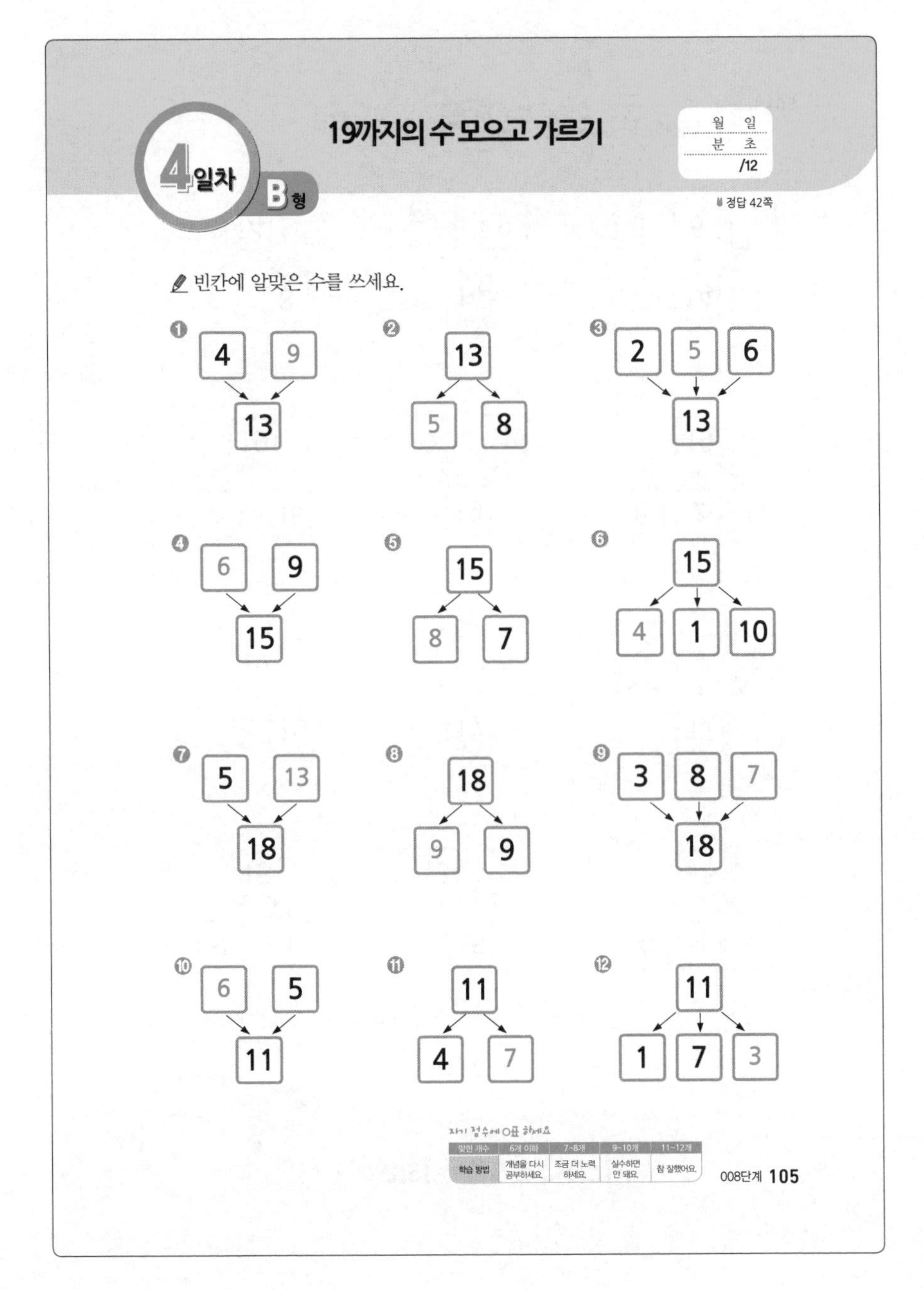

4일차 B형 19까지의 수 모으고 가르기

월 일 / 분 초 / /12

정답 42쪽

빈칸에 알맞은 수를 쓰세요.

① 4, 9 → 13　② 13 → 5, 8　③ 2, 5, 6 → 13

④ 6, 9 → 15　⑤ 15 → 8, 7　⑥ 15 → 4, 1, 10

⑦ 5, 13 → 18　⑧ 18 → 9, 9　⑨ 3, 8, 7 → 18

⑩ 6, 5 → 11　⑪ 11 → 4, 7　⑫ 11 → 1, 7, 3

자기 점수에 ○표 하세요.

맞힌 개수	6개 이하	7~8개	9~10개	11~12개
학습 방법	개념을 다시 공부하세요.	조금 더 노력하세요.	실수하면 안 돼요.	참 잘했어요.

008단계 105

5일차 A형

19까지의 수 모으고 가르기

월 일
분 초
/12

빈칸에 알맞게 점을 그리세요.

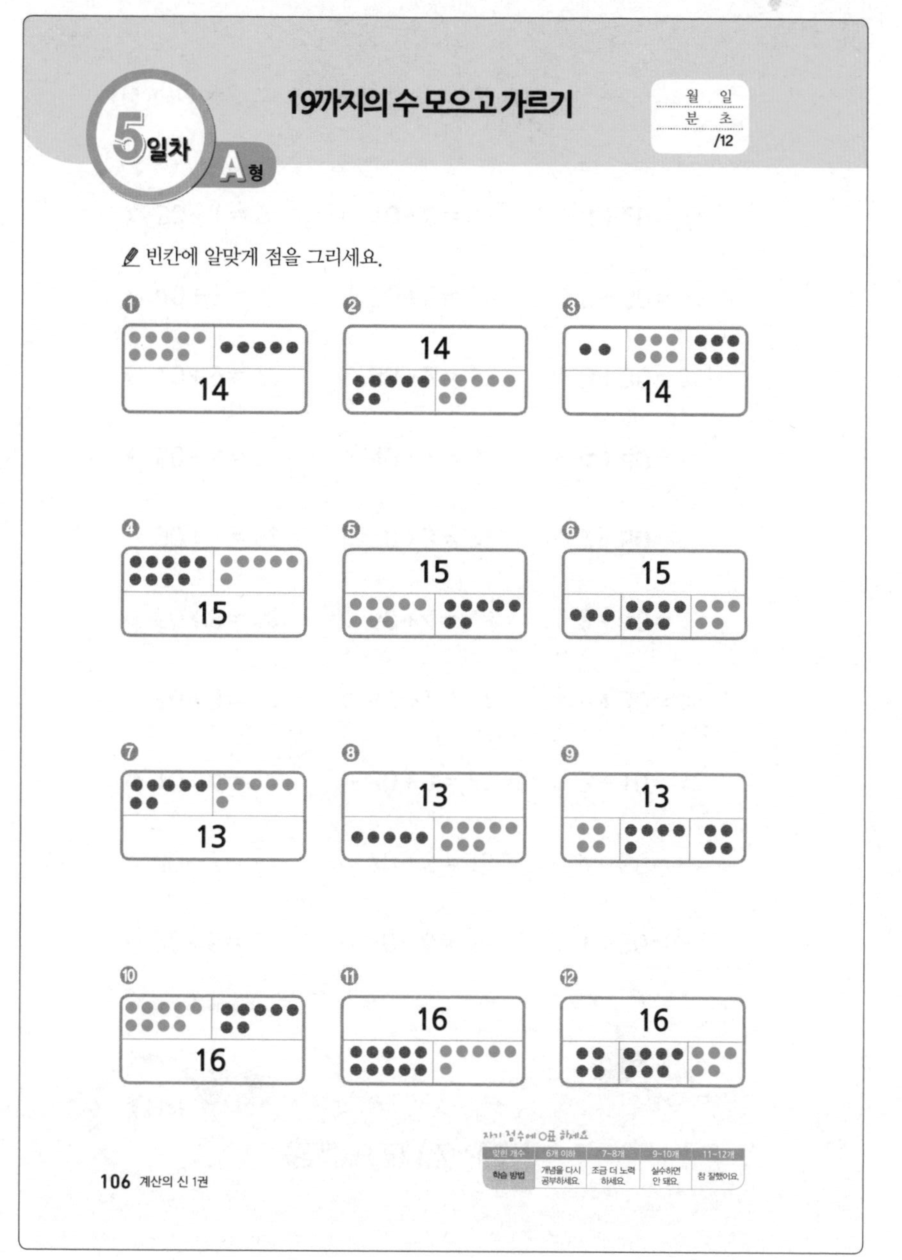

자기 점수에 ○표 하세요.

맞힌 개수	6개 이하	7~8개	9~10개	11~12개
학습 방법	개념을 다시 공부하세요.	조금 더 노력 하세요.	실수하면 안 돼요.	참 잘했어요.

5일차 B형

19까지의 수 모으고 가르기

월 일
분 초
/12

정답 43쪽

본격적으로 두 자리 수의 덧셈과 뺄셈을 하기에 앞서 19까지의 수를 모으고 가르기를 배웠습니다. 다음 단계에서는 (몇십)+(몇), (몇)+(몇십)을 배웁니다.

빈칸에 알맞은 수를 쓰세요.

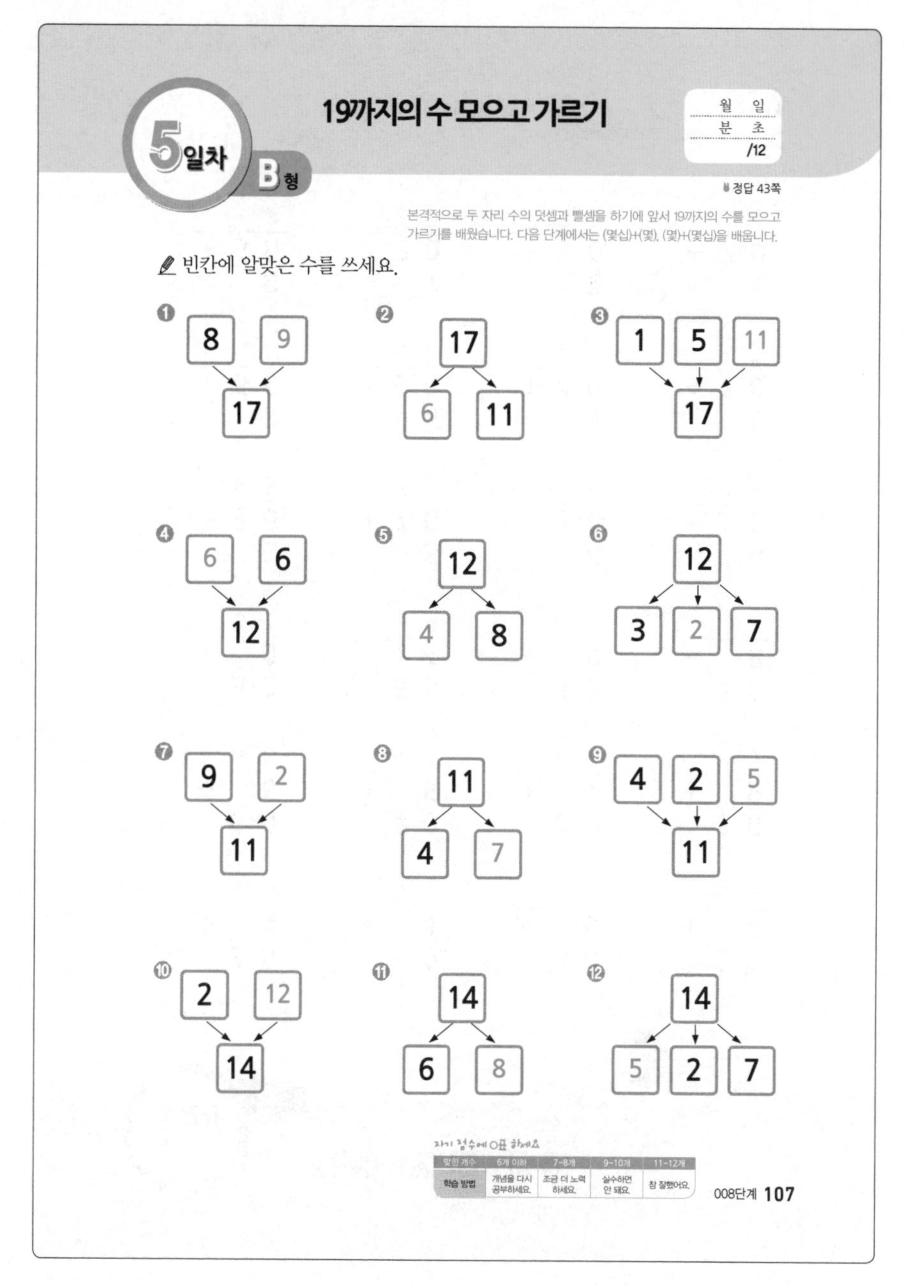

자기 점수에 ○표 하세요.

맞힌 개수	6개 이하	7~8개	9~10개	11~12개
학습 방법	개념을 다시 공부하세요.	조금 더 노력 하세요.	실수하면 안 돼요.	참 잘했어요.

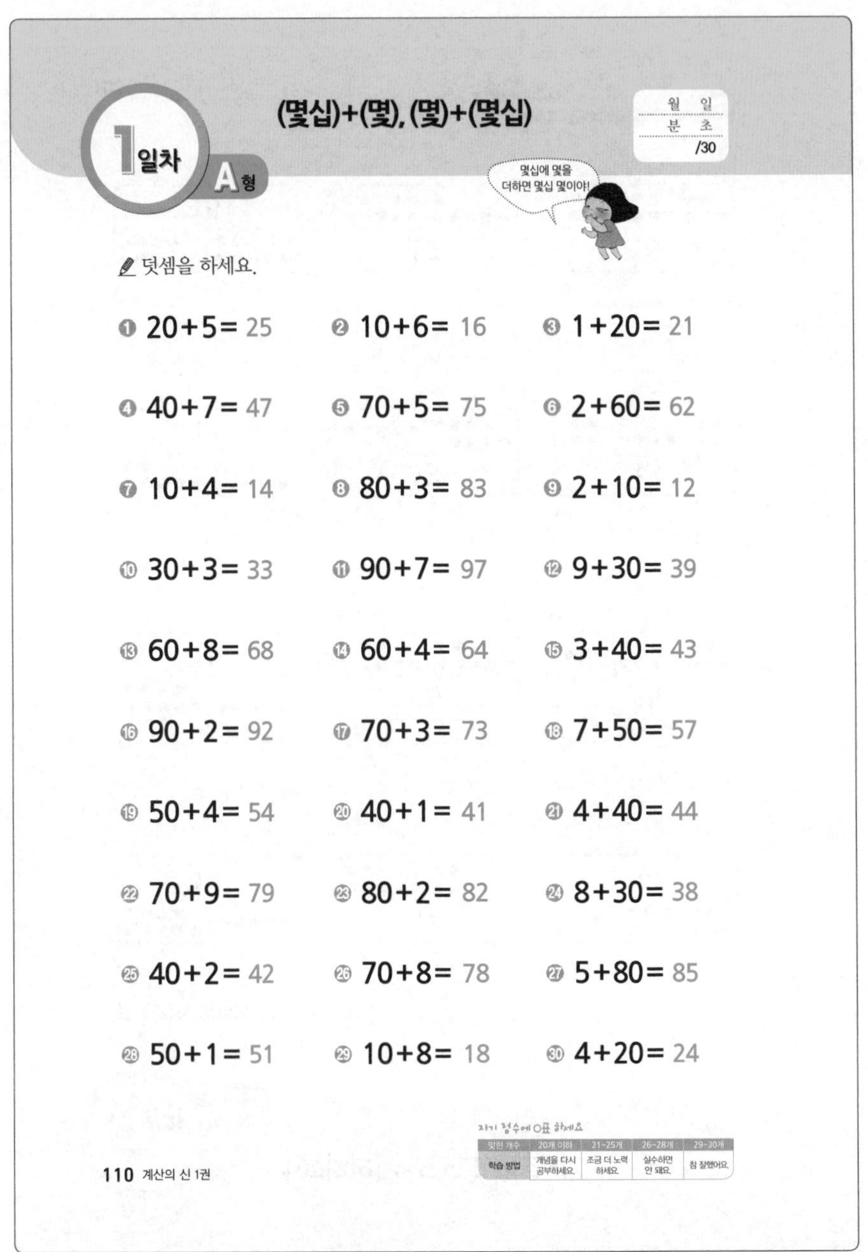

1일차 A형 (몇십)+(몇), (몇)+(몇십)

월 일 / 분 초 / /30

몇십에 몇을
더하면 몇십 몇이야!

덧셈을 하세요.

❶ 20+5= 25 ❷ 10+6= 16 ❸ 1+20= 21

❹ 40+7= 47 ❺ 70+5= 75 ❻ 2+60= 62

❼ 10+4= 14 ❽ 80+3= 83 ❾ 2+10= 12

❿ 30+3= 33 ⓫ 90+7= 97 ⓬ 9+30= 39

⓭ 60+8= 68 ⓮ 60+4= 64 ⓯ 3+40= 43

⓰ 90+2= 92 ⓱ 70+3= 73 ⓲ 7+50= 57

⓳ 50+4= 54 ⓴ 40+1= 41 ㉑ 4+40= 44

㉒ 70+9= 79 ㉓ 80+2= 82 ㉔ 8+30= 38

㉕ 40+2= 42 ㉖ 70+8= 78 ㉗ 5+80= 85

㉘ 50+1= 51 ㉙ 10+8= 18 ㉚ 4+20= 24

자기 점수에 ○표 하세요.

맞힌 개수	20개 이하	21~25개	26~28개	29~30개
학습 방법	개념을 다시 공부하세요.	조금 더 노력하세요.	실수하면 안 돼요.	참 잘했어요.

110 계산의 신 1권

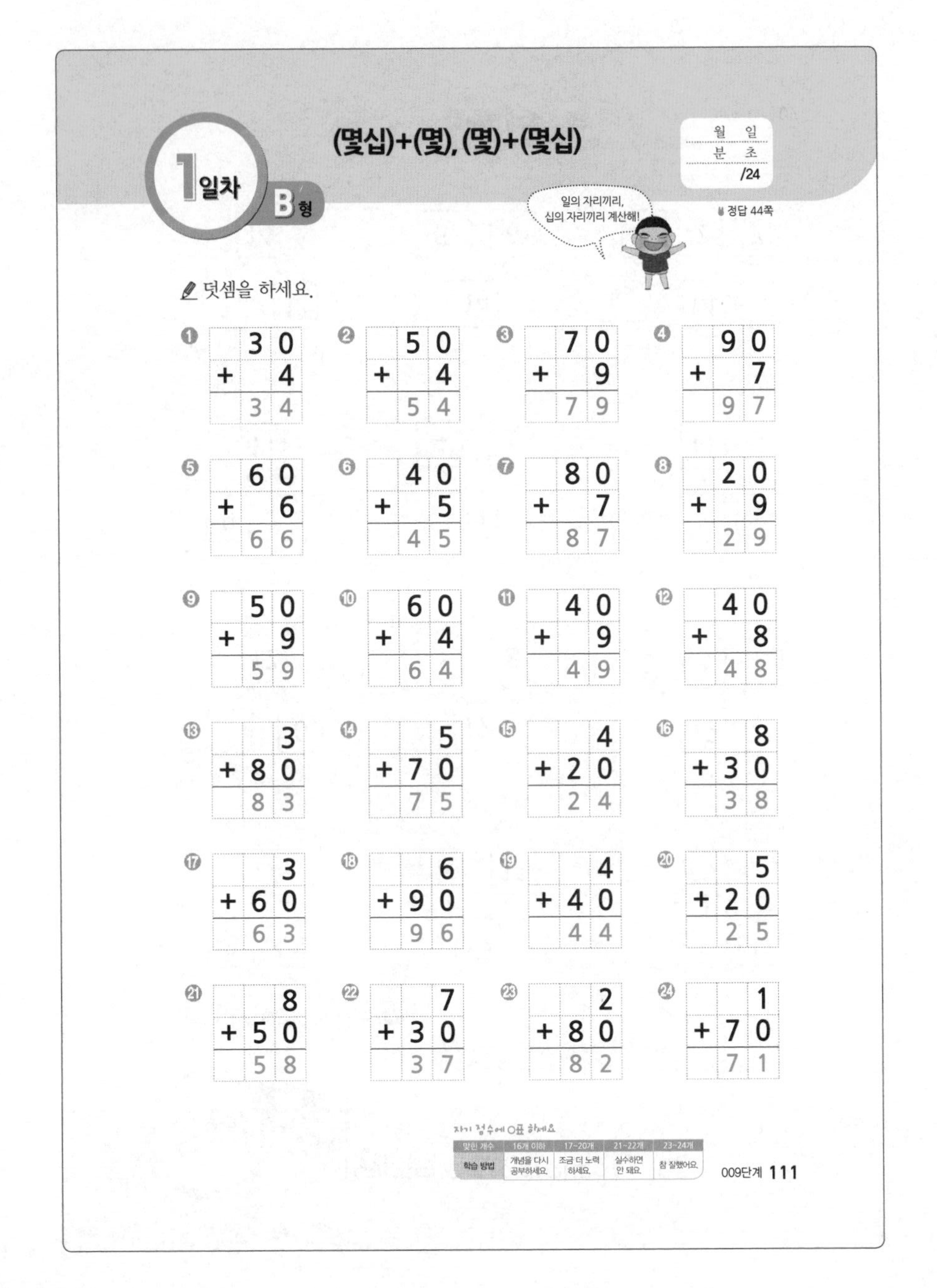

1일차 B형 (몇십)+(몇), (몇)+(몇십)

월 일 / 분 초 / /24

일의 자리끼리,
십의 자리끼리 계산해!

정답 44쪽

덧셈을 하세요.

❶ 30 + 4 = 34 ❷ 50 + 4 = 54 ❸ 70 + 9 = 79 ❹ 90 + 7 = 97

❺ 60 + 6 = 66 ❻ 40 + 5 = 45 ❼ 80 + 7 = 87 ❽ 20 + 9 = 29

❾ 50 + 9 = 59 ❿ 60 + 4 = 64 ⓫ 40 + 9 = 49 ⓬ 40 + 8 = 48

⓭ 3 + 80 = 83 ⓮ 5 + 70 = 75 ⓯ 4 + 20 = 24 ⓰ 8 + 30 = 38

⓱ 3 + 60 = 63 ⓲ 6 + 90 = 96 ⓳ 4 + 40 = 44 ⓴ 5 + 20 = 25

㉑ 8 + 50 = 58 ㉒ 7 + 30 = 37 ㉓ 2 + 80 = 82 ㉔ 1 + 70 = 71

자기 점수에 ○표 하세요.

맞힌 개수	16개 이하	17~20개	21~22개	23~24개
학습 방법	개념을 다시 공부하세요.	조금 더 노력하세요.	실수하면 안 돼요.	참 잘했어요.

009단계 111

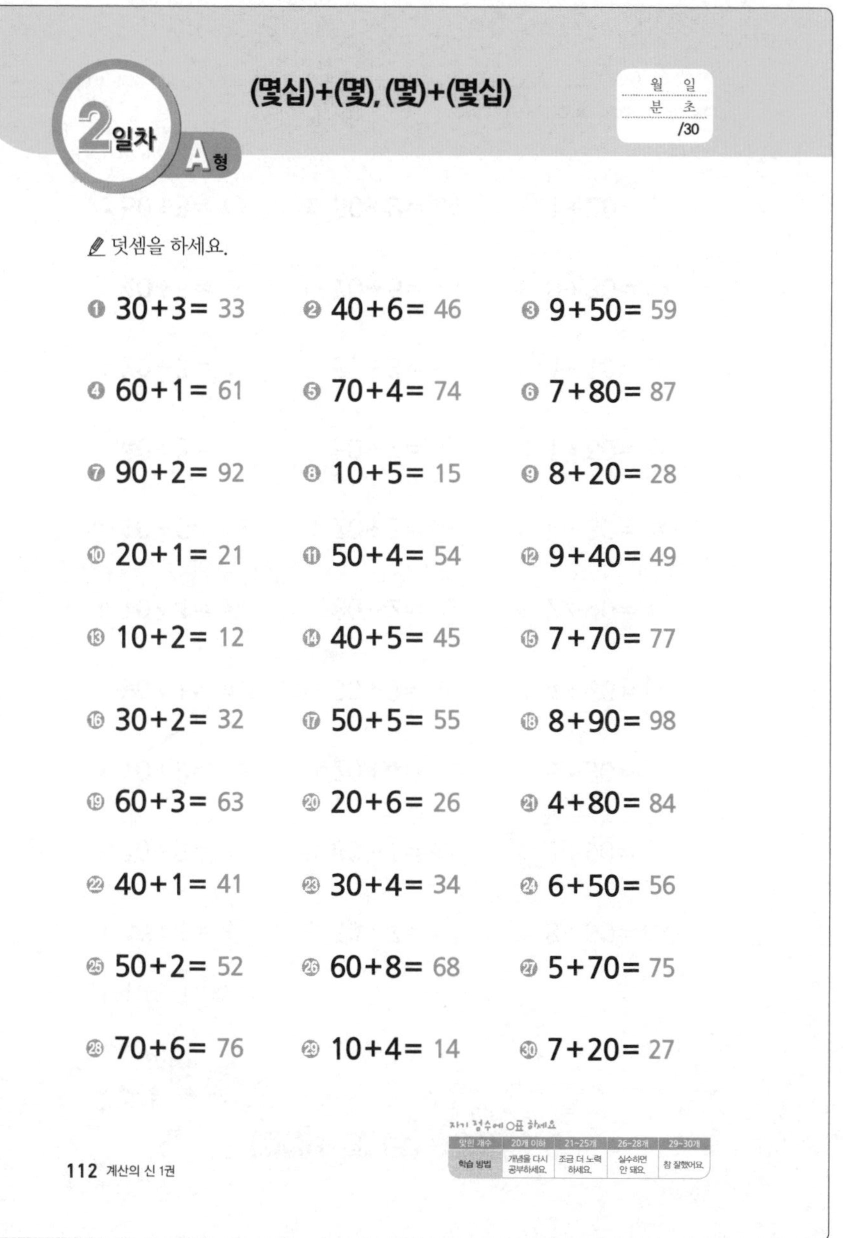

2일차 A형

(몇십)+(몇), (몇)+(몇십)

월 일
분 초
/30

✎ 덧셈을 하세요.

❶ 30+3= 33	❷ 40+6= 46	❸ 9+50= 59
❹ 60+1= 61	❺ 70+4= 74	❻ 7+80= 87
❼ 90+2= 92	❽ 10+5= 15	❾ 8+20= 28
❿ 20+1= 21	⓫ 50+4= 54	⓬ 9+40= 49
⓭ 10+2= 12	⓮ 40+5= 45	⓯ 7+70= 77
⓰ 30+2= 32	⓱ 50+5= 55	⓲ 8+90= 98
⓳ 60+3= 63	⓴ 20+6= 26	㉑ 4+80= 84
㉒ 40+1= 41	㉓ 30+4= 34	㉔ 6+50= 56
㉕ 50+2= 52	㉖ 60+8= 68	㉗ 5+70= 75
㉘ 70+6= 76	㉙ 10+4= 14	㉚ 7+20= 27

자기 점수에 ○표 하세요.

맞힌 개수	20개 이하	21~25개	26~28개	29~30개
학습 방법	개념을 다시 공부하세요.	조금 더 노력 하세요.	실수하면 안 돼요.	참 잘했어요.

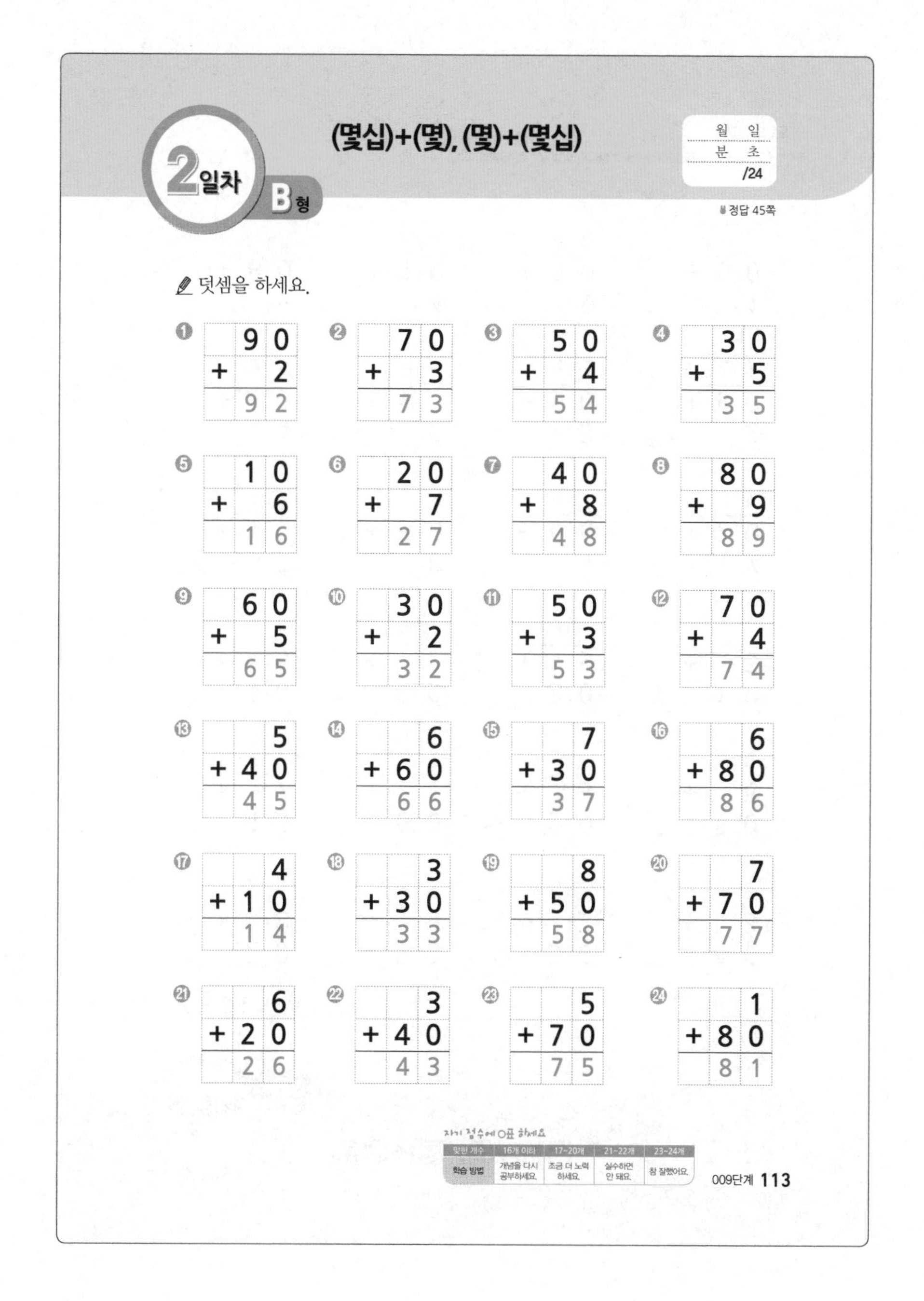

2일차 B형

(몇십)+(몇), (몇)+(몇십)

월 일
분 초
/24

※ 정답 45쪽

✎ 덧셈을 하세요.

❶ 90 + 2 = 92	❷ 70 + 3 = 73	❸ 50 + 4 = 54	❹ 30 + 5 = 35
❺ 10 + 6 = 16	❻ 20 + 7 = 27	❼ 40 + 8 = 48	❽ 80 + 9 = 89
❾ 60 + 5 = 65	❿ 30 + 2 = 32	⓫ 50 + 3 = 53	⓬ 70 + 4 = 74
⓭ 5 + 40 = 45	⓮ 6 + 60 = 66	⓯ 7 + 30 = 37	⓰ 6 + 80 = 86
⓱ 4 + 10 = 14	⓲ 3 + 30 = 33	⓳ 8 + 50 = 58	⓴ 7 + 70 = 77
㉑ 6 + 20 = 26	㉒ 3 + 40 = 43	㉓ 5 + 70 = 75	㉔ 1 + 80 = 81

자기 점수에 ○표 하세요.

맞힌 개수	16개 이하	17~20개	21~22개	23~24개
학습 방법	개념을 다시 공부하세요.	조금 더 노력 하세요.	실수하면 안 돼요.	참 잘했어요.

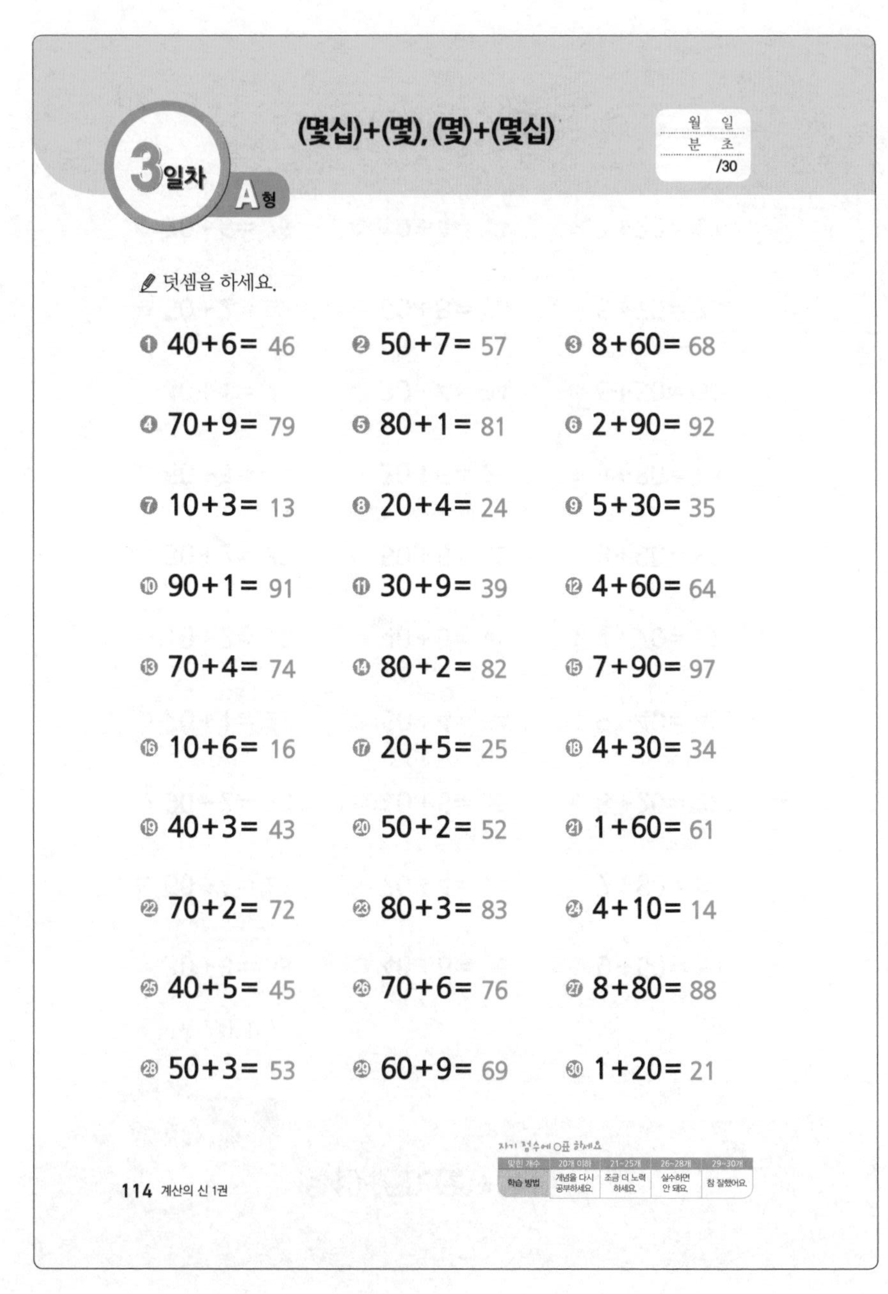

3일차 A형 (몇십)+(몇), (몇)+(몇십)

월 일 / 분 초 / /30

덧셈을 하세요.

① 40+6= 46	② 50+7= 57	③ 8+60= 68
④ 70+9= 79	⑤ 80+1= 81	⑥ 2+90= 92
⑦ 10+3= 13	⑧ 20+4= 24	⑨ 5+30= 35
⑩ 90+1= 91	⑪ 30+9= 39	⑫ 4+60= 64
⑬ 70+4= 74	⑭ 80+2= 82	⑮ 7+90= 97
⑯ 10+6= 16	⑰ 20+5= 25	⑱ 4+30= 34
⑲ 40+3= 43	⑳ 50+2= 52	㉑ 1+60= 61
㉒ 70+2= 72	㉓ 80+3= 83	㉔ 4+10= 14
㉕ 40+5= 45	㉖ 70+6= 76	㉗ 8+80= 88
㉘ 50+3= 53	㉙ 60+9= 69	㉚ 1+20= 21

자기 점수에 ○표 하세요.

맞힌 개수	20개 이하	21~25개	26~28개	29~30개
학습 방법	개념을 다시 공부하세요.	조금 더 노력하세요.	실수하면 안 돼요.	참 잘했어요.

114 계산의 신 1권

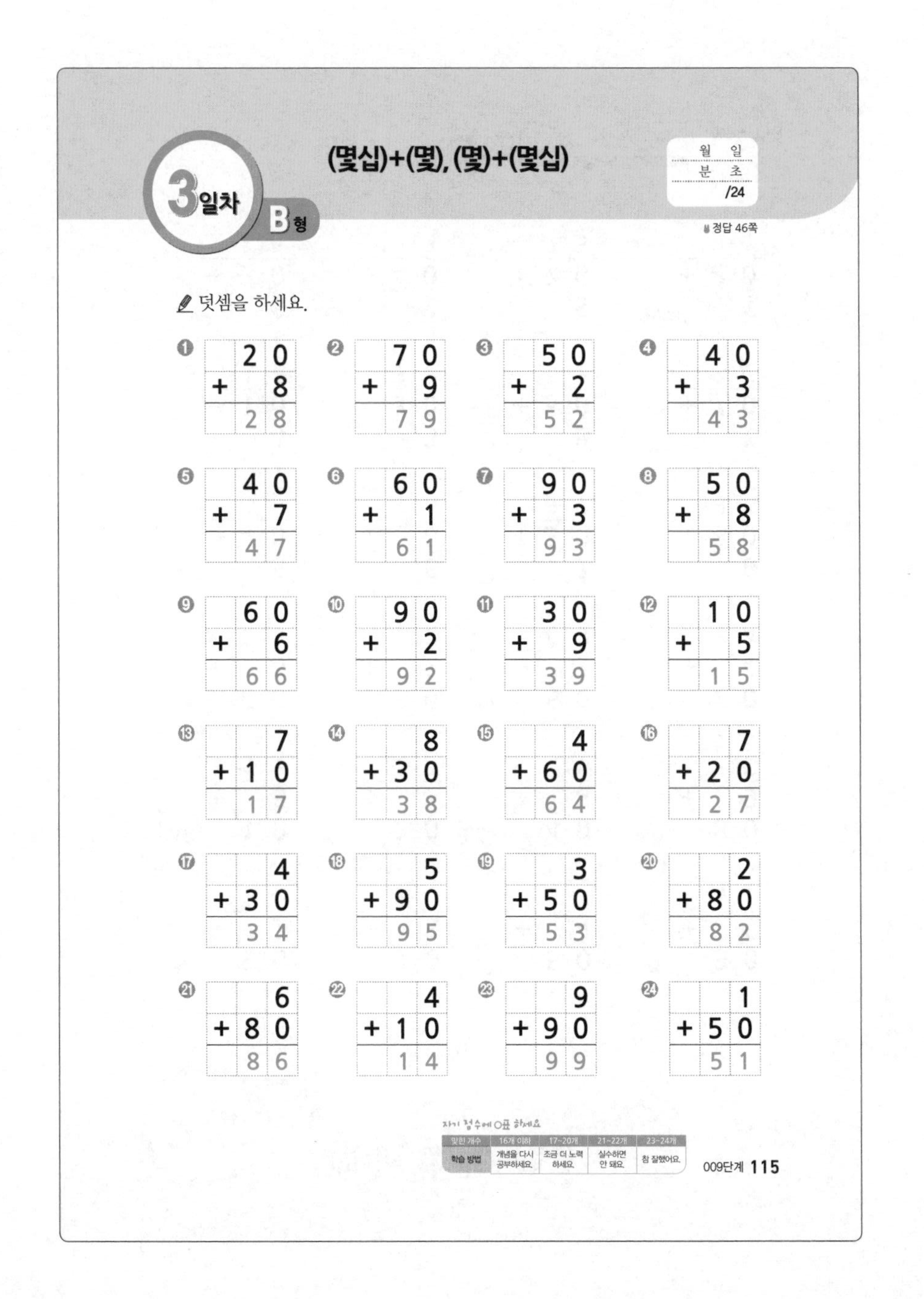

3일차 B형 (몇십)+(몇), (몇)+(몇십)

월 일 / 분 초 / /24

정답 46쪽

덧셈을 하세요.

① 20+8=28	② 70+9=79	③ 50+2=52	④ 40+3=43
⑤ 40+7=47	⑥ 60+1=61	⑦ 90+3=93	⑧ 50+8=58
⑨ 60+6=66	⑩ 90+2=92	⑪ 30+9=39	⑫ 10+5=15
⑬ 7+10=17	⑭ 8+30=38	⑮ 4+60=64	⑯ 7+20=27
⑰ 4+30=34	⑱ 5+90=95	⑲ 3+50=53	⑳ 2+80=82
㉑ 6+80=86	㉒ 4+10=14	㉓ 9+90=99	㉔ 1+50=51

자기 점수에 ○표 하세요.

맞힌 개수	16개 이하	17~20개	21~22개	23~24개
학습 방법	개념을 다시 공부하세요.	조금 더 노력하세요.	실수하면 안 돼요.	참 잘했어요.

009단계 115

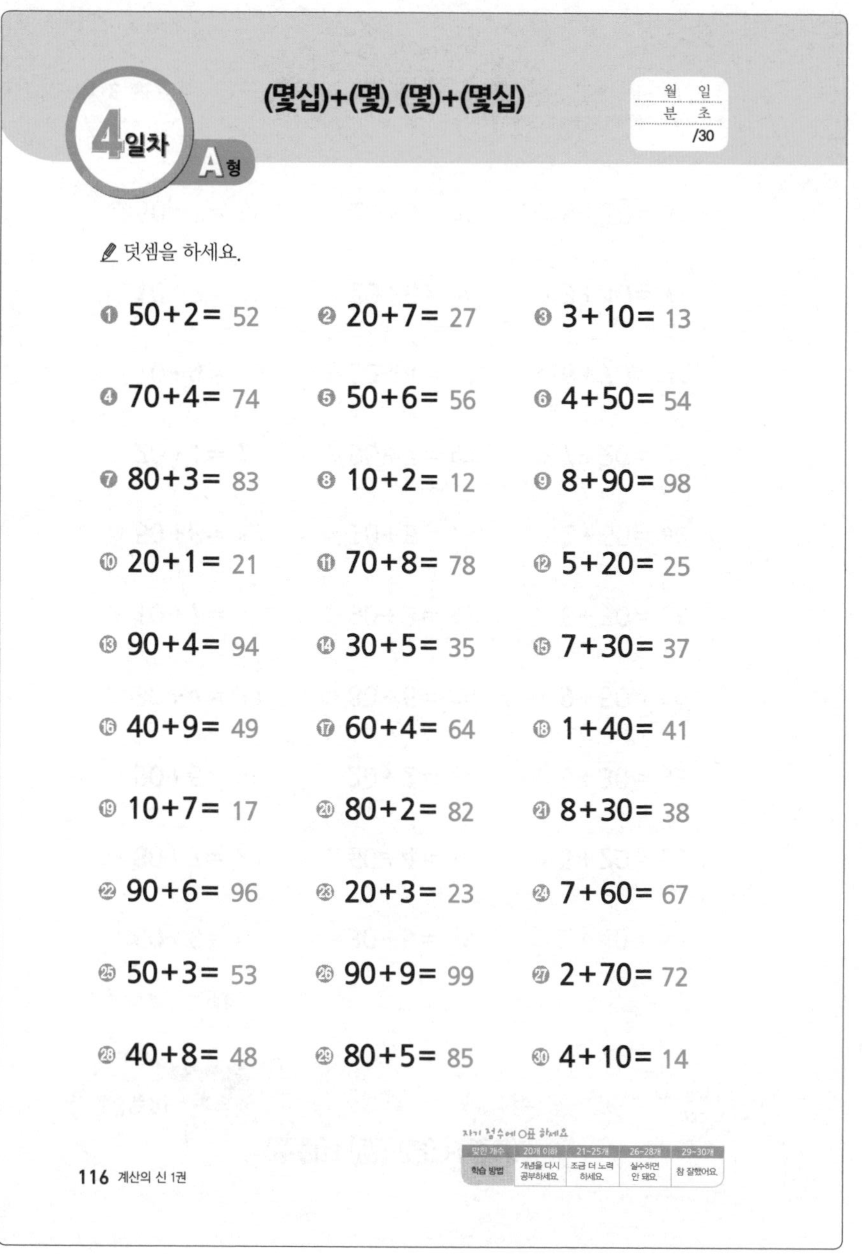

4일차 A형

(몇십)+(몇), (몇)+(몇십)

월 일 / 분 초 / /30

덧셈을 하세요.

① 50+2= 52 ② 20+7= 27 ③ 3+10= 13

④ 70+4= 74 ⑤ 50+6= 56 ⑥ 4+50= 54

⑦ 80+3= 83 ⑧ 10+2= 12 ⑨ 8+90= 98

⑩ 20+1= 21 ⑪ 70+8= 78 ⑫ 5+20= 25

⑬ 90+4= 94 ⑭ 30+5= 35 ⑮ 7+30= 37

⑯ 40+9= 49 ⑰ 60+4= 64 ⑱ 1+40= 41

⑲ 10+7= 17 ⑳ 80+2= 82 ㉑ 8+30= 38

㉒ 90+6= 96 ㉓ 20+3= 23 ㉔ 7+60= 67

㉕ 50+3= 53 ㉖ 90+9= 99 ㉗ 2+70= 72

㉘ 40+8= 48 ㉙ 80+5= 85 ㉚ 4+10= 14

자기 점수에 O표 하세요

맞힌 개수	20개 이하	21~25개	26~28개	29~30개
학습 방법	개념을 다시 공부하세요.	조금 더 노력하세요.	실수하면 안 돼요.	참 잘했어요.

116 계산의 신 1권

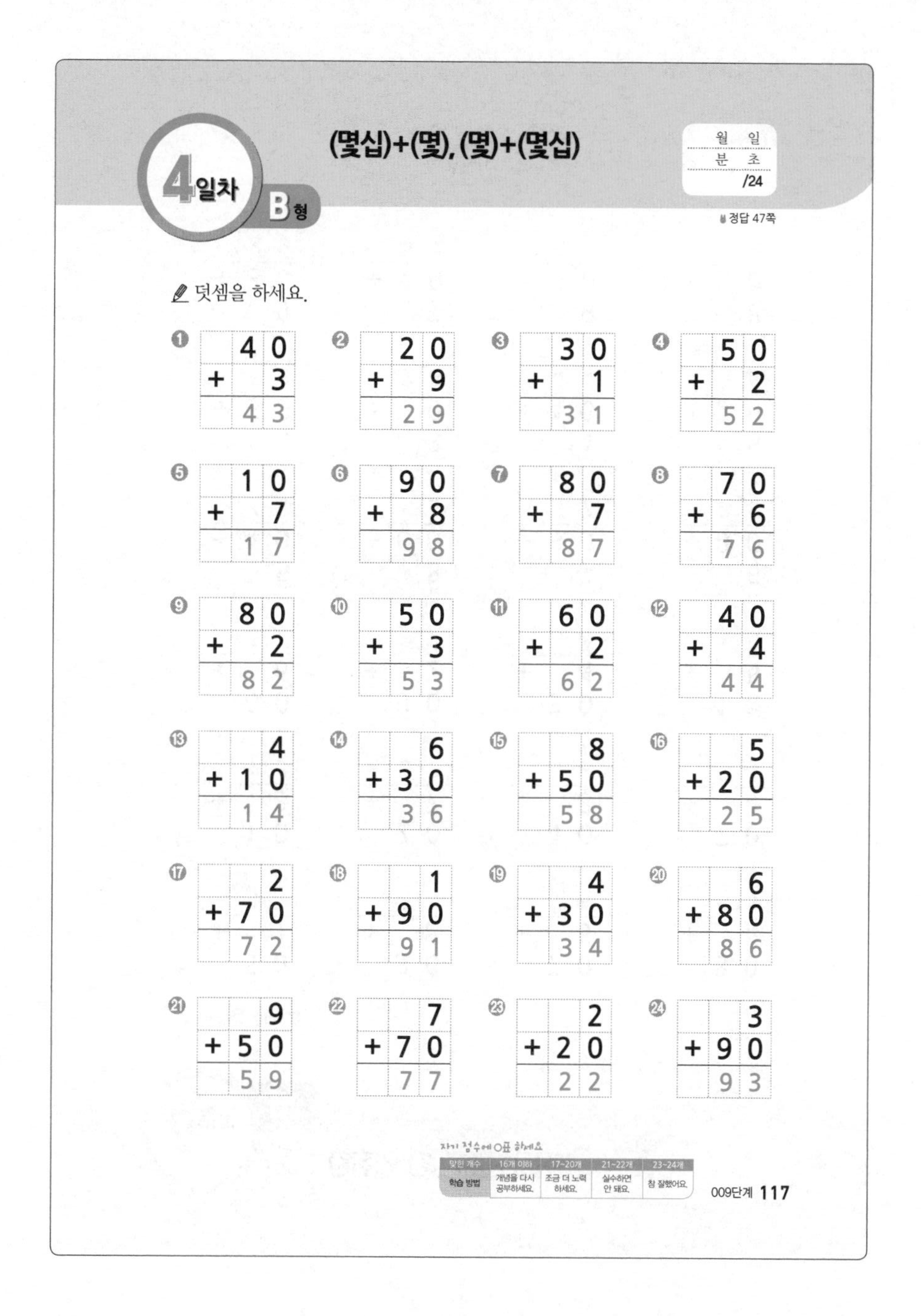

4일차 B형

(몇십)+(몇), (몇)+(몇십)

월 일 / 분 초 / /24

정답 47쪽

덧셈을 하세요.

① 40 + 3 = 43 ② 20 + 9 = 29 ③ 30 + 1 = 31 ④ 50 + 2 = 52

⑤ 10 + 7 = 17 ⑥ 90 + 8 = 98 ⑦ 80 + 7 = 87 ⑧ 70 + 6 = 76

⑨ 80 + 2 = 82 ⑩ 50 + 3 = 53 ⑪ 60 + 2 = 62 ⑫ 40 + 4 = 44

⑬ 4 + 10 = 14 ⑭ 6 + 30 = 36 ⑮ 8 + 50 = 58 ⑯ 5 + 20 = 25

⑰ 2 + 70 = 72 ⑱ 1 + 90 = 91 ⑲ 4 + 30 = 34 ⑳ 6 + 80 = 86

㉑ 9 + 50 = 59 ㉒ 7 + 70 = 77 ㉓ 2 + 20 = 22 ㉔ 3 + 90 = 93

자기 점수에 O표 하세요

맞힌 개수	16개 이하	17~20개	21~22개	23~24개
학습 방법	개념을 다시 공부하세요.	조금 더 노력하세요.	실수하면 안 돼요.	참 잘했어요.

009단계 117

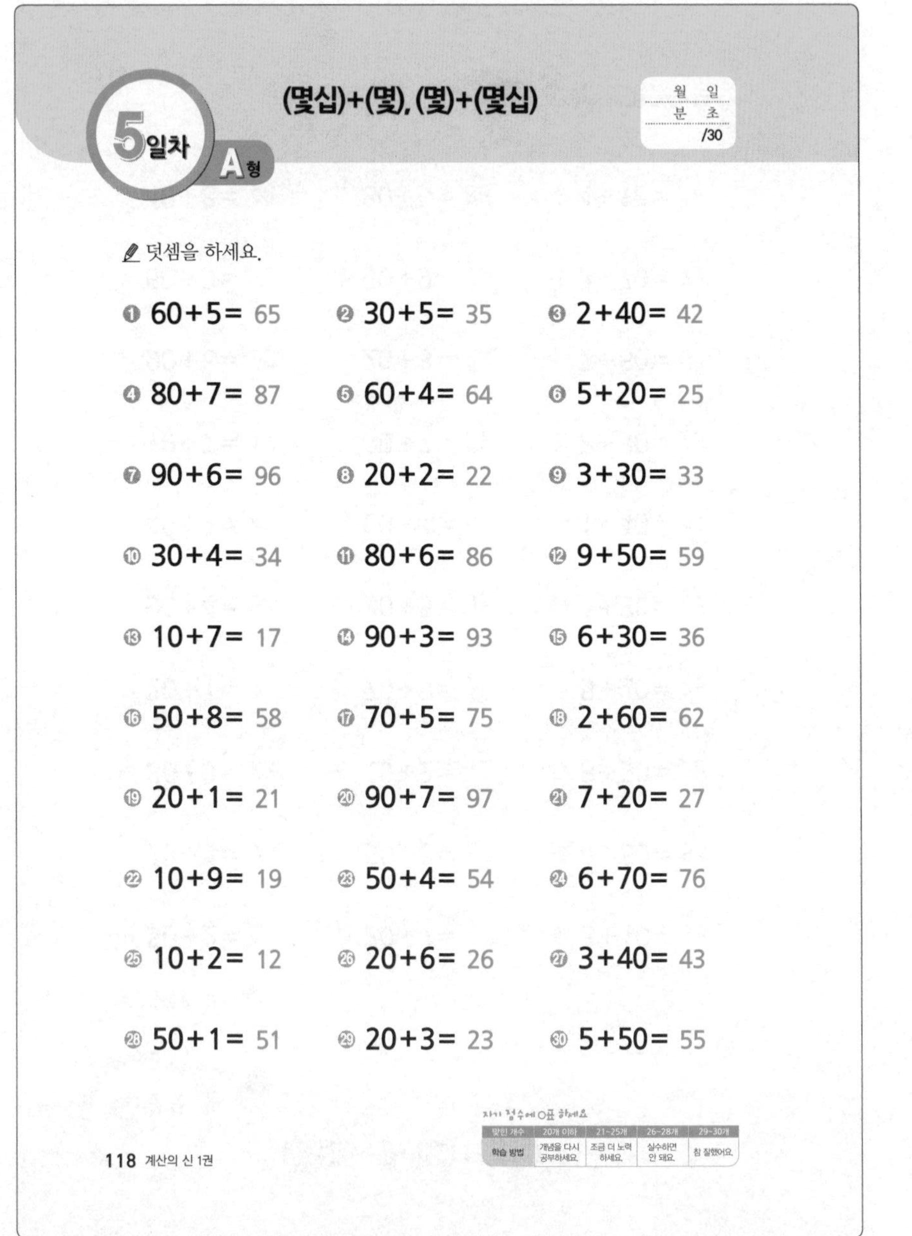

5일차 A형

(몇십)+(몇), (몇)+(몇십)

월 일 / 분 초 / /30

덧셈을 하세요.

❶ 60+5= 65	❷ 30+5= 35	❸ 2+40= 42
❹ 80+7= 87	❺ 60+4= 64	❻ 5+20= 25
❼ 90+6= 96	❽ 20+2= 22	❾ 3+30= 33
❿ 30+4= 34	⓫ 80+6= 86	⓬ 9+50= 59
⓭ 10+7= 17	⓮ 90+3= 93	⓯ 6+30= 36
⓰ 50+8= 58	⓱ 70+5= 75	⓲ 2+60= 62
⓳ 20+1= 21	⓴ 90+7= 97	㉑ 7+20= 27
㉒ 10+9= 19	㉓ 50+4= 54	㉔ 6+70= 76
㉕ 10+2= 12	㉖ 20+6= 26	㉗ 3+40= 43
㉘ 50+1= 51	㉙ 20+3= 23	㉚ 5+50= 55

자기 점수에 ○표 하세요

맞힌 개수	20개 이하	21~25개	26~28개	29~30개
학습 방법	개념을 다시 공부하세요.	조금 더 노력 하세요.	실수하면 안 돼요.	참 잘했어요.

118 계산의 신 1권

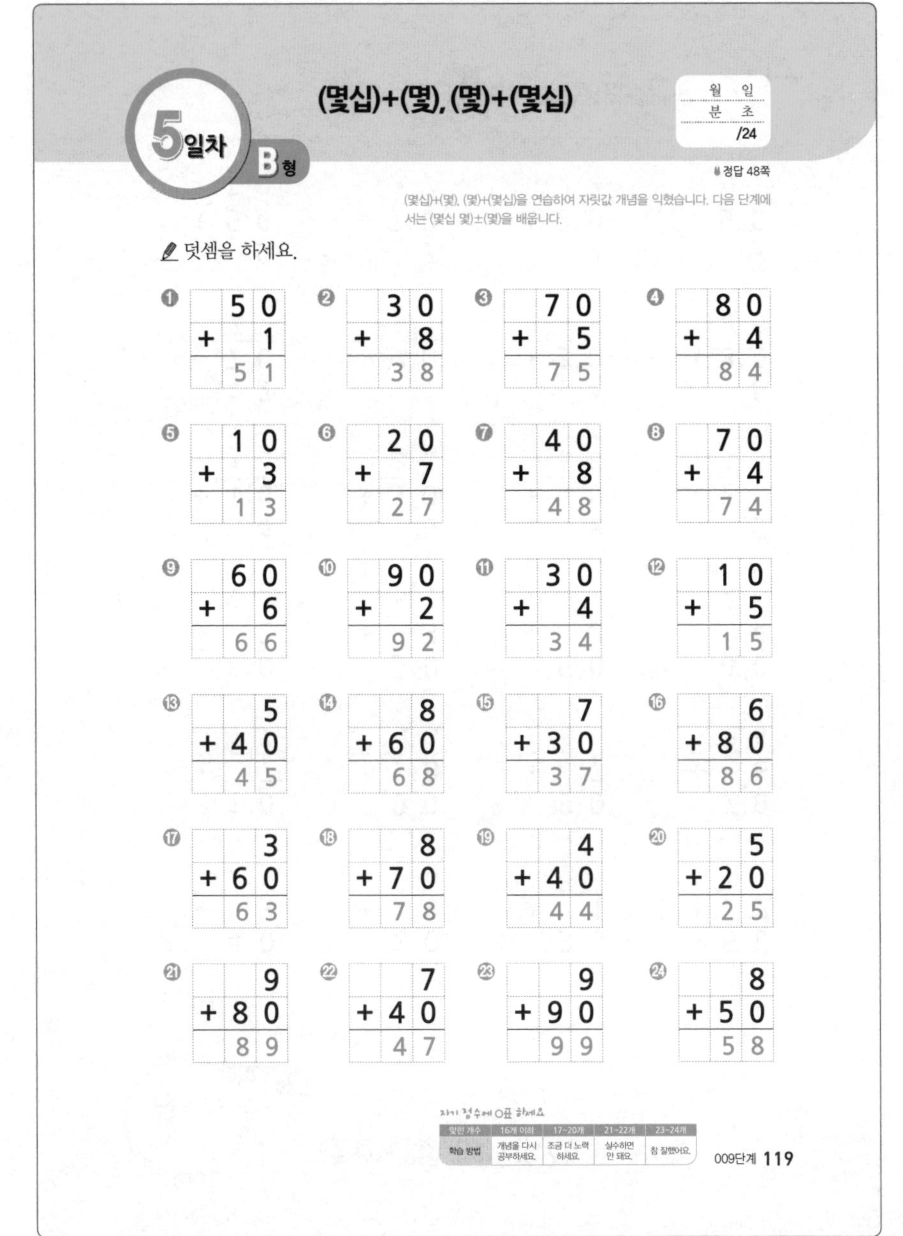

5일차 B형

(몇십)+(몇), (몇)+(몇십)

월 일 / 분 초 / /24

정답 48쪽

(몇십)+(몇), (몇)+(몇십)을 연습하여 자릿값 개념을 익혔습니다. 다음 단계에서는 (몇십 몇)±(몇)을 배웁니다.

덧셈을 하세요.

❶ 50 + 1 = 51	❷ 30 + 8 = 38	❸ 70 + 5 = 75	❹ 80 + 4 = 84
❺ 10 + 3 = 13	❻ 20 + 7 = 27	❼ 40 + 8 = 48	❽ 70 + 4 = 74
❾ 60 + 6 = 66	❿ 90 + 2 = 92	⓫ 30 + 4 = 34	⓬ 10 + 5 = 15
⓭ 5 + 40 = 45	⓮ 8 + 60 = 68	⓯ 7 + 30 = 37	⓰ 6 + 80 = 86
⓱ 3 + 60 = 63	⓲ 8 + 70 = 78	⓳ 4 + 40 = 44	⓴ 5 + 20 = 25
㉑ 9 + 80 = 89	㉒ 7 + 40 = 47	㉓ 9 + 90 = 99	㉔ 8 + 50 = 58

자기 점수에 ○표 하세요

맞힌 개수	16개 이하	17~20개	21~22개	23~24개
학습 방법	개념을 다시 공부하세요.	조금 더 노력 하세요.	실수하면 안 돼요.	참 잘했어요.

009단계 119

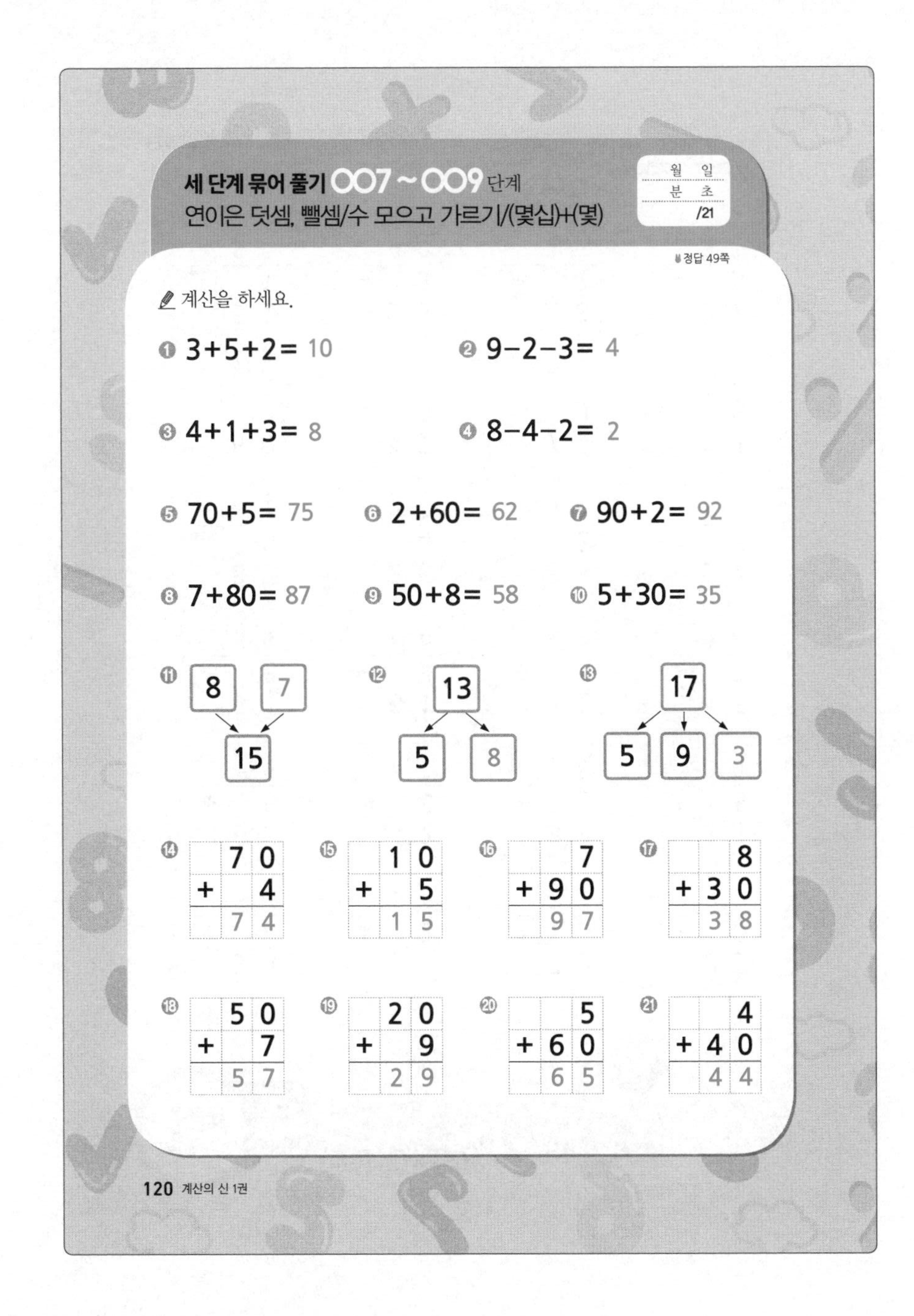

세 단계 묶어 풀기 007 ~ 009 단계
연이은 덧셈, 뺄셈/수 모으고 가르기/(몇십)+(몇)

월 일
분 초
/21

정답 49쪽

계산을 하세요.

❶ 3+5+2= 10　　❷ 9−2−3= 4

❸ 4+1+3= 8　　❹ 8−4−2= 2

❺ 70+5= 75　　❻ 2+60= 62　　❼ 90+2= 92

❽ 7+80= 87　　❾ 50+8= 58　　❿ 5+30= 35

⓫ 8, 7 → 15

⓬ 13 → 5, 8

⓭ 17 → 5, 9, 3

⓮ 70 + 4 = 74

⓯ 10 + 5 = 15

⓰ 7 + 90 = 97

⓱ 8 + 30 = 38

⓲ 50 + 7 = 57

⓳ 20 + 9 = 29

⓴ 5 + 60 = 65

㉑ 4 + 40 = 44

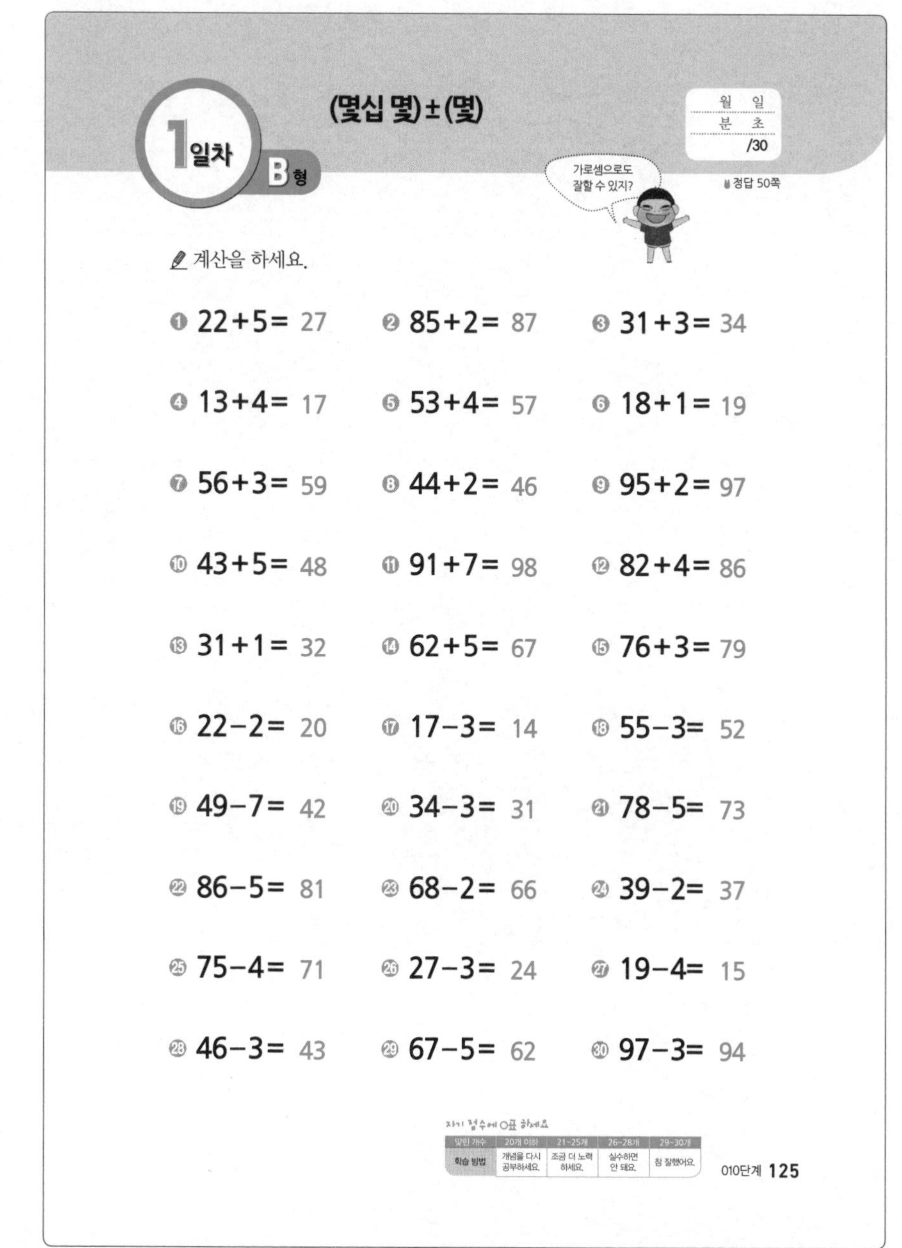

1일차 A형 (몇십 몇)±(몇)

월 일
분 초
/24

일의 자리끼리,
십의 자리끼리
계산해!

계산을 하세요.

번호	문제	답
❶	33 + 4	37
❷	52 + 2	54
❸	72 + 5	77
❹	93 + 6	99
❺	61 + 5	66
❻	42 + 5	47
❼	83 + 5	88
❽	23 + 6	29
❾	51 + 8	59
❿	61 + 3	64
⓫	42 + 7	49
⓬	45 + 3	48
⓭	87 − 6	81
⓮	26 − 4	22
⓯	33 − 2	31
⓰	57 − 7	50
⓱	69 − 7	62
⓲	47 − 3	44
⓳	75 − 3	72
⓴	17 − 6	11
㉑	57 − 1	56
㉒	93 − 3	90
㉓	28 − 2	26
㉔	37 − 5	32

자기 점수에 ○표 하세요

맞힌 개수	16개 이하	17~20개	21~22개	23~24개
학습 방법	개념을 다시 공부하세요.	조금 더 노력하세요.	실수하면 안 돼요.	참 잘했어요.

124 계산의 신 1권

1일차 B형 (몇십 몇)±(몇)

월 일
분 초
/30

정답 50쪽

가로셈으로도
잘할 수 있지?

계산을 하세요.

❶ 22+5= 27 ❷ 85+2= 87 ❸ 31+3= 34

❹ 13+4= 17 ❺ 53+4= 57 ❻ 18+1= 19

❼ 56+3= 59 ❽ 44+2= 46 ❾ 95+2= 97

❿ 43+5= 48 ⓫ 91+7= 98 ⓬ 82+4= 86

⓭ 31+1= 32 ⓮ 62+5= 67 ⓯ 76+3= 79

⓰ 22−2= 20 ⓱ 17−3= 14 ⓲ 55−3= 52

⓳ 49−7= 42 ⓴ 34−3= 31 ㉑ 78−5= 73

㉒ 86−5= 81 ㉓ 68−2= 66 ㉔ 39−2= 37

㉕ 75−4= 71 ㉖ 27−3= 24 ㉗ 19−4= 15

㉘ 46−3= 43 ㉙ 67−5= 62 ㉚ 97−3= 94

자기 점수에 ○표 하세요

맞힌 개수	20개 이하	21~25개	26~28개	29~30개
학습 방법	개념을 다시 공부하세요.	조금 더 노력하세요.	실수하면 안 돼요.	참 잘했어요.

010단계 125

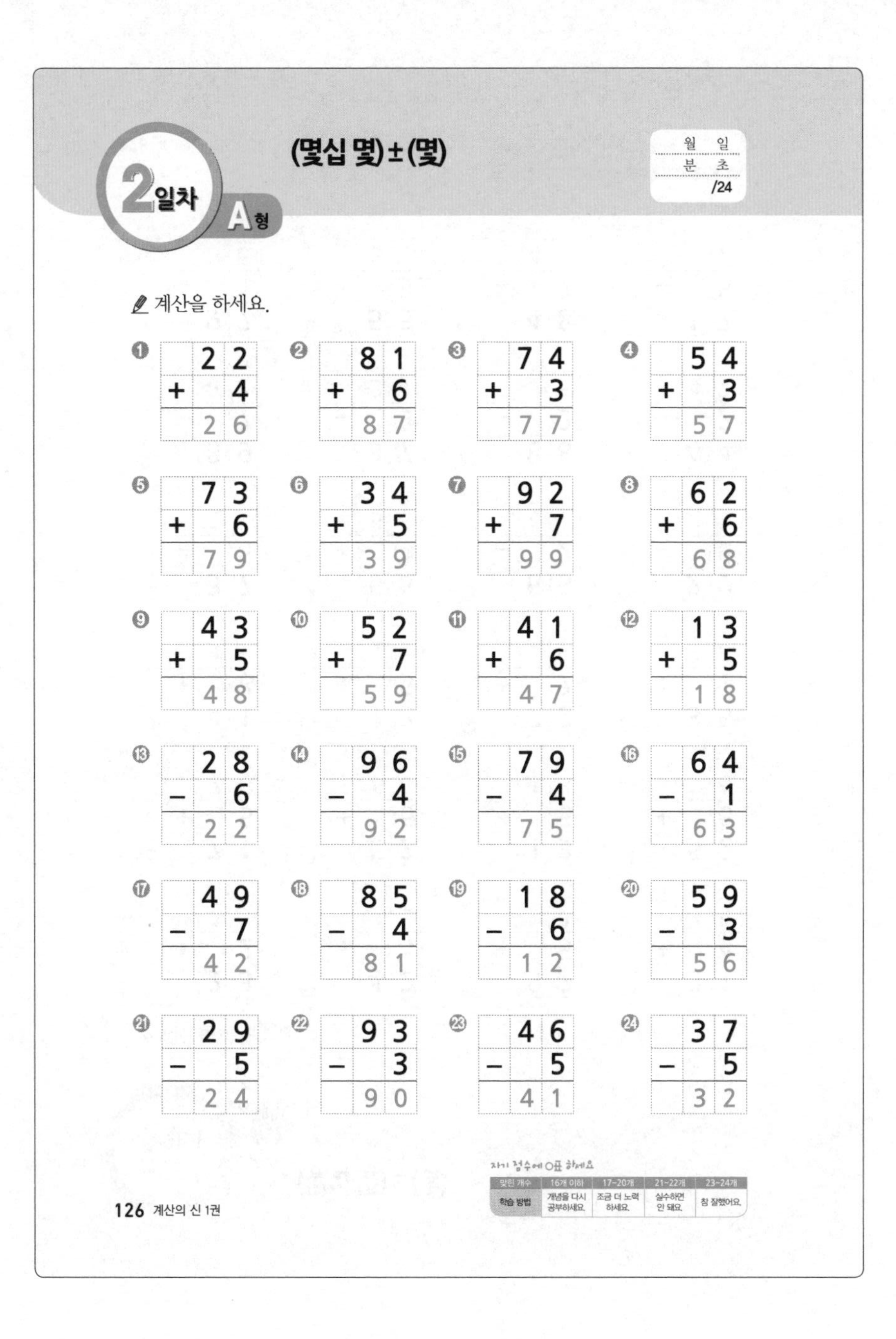

(몇십 몇)±(몇)

월 일 / 분 초 / /24

계산을 하세요.

❶ 22 + 4 = 26
❷ 81 + 6 = 87
❸ 74 + 3 = 77
❹ 54 + 3 = 57
❺ 73 + 6 = 79
❻ 34 + 5 = 39
❼ 92 + 7 = 99
❽ 62 + 6 = 68
❾ 43 + 5 = 48
❿ 52 + 7 = 59
⓫ 41 + 6 = 47
⓬ 13 + 5 = 18
⓭ 28 − 6 = 22
⓮ 96 − 4 = 92
⓯ 79 − 4 = 75
⓰ 64 − 1 = 63
⓱ 49 − 7 = 42
⓲ 85 − 4 = 81
⓳ 18 − 6 = 12
⓴ 59 − 3 = 56
㉑ 29 − 5 = 24
㉒ 93 − 3 = 90
㉓ 46 − 5 = 41
㉔ 37 − 5 = 32

자기 점수에 ○표 하세요.

맞힌 개수	16개 이하	17~20개	21~22개	23~24개
학습 방법	개념을 다시 공부하세요.	조금 더 노력하세요.	실수하면 안 돼요.	참 잘했어요.

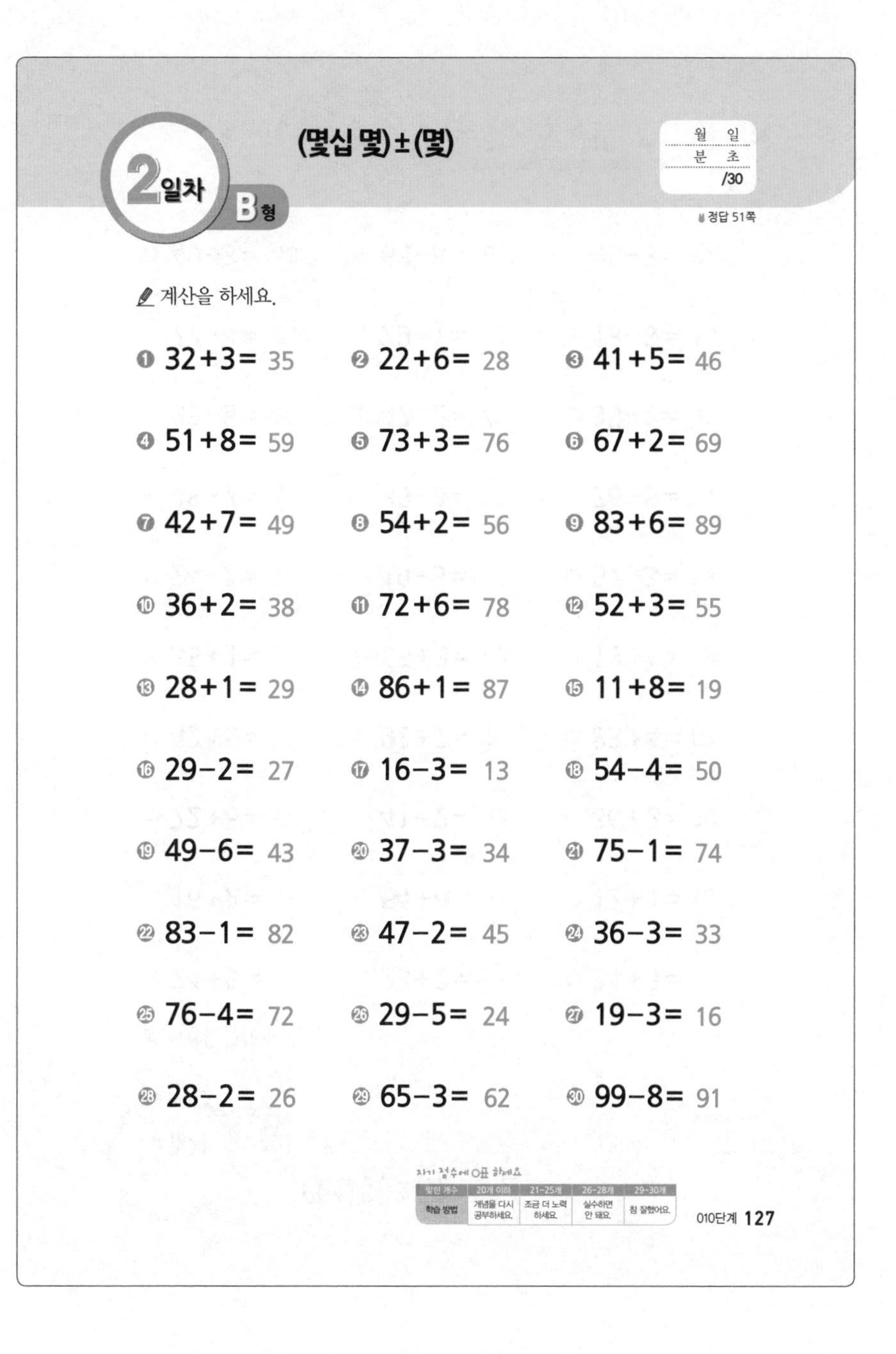

(몇십 몇)±(몇)

월 일 / 분 초 / /30

정답 51쪽

계산을 하세요.

❶ 32+3= 35 ❷ 22+6= 28 ❸ 41+5= 46
❹ 51+8= 59 ❺ 73+3= 76 ❻ 67+2= 69
❼ 42+7= 49 ❽ 54+2= 56 ❾ 83+6= 89
❿ 36+2= 38 ⓫ 72+6= 78 ⓬ 52+3= 55
⓭ 28+1= 29 ⓮ 86+1= 87 ⓯ 11+8= 19
⓰ 29−2= 27 ⓱ 16−3= 13 ⓲ 54−4= 50
⓳ 49−6= 43 ⓴ 37−3= 34 ㉑ 75−1= 74
㉒ 83−1= 82 ㉓ 47−2= 45 ㉔ 36−3= 33
㉕ 76−4= 72 ㉖ 29−5= 24 ㉗ 19−3= 16
㉘ 28−2= 26 ㉙ 65−3= 62 ㉚ 99−8= 91

자기 점수에 ○표 하세요.

맞힌 개수	20개 이하	21~25개	26~28개	29~30개
학습 방법	개념을 다시 공부하세요.	조금 더 노력하세요.	실수하면 안 돼요.	참 잘했어요.

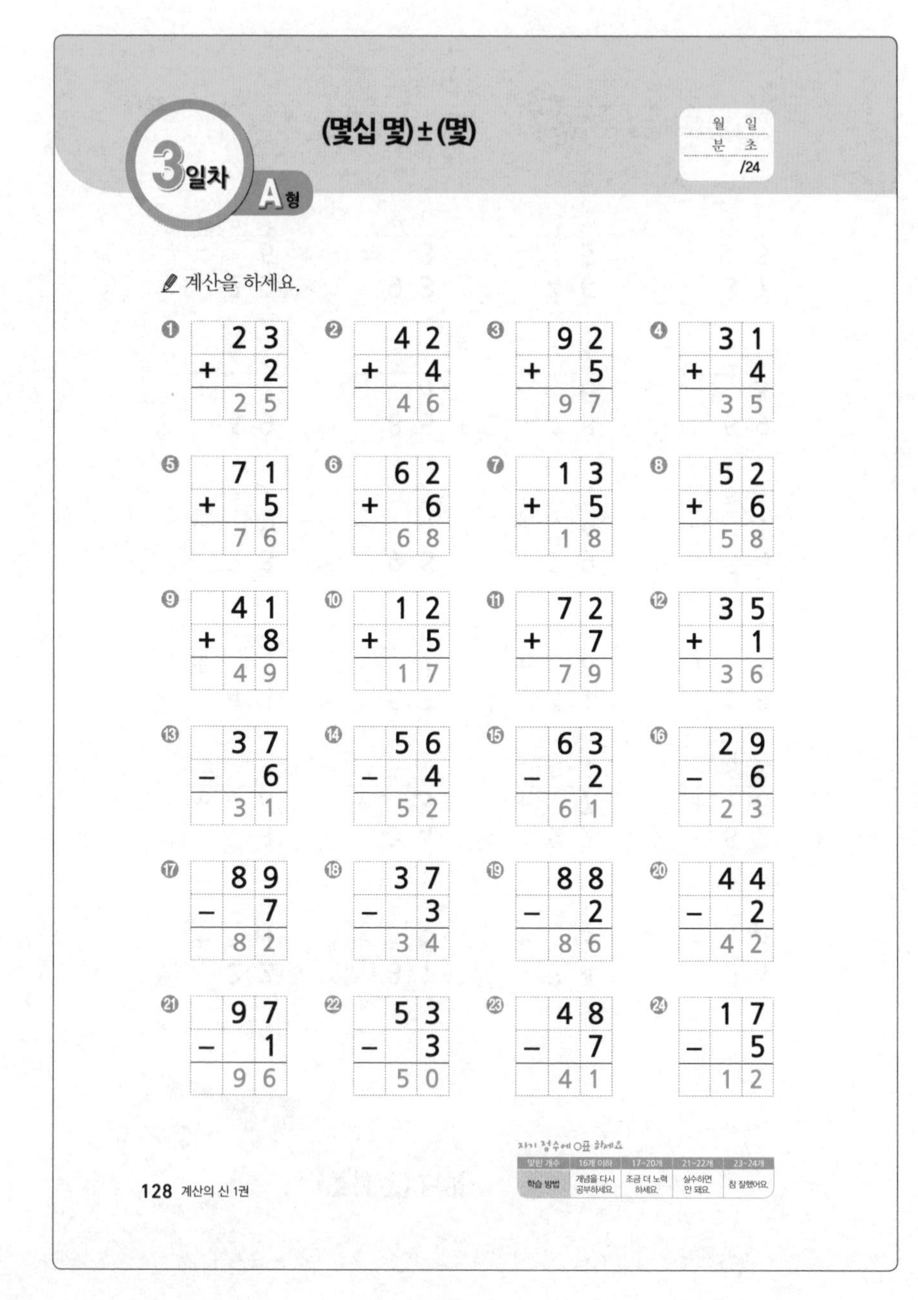

3일차 A형

(몇십 몇)±(몇)

월 일
분 초
/24

계산을 하세요.

①	②	③	④
23 + 2 = 25	42 + 4 = 46	92 + 5 = 97	31 + 4 = 35

⑤	⑥	⑦	⑧
71 + 5 = 76	62 + 6 = 68	13 + 5 = 18	52 + 6 = 58

⑨	⑩	⑪	⑫
41 + 8 = 49	12 + 5 = 17	72 + 7 = 79	35 + 1 = 36

⑬	⑭	⑮	⑯
37 − 6 = 31	56 − 4 = 52	63 − 2 = 61	29 − 6 = 23

⑰	⑱	⑲	⑳
89 − 7 = 82	37 − 3 = 34	88 − 2 = 86	44 − 2 = 42

㉑	㉒	㉓	㉔
97 − 1 = 96	53 − 3 = 50	48 − 7 = 41	17 − 5 = 12

자기 점수에 ○표 하세요.

맞힌 개수	16개 이하	17~20개	21~22개	23~24개
학습 방법	개념을 다시 공부하세요.	조금 더 노력 하세요.	실수하면 안 돼요.	참 잘했어요.

128 계산의 신 1권

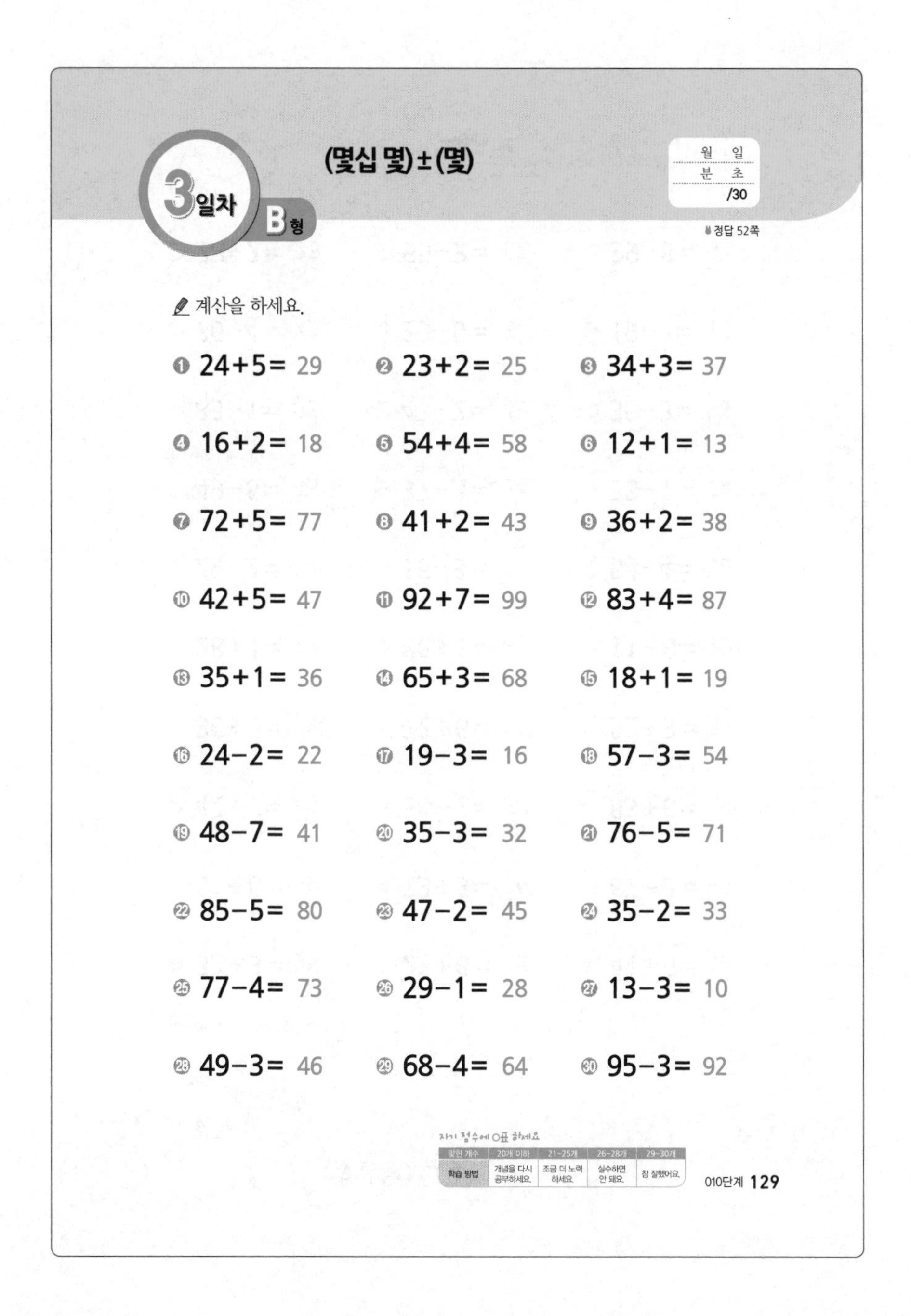

3일차 B형

(몇십 몇)±(몇)

월 일
분 초
/30

정답 52쪽

계산을 하세요.

① 24+5= 29 ② 23+2= 25 ③ 34+3= 37

④ 16+2= 18 ⑤ 54+4= 58 ⑥ 12+1= 13

⑦ 72+5= 77 ⑧ 41+2= 43 ⑨ 36+2= 38

⑩ 42+5= 47 ⑪ 92+7= 99 ⑫ 83+4= 87

⑬ 35+1= 36 ⑭ 65+3= 68 ⑮ 18+1= 19

⑯ 24−2= 22 ⑰ 19−3= 16 ⑱ 57−3= 54

⑲ 48−7= 41 ⑳ 35−3= 32 ㉑ 76−5= 71

㉒ 85−5= 80 ㉓ 47−2= 45 ㉔ 35−2= 33

㉕ 77−4= 73 ㉖ 29−1= 28 ㉗ 13−3= 10

㉘ 49−3= 46 ㉙ 68−4= 64 ㉚ 95−3= 92

자기 점수에 ○표 하세요.

맞힌 개수	20개 이하	21~25개	26~28개	29~30개
학습 방법	개념을 다시 공부하세요.	조금 더 노력 하세요.	실수하면 안 돼요.	참 잘했어요.

010단계 129

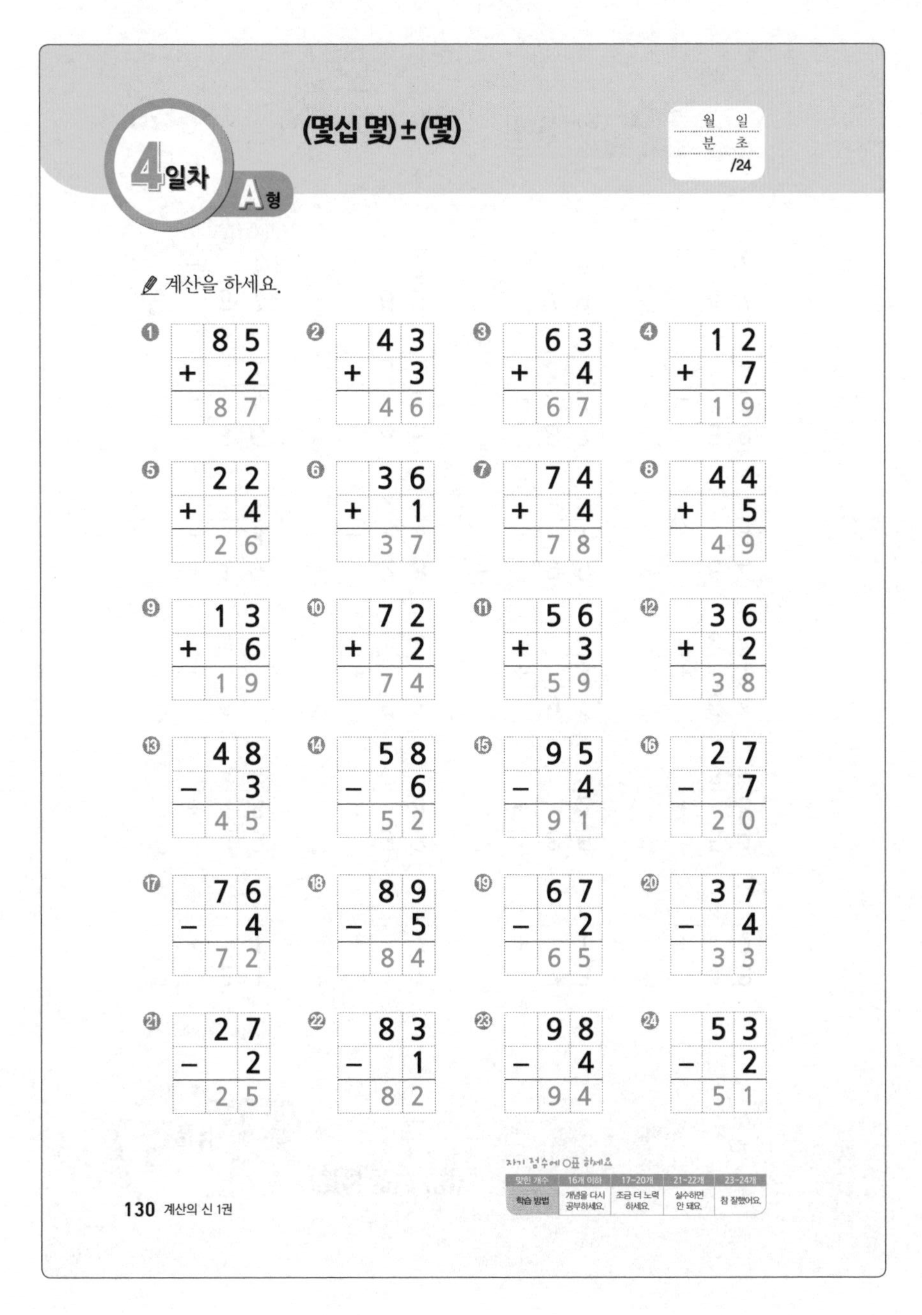

4일차 A형 (몇십 몇)±(몇)

월 일 / 분 초 / /24

계산을 하세요.

❶ 85 + 2 = 87
❷ 43 + 3 = 46
❸ 63 + 4 = 67
❹ 12 + 7 = 19
❺ 22 + 4 = 26
❻ 36 + 1 = 37
❼ 74 + 4 = 78
❽ 44 + 5 = 49
❾ 13 + 6 = 19
❿ 72 + 2 = 74
⓫ 56 + 3 = 59
⓬ 36 + 2 = 38
⓭ 48 − 3 = 45
⓮ 58 − 6 = 52
⓯ 95 − 4 = 91
⓰ 27 − 7 = 20
⓱ 76 − 4 = 72
⓲ 89 − 5 = 84
⓳ 67 − 2 = 65
⓴ 37 − 4 = 33
㉑ 27 − 2 = 25
㉒ 83 − 1 = 82
㉓ 98 − 4 = 94
㉔ 53 − 2 = 51

자기 점수에 ○표 하세요

맞힌 개수	16개 이하	17~20개	21~22개	23~24개
학습 방법	개념을 다시 공부하세요.	조금 더 노력하세요.	실수하면 안 돼요.	참 잘했어요.

130 계산의 신 1권

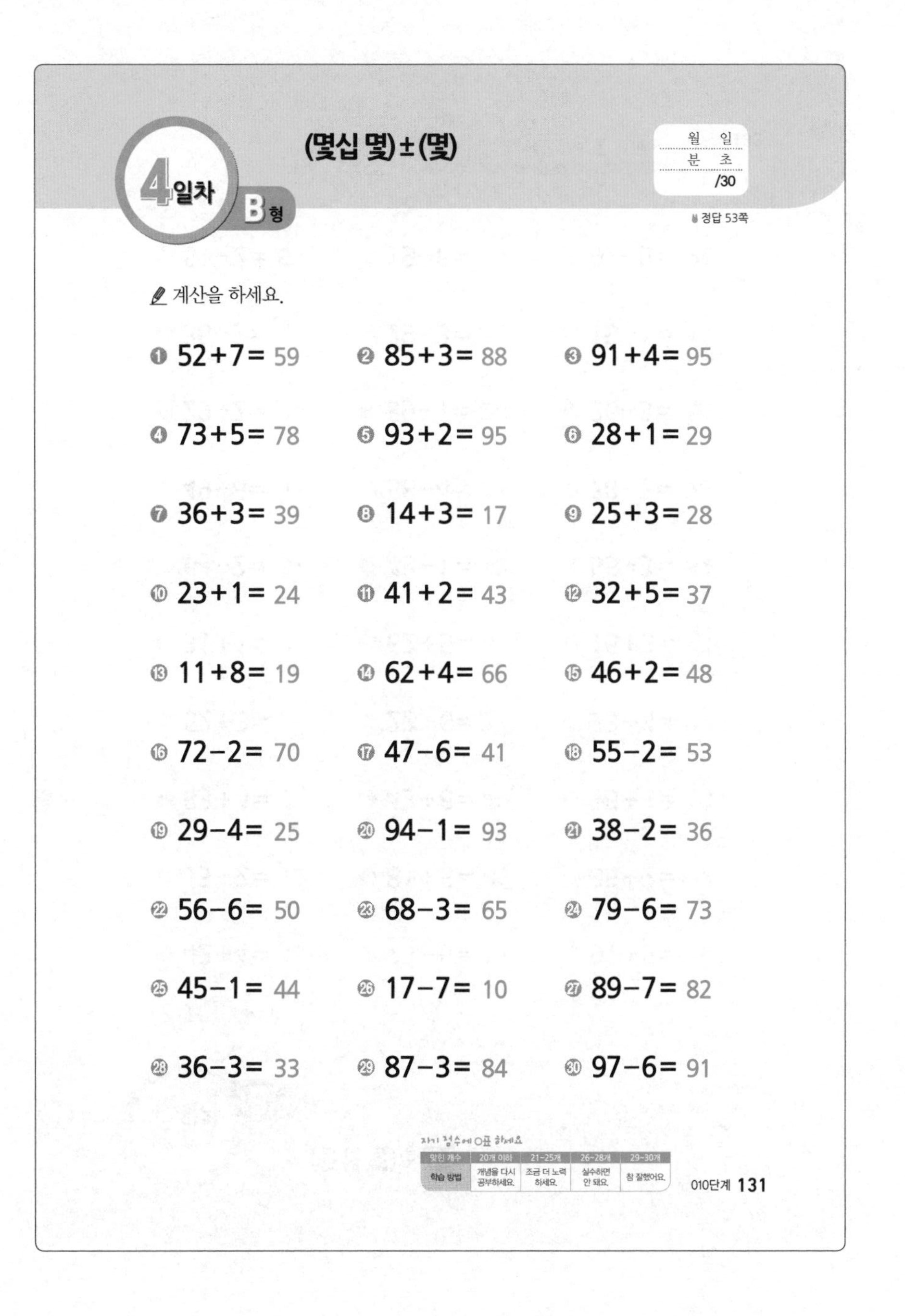

4일차 B형 (몇십 몇)±(몇)

월 일 / 분 초 / /30

정답 53쪽

계산을 하세요.

❶ 52+7= 59 ❷ 85+3= 88 ❸ 91+4= 95
❹ 73+5= 78 ❺ 93+2= 95 ❻ 28+1= 29
❼ 36+3= 39 ❽ 14+3= 17 ❾ 25+3= 28
❿ 23+1= 24 ⓫ 41+2= 43 ⓬ 32+5= 37
⓭ 11+8= 19 ⓮ 62+4= 66 ⓯ 46+2= 48
⓰ 72−2= 70 ⓱ 47−6= 41 ⓲ 55−2= 53
⓳ 29−4= 25 ⓴ 94−1= 93 ㉑ 38−2= 36
㉒ 56−6= 50 ㉓ 68−3= 65 ㉔ 79−6= 73
㉕ 45−1= 44 ㉖ 17−7= 10 ㉗ 89−7= 82
㉘ 36−3= 33 ㉙ 87−3= 84 ㉚ 97−6= 91

자기 점수에 ○표 하세요

맞힌 개수	20개 이하	21~25개	26~28개	29~30개
학습 방법	개념을 다시 공부하세요.	조금 더 노력하세요.	실수하면 안 돼요.	참 잘했어요.

010단계 131

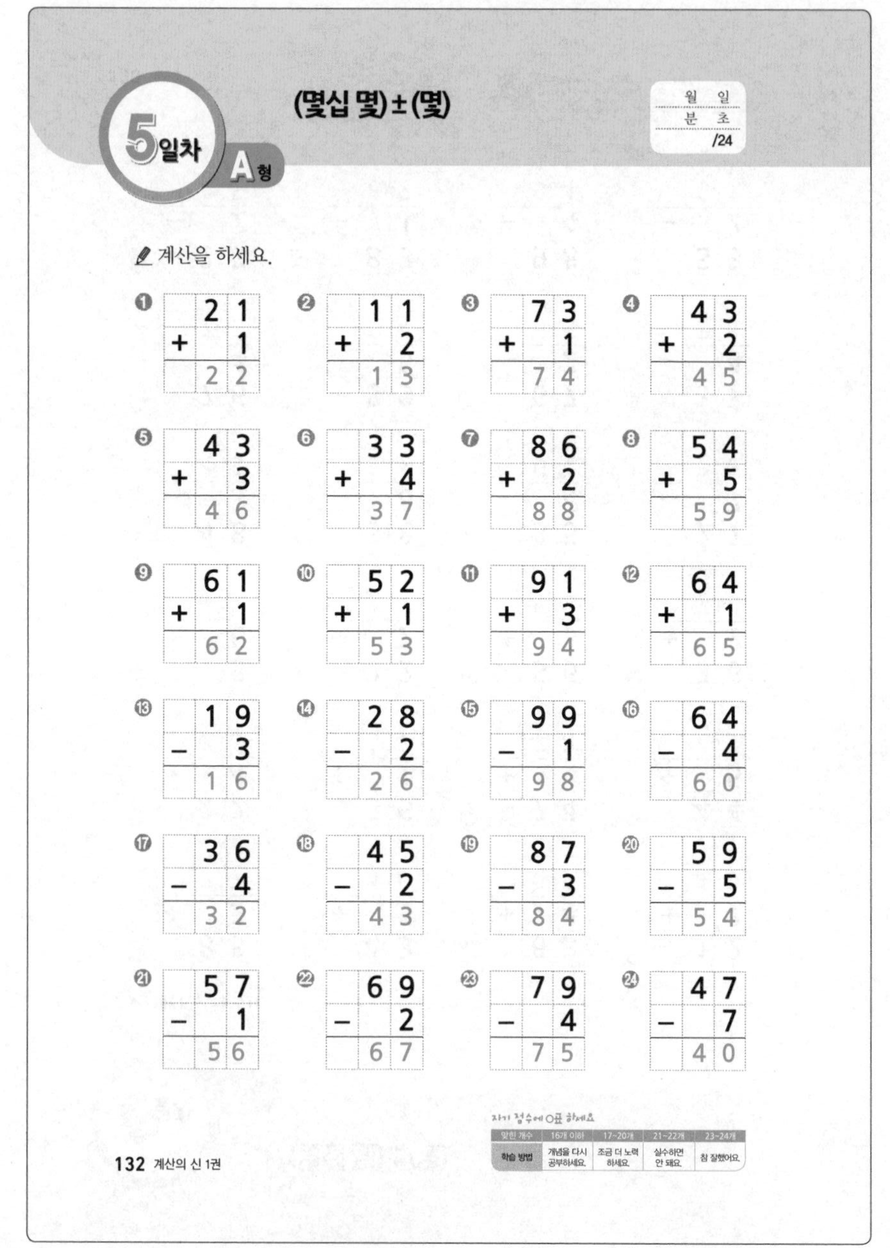

5일차 A형

(몇십 몇)±(몇)

월 일 / 분 초 / /24

계산을 하세요.

① 21+1=22 ② 11+2=13 ③ 73+1=74 ④ 43+2=45
⑤ 43+3=46 ⑥ 33+4=37 ⑦ 86+2=88 ⑧ 54+5=59
⑨ 61+1=62 ⑩ 52+1=53 ⑪ 91+3=94 ⑫ 64+1=65
⑬ 19−3=16 ⑭ 28−2=26 ⑮ 99−1=98 ⑯ 64−4=60
⑰ 36−4=32 ⑱ 45−2=43 ⑲ 87−3=84 ⑳ 59−5=54
㉑ 57−1=56 ㉒ 69−2=67 ㉓ 79−4=75 ㉔ 47−7=40

자기 점수에 ○표 하세요.

맞힌 개수	16개 이하	17~20개	21~22개	23~24개
학습 방법	개념을 다시 공부하세요.	조금 더 노력하세요.	실수하면 안 돼요.	참 잘했어요.

132 계산의 신 1권

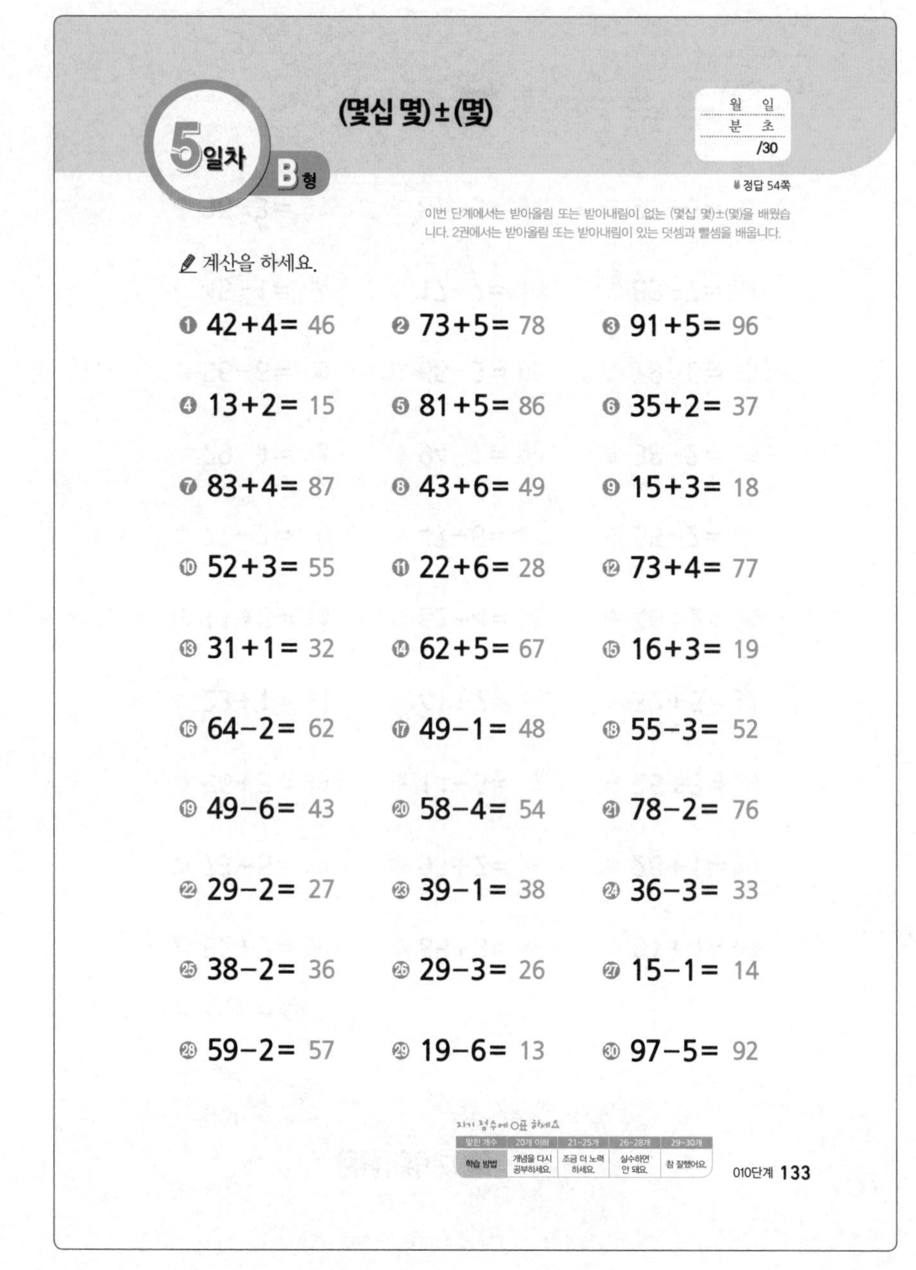

5일차 B형

(몇십 몇)±(몇)

월 일 / 분 초 / /30

정답 54쪽

이번 단계에서는 받아올림 또는 받아내림이 없는 (몇십 몇)±(몇)을 배웠습니다. 2권에서는 받아올림 또는 받아내림이 있는 덧셈과 뺄셈을 배웁니다.

계산을 하세요.

① 42+4= 46 ② 73+5= 78 ③ 91+5= 96
④ 13+2= 15 ⑤ 81+5= 86 ⑥ 35+2= 37
⑦ 83+4= 87 ⑧ 43+6= 49 ⑨ 15+3= 18
⑩ 52+3= 55 ⑪ 22+6= 28 ⑫ 73+4= 77
⑬ 31+1= 32 ⑭ 62+5= 67 ⑮ 16+3= 19
⑯ 64−2= 62 ⑰ 49−1= 48 ⑱ 55−3= 52
⑲ 49−6= 43 ⑳ 58−4= 54 ㉑ 78−2= 76
㉒ 29−2= 27 ㉓ 39−1= 38 ㉔ 36−3= 33
㉕ 38−2= 36 ㉖ 29−3= 26 ㉗ 15−1= 14
㉘ 59−2= 57 ㉙ 19−6= 13 ㉚ 97−5= 92

자기 점수에 ○표 하세요.

맞힌 개수	20개 이하	21~25개	26~28개	29~30개
학습 방법	개념을 다시 공부하세요.	조금 더 노력하세요.	실수하면 안 돼요.	참 잘했어요.

010단계 133

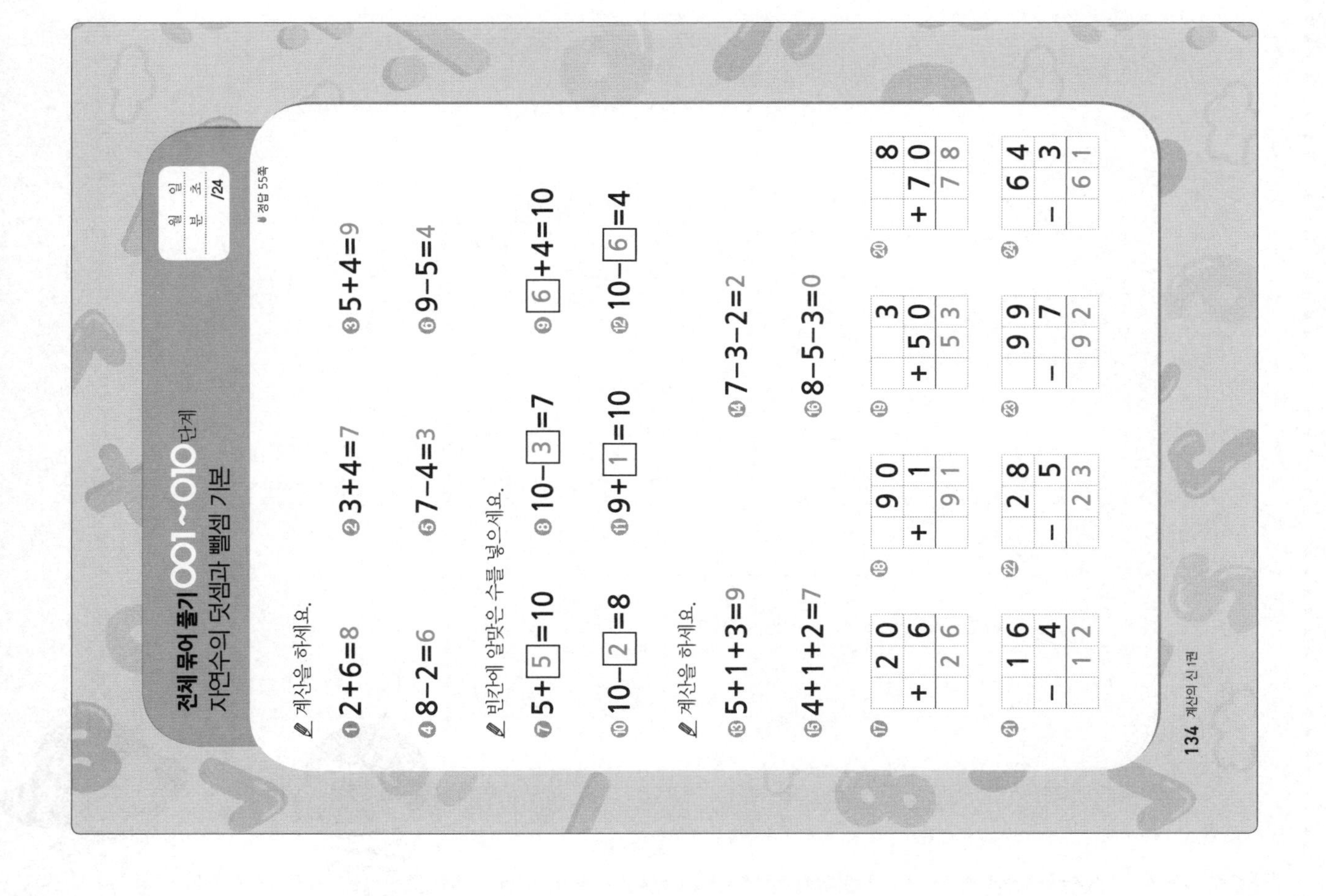

전체 묶어 풀기 001~010단계
자연수의 덧셈과 뺄셈 기본

월 일
분 초
/24

정답 55쪽

계산을 하세요.

❶ 2+6=8　❷ 3+4=7　❸ 5+4=9

❹ 8−2=6　❺ 7−4=3　❻ 9−5=4

빈칸에 알맞은 수를 넣으세요.

❼ 5+[5]=10　❽ 10−[3]=7　❾ [6]+4=10

❿ 10−[2]=8　⓫ 9+[1]=10　⓬ 10−[6]=4

계산을 하세요.

⓭ 5+1+3=9　⓮ 7−3−2=2

⓯ 4+1+2=7　⓰ 8−5−3=0

⓱ 20 + 6 = 26　⓲ 90 + 1 = 91　⓳ 3 + 50 = 53　⓴ 8 + 70 = 78

㉑ 16 − 4 = 12　㉒ 28 − 5 = 23　㉓ 99 − 7 = 92　㉔ 64 − 3 = 61

134 계산의 신 1권

신(神)의 Note

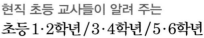

실력 진단 평가 ❶회

수를 가르고 모으기

제한 시간	맞힌 개수	선생님 확인
15분	/14	

정답 21쪽

빈칸에 알맞게 점을 그리세요.

❶ 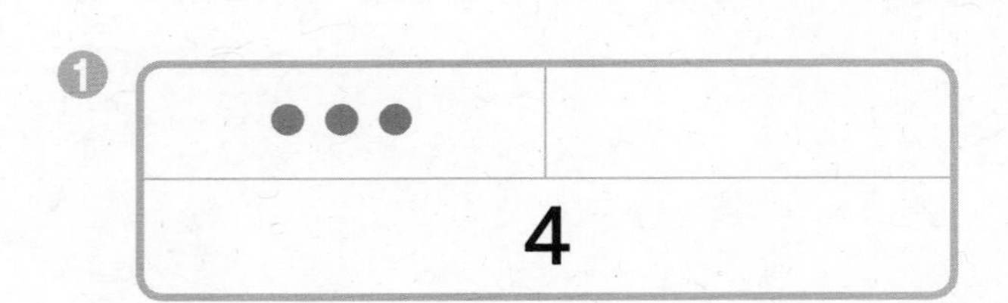

❷ 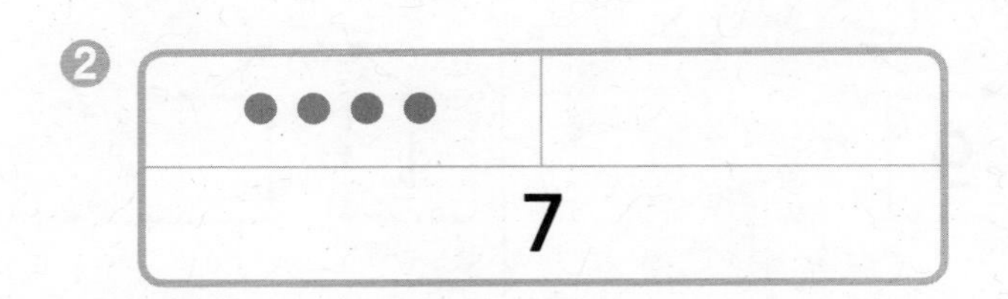

❸ 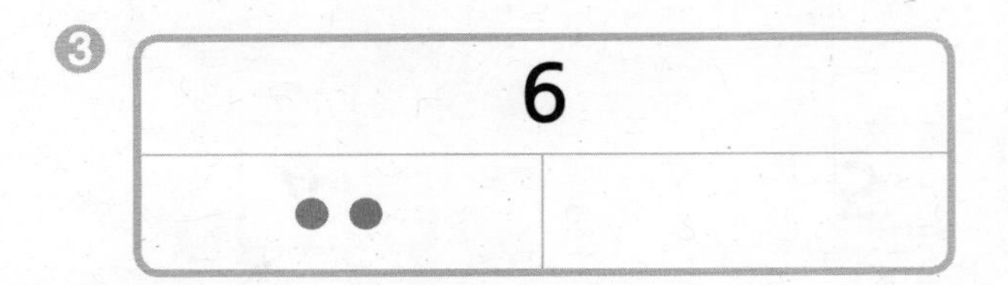

❹ 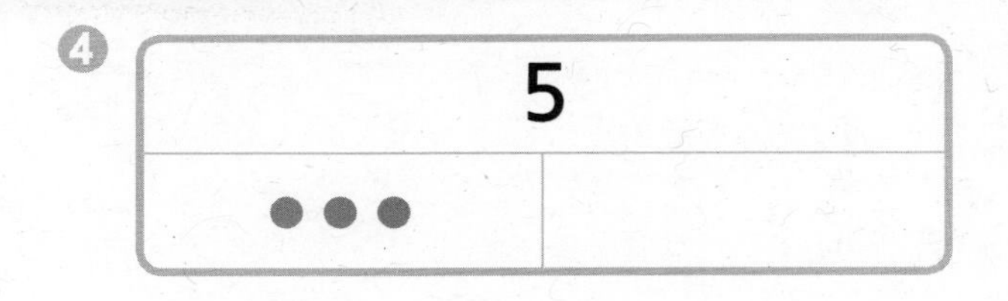

❺ 

❻ 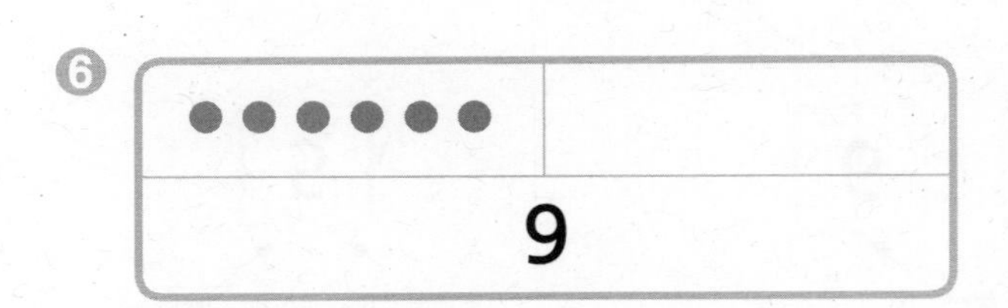

❼ 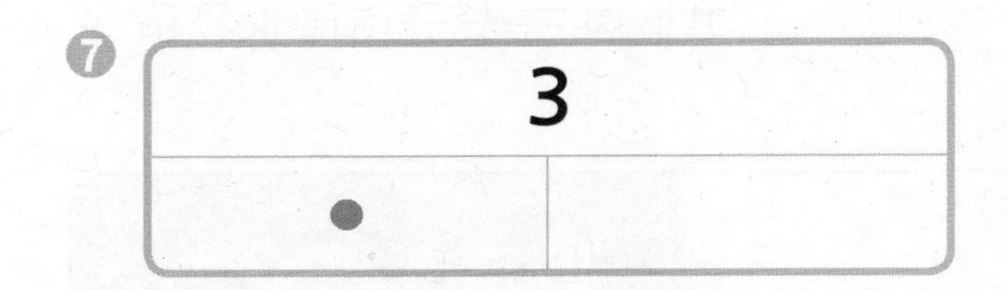

❽ 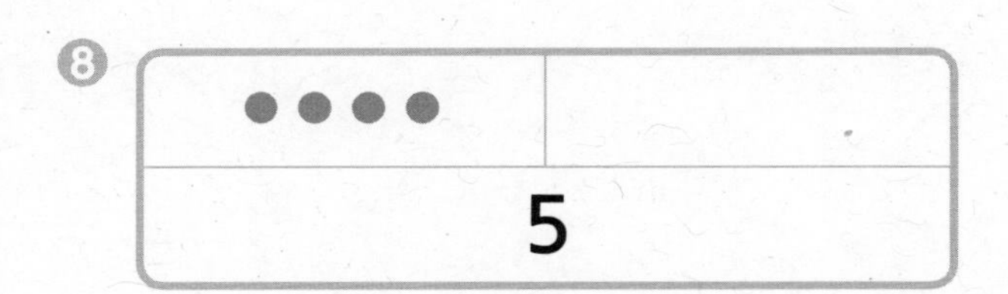

❾ 

❿ 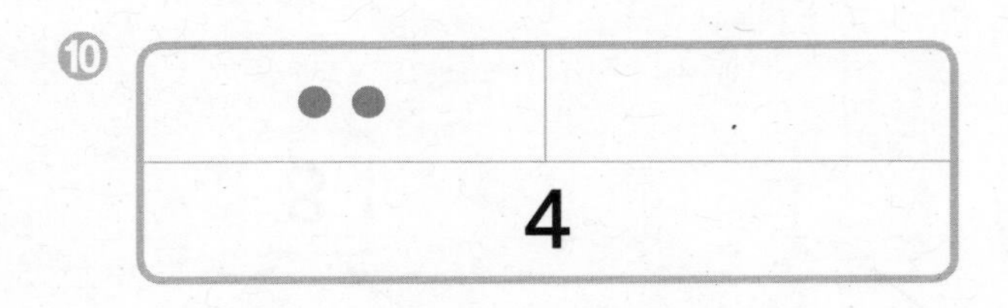

⓫ 

⓬ 

⓭ 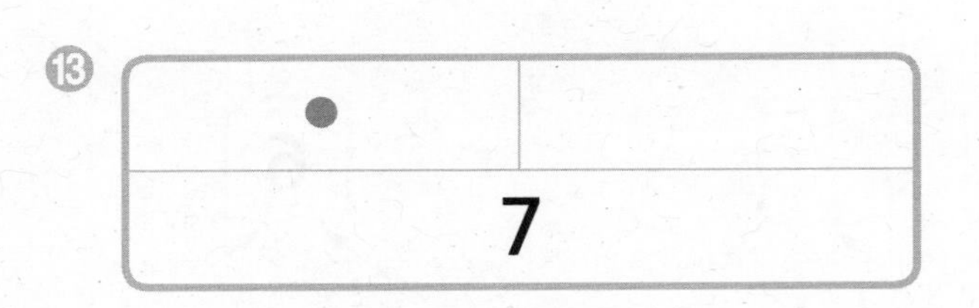

⓮ 

001 단계

실력 진단 평가 ❷회

수를 가르고 모으기

제한 시간	맞힌 개수	선생님 확인
20분	/20	

정답 21쪽

빈칸에 알맞은 수를 쓰세요.

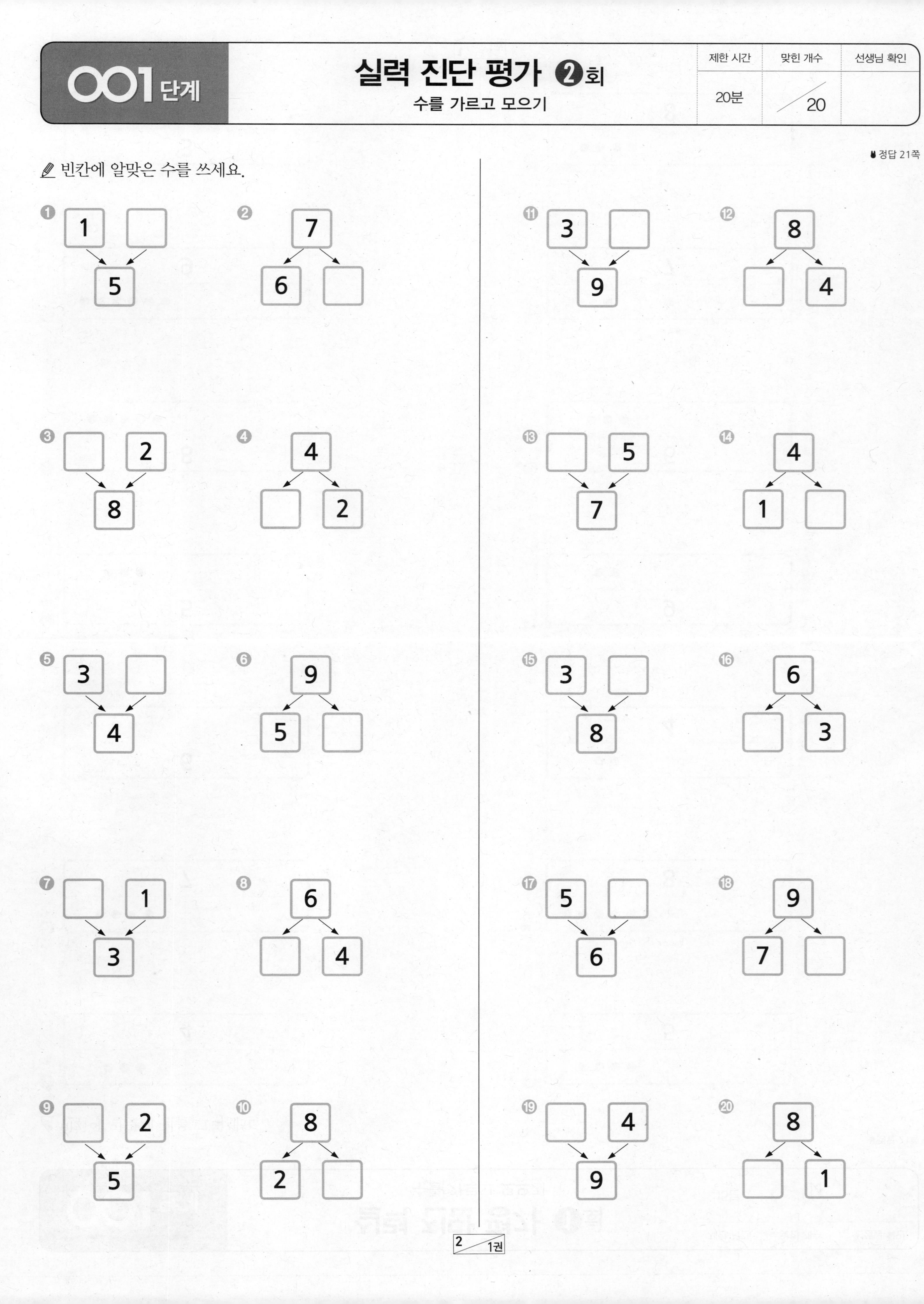

자르는 선

002 단계

실력 진단 평가 ❶회

합이 9까지인 덧셈

제한 시간	맞힌 개수	선생님 확인
15분	/32	

정답 21쪽

덧셈을 하세요.

❶ $2+5=$ ❷ $1+4=$

❸ $5+4=$ ❹ $0+6=$

❺ $8+1=$ ❻ $3+1=$

❼ $3+3=$ ❽ $6+1=$

❾ $9+0=$ ❿ $3+4=$

⓫ $4+2=$ ⓬ $1+2=$

⓭ $0+8=$ ⓮ $1+6=$

⓯ $3+5=$ ⓰ $2+2=$

⓱ $6+3=$ ⓲ $1+7=$

⓳ $7+0=$ ⓴ $5+1=$

㉑ $2+1=$ ㉒ $3+6=$

㉓ $4+3=$ ㉔ $1+1=$

㉕ $2+3=$ ㉖ $0+4=$

㉗ $2+2=$ ㉘ $6+2=$

㉙ $1+5=$ ㉚ $7+1=$

㉛ $3+2=$ ㉜ $2+7=$

002 단계

실력 진단 평가 ❷회

합이 9까지인 덧셈

제한 시간	맞힌 개수	선생님 확인
15분	/4	

정답 21쪽

빈칸에 알맞은 수를 넣으세요.

❶

위의 수와 아래의 수를 계산하세요.	3	0	5
+1			
+3			
+2			
+0			

❷

위의 수와 아래의 수를 계산하세요.	2	1	4
+0			
+2			
+3			
+5			

❸

위의 수와 아래의 수를 계산하세요.	6	2	4
+3			
+2			
+0			
+1			

❹

위의 수와 아래의 수를 계산하세요.	1	3	0
+0			
+5			
+6			
+2			

✂ 자르는 선

003 단계

실력 진단 평가 ❶회

차가 9까지인 뺄셈

제한 시간	맞힌 개수	선생님 확인
20분	/32	

정답 21쪽

뺄셈을 하세요.

❶ $4-3=$ ❷ $6-3=$

❸ $7-2=$ ❹ $8-4=$

❺ $9-1=$ ❻ $2-2=$

❼ $5-0=$ ❽ $3-1=$

❾ $7-5=$ ❿ $9-8=$

⓫ $9-3=$ ⓬ $1-0=$

⓭ $8-6=$ ⓮ $5-1=$

⓯ $9-2=$ ⓰ $8-2=$

⓱ $6-2=$ ⓲ $4-2=$

⓳ $8-3=$ ⓴ $9-5=$

㉑ $7-4=$ ㉒ $3-2=$

㉓ $8-1=$ ㉔ $6-4=$

㉕ $3-3=$ ㉖ $9-4=$

㉗ $5-2=$ ㉘ $7-3=$

㉙ $9-7=$ ㉚ $6-1=$

㉛ $8-5=$ ㉜ $7-6=$

003 단계

실력 진단 평가 ❷회

차가 9까지인 뺄셈

제한 시간	맞힌 개수	선생님 확인
20분	/4	

정답 21쪽

빈칸에 알맞은 수를 넣으세요.

❶

위의 수와 아래의 수를 계산하세요.	8	5	7
−4			
−0			
−1			
−5			

❷

위의 수와 아래의 수를 계산하세요.	6	8	9
−2			
−3			
−5			
−1			

❸

위의 수와 아래의 수를 계산하세요.	4	9	6
−3			
−1			
−0			
−4			

❹

위의 수와 아래의 수를 계산하세요.	8	7	9
−6			
−1			
−4			
−2			

✂ 자르는 선

실력 진단 평가 ❶회

덧셈과 뺄셈

제한 시간	맞힌 개수	선생님 확인
20분	/20	

정답 22쪽

✎ 계산을 하세요.

❶ 2+1=
2+2=
2+3=
2+4=

❷ 5−2=
5−3=
5−4=
5−5=

❸ 4+2=
4+3=
4+4=
4+5=

❹ 8−1=
8−2=
8−3=
8−4=

❺ 5+0=
5+1=
5+2=
5+3=

❻ 7−2=
7−3=
7−4=
7−5=

❼ 3+3=
3+4=
3+5=
3+6=

❽ 9−1=
9−2=
9−3=
9−4=

❾ 2+0=
2+1=
2+2=
2+3=

❿ 4−1=
4−2=
4−3=
4−4=

⓫ 1+5=
1+6=
1+7=
1+8=

⓬ 6−1=
6−2=
6−3=
6−4=

⓭ 3+0=
3+1=
3+2=
3+3=

⓮ 9−3=
9−4=
9−5=
9−6=

⓯ 4+0=
4+1=
4+2=
4+3=

⓰ 5−0=
5−1=
5−2=
5−3=

⓱ 2+4=
2+5=
2+6=
2+7=

⓲ 8−5=
8−6=
8−7=
8−8=

⓳ 1+1=
1+2=
1+3=
1+4=

⓴ 7−0=
7−1=
7−2=
7−3=

실력 진단 평가 ❷회

덧셈과 뺄셈

제한 시간	맞힌 개수	선생님 확인
20분	/32	

정답 22쪽

□ 안에 알맞은 기호를 써넣으세요.

❶ 3□2=5
❷ 9□1=8
❸ 4□2=2
❹ 8□6=2
❺ 1□4=5
❻ 4□1=3
❼ 4□3=7
❽ 3□1=2
❾ 7□1=8
❿ 6□3=9
⓫ 2□4=6
⓬ 9□2=7
⓭ 5□4=9
⓮ 6□4=2
⓯ 7□5=2
⓰ 8□4=4
⓱ 5□2=3
⓲ 2□1=3
⓳ 3□5=8
⓴ 9□5=4
㉑ 1□7=8
㉒ 3□3=0
㉓ 6□2=8
㉔ 8□2=6
㉕ 2□2=4
㉖ 9□4=5
㉗ 5□1=6
㉘ 7□3=4
㉙ 1□8=9
㉚ 6□1=5
㉛ 6□3=3
㉜ 5□4=1

✂ 자르는 선

005 단계

실력 진단 평가 ❶회

10을 가르고 모으기

제한 시간	맞힌 개수	선생님 확인
15분	/14	

정답 22쪽

✎ 빈칸에 알맞게 점을 그리세요.

❶ 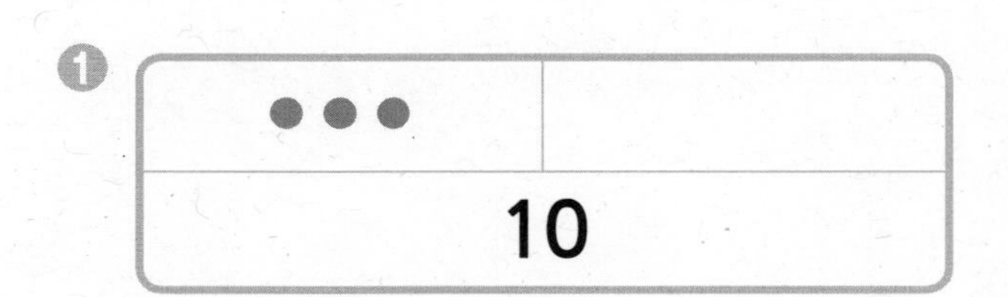

❷ 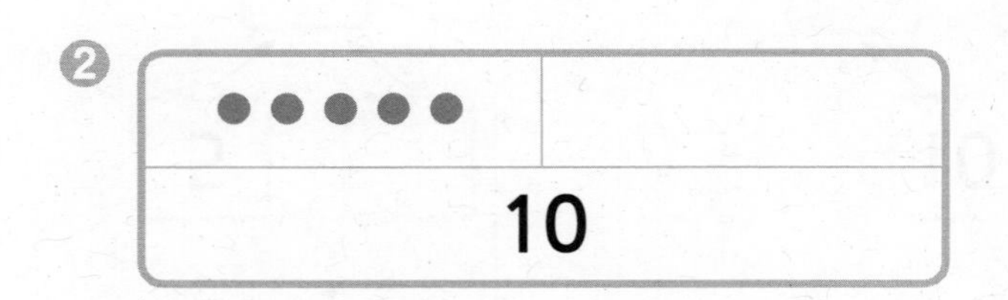

❸ 

❹ 

❺ 

❻ 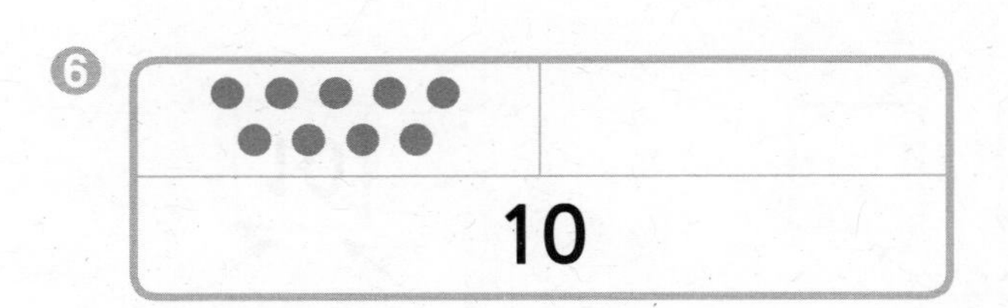

❼ 

❽ 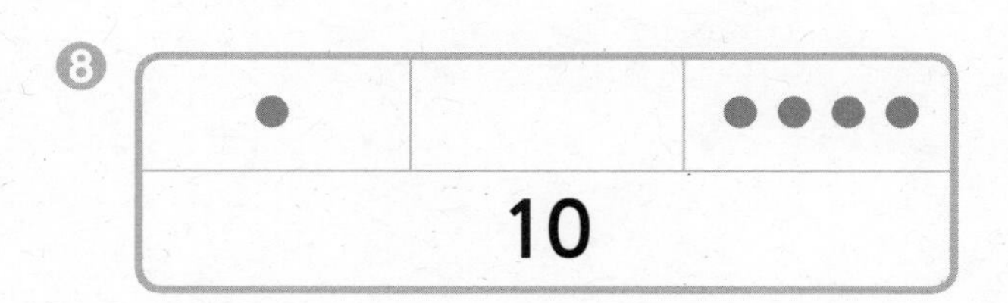

❾ 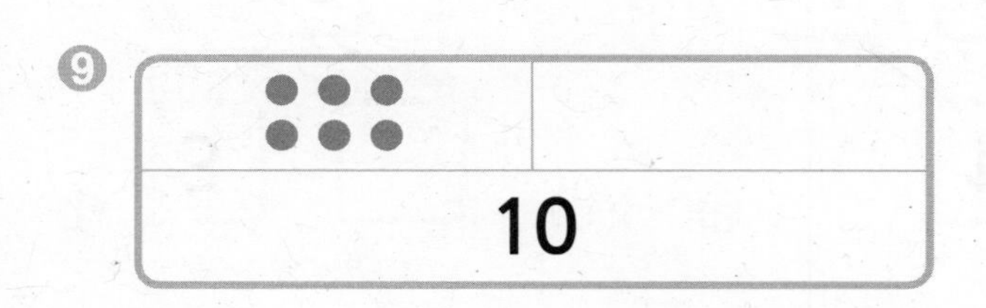

❿ 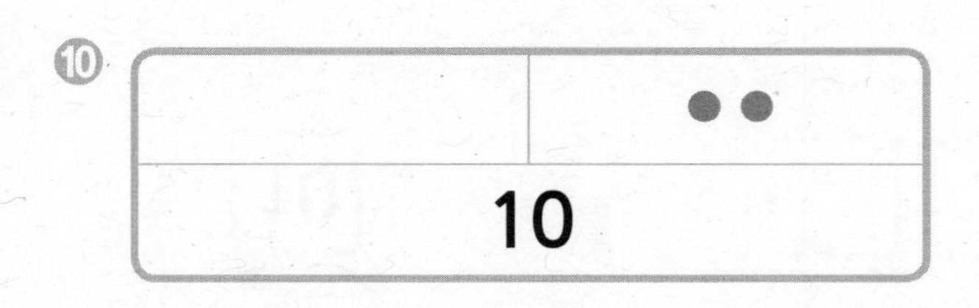

⓫ 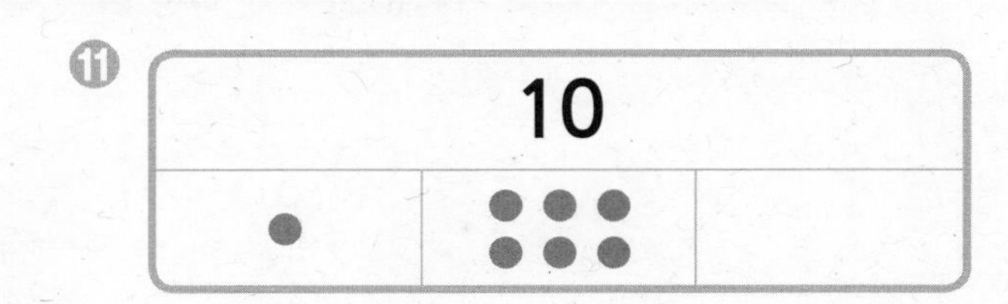

⓬ 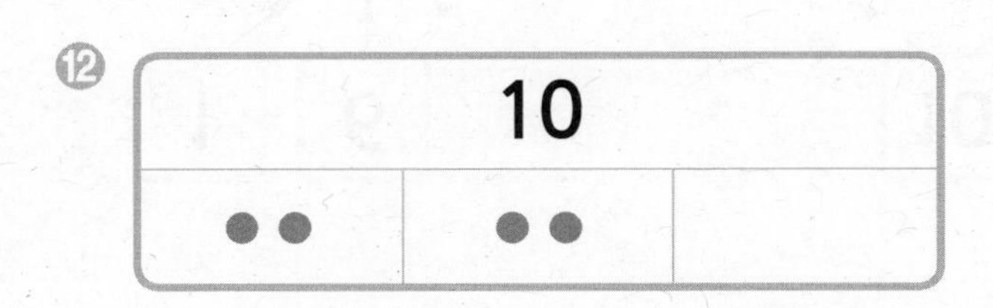

⓭ 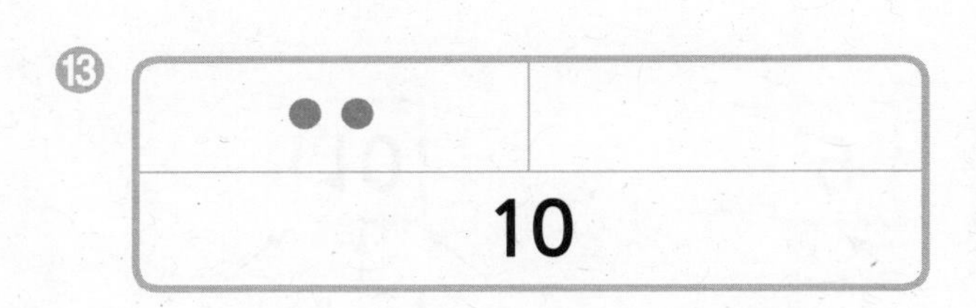

⓮ 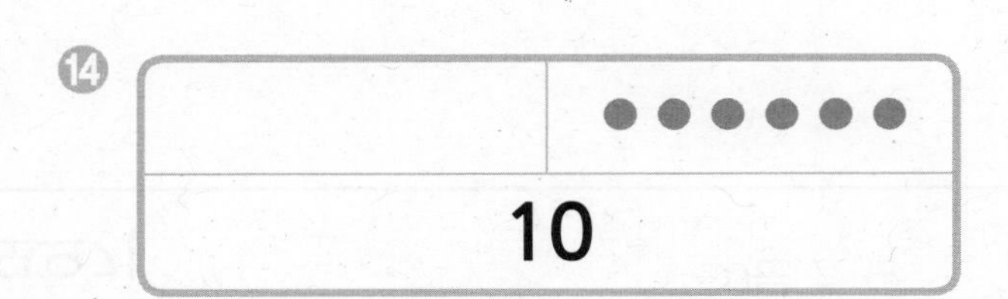

실력 진단 평가 ❷회

10을 가르고 모으기

제한 시간	맞힌 개수	선생님 확인
20분	/20	

정답 22쪽

빈칸에 알맞은 수를 쓰세요.

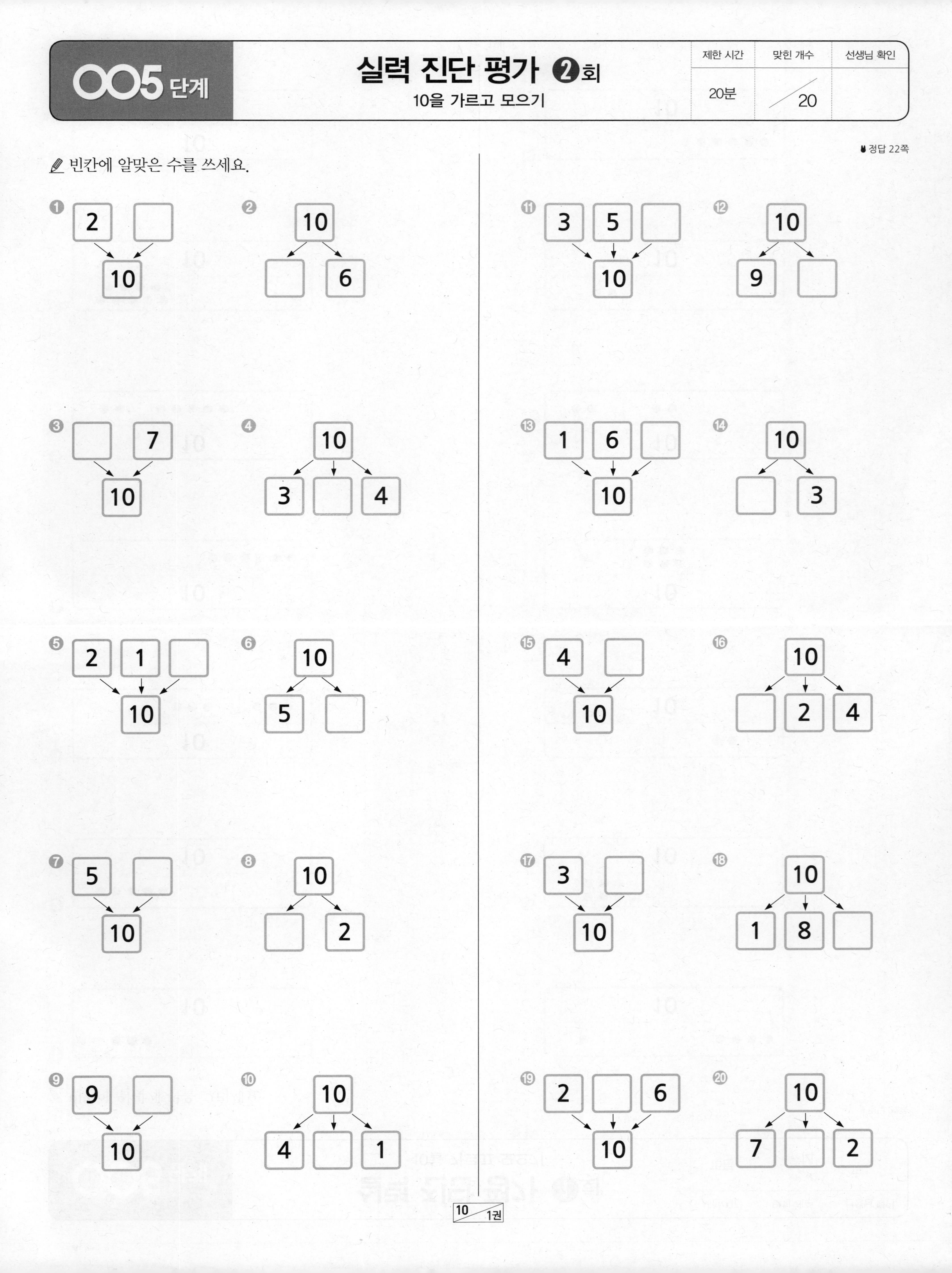

✂ 자르는 선

006단계 실력 진단 평가 ❶회

10의 덧셈과 뺄셈

제한 시간	맞힌 개수	선생님 확인
20분	/32	

정답 22쪽

✎ 빈칸에 알맞은 수를 넣으세요.

❶ 4+□=10　❷ 10−□=8

❸ 5+□=10　❹ 10−□=3

❺ □+2=10　❻ 10−□=6

❼ □+3=10　❽ 10−□=5

❾ 9+□=10　❿ □−3=7

⓫ 7+□=10　⓬ □−2=8

⓭ □+4=10　⓮ 10−□=1

⓯ 8+□=10　⓰ 10−□=4

⓱ □+5=10　⓲ 10−□=7

⓳ □+6=10　⓴ □−8=2

㉑ 1+□=10　㉒ 10−□=0

㉓ 6+□=10　㉔ 10−□=9

㉕ □+7=10　㉖ □−6=4

㉗ 2+□=10　㉘ □−5=5

㉙ 3+□=10　㉚ □−1=9

㉛ □+8=10　㉜ 10−□=2

006 단계

실력 진단 평가 ❷회

10의 덧셈과 뺄셈

제한 시간	맞힌 개수	선생님 확인
20분	/ 6	

정답 22쪽

빈칸에 알맞은 수를 넣으세요.

❶

4+□=	10
9+□=	10
3+□=	10
2+□=	10
5+□=	10

❷

10	−□=2
10	−□=7
10	−□=9
10	−□=5
10	−□=6

❸

5+□=	10
8+□=	10
6+□=	10
9+□=	10
7+□=	10

❹

10	−□=1
10	−□=3
10	−□=5
10	−□=2
10	−□=7

❺

□+6=	10
□+8=	10
□+1=	10
□+7=	10
□+2=	10

❻

10	−□=4
10	−□=3
10	−□=6
10	−□=8
10	−□=9

자르는 선

007 단계

실력 진단 평가 ❶회

연이은 덧셈, 뺄셈

제한 시간	맞힌 개수	선생님 확인
20분	/32	

정답 23쪽

덧셈을 하세요.

❶ 1+2+5=

❷ 3+0+6=

❸ 4+1+2=

❹ 8+0+2=

❺ 2+3+3=

❻ 1+2+2=

❼ 7+0+1=

❽ 5+3+1=

❾ 9+0+1=

❿ 3+4+1=

⓫ 3+2+0=

⓬ 1+3+6=

⓭ 5+0+2=

⓮ 8+1+1=

⓯ 2+3+2=

⓰ 4+0+2=

⓱ 6+2+1=

⓲ 1+1+2=

⓳ 3+2+4=

⓴ 5+1+4=

㉑ 1+2+3=

㉒ 8+1+0=

㉓ 1+7+1=

㉔ 4+4+2=

㉕ 6+0+1=

㉖ 3+3+3=

㉗ 5+0+5=

㉘ 3+5+2=

㉙ 2+4+2=

㉚ 2+1+7=

㉛ 2+3+0=

㉜ 6+1+1=

007 단계

실력 진단 평가 2회

연이은 덧셈, 뺄셈

제한 시간	맞힌 개수	선생님 확인
20분	/32	

정답 23쪽

뺄셈을 하세요.

① 5−2−1=

② 7−3−3=

③ 4−0−2=

④ 8−5−3=

⑤ 9−1−4=

⑥ 3−1−1=

⑦ 10−1−0=

⑧ 6−1−3=

⑨ 9−1−2=

⑩ 3−0−1=

⑪ 7−2−2=

⑫ 8−3−1=

⑬ 4−1−2=

⑭ 10−7−3=

⑮ 5−3−0=

⑯ 6−2−1=

⑰ 10−2−4=

⑱ 9−3−4=

⑲ 7−1−4=

⑳ 6−0−5=

㉑ 8−4−4=

㉒ 10−5−1=

㉓ 5−1−3=

㉔ 9−2−2=

㉕ 3−1−2=

㉖ 7−4−2=

㉗ 10−5−1=

㉘ 10−1−2=

㉙ 8−1−5=

㉚ 7−0−6=

㉛ 9−4−3=

㉜ 10−7−2=

자르는 선

실력 진단 평가 1회

19까지의 수 모으고 가르기

제한 시간	맞힌 개수	선생님 확인
20분	/14	

정답 23쪽

빈칸에 알맞게 점을 그리세요.

1
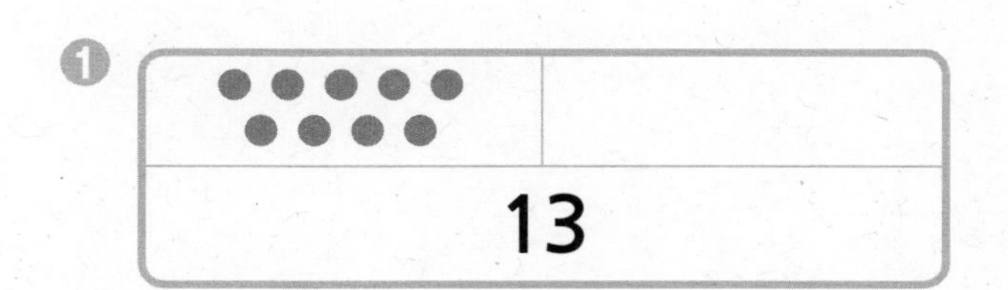

2
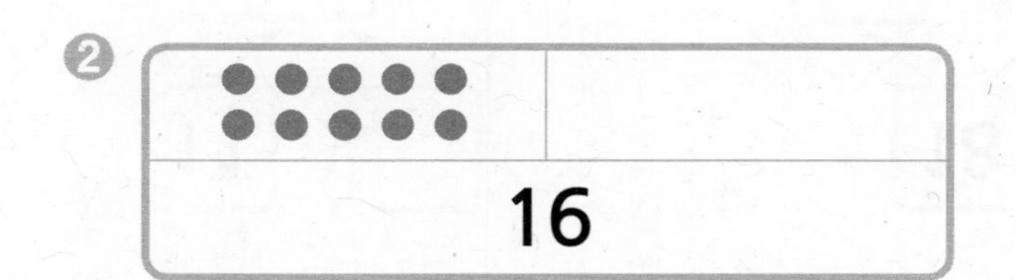

3
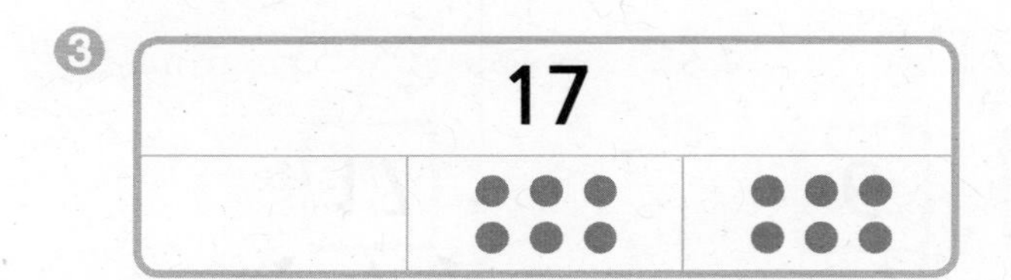

4

5
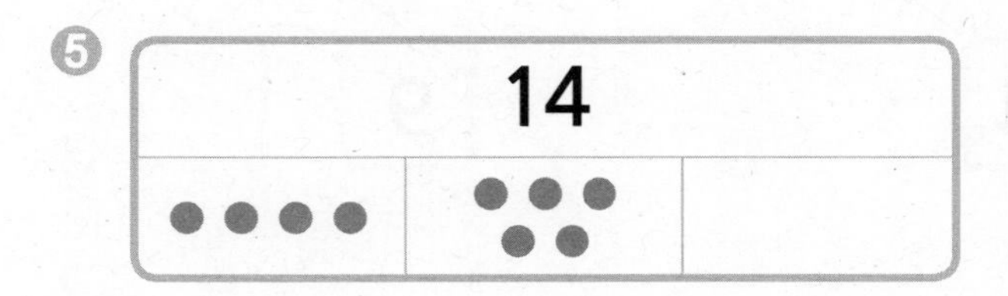

6

7
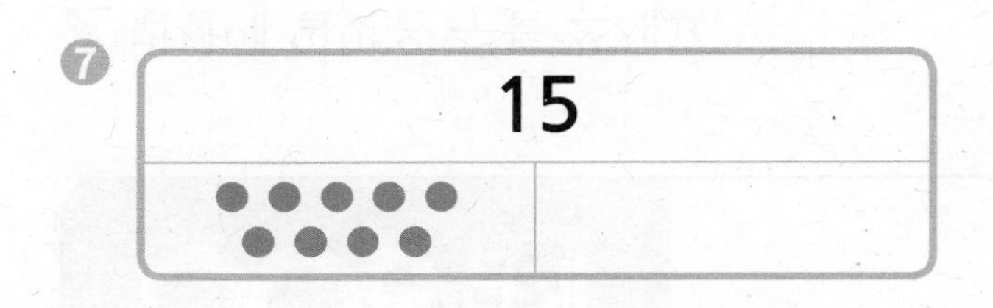

8

9
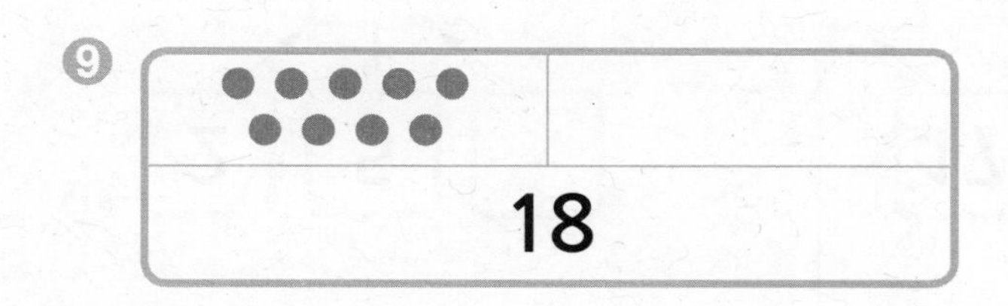

10

11

12

13

14
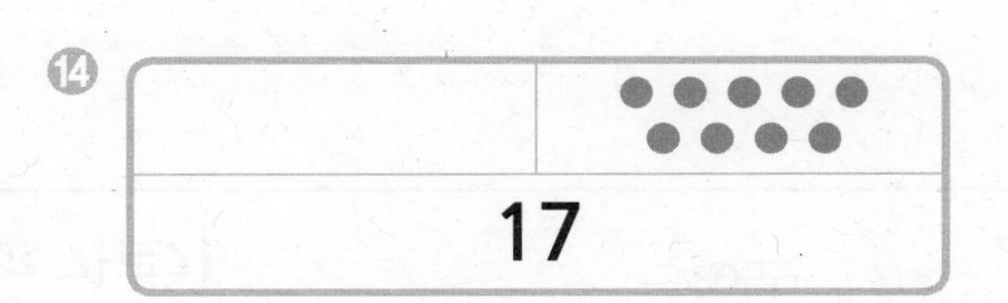

008 단계

실력 진단 평가 ❷회

19까지의 수 모으고 가르기

제한 시간	맞힌 개수	선생님 확인
20분	/20	

정답 23쪽

✎ 빈칸에 알맞은 수를 쓰세요.

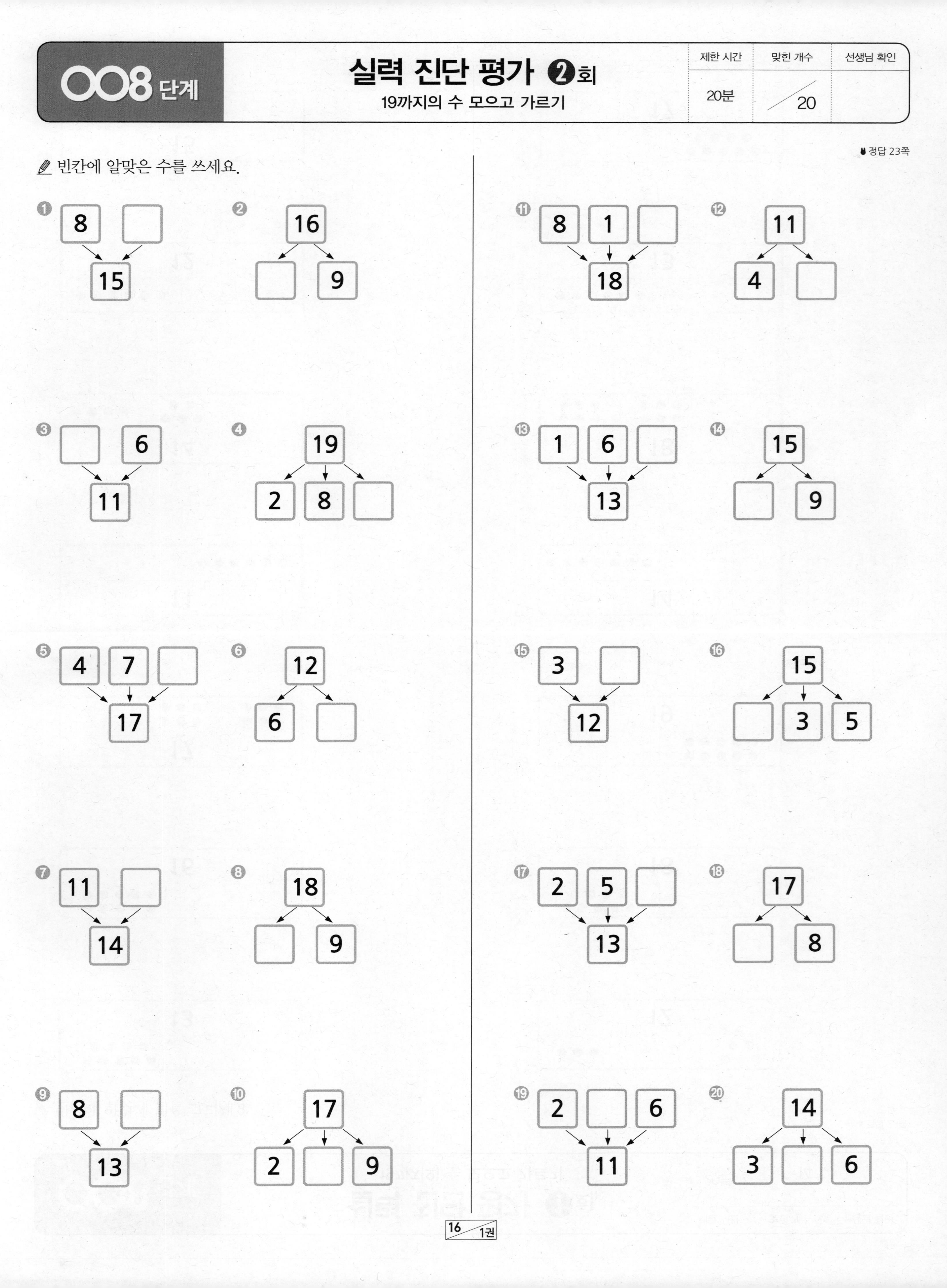

✂ 자르는 선

009 단계 실력 진단 평가 ❶회

(몇십)+(몇), (몇)+(몇십)

제한 시간	맞힌 개수	선생님 확인
20분	/32	

정답 23쪽

덧셈을 하세요.

❶ 50+2=

❷ 7+90=

❸ 40+3=

❹ 8+20=

❺ 90+6=

❻ 3+70=

❼ 10+5=

❽ 6+30=

❾ 90+2=

❿ 8+40=

⓫ 70+2=

⓬ 1+30=

⓭ 50+5=

⓮ 6+10=

⓯ 70+8=

⓰ 9+40=

⓱ 80+4=

⓲ 4+20=

⓳ 50+3=

⓴ 7+80=

㉑ 30+2=

㉒ 7+60=

㉓ 10+9=

㉔ 6+20=

㉕ 80+6=

㉖ 9+50=

㉗ 90+3=

㉘ 8+90=

㉙ 30+5=

㉚ 4+30=

㉛ 80+2=

㉜ 2+60=

009 단계

실력 진단 평가 ❷회

(몇십)+(몇), (몇)+(몇십)

제한 시간	맞힌 개수	선생님 확인
15분	/24	

정답 23쪽

✎ 덧셈을 하세요.

❶ $\begin{array}{r} 50 \\ +\ 3 \\ \hline \end{array}$

❷ $\begin{array}{r} 7 \\ +\ 20 \\ \hline \end{array}$

❸ $\begin{array}{r} 10 \\ +\ 7 \\ \hline \end{array}$

❹ $\begin{array}{r} 5 \\ +\ 90 \\ \hline \end{array}$

❺ $\begin{array}{r} 80 \\ +\ 2 \\ \hline \end{array}$

❻ $\begin{array}{r} 8 \\ +\ 40 \\ \hline \end{array}$

❼ $\begin{array}{r} 60 \\ +\ 1 \\ \hline \end{array}$

❽ $\begin{array}{r} 9 \\ +\ 30 \\ \hline \end{array}$

❾ $\begin{array}{r} 70 \\ +\ 4 \\ \hline \end{array}$

❿ $\begin{array}{r} 2 \\ +\ 10 \\ \hline \end{array}$

⓫ $\begin{array}{r} 90 \\ +\ 6 \\ \hline \end{array}$

⓬ $\begin{array}{r} 3 \\ +\ 20 \\ \hline \end{array}$

⓭ $\begin{array}{r} 60 \\ +\ 5 \\ \hline \end{array}$

⓮ $\begin{array}{r} 6 \\ +\ 70 \\ \hline \end{array}$

⓯ $\begin{array}{r} 40 \\ +\ 3 \\ \hline \end{array}$

⓰ $\begin{array}{r} 3 \\ +\ 30 \\ \hline \end{array}$

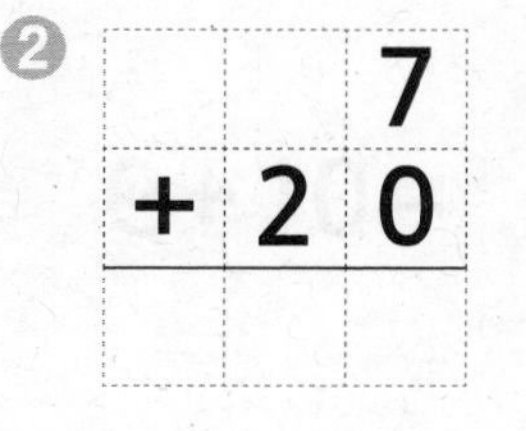

⓱ $\begin{array}{r} 80 \\ +\ 9 \\ \hline \end{array}$

⓲ $\begin{array}{r} 7 \\ +\ 50 \\ \hline \end{array}$

⓳ $\begin{array}{r} 50 \\ +\ 8 \\ \hline \end{array}$

⓴ $\begin{array}{r} 4 \\ +\ 10 \\ \hline \end{array}$

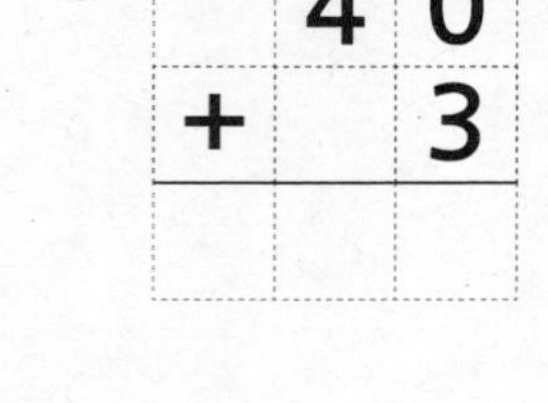

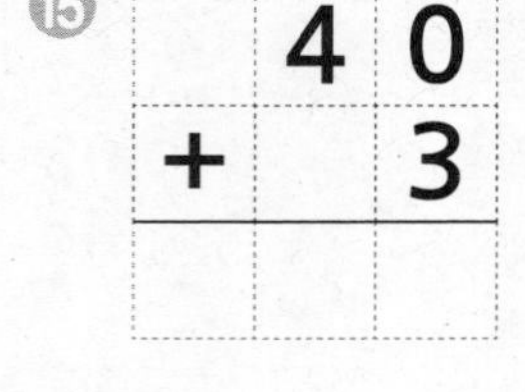

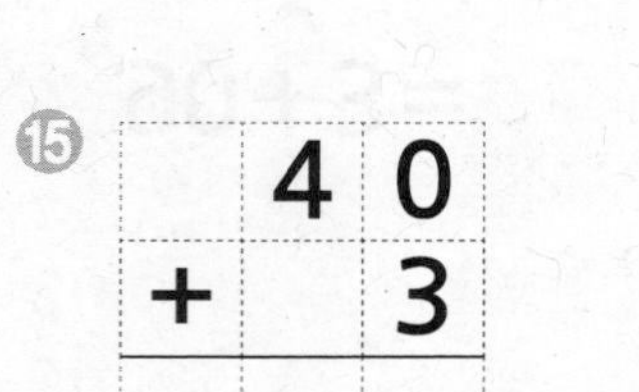

㉑ $\begin{array}{r} 90 \\ +\ 9 \\ \hline \end{array}$

㉒ $\begin{array}{r} 5 \\ +\ 70 \\ \hline \end{array}$

㉓ $\begin{array}{r} 30 \\ +\ 4 \\ \hline \end{array}$

㉔ $\begin{array}{r} 8 \\ +\ 60 \\ \hline \end{array}$

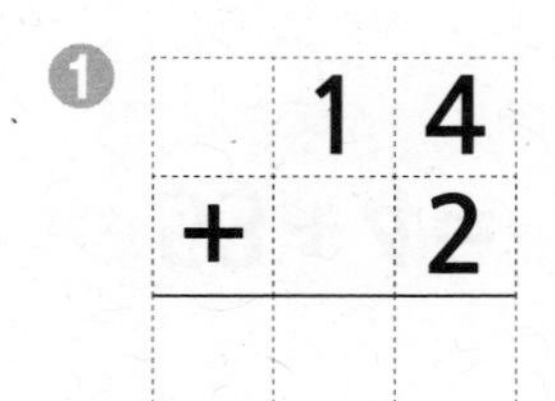

실력 진단 평가 ❶회

(몇십 몇)±(몇)

제한 시간	맞힌 개수	선생님 확인
20분	/24	

정답 24쪽

계산을 하세요.

❶ $\begin{array}{r} 14 \\ +\ \ 2 \\ \hline \end{array}$

❷ $\begin{array}{r} 76 \\ -\ \ 3 \\ \hline \end{array}$

❸ $\begin{array}{r} 33 \\ +\ \ 5 \\ \hline \end{array}$

❹ $\begin{array}{r} 24 \\ -\ \ 2 \\ \hline \end{array}$

❺ $\begin{array}{r} 63 \\ +\ \ 6 \\ \hline \end{array}$

❻ $\begin{array}{r} 88 \\ -\ \ 7 \\ \hline \end{array}$

❼ $\begin{array}{r} 52 \\ +\ \ 3 \\ \hline \end{array}$

❽ $\begin{array}{r} 49 \\ -\ \ 5 \\ \hline \end{array}$

❾ $\begin{array}{r} 71 \\ +\ \ 6 \\ \hline \end{array}$

❿ $\begin{array}{r} 55 \\ -\ \ 3 \\ \hline \end{array}$

⓫ $\begin{array}{r} 94 \\ +\ \ 1 \\ \hline \end{array}$

⓬ $\begin{array}{r} 83 \\ -\ \ 1 \\ \hline \end{array}$

⓭ $\begin{array}{r} 45 \\ +\ \ 2 \\ \hline \end{array}$

⓮ $\begin{array}{r} 27 \\ -\ \ 6 \\ \hline \end{array}$

⓯ $\begin{array}{r} 82 \\ +\ \ 7 \\ \hline \end{array}$

⓰ $\begin{array}{r} 69 \\ -\ \ 6 \\ \hline \end{array}$

⓱ $\begin{array}{r} 31 \\ +\ \ 5 \\ \hline \end{array}$

⓲ $\begin{array}{r} 79 \\ -\ \ 4 \\ \hline \end{array}$

⓳ $\begin{array}{r} 53 \\ +\ \ 4 \\ \hline \end{array}$

⓴ $\begin{array}{r} 13 \\ -\ \ 2 \\ \hline \end{array}$

㉑ $\begin{array}{r} 95 \\ +\ \ 3 \\ \hline \end{array}$

㉒ $\begin{array}{r} 16 \\ -\ \ 2 \\ \hline \end{array}$

㉓ $\begin{array}{r} 74 \\ +\ \ 4 \\ \hline \end{array}$

㉔ $\begin{array}{r} 58 \\ -\ \ 5 \\ \hline \end{array}$

010단계

실력 진단 평가 ❷회

(몇십 몇)±(몇)

제한 시간	맞힌 개수	선생님 확인
20분	/32	

정답 24쪽

계산을 하세요.

① $21+7=$

② $94-1=$

③ $43+3=$

④ $35-4=$

⑤ $91+6=$

⑥ $67-5=$

⑦ $52+2=$

⑧ $83-2=$

⑨ $76+1=$

⑩ $49-1=$

⑪ $24+5=$

⑫ $66-3=$

⑬ $53+4=$

⑭ $96-5=$

⑮ $16+2=$

⑯ $57-5=$

⑰ $71+4=$

⑱ $48-3=$

⑲ $18+1=$

⑳ $77-4=$

㉑ $93+6=$

㉒ $29-2=$

㉓ $13+2=$

㉔ $67-1=$

㉕ $84+3=$

㉖ $54-3=$

㉗ $58+1=$

㉘ $87-5=$

㉙ $32+5=$

㉚ $38-3=$

㉛ $85+4=$

㉜ $68-4=$

실력 진단 평가 정답

001 단계

001 단계 실력 진단 평가 ❶회
수를 가르고 모으기

제한 시간	맞힌 개수	선생님 확인
15분	/14	

빈칸에 알맞게 점을 그리세요.

① ●●● / ● → 4
② ●●●● / ●●● → 7
③ 6 → ●● / ●●●●
④ 5 → ●●● / ●●
⑤ 8 → ●●●●● / ●●●
⑥ ●●●●●● / ●●● → 9
⑦ 3 → ● / ●●
⑧ ●●●● / ● → 5
⑨ ●●●●●● / ●● → 8
⑩ ●● / ●● → 4
⑪ 9 → ●● / ●●●●●●●
⑫ 6 → ●●● / ●●●
⑬ ● / ●●●●●● → 7
⑭ ●●●● / ●●●● → 8

001 단계 실력 진단 평가 ❷회
수를 가르고 모으기

제한 시간	맞힌 개수	선생님 확인
20분	/20	

빈칸에 알맞은 수를 쓰세요.

- 1, 4 → 5
- 7 → 6, 1
- 6, 2 → 8
- 4 → 2, 2
- 3, 1 → 4
- 9 → 5, 4
- 2, 1 → 3
- 6 → 2, 4
- 3, 2 → 5
- 8 → 2, 6
- 3, 6 → 9
- 8 → 4, 4
- 2, 5 → 7
- 4 → 1, 3
- 3, 5 → 8
- 6 → 3, 3
- 5, 1 → 6
- 9 → 7, 2
- 5, 4 → 9
- 8 → 7, 1

002 단계

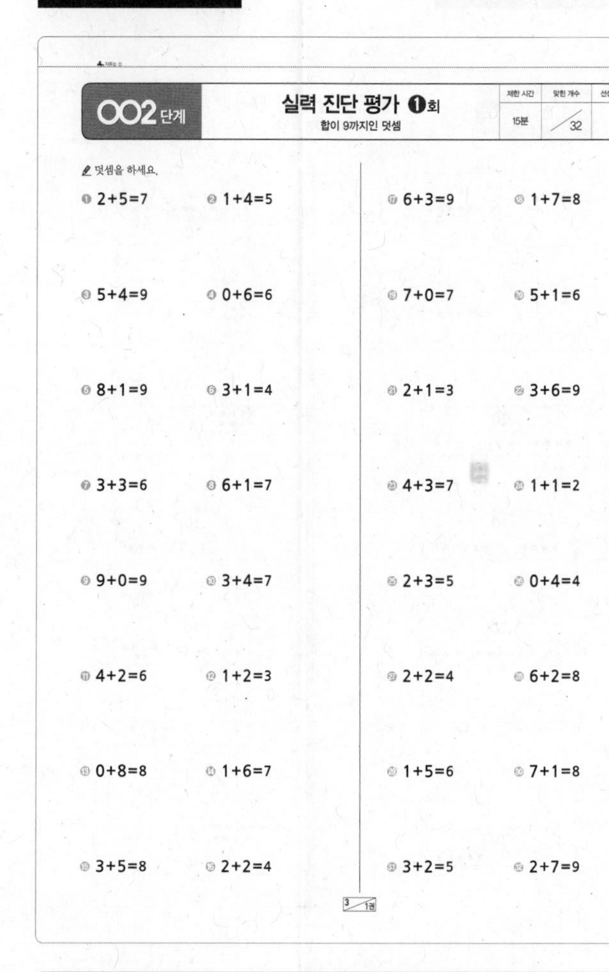

002 단계 실력 진단 평가 ❶회
합이 9까지인 덧셈

제한 시간	맞힌 개수	선생님 확인
15분	/32	

덧셈을 하세요.

2+5=7	1+4=5	6+3=9	1+7=8
5+4=9	0+6=6	7+0=7	5+1=6
8+1=9	3+1=4	2+1=3	3+6=9
3+3=6	6+1=7	4+3=7	1+1=2
9+0=9	3+4=7	2+3=5	0+4=4
4+2=6	1+2=3	2+2=4	6+2=8
0+8=8	1+6=7	1+5=6	7+1=8
3+5=8	2+2=4	3+2=5	2+7=9

002 단계 실력 진단 평가 ❷회
합이 9까지인 덧셈

제한 시간	맞힌 개수	선생님 확인
15분	/4	

빈칸에 알맞은 수를 넣으세요.

①

위의 수와 아래의 수를 계산하세요.	3	0	5
+1	4	1	6
+3	6	3	8
+2	5	2	7
+0	3	0	5

②

위의 수와 아래의 수를 계산하세요.	2	1	4
+0	2	1	4
+2	4	3	6
+3	5	4	7
+5	7	6	9

③

위의 수와 아래의 수를 계산하세요.	6	2	4
+3	9	5	7
+2	8	4	6
+0	6	2	4
+1	7	3	5

④

위의 수와 아래의 수를 계산하세요.	1	3	0
+0	1	3	0
+5	6	8	5
+6	7	9	6
+2	3	5	2

003 단계

003 단계 실력 진단 평가 ❶회
차가 9까지인 뺄셈

제한 시간	맞힌 개수	선생님 확인
20분	/32	

뺄셈을 하세요.

4−3=1	6−3=3	6−2=4	4−2=2
7−2=5	8−4=4	8−3=5	9−5=4
9−1=8	2−2=0	7−4=3	3−2=1
5−0=5	3−1=2	8−1=7	6−4=2
7−5=2	9−8=1	3−3=0	9−4=5
9−3=6	1−0=1	5−2=3	7−3=4
8−6=2	5−1=4	9−7=2	6−1=5
9−2=7	8−2=6	8−5=3	7−6=1

003 단계 실력 진단 평가 ❷회
차가 9까지인 뺄셈

제한 시간	맞힌 개수	선생님 확인
20분	/4	

빈칸에 알맞은 수를 넣으세요.

①

위의 수와 아래의 수를 계산하세요.	8	5	7
−4	4	1	3
−0	8	5	7
−1	7	4	6
−5	3	0	2

②

위의 수와 아래의 수를 계산하세요.	6	8	9
−2	4	6	7
−3	3	5	6
−5	1	3	4
−1	5	7	8

③

위의 수와 아래의 수를 계산하세요.	4	9	6
−3	1	6	3
−1	3	8	5
−0	4	9	6
−4	0	5	2

④

위의 수와 아래의 수를 계산하세요.	8	7	9
−6	2	1	3
−1	7	6	8
−4	4	3	5
−2	6	5	7

자르는 선

004 단계

004 단계 실력 진단 평가 ❶회
덧셈과 뺄셈

제한 시간 20분 | 맞힌 개수 /20 | 선생님 확인

계산을 하세요.

2+1=3 2+2=4 2+3=5 2+4=6	5−2=3 5−3=2 5−4=1 5−5=0	1+5=6 1+6=7 1+7=8 1+8=9	6−1=5 6−2=4 6−3=3 6−4=2
4+2=6 4+3=7 4+4=8 4+5=9	8−1=7 8−2=6 8−3=5 8−4=4	3+0=3 3+1=4 3+2=5 3+3=6	9−3=6 9−4=5 9−5=4 9−6=3
5+0=5 5+1=6 5+2=7 5+3=8	7−2=5 7−3=4 7−4=3 7−5=2	4+0=4 4+1=5 4+2=6 4+3=7	5−0=5 5−1=4 5−2=3 5−3=2
3+3=6 3+4=7 3+5=8 3+6=9	9−1=8 9−2=7 9−3=6 9−4=5	2+4=6 2+5=7 2+6=8 2+7=9	8−5=3 8−6=2 8−7=1 8−8=0
2+0=2 2+1=3 2+2=4 2+3=5	4−1=3 4−2=2 4−3=1 4−4=0	1+1=2 1+2=3 1+3=4 1+4=5	7−0=7 7−1=6 7−2=5 7−3=4

004 단계 실력 진단 평가 ❷회
덧셈과 뺄셈

제한 시간 20분 | 맞힌 개수 /32 | 선생님 확인

□ 안에 알맞은 기호를 써넣으세요.

3[+]2=5	9[−]1=8	5[−]2=3	2[+]1=3
4[−]2=2	8[−]6=2	3[+]5=8	9[−]5=4
1[+]4=5	4[−]1=3	1[+]7=8	3[−]3=0
4[+]3=7	3[−]1=2	6[+]2=8	8[−]2=6
7[+]1=8	6[+]3=9	2[+]2=4	9[−]4=5
2[+]4=6	9[−]2=7	5[+]1=6	7[−]3=4
5[+]4=9	6[−]4=2	1[+]8=9	6[−]1=5
7[−]5=2	8[−]4=4	6[−]3=3	5[−]4=1

005 단계

005 단계 실력 진단 평가 ❶회
10을 가르고 모으기

제한 시간 15분 | 맞힌 개수 /14 | 선생님 확인

빈칸에 알맞게 점을 그리세요.

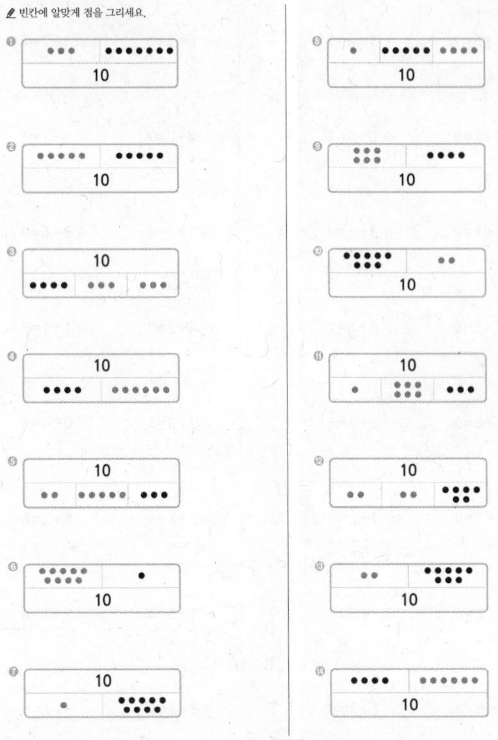

(점 그림 정답 14문항, 각 10)

005 단계 실력 진단 평가 ❷회
10을 가르고 모으기

제한 시간 20분 | 맞힌 개수 /20 | 선생님 확인

빈칸에 알맞은 수를 쓰세요.

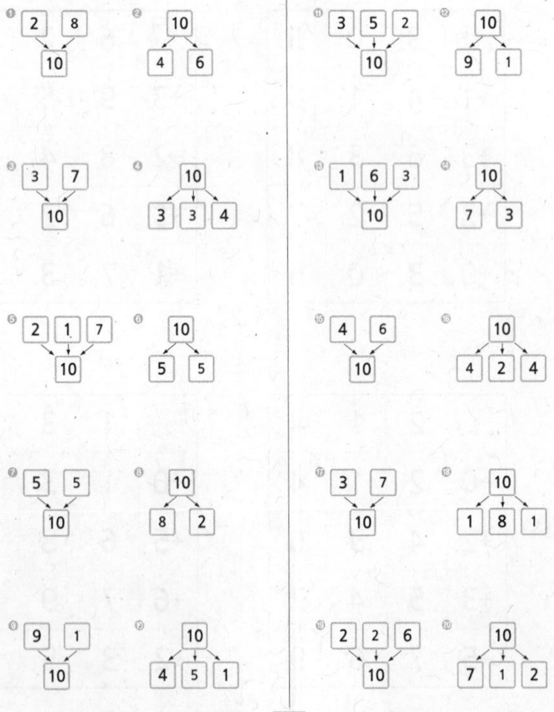

[2] [8] → [10]	[10] → [4] [6]	[3] [5] [2] → [10]	[10] → [9] [1]
[3] [7] → [10]	[10] → [3] [3] [4]	[1] [6] [3] → [10]	[10] → [7] [3]
[2] [1] [7] → [10]	[10] → [5] [5]	[4] [6] → [10]	[10] → [4] [2] [4]
[5] [5] → [10]	[10] → [8] [2]	[3] [7] → [10]	[10] → [1] [8] [1]
[9] [1] → [10]	[10] → [4] [5] [1]	[2] [2] [6] → [10]	[10] → [7] [1] [2]

006 단계

006 단계 실력 진단 평가 ❶회
10의 덧셈과 뺄셈

제한 시간 20분 | 맞힌 개수 /32 | 선생님 확인

빈칸에 알맞은 수를 넣으세요.

4+[6]=10	10−[2]=8	[5]+5=10	10−[3]=7
5+[5]=10	10−[7]=3	[4]+6=10	[10]−8=2
[8]+2=10	10−[4]=6	1+[9]=10	10−[10]=0
[7]+3=10	10−[5]=5	6+[4]=10	10−[1]=9
9+[1]=10	[10]−3=7	[3]+7=10	[10]−6=4
7+[3]=10	[10]−2=8	2+[8]=10	[10]−5=5
[6]+4=10	10−[9]=1	3+[7]=10	[10]−1=9
8+[2]=10	10−[6]=4	[2]+8=10	10−[8]=2

006 단계 실력 진단 평가 ❷회
10의 덧셈과 뺄셈

제한 시간 20분 | 맞힌 개수 /6 | 선생님 확인

빈칸에 알맞은 수를 넣으세요.

4+[6]= 10 9+[1]= 10 3+[7]= 10 2+[8]= 10 5+[5]= 10	10 −[9]=1 10 −[7]=3 10 −[5]=5 10 −[8]=2 10 −[3]=7
10 −[8]=2 10 −[3]=7 10 −[1]=9 10 −[5]=5 10 −[4]=6	[4]+6= 10 [2]+8= 10 [9]+1= 10 [3]+7= 10 [8]+2= 10
5+[5]= 10 8+[2]= 10 6+[4]= 10 9+[1]= 10 7+[3]= 10	10 −[6]=4 10 −[7]=3 10 −[4]=6 10 −[2]=8 10 −[1]=9

007 단계

007 단계 실력 진단 평가 ①회
연이은 덧셈, 뺄셈

제한 시간 20분 | 맞힌 개수 /32 | 선생님 확인

덧셈을 하세요.

1+2+5=8　3+0+6=9
4+1+2=7　8+0+2=10
2+3+3=8　1+2+2=5
7+0+1=8　5+3+1=9
9+0+1=10　3+4+1=8
3+2+0=5　1+3+6=10
5+0+2=7　8+1+1=10
2+3+2=7　4+0+2=6
6+2+1=9　1+1+2=4
3+2+4=9　5+1+4=10
1+2+3=6　8+1+0=9
1+7+1=9　4+4+2=10
6+0+1=7　3+3+3=9
5+0+5=10　3+5+2=10
2+4+2=8　2+1+7=10
2+3+0=5　6+1+1=8

007 단계 실력 진단 평가 ②회
연이은 덧셈, 뺄셈

제한 시간 20분 | 맞힌 개수 /32 | 선생님 확인

뺄셈을 하세요.

5−2−1=2　7−3−3=1
4−0−2=2　8−5−3=0
9−1−4=4　3−1−1=1
10−1−0=9　6−1−3=2
9−1−2=6　3−0−1=2
7−2−2=3　8−3−1=4
4−1−2=1　10−7−3=0
5−3−0=2　6−2−1=3
10−2−4=4　9−3−4=2
7−1−4=2　6−0−5=1
8−4−4=0　10−5−1=4
5−1−3=1　9−2−2=5
3−1−2=0　7−4−2=1
10−5−1=4　10−1−2=7
8−1−5=2　7−0−6=1
9−4−3=2　10−7−2=1

008 단계

008 단계 실력 진단 평가 ①회
19까지의 수 모으고 가르기

제한 시간 20분 | 맞힌 개수 /14 | 선생님 확인

빈칸에 알맞게 점을 그리세요.

13　16　17　11　14　12　15
12　18　19　14　18　13　17

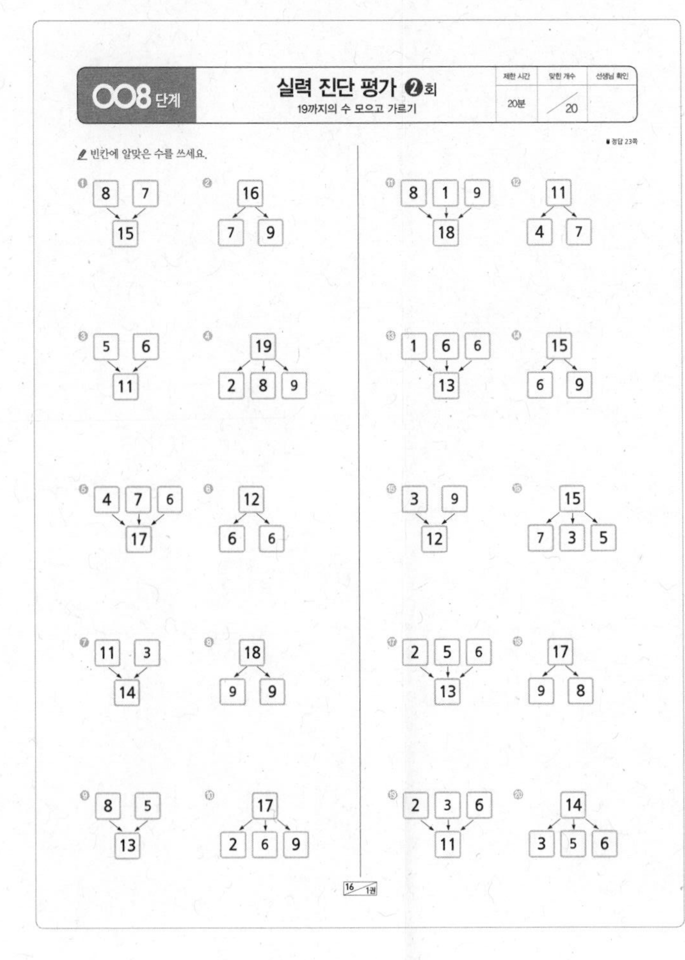

009 단계

009 단계 실력 진단 평가 ①회
(몇십)+(몇), (몇)+(몇십)

제한 시간 20분 | 맞힌 개수 /32 | 선생님 확인

덧셈을 하세요.

50+2=52　7+90=97
40+3=43　8+20=28
90+6=96　3+70=73
10+5=15　6+30=36
90+2=92　8+40=48
70+2=72　1+30=31
50+5=55　6+10=16
70+8=78　9+40=49
80+4=84　4+20=24
50+3=53　7+80=87
30+2=32　7+60=67
10+9=19　6+20=26
80+6=86　9+50=59
90+3=93　8+90=98
30+5=35　4+30=34
80+2=82　2+60=62

009 단계 실력 진단 평가 ②회
(몇십)+(몇), (몇)+(몇십)

제한 시간 15분 | 맞힌 개수 /24 | 선생님 확인

덧셈을 하세요.

50+3=53　7+20=27
10+7=17　5+90=95
80+2=82　8+40=48
60+1=61　9+30=39
70+4=74　2+10=12
90+6=96　3+20=23
60+5=65　6+70=76
40+3=43　3+30=33
80+9=89　7+50=57
50+8=58　4+10=14
90+9=99　5+70=75
30+4=34　8+60=68

010 단계 실력 진단 평가 ❶회
(몇십 몇)±(몇)

제한 시간 20분 | 맞힌 개수 / 24 | 선생님 확인

● 정답 24쪽

계산을 하세요.

① 14 + 2 = 16 ② 76 − 3 = 73
③ 33 + 5 = 38 ④ 24 − 2 = 22
⑤ 63 + 6 = 69 ⑥ 88 − 7 = 81
⑦ 52 + 3 = 55 ⑧ 49 − 5 = 44
⑨ 71 + 6 = 77 ⑩ 55 − 3 = 52
⑪ 94 + 1 = 95 ⑫ 83 − 1 = 82
⑬ 45 + 2 = 47 ⑭ 27 − 6 = 21
⑮ 82 + 7 = 89 ⑯ 69 − 6 = 63
⑰ 31 + 5 = 36 ⑱ 79 − 4 = 75
⑲ 53 + 4 = 57 ⑳ 13 − 2 = 11
㉑ 95 + 3 = 98 ㉒ 16 − 2 = 14
㉓ 74 + 4 = 78 ㉔ 58 − 5 = 53

010 단계 실력 진단 평가 ❷회
(몇십 몇)±(몇)

제한 시간 20분 | 맞힌 개수 / 32 | 선생님 확인

● 정답 24쪽

계산을 하세요.

① 21+7=28 ② 94−1=93
③ 43+3=46 ④ 35−4=31
⑤ 91+6=97 ⑥ 67−5=62
⑦ 52+2=54 ⑧ 83−2=81
⑨ 76+1=77 ⑩ 49−1=48
⑪ 24+5=29 ⑫ 66−3=63
⑬ 53+4=57 ⑭ 96−5=91
⑮ 16+2=18 ⑯ 57−5=52
⑰ 71+4=75 ⑱ 48−3=45
⑲ 18+1=19 ⑳ 77−4=73
㉑ 93+6=99 ㉒ 29−2=27
㉓ 13+2=15 ㉔ 67−1=66
㉕ 84+3=87 ㉖ 54−3=51
㉗ 58+1=59 ㉘ 87−5=82
㉙ 32+5=37 ㉚ 38−3=35
㉛ 85+4=89 ㉜ 68−4=64